지능형 스마트 자동차개론

저자약력 | • 이용주 두원공과대학교 자동차과 교수
• 박재열 두원공과대학교 전기자동차과 교수
• 한성철 국제대학교 자동차학과 교수

지능형 스마트 자동차개론

초판 인쇄 | 2024년 8월 20일
초판 발행 | 2024년 8월 30일

저　　자 | 이용주 · 박재열 · 한성철
발 행 인 | 조규백
발 행 처 | 도서출판 **구민사**
(07293) 서울특별시 영등포구 문래북로 116, 604호(문래동 3가 46, 트리플렉스)
전　　화 | (02) 701-7421
팩　　스 | (02) 3273-9642
홈페이지 | www.kuhminsa.co.kr

신고번호 | 제2012-000055호 (1980년 2월 4일)
I S B N | 979-11-6875-396-9 (93550)

값 | 29,000원

최근 들어 자동차와 IT 간 융합이 가속화되면서 '스마트카(smart car)' 시대가 개막되고 있다. 스마트카는 IT 기술을 이용한 정보(information)와 오락(entertainment)의 합성어로 스마트카는 차량 내 정보를 통합 관리하고, 운전자가 차 안에서 오락, 정보 등 다양한 콘텐츠를 즐길 수 있는 차다. 스마트폰 등 모바일 기기와 이동통신 기술을 자동차에 접목하여 편의성을 높이고 고객의 니즈에 부응하는 차세대 자동차이다. 그래서 스마트 자동차를 커넥티드카(Connected Car)라고도 부른다.

최근 스마트카의 인포테인먼트 서비스에 대한 소비자의 요구는 점점 더 복잡, 다양해지고 있으며 빠른 속도로 변화하고 있다. 전통적인 자동차 산업에서의 기술 변화 속도와 비교해 스마트카의 인포테인먼트 서비스는 오히려 정보통신 산업에서 보여지는 변화의 속도에 더 근접하게 소비자의 기대 수준에 맞춰져 있는 상황이다. 이와 더불어 스마트카의 인포테인먼트 장치들은 외부 네트워크와 연결하여 차량 내·외부 이동 간 서비스의 끊김 없는 사용성을 제공하기 위해 무선망 접속기능을 가지면서 늘 사용자의 이동과 함께 하는 스마트폰과의 연동을 생각하지 않을 수 없게 됐다.

안전하고 편리한 주행정보 제공을 위해 자동차에 2G, 3G, 4G, 5G 등의 네트워크 기능이 탑재되고, 차량 내 센서나 전자 장치 간 유무선 통신 네트워크, 차량의 보디나 섀시 부분을 연결하고 제어하는 계측 제어기 통신망(CAN), 오디오, 앰프, 콤팩트디스크 플레이어 등 멀티미디어 접속을 위한 차량 네트워크 시스템(MOST), 브레이크나 조향 장치를 연결하고 제어하는 X-by-Wire(Flexray)가 있다.

글로벌 리서치 기업 Statista에 따르면, 글로벌 커넥티드카(connected car) 시장은 2021년 31조 6천억 원($648억)이며, 매년 18.1%씩 성장해 2028년에는 256조 7천억 원($1,918억)에 달할 것이라고 전망된다. 또한 Mckinsey는 2030년이 되면 신차의 약 95%가 커넥티드카일 것이라고 예측했다.

이미 커넥티드카 서비스를 제공 중인 국가(한국, 미국, 중국, 캐나다, 인도, 유럽 등)뿐 아니라 러시아 그리고 호주와 브라질 등 글로벌 판매 전 지역에도 커넥티드카 센터를 추가로 설립해 서비스를 제공하고, 각 지역별 로컬 챔피언 업체들과 협업을 통해 더 많은 고객에게 다채로운 커넥티드카 서비스를 제공할 계획이다.

그런데 커넥티드카를 움직이는 것은 소프트웨어이기 때문에 글로벌 빅테크 기업들은 일찌감치 커넥티드카 시장에 진출했다.

본 교재에서는 최근에 대두되고 있는 자동차로의 IT기술 융합과 관련된 분야를 중심으로 다음과 같은 내용을 기술하였다.

첫째, 자동차 통신 프로토콜과 통신방법의 종류 및 자동차 통신 제어시스템을 서술하였다.

둘째, 지능형 안전시스템인 보행자 보호시스템, 섀시 통합제어시스템, 드라이브 바이와이어(drive by wire), 차량 보안시스템, 운전자 상태감지 및 경고 시스템에 대하여 서술하였다.

셋째, 자동차 IT산업의 특성 및 자동차 IT기술에 대하여 기술하였다.

넷째, 텔레매틱스와 관련하여 첨단교통, 정보, 화물운송, 도로 분야의 텔레매틱스 관련 기술 분야 및 국내외 기술동향 및 커넥티드카에 대하여 서술하였다.

일부 내용이 미비한 부분이 있을 것으로 생각되지만 앞으로 지속적인 수정을 실시하여 완성도 높은 교재로 발전시킬 것이다. 끝으로 이 책이 출판될 수 있도록 도움을 주신 도서출판 구민사 조규백 대표님과 직원 여러분들께 감사드린다.

저자 일동

CONTENTS

CHAPER 01 스마트 자동차 통신

CONTENTS

6 차량용 기타 통신 종류

CHAPER 02 지능형 자동차

1 보행자 보호시스템

2 섀시 통합 제어시스템

CONTENTS

3 경고 및 안전을 위한 편의 기술

CHAPER 03 자동차 IT

1 자동차 IT산업의 특성

2 자동차 IT기술

CONTENTS

CHAPER 04 텔레매틱스

1 서론

2 텔레매틱스 기술 동향

3 커넥티드 카

01

CHAPER

스마트 자동차 통신

1. 스마트 자동차
2. 자동차 통신
3. 자동차 통신의 종류
4. 자동차 통신 제어시스템
5. 스마트폰과 스마트키의 연동기술(MIV)
6. 차량용 기타 통신 종류

CHAPTER

01 스마트 자동차 통신

01 스마트 자동차

(1) 스마트 자동차의 정의

요즘 자동차는 Network Vehicle이라 불리며 자동차의 여러 장치를 제어하는 마이크로 컴퓨터가 서로 연결되어 정보를 공유한다. 차량 내 센서나 전자 장치 간 유무선 통신 네트워크, 차량의 보디나 섀시 부분을 연결하고 제어하는 계측 제어기 통신망(CAN), 오디오, 앰프, 콤팩트디스크 플레이어 등 멀티미디어 접속을 위한 차량 네트워크 시스템(MOST) 그리고 브레이크나 조향 장치를 연결하고 제어하는 X-by-Wire(Flexray)가 있다.

그리고 요즘은 자율주행차량들이 많이 늘어났다. 고속도로에서 라인을 따라서 핸들을 움직이고, 앞차와의 간격을 유지하는 등 여러 가지 편리한 기능들이 보편화되고 있다. 그러나 자율주행 자동차도 결국 센서의 인식 범위 내에서만 활용할 수 있으며, 주변 건물, 구조물에 의한 시야 가림 및 짙은 안개 등의 악천후와 같은 상황에서는 주변 환경을 인식하는데 한계가 있다.

이런 문제를 보완해 줄 수 있는 시스템이 자동차가 유·무선 통신망을 이용하여 주변 차량 및 도로 인프라 등과 정보를 교환하거나 공유하는 현재의 스마트 자동차는 카메라, 레이더, 초음파 등 차량용 센서를 기반으로 한 안전 기술에 중점을 둔 첨단 자동차를 말하며, 여기에 차량·사물 통신(V2X : Vehicle to Everything Communication)인 시스템이다. 스마트 자동차는 자체의 성능 향상뿐 아니라, 주변 상황 감지용 센서를 이용한 첨단 안전기능과 차량 간(V2V : Vehicle to Vehicle), 차량과 인프라 간(V2I : Vehicle to Infrastructure),

차량과 보행자 간(V2P : Vehicle to Pedestrian), 차량과 네트워크 간(V2N : Vehicle to Network) 통신을 모두 포함하고 있다.

또한 전기차의 자율주행과 인공지능(AI) 개발 속도가 기대 이상으로 빠르다. 말 한마디로 차량 문과 창문을 여닫을 수 있는 AI 인식률은 빠르고 정확하다. '드론 탑재 차량', 'AI로 아기 엄마를 돕는 차', '문을 여닫으며 춤추는 차' 등 창의적인 콘셉트가 발전하고 있다.

주로 자동차의 안전에 관련된 사항을 다루는 것, 운전자 지원 정보, 인터넷 접속의 서비스가 고려되고 있다. 스마트 자동차는 이런 여러 종류의 네트워크에 연결된 것이다. 그래서 스마트 자동차를 커넥티드 카(Connected Car)라고도 부른다.

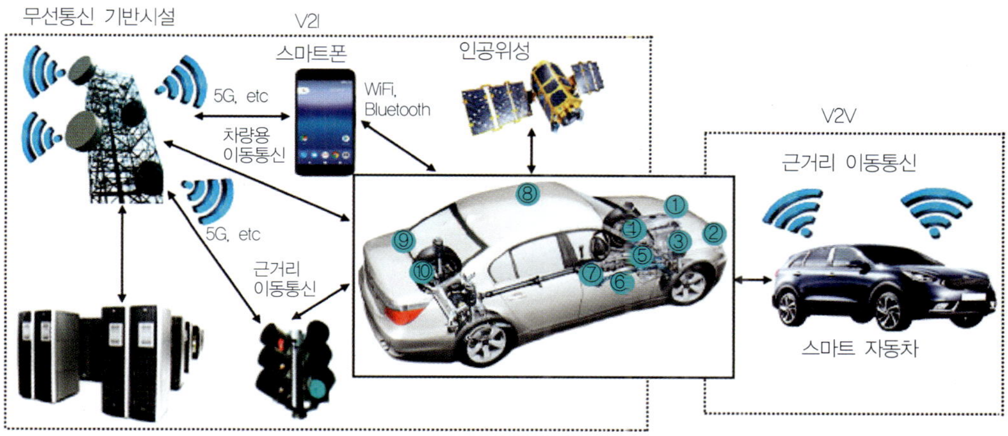

① 레이다, ② 카메라 기반 방지 기능, ③ 데이터 분석 유닛, ④ 텔레매틱스 내비게이션 관리, 블루투스 연동, CD, 외부 입력등, ⑤ 공조관리, ⑥ 차량 정보 표시부, ⑦ 차문 작동 관리, ⑧ 지능형 분산 관리, ⑨ 주행안전 시스템, ⑩ 네트워크 통합관리

그림 1-1 모바일 스마트 자동차

참고 V2X(Vehicle to Everything Communication)

차량과 차량 사이의 무선 통신(V2V : Vehicle to Vehicle), 차량과 인프라 간 무선통신(V2I : Vehicle to Infrastructure), 차량 내 유무선 네트워킹(IVN : In-Vehicle Networking), 차량과 이동 단말간 통신(V2P : Vehicle to Pedestrian), 차내망(V2N : Vehicle to Nomadic Devices) 등을 총칭한다.

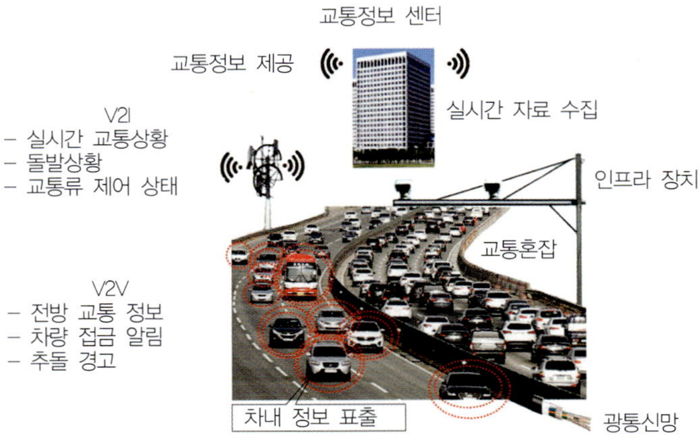

그림 1-2 주변 상황 감지용 센서를 이용한 첨단 안전 기능

(2) 스마트 자동차의 구성 요소들

1) 스마트폰

스마트 자동차 애플리케이션(Application, 스마트폰 등의 운영체제에서 사용자의 편의를 위해 개발된 다양한 응용 프로그램을 말한다)을 실행시키는 단말기인 동시에 차량내부 시스템 간 통신을 위한 테더링(Tethering, 휴대폰을 모뎀으로 활용할 수 있는 기능. 노트북과 같은 IT 기기를 휴대폰에 연결하여 무선 인터넷을 사용할 수 있다) 도구로도 활용 가능하며, 자체 프로세서(Processor, 여러 가지 신호에 어떤 처리를 내리는 기기 또는 유니트)가 없는 도킹스테이션(Docking Station, 노트북 컴퓨터를 데스크톱 컴퓨터처럼 편리하고 효율적으로 사용할 수 있게 해주는 일련의 접속장치) 시스템에서는 스마트 자동차 기능을 실행시키는 컴퓨팅 기능도 겸한다.

앞으로 스마트폰과 차량이 융합된 신차들이 출시되고 다양한 정보들을 통합 관리하는 시스템이 구축되면 무엇보다도 길 위에 있는 다양한 정보들을 통해서 자율주행 자동차의 인식 범위 한계를 극복할 수 있으며, 주변 상황 인식이 어려운 상황에서도 주변 환경을 인지할 수 있어 레벨 4 이상의 완전 자율주행 구현이 가능하게 된다. 또한 사각지대에서 오는 차량들이 서로 통신을 통해 거리를 인지하고 속도를 조절하거나 급히 멈출 수도 있어 멀지 않은 미래에 고속도로가 컨베이어 벨트처럼 일정하게 제어된 속도로 다 같이 빠르고 안전하게 이동할 수 있을 것이다.

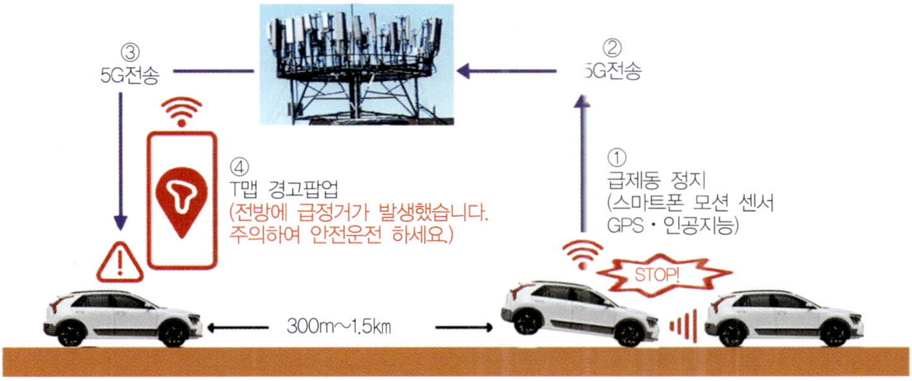

그림 1-3 스마트폰을 통한 통신

2) 음성 컨트롤

음악재생, 전화걸기, 문자메시지 받아쓰기 등을 지원하고 클라우드(Cloud, 데이터를 인터넷과 연결된 중앙컴퓨터에 저장해서 인터넷에 접속하기만 하면 언제 어디서든 데이터를 이용할 수 있는 것) 대화형 음성인식의 발전에 따라 용도 범위도 넓어질 전망이다.

3) 인포테인먼트

인포테인먼트(Infotainment)란 정보(Information)와 오락(Entertainment)을 합성해 만든 신조어로, 정보오락이란 의미로 아직은 엔터테인먼트(오락) 앱에 초점이 맞춰져 있으나 핸즈프리의 발전에 따라 주차장 예약, 인근 식당 추천, 위치 공유 등 다양한 정보 앱도 수용이 가능하다.

4) 차량 간 통신

각국 정부와 자동차 업계 공조 하에 차량 간 데이터 통신용 표준 개발이 추진되고 있다. 인간 인지 범위 밖의 교통상황까지 자동차 스스로 파악할 수 있으므로 안전성이 예상된다.

5) 자체 모니터링 및 진단

엔진, 변속기 등 주요 파트의 작동 현황을 앱으로 파악할 수 있고, 정비 및 보험 부분에서의 연계성이 높다.

6) 차량 인프라 간 통신

센서가 탑재된 도로 인프라와 데이터 송수신으로 안전도 제고가 예상되며, 자동운전 시스템이 실용화되면서 혼잡한 도로의 차들을 중앙 교통센터에서 원격으로 제어해 교통체증을 신속히 해결할 수 있다.

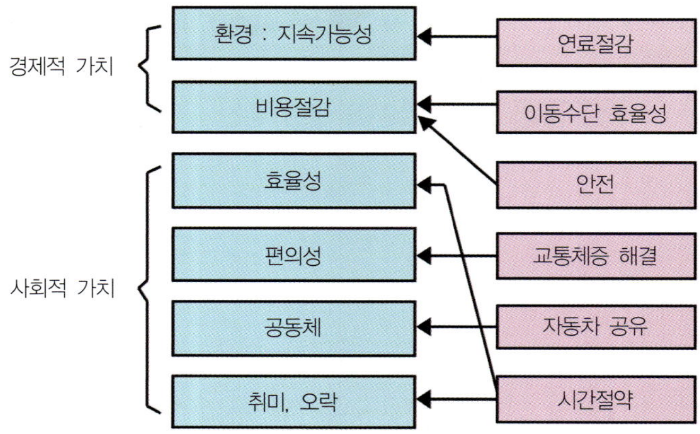

그림 1-4 스마트 자동차의 가치

02 자동차 통신

(1) 자동차 통신의 개요

통신은 어떠한 정보를 전달하는 것이다. 자동차가 출시된 이후 지금까지 좀 더 나은 성능과 안락한 주행을 위하여 소비자들의 심리가 커져만 간다. 조금 더 힘세고 안전하고 편안한 자동차를 요구하는 것이다. 이에 대응하기 위해 자동차에는 많은 ECU와 편의장치가 적용되면서 하나씩 장착된 각종 전장 부품들은 차량 내부에 수많은 부품들과 전기 배선들을 형성시켰다. 최근, 자동차 설계단계에서 차량 내부의 전기배선, 와이어링 하니스는 신차 설계 시 최우선 대상으로 고려하고 있다.

반면에 배선도 추가되면서 그에 따른 고장도 많이 발생되고 있다. 그리고 자동차 통신을 기반으로 하는 자동차 와이어링 하니스는 앞으로도 운전자의 편의와 차량의 지능화를 위하여 지속적으로 늘어날 것으로 예상된다. 차량의 급속한 전기 전자화에 따라 수많은 전장 부품들이 각각의 독립적인 배선으로 연결되고 있는데, 이것은 배선 시스템을 복잡하게 하고 전체적인 차량의 중량을 증가시키고 있다.

또한 일대일로 연결되는 이와 같은 배선장치는 스위치나 모터의 유무, 모델 간의 기능변화에 따라 수많은 다양성을 발생시킴으로써 시스템의 설계와 변화에 큰 장애가 되고 있다.

이를 극복하기 위한 방법 중에 하나로 항공에 사용되어 온 Fly-by-Wire(항공기를 조종할 때 조종 기기를 전선으로 연결하여 유압장치나 모터를 이용하여 컴퓨터가 제어하도록 하는 조종 방식) 개념을 도입한 복합 전선시스템이 제안되었다. 반도체와 컴퓨터 기술의 급속한 발달과 더불어 배선을 통한 일대일의 신호전달 대신에 직렬통신 기술을 이용하여 정보를 전달하기 위한 연구와 실험들이 활발하게 전개되었다. 이 당시 개발된 대표적인 차량용 프로토콜(Protocol, 통신 규약으로 일종의 통신할 때 지켜야 할 규칙)이 Bosch의 CAN(Controller Area Network), 미국자동차공학회(SAE)의 J1850 등이 있었다.

이러한 추세에 따라 세계 유수의 자동차 제조회사들이 자사 제품에 네트워크를 적용하기 위한 시도를 하였고, 자동차의 각 ECU에 통신을 적용, 공통으로 알아야 하는 정보를 서로 공유하게 된 것이다. 현재는 독일 Bosch사가 제창한 CAN이 차량 네트워크의 표준으로 정착되고 있으며, 최근에는 차량 내부 멀티미디어 기기의 탑재가 증가됨에 따라 고속화 요구를 수용할 수 있는 새로운 네트워크의 개발 및 적용이 활발히 진행 중에 있다.

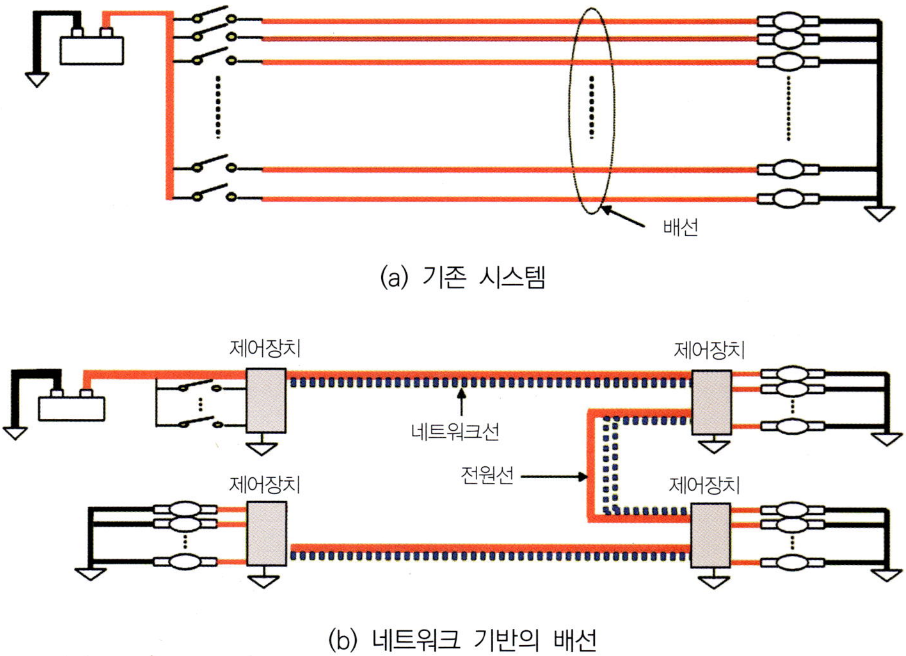

그림 1-5 기존 자동차의 배선과 네트워크 기반의 배선

(2) 자동차 통신의 기술동향

차량 통신 분야의 연구가 진행되면서 차체제어뿐만 아니라 섀시제어, 파워트레인제어, 차량 내부 멀티미디어장치 제어부분까지 확대 적용되고 있다. 전송 속도 및 각 적용 부품들의 특징을 고려한 여러 통신 방식이 연구 개발되고 있다. 또한 차량 네트워크는 기능적인 측면에서 동력계 및 섀시(Power Train & Chassis), 차체(Body) 및 정보통신(Info-Communications) 등으로 분류할 수 있으며, 속도 측면에서는 저속 및 고속의 데이터 통신으로 구분할 수 있다.

차량 내부에서 전자제어 장치(ECU)가 차지하는 역할은 갈수록 커지고 있다. 이에 따라 각 제어기 간의 정보 공유의 필요성이 증대되어 이에 대한 해결책으로 In-Vehicle Network(차량 내부 네트워크)의 채용은 이젠 더 이상 첨단이 아닌 보편 기술로 되고 있다.

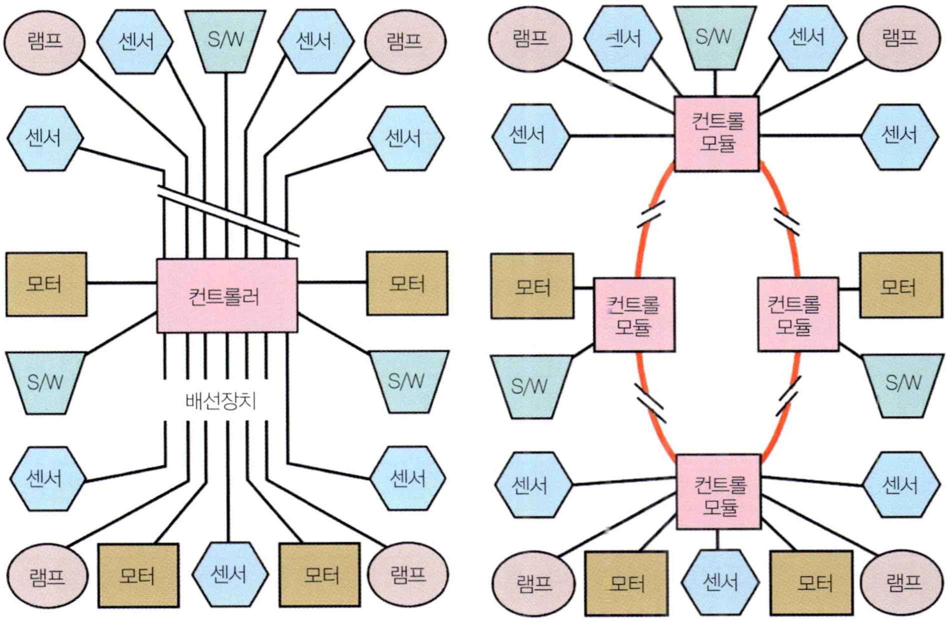

(a) 기존 자동차 (b) IVN 기반 자동차

그림 1-6 기존 자동차 및 IVN 기반 자동차 배선

초기 개별적인 제어기들을 연결하기 위하여 수많은 통신 Protocol(통신규약)이 적용되었으나, 현재에는 CAN(Controller Area Network) 또는 LIN(Local Inter-Connect Network)이 차량의 제어 부문의 표준으로 자리를 확고하게 하고 있으며, 이들 Network의 전송 매체로는 일반 전선을 사용하고 있다.

[CAN 및 LIN 네트워크 비교]

구분	CAN	LIN
목표 응용분야	섀시 제어기 통신용 바디 제어기 분산 제어용	바디 제어기와 센서 및 액추에이터 간 통신용
통신 속도	최대 1Mbps	최대 19.2kbps
Bus 구조	Passive 방식(와이어 결선)	Passive 방식(와이어 결선)
통신 Line	2선	1선
전송 매체	일반 와이어(Twisted Pair)	일반 와이어
Fault Tolerant	1개 Line 단선 시에도 통신가능 (Low Speed만 해당)	단선 시 통신 불가
Data 전송	우선순위에 의한 중요 Data 우선 전송	주 제어기에서 통신 관장
H/W	통신 Controller, Transceiver	일반 Serial Port 이용
특 성	일반 제어 분야 통신 16 bit MCU Application	저가 단순 통신용 8 bit MCU Application

그러나 멀티미디어 분야에도 네트워크의 적용 필요성이 대두되면서 대용량의 멀티미디어 데이터를 효율적으로 전송할 수 있는 멀티미디어 전용 고속 통신 Protocol이 필요하게 되었는데, 이에 대응하는 것이 MOST이다. 기존의 일반 전선 대신 광통신을 전송 매체로 이용하게 되어 고속의 대용량 데이터의 전송을 이룰 수 있다.

[MOST 및 IDB-1394 비교]

구분	MOST	IDB-1394
통신 속도	25Mbps(150Mbps 확장 중)	100 ~ 400Mbps (다양한 속도 지원)
지원 노드수	64개	63개
Plug & Play 지원	지원	지원
전송 매체	광케이블	일반 전선, 광케이블
기존 기기와의 호환성	접속 불가	다양한 휴대용 기기 접속 가능

또한 X-by-Wire(기존의 기계 또는 유압으로 제어하던 스티어링 휠이나 브레이크 등의 장치들을 네트워크 기술을 이용하여 전자적으로 제어하는 기술)로 상징되는 최첨단 제어 시

스템의 적용에는 MOST와 같이 고속의 Data를 전송할 수 있으면서도 실시간 전송이 보장되는 새로운 통신 방식의 개발이 필수적인데, 그 대표적인 네트워크가 Flexray이다.

[CAN 및 FlexRay Network 비교]

구분	FlexRay	CAN
목표 응용분야	X-by-Wire 통신용	섀시 제어기 통신용 바디 제어기 분산 제어용
통신 속도	최대 10Mbps	최대 1Mbps
Bus 구조	Passive 방식(와이어 결선), Active Star(반도체 결선)	Passive 방식(와이어 결선)
통신 Line	2선(1채널), 4선(2채널)	2선
전송 매체	일반 와이어(Twisted Pair), 광케이블	일반 와이어(Twisted Pair)
Fault Tolerant	2개의 채널을 이용 1개 채널 고장 시에도 통신가능	1개 Line 단선 시에도 통신 가능(Low Speed만 해당)
데이터전송	실시간 전송 보장 신호 충돌 가능성 배제(데이터 방식)	우선순위에 의한 중요 데이터 우선 전송
H/W	통신 컨트롤러, 버스 보호기(Guardian), 트랜스시버	통신 컨트롤러, 트랜스시버
특성	고가 고성능 통신 프로토콜 고성능 MCU 소요(32bit)	일반 제어분야 통신, 16bit MCU 적용

(3) 자동차 통신의 분류

자동차 ECU와 자기진단기 사이의 통신 프로토콜은 ISO9141-2(Keyword), CAN통신, J1850PWM, J1850VPW 등이 있으며, CAN은 Class C에 속하고 나머지는 Class B에 해당된다. 이 외에 LIN(Local Interconnect Network)이라는 것이 있는데, LIN은 저가의 시리얼(직렬) 버스(Bus, 컴퓨터 내 · 외부 각종 신호원 간의 데이터나 전원 전송용 공통 전송로)로 차량에 탑재된 센서나 액추에이터 등의 통신에 많이 사용된다.

20kbps의 속도를 가진 LIN은 단일의 마스터 노드(Node, 네트워크의 분기점이나 단말 장치의 접속점)가 여러 개의 슬레이브(Slave, 종속장치) 노드를 관리하는 UART(범용 비동기화

송수신기(Universal Asynchronous Receiver / Transmitter)는 병렬 데이터의 형태를 직렬 방식으로 전환하여 데이터를 전송하는 컴퓨터 하드웨어의 일종) 기반의 네트워크이다. LIN마스터 노드는 CAN과 같은 상위 레벨의 네트워크와 연결되어 있다. 요즘 출시되는 자동차는 거의 CAN과 LIN을 많이 사용하고 있다. 과거에는 엔진을 제어하는 ECU(Engine Control Unit), 자동변속기를 제어하는 TCU(Transmission Control Unit), ABS를 제어하는 ABS 제어 모듈 등 각 장치마다 마이컴이 한 개씩 장착되었으나 원가면이나 제어의 정확성을 높이고 유기적 제어를 위해 근래에는 통합하는 추세에 있다. 특히 CAN통신은 각 모듈이 서로 연결되어 있어 정보를 공유할 수 있고 배선의 부피가 작아지며 자동차를 효율적으로 제어할 수 있게 되었다.

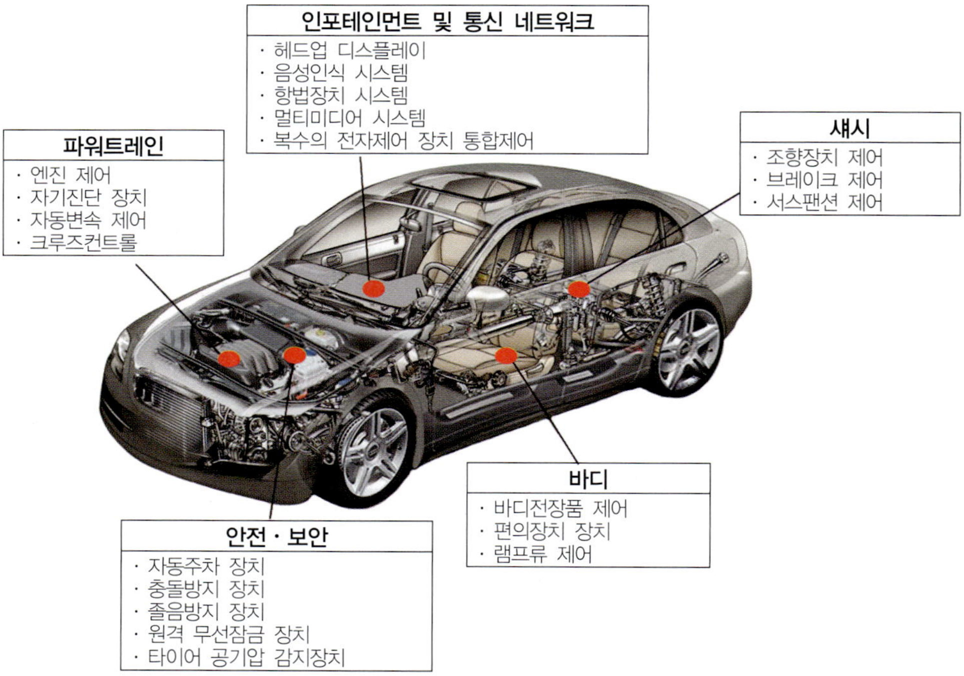

그림 1-7 자동차 통신의 종류

자동차도 각 장치들이 서로 영향을 주고받는 일종의 유기체이므로 통합적으로 제어하는 것이 바람직하다. CAN에서 사용되고 있는 통신 방식은 이더넷(Ethernet, 분산된 컴퓨터 간에 데이터를 교환해주는 통신체계 중의 하나로, LAN 기술 중에서 가장 널리 사용되는 표준 기술로, 송신측에서 전송한 데이터는 네트워크의 모든 구성원에게 전달되고, 수신측에서는 전송받은 데이터를 검사하여 자신에게 도착한 것일 경우 데이터를 수신하고 일치하지 않는 경우 데이터를 무시하는 방식으로 동작한다. 이와 같은 방식으로 네트워크를 구성하는 경우 구현이 매우 쉽다는 장점이 있으나, 네트워크를 구성하는 요소들이 증가할 경우 전송 데이터간 충돌이 자주 발생하여 네트워크의 사용 효율이 낮아진다는 단점이 있다. 이더넷은 이런 단점을 개선하기 위하여 채널 감지(Carrier Sense) 및 충돌감지(Collision Detection) 기능을 추가하였다)과 같은 CSMA(반송파 감지 다중접속 Carrier Sense Multiple Access)는 LAN의 각 클라이언트가 동시에 통신 회선을 사용할 때 발생할 수 있는 충돌을 막아주는 규약 방식으로 버스에 연결된 노드가 데이터를 전송하기 위해서는 버스에 전송되고 있는 데이터가 없을 때까지 기다려야 하는 단점이 있다. 이와 같은 버스 진입에 대한 예측 불가능성은 차량에서 전자장치의 증가에 따른 데이터 전송량의 증가를 감안했을 때, 데이터 전송속도의 지연을 초래할 수 있다. 이러한 CAN의 단점을 보완하기 위해 개발된 것이 FlexRay이다. FlexRay는 TDMA(Time Division Multiple Access) 방식으로 동작한다.

[적용 분야별 전송속도]

Class	적용시스템(예)	통신 속도	비고
Class A	램프, 도어, 파워 윈도우, 진단 통신, 전동거울, 파워시트 & 스위치 등의 입력 신호	10kbps 이하	1. K-라인 통신 2. LIN 통신
Class B	바디전장 모듈 간의 정보 교환, 클러스트 등	40kbps 내외	1. J1850 2. 저속 CAN통신
Class C	엔진 컨트롤, 변속기 컨트롤, 브레이크 컨트롤, 현가장치 컨트롤, 조향장치 컨트롤등 계통간의 정보 교환	최대 1Mbps	고속 CAN통신
Class D	Navigation, 인터넷 CD, DVD, Phone 신호등의 멀티미디어 통신	1Mbps 이상	1. Flexray 2. MOST 3. IDB-1394

버스(Bus, 컴퓨터 내부의 회로에서 중앙처리장치(CPU)와 주 기억장치, 입출력장치 간에 정보를 전송하는 데 공용으로 사용하는 전기적 통로)에 연결된 노드들은 독점적인 진입 권한이 허용되는 고정된 시간 슬롯을 할당받는다. 시간 슬롯들은 정의된 간격으로 반복되어 이를 통해 데이터가 버스 상에 있는 시간은 정확히 계산되고, 버스 진입에 대한 예측도 가능해진다. 이와 같은 장점은 CAN과 같은 데이터 전송속도의 지연을 방지할 수 있다. 뿐만 아니라 FlexRay의 비트 전송률은 최대 10MBit/s로서, 이론적으로 CAN(최대 1MBit/s)보다 10배

이상 빠른 데이터 전송 속도를 가질 수 있다. ASV(Active Safety Vehicle, 충돌 등을 미연에 방지하는 자동차)와 같이 안전에 직결된 제어 시스템의 경우, 차량에서 운전자가 실제 주행과 관련된 스티어링(Steering), 브레이킹(Braking)과 같은 조작을 수행했을 때 해당 컨트롤 신호가 정해진 시간 내에 목적지로 전송되는 것이 반드시 보장되어야 하는데, 기존의 CAN 네트워크로는 한계가 있다. 따라서 동작 안전성을 보장받기 위해 메시지의 버스 진입과 전송 시간이 정확하게 정해진 FlexRay를 필수적으로 사용하는 추세이다. 하지만 FlexRay는 개발 초기 단계이고, 높은 개발비용과 상대적으로 고가의 컨트롤러를 필요로 하는 점 등 여러 요인으로 인해 아직까지 자동차 전장 통신 시장은 CAN 통신이 대세를 이루고 있다. FlexRay의 이용이 점차 확산되더라도 ASV 등의 안전장치 제어 시스템을 제외한 나머지 전장의 경우 앞으로 상당 기간 CAN 프로토콜이 자동차 전장 네트워크 구성을 위해 사용될 것이다.

[전송 속도별 분류]

속도	표준	특성
저속	LIN	보통 10kbps 스마트 센서와 액추에이터 같은 단순한 온-오프 기기의 통신
	CAN	최대 125kbps~1Mbps(High-speed CAN) ECU 간의 통신, 제어 신호 제어기용 네트워크 표준으로 정립
고속	MOST	현재 25Mbps. MOST 2는 150Mbps. 멀티미디어 버스

1) LAN(Local Area Network)

LAN은 비교적 가까운 거리에 위치한 소수의 장치들을 서로 연결한 네트워크를 말한다. 일반적으로 하나의 사무실, 하나 또는 몇 개의 인접한 건물을 연결한 네트워크를 말하며, LAN의 핵심기술은 '프로토콜'로 불리는 통신제어방식이다.

자동차에서 LAN은 용도에 따라 세 종류로 나뉜다. 램프와 전동시트를 통합하는 거체 LAN, 부품의 고장여부를 점검하는 진단 LAN, 엔진과 트랜스미션을 통합하는 제어 LAN이 리모컨 하나로 대신하는 차내 LAN이 있다.

차내 LAN은 편리성, 안전성뿐만 아니라 자동차의 스피드 향상과 연료절감에도 기여한다. 시스템 통합으로 부품 수와 배선이 크게 줄어 차체 중량이 훨씬 가벼워지기 때문이다.

(1) LAN 토폴로지(Topology)

LAN은 장치들을 연결하는 형식, 즉 토폴로지(Topology)에 따라 링형, 버스형, 스타형, 트리형 등으로 분류된다.

[LAN의 종류]

종류	다중화 방식	교환 기능	대표적인 엑세스방식	대표적인 전송 매체	특징
스타	-	집중 회선교환	-	연대선(然對線)	중앙의 컨트롤러에서 방사상으로 회선을 설정하는 방식 제어가 간단하다.
버스	시분할 다중 [비동기계(非同期系)]	분산 패킷교환	CSMA/CD 토큰패싱	연대선 동축 케이블, 광섬유	제어상 동등한 장치를 단일의 버스에 접속하는 방식 액세스 경합(競合)이 발생한다.
	주파수 분할 다중	집중 회선교환 및 분산 패킷교환	CSMA/CD	동축 케이블	제어상 동등한 장치를 주파수 분할된 버스에 접속하는 방식 다양한 서비스에 적용 가능
링	시분할 다중 [비동기계(非同期系)]	분산 패킷교환	토큰패싱	연대선 동축 케이블, 광섬유	제어상 동등한 장치를 원형으로 접속하는 방식 엑세스 경합은 없다.
	시분할 다중 [비동기계(非同期系)]	분산 회선교환	TDMA	광섬유	장치를 원형으로 접속하는 방식 특정한 장치가 망을 관리한다. 액세스 경합은 없다.

① 링(Ring)형

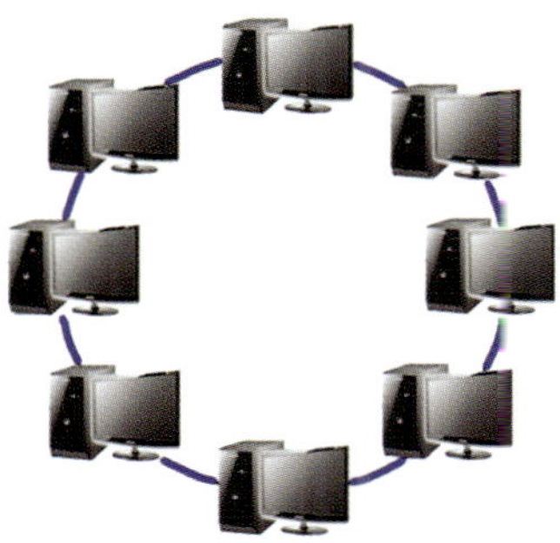

그림 1-8 링형 토폴로지

링형에서는 장치들이 원형체인 방식으로 연결되어 있으며, 데이터 전송을 위해 토큰(Token, 일련의 문자열에서 구분할 수 있는 단위로, 컴파일러나 어셈블러 등의 처리기에서 사용되는 어휘 분석 단위)을 사용한다. 토큰은 링형 네트워크를 따라 순환하는데, 토큰을 획득해야 데이터를 전송할 수 있다. 링 구조의 현저한 특징은 점 대 점 선로에 의하여 연결된 노드들이 순환구성을 갖는다는 점이다. 송신된 메시지는 링 주위를 노드단위로 이동하며, 각 노드는 메시지를 받아들이기 위하여 그 자신의 어드레스(Address, 정보를 전송할 경우의 출처 또는 행선을 나타내는 표시)를 인지할 수 있어야 하며, 각 노드는 RIU(Ring Interface Unit)를 통해 동작하고 수신된 정보 중에서 다른 노드로 어드레스된 메시지를 재전송한다. 동작 과정은 다음과 같다.

㉠ 데이터를 보내고자 하는 장치(장치 A)가 토큰을 획득하면 토큰이 비었는지를 확인한다. 비어 있으면 데이터와 목적지 주소를 토큰에 넣어 링을 통해 보낸다.
㉡ 토큰이 장치 B에 도착하여 목적지 주소가 자신의 주소와 다르면 통과시킨다.
㉢ 토큰이 장치 C에 도착하는데, 토큰의 목적지 주소가 자신에 해당되면 토큰에 저장된 데이터를 받아들인다. 그리고 토큰을 비운다.

② 버스(Bus)형

하나의 길다란 전송채널로 이루어지고 자연스럽게 전송되며, 각 기기는 BIU(BUS Interface Unit)를 통해 접속되어 있다. 버스형 구조는 다수의 노드(Node, 통신망 가운데도 시간을 잇는 기간회선과 단말에 연결되는 지회선과의 접속 부분)들에 의하여 공유되는 단일 선로이다. 링과 마찬가지로 버스형 구조는 근거리 통신망에서 분산제어 처리를 위하여 가장 많이 쓰인다. 버스상에 위치한 메시지들은 모든 노드들로 확산되며 노드들은 수신을 위하여 그들 자신의 어드레스(Address, 정보를 전송할 경우의 출처 또는 행선을 나타내는 표시)를 인지할 수 있어야 한다.

그렇지만 이 구조에서는 링에서의 노드들과는 달리, 다른 노드들을 위하여 메시지를 재생(Repeat)할 필요가 없으며, 메시지를 재전송할 필요도 없다. 이 결과 각 중계 노드에서의 재전송에 관련된 지연과 오버헤드가 없으며 노드들은 네트워크 제어의무에서 해방된다.

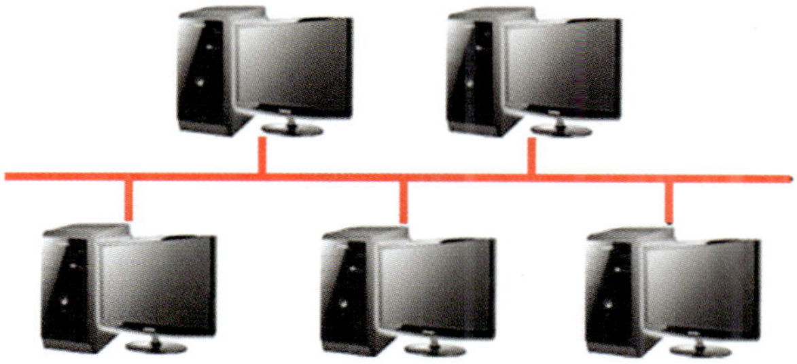

그림 1-9 버스형 토폴로지

③ 스타(Star)형

스타형은 중심노드가 시분할 호스트(Host, 정보처리 시스템에서 중심적인 역할을 담당하는 범용컴퓨터)로서 적용되는 시분할 응용에 있어서 자주 이용된다. 이는 또한 PBX(Private Branch Exchange, 가입 전화기의 일종으로서 관공서, 회사, 호텔 등 구내에 설치된 구내 교환설비 및 내선 전화기)전화망과 워드프로세싱과 같은 소규모 집단화된 네트워크에 가장 많이 쓰이는 방법이다.

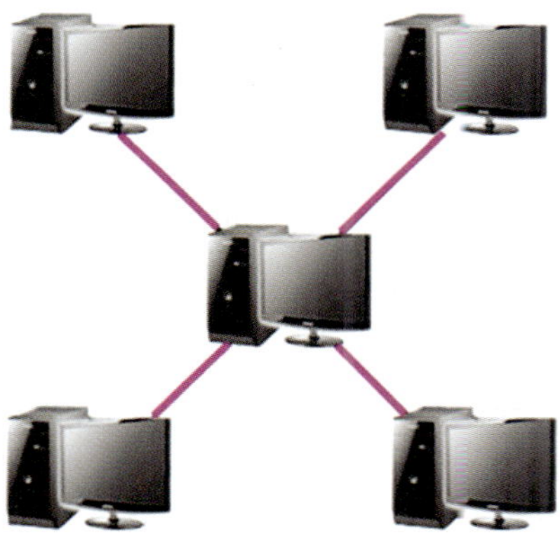

그림 1-10 스타형 토폴로지

④ 트리형(Tree/Hub)

트리형은 많은 상호 연결된 전송링크로 구성되며 Head End를 향해 한 방향으로 모든 데이터 정보를 전송한다. 이때 Head End는 마찬가지로 각 연결된 기기로부터 전송된 정보를 처리하여 똑같은 루트를 통하여 각 기기로 보내게 된다.

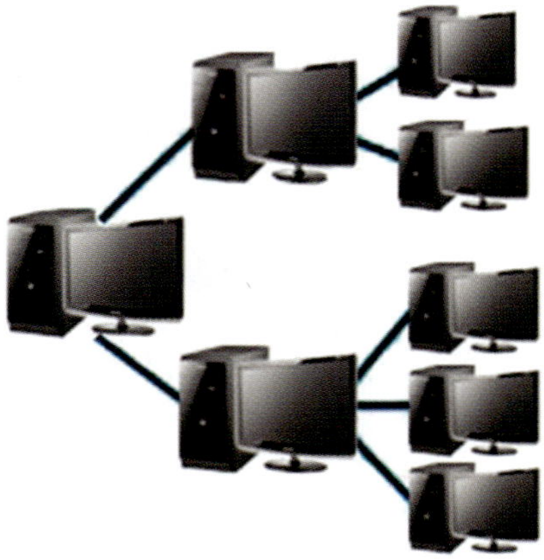

그림 1-11 트리형 토폴로지

(2) LAN 전송 매체

LAN의 전송 매체는 데이터의 전송능력, 전송거리를 결정하는 요인으로서 매우 중요한 변수이다.

[통신 매체의 종류]

종류	특성	형상
Wire	- 10kbps 내외의 느린 속도까지만 지원 - 외부 노이즈 영향 심각	
Twisted Wire	- 1Mbps 이하 속도까지 지원 - Differential 신호방식을 이용하여 노이즈 차단	
Coaxial	- 20bps 이하 속도까지 지원 - 외부 노이즈 영향 적음	 
Fiber (Plastic/ Glass)	- 6.5Gbps 이하 속도까지 지원 - 전자기 노이즈 문제 거의 없음 - 별도의 회로 필요	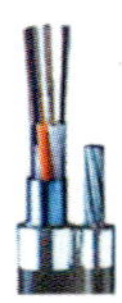 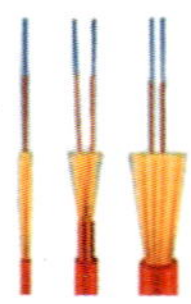

① 트위스티드 페어(Twisted Pair) 케이블

트위스티드 페어 케이블은 두 줄의 도선을 쌍으로 꼬아놓은 케이블로서, 자계에 의한 유도를 받아도 각 루프마다 기전력을 서로 없애주기 때문에 어느 정도 잡음 내성을 가지고 있다.

비교적 저속의 전송이 이용되긴 하지만 LAN에서는 수 Mbps의 데이터 속도를 성취할 수 있으며, 저속의 LAN 시스템을 구축할 때 이 케이블을 이용하게 되면 비용을 상당히 절감할 수 있다.

② 동축 케이블(Coaxial Cable)

동축 케이블은 트위스티드 페어 케이블보다 훨씬 더 멀리 전송할 수 있고, 더 많은 장비를 부착시킬 수 있으며, 더 좋은 처리능력을 제공해 준다.

동축 케이블의 특성은 중심도체를 외부도체로 싼 구조를 하고 있으므로, 외부의 전자계가 외부도체에 의해 차단되기 때문에 잡음의 영향을 받지 않는다.

베이스밴드 방식(Baseband Method, 통신로에 컴퓨터의 내부 코드에 상당하는 디지털 신호를 직접 전송하는 방식)은 디지털 형태의 신호를 그대로 전송하므로 속도가 빨라질수록 넓은 주파수 스펙트럼(Spectrum, 같은 성질을 갖도록 적당한 폭으로 구분한 연속적인 주파수의 범위)을 갖는다. 주파수에 비례한 손실특성을 갖는 동축 케이블에 고속도의 베이스밴드 신호를 멀리까지 흘려보내면 신호레벨이 저하될 뿐 아니라, 파형에 왜곡이 생기고 수신재생을 할 수 없게 된다.

따라서 베이스밴드 방식은 보통 거리 1km 정도, 전송속도 10Mbps 정도에서 사용이 제한된다. 그러나 부착되는 장비수를 줄이고 거리를 제한하는 경우에는 50Mbps까지의 속도를 낼 수 있다.

③ 광섬유(Optical Fiber)

광섬유는 유리나 플라스틱으로 만들어진 머리카락처럼 가는 섬유로서, 이를 통해 빛을 송신함으로써 소위 광통신을 가능하게 해준다. 전송하고자 하는 정보는 종전의 동선을 이용하는 통신처럼 전기적인 형태가 아니고 빛의 형태로서 광섬유를 통하여 전송되는 것이다. 따라서 전송하고자 하는 정보가 전기적인 형태를 취하고 있으면 이를 빛의 형태로 바꾸어 주어야 하며, 빛의 형태로 전송된 정보는 수신측에서 다시 본래의 전기적인 형태로 만들어져 필요한 장비로 보내져야 한다. 광섬유는 굴절률이 높은 유리(코아, 보통 직경 25마이크로미터)를 0.1~1% 정도의 굴절률이 낮은 유리(클래딩, 보통 직경 125마이크로미터)로 둘러싼 구조를 갖는데, 빛은 코어 안에 갇혀서 반사, 굴절을 반복하면서 전달된다.

(3) 데이터 전송방식

① 베이스밴드(Baseband) 방식

㉠ 하나의 케이블에 단일 통신채널을 이용하여 디지털 신호 형태로 전송방식으로 데이터를 변조하지 않은 상태로 "0", "1"을 직류 펄스상태로 전송

㉡ 충돌을 방지하기 위해서 TDM(시분할 다중화)을 사용

㉢ 모뎀 대신 간단한 transceiver(휴대용 무선통신 기기)

㉣ 중계기 없이 사용거리 1~2km

㉤ 간단하고 저렴, 거리가 짧다.

② 브로드밴드(Broadband) 방식

㉠ 광대역 통신이라는 말로 하나의 전송 매체에 여러 개의 데이터 채널을 제공

㉡ 음성, 데이터, 영상 등 데이터를 아날로그 신호형태로 전송하는 방식

㉢ 베이스밴드보다 비싸나 중계거리가 길다.

㉣ FDM(주파수 분할 다중화)을 사용

㉤ 전송 매체로는 동축 케이블, 광 케이블을 사용

(4) 충돌감지

충돌의 발생을 감지하는 방법은 베이스밴드에서는 DC전압의 스윙현상으로, 브로드밴드에서는 헤드엔드에서 자신이 전송한 메시지(패켓)를 되돌려 주기 때문에 자신이 전송한 메시지와 되돌아온 메시지의 내용을 비교하며 충돌 사실을 알 수 있다.

(5) 피어 투 피어(Peer-to-Peer) 네트워크

각 노드가 프로세싱 능력을 갖고 있어 때에 따라서는 서버의 역할을, 때에 따라서는 클라이언트(Client, 구성에서 사용자 측. 사용자가 서버에 접속했을 때 클라이언트는 사용자 자신을 지칭할 수도 있고, 사용자의 컴퓨터를 가리키기도 하며, 컴퓨터에서 동작하고 있는 프로그램이 될 수도 있다)의 역할을 할 수 있는 형태의 네트워크이다. 따라서 네트워크 내의 모든 노드는 동등한 입장이다. 노드들은 서로간의 자원을 제공하고 상호간에 상대방의 자원

을 이용할 수 있다. 이는 서버 베이스드(Server Based) 네트워크와 구별되는데 서버 베이스드 네트워크에서는 몇 개의 노드가 서버의 역할만을 고정적으로 수행한다.

(6) 네트워크 운영체제(Network Operating System)

네트워크 운영체제는 어떤 네트워크에 속한 이용자들이 그 네트워크를 구성하고 있는 자원이나 서비스들을 사용할 수 있게 네트워크를 구현하고 제어할 수 있도록 해주는 소프트웨어 팩케이지를 말한다. 네트워크 운영체제는 대체로 다음과 같은 기능을 갖는다.

① 네트워크의 파일이나 프린터와 같은 자원을 모든 이용자가 이용할 수 있게 해준다.
② 메시지 전송이나 전자우편서비스 등을 제공한다.
③ 네트워크에 속한 노드가 다른 노드들과 상호통신이 가능하게 한다.
④ 네트워크 내의 어떤 프로세스(Process)가 다른 프로세스와 상호 간에 통신이 가능하게 하는 IPC(Inter Process Communications) 기능을 제공한다.
⑤ 네트워크 내의 어떤 응용(Applications)이나 이용자들의 요구에 응답하는 기능이 있다.
⑥ 네트워크의 원하는 위치에 도달할 수 있는 경로를 제공한다.

이러한 네트워크 운영체제는 서버 위주(Server-Based)로 구성된 것과 동등레벨 위주(Peer-to-Peer)로 된 두 가지 종류로 구분된다. 일반적으로 서버 위주로 되어 있는 네트워크 운영체제가 훨씬 강력한 기능을 갖게 되는데, 이때 네트워크 운영체제는 서버의 운영체제가 된다. 때에 따라서 네트워크 운영체제는 일반 운영체제 속에 포함(Built-in)되기도 한다.

2) LIN(Local Interconnect Network)

LIN Master는 전송 시기와 전송할 프레임을 결정하며 LIN Slave는 LIN Master가 전송한 명령을 실행하는 방식으로, CAN과 달리 LIN은 Master에서 모든 네트워크를 관리한다. LIN은 주로 ECU와 능동센서 및 능동 액추에이터 간의 데이터 전송에 사용된다. LIN은 간단하며, 느린 12V, 단선 버스이다. LIN은 마스터-슬레이브(Master-Slave) 원리에 따라 작동한다. 신호형태 및 프로토콜(Protocol, 컴퓨터 간에 정보를 주고받을 때의 통신방법에 대한 규칙과 약속)은 표준화되어 있다.

LIN(Local Interconnect Network)은 CAN이 적용되는 부분 중에서 데이터 전송량이 적은 바디의 서브 통신용으로 높은 성능이 필요하지 않은 선루프, 미러, 시트 컨트롤 모터 등에서 적용되고 있으며, 한 가닥의 일반 전선으로 최대 20kbps의 전송 속도와 LIN은 하나의 Master와 하나 이상(최대 16개)의 Slave로 구성되어 있다.

(1) LIN 시스템의 특징

주소 기반 데이터 전송에서는 수신자의 식별자(ID)가 메시지에 포함되어 있다. 특히 LIN 시스템은 멀티플렉스 시스템과는 달리, 데이터 전송의 신호형태 및 프로토콜이 표준화되어 있기 때문에 다수의 시스템 생산회사 및 자동차 회사들이 LIN 부품을 공용할 수 있다. 따라서 표준화된 진단-툴(tool) 및 진단 소프트웨어의 사용 그리고 고장진단의 단순화가 가능하다는 점이 장점이다.

① 데이터 전송 최대속도는 20kbps로 느리다.
② 데이터는 1개의 배선(단선)을 통해서 전송된다.
③ 주소를 기반으로 하는(address based) 데이터 전송이다.
④ 개발 비용이 많이 저렴하다.

(2) LIN 시스템의 구조

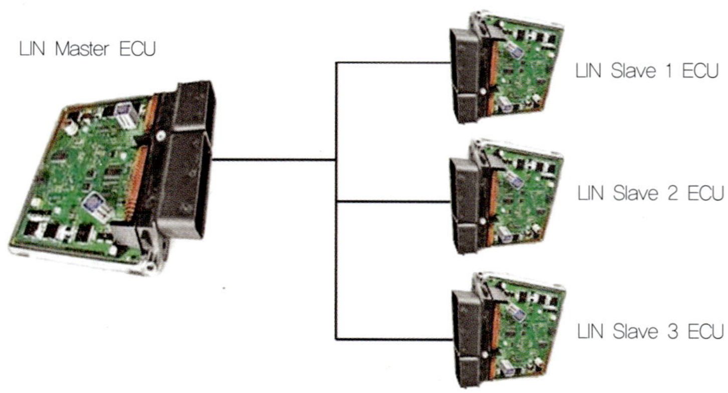

그림 1-12 LIN 시스템의 구조

① Master ECU

Master ECU는 메시지 헤더(Message Header, 메시지의 본문 앞에 위치하여 전송 제어

정보를 지닌 부분)를 데이터 버스 배선으로 전송하며, 다른 데이터 버스 시스템에 대한 인터페이스(Interface, 컴포넌트를 잘 접속하기 위한 규격) 기능을 수행한다. Slave ECU들과 진단 테스터 간의 인터페이스(Interface) 기능을 수행한다.

② Slave ECU

Slave ECU는 Master ECU가 전송한 명령을 실행한다. Master ECU가 조회를 하면, Slave ECU들은 응답을 보낸다. 기능명령의 경우에는 명령만 실행하고 응답은 보내지 않는다.

(3) LIN 프레임 포맷

LIN 버스는 단일 마스터 디바이스(Device, 특정의 기능을 위하여 구성한 기기, 장치, 도구)와 하나 또는 그 이상의 슬레이브 디바이스로 폴링(Polling, 데이터 링크의 확립 방법의 하나로, 컴퓨터 측에서 하나의 통신 회선을 공유하고 있는(분기 회선) 복수의 단말 장치(Terminal Unit)에 대하여 주기적으로, 순번으로, 송신 요구가 있는지 없는지를 문의하는 것. 그리고 송신해야 하는 데이터가 있으면 송신의 지령을 행한다. 그때 송신 데이터가 없으면 부정 응답(NAK)이 반송되어 온다. 이러한 컴퓨터 측에 주도권이 있는 방식을 폴링 방식(Polling System))된 버스이다. 마스터 디바이스에는 마스터 태스크(Task, 통화 중에 이행하는 데 필요한 처리)와 슬레이브 태스크가 있다. 각 슬레이브 디바이스(Device, 특정의 기능을 위하여 구성한 기기, 장치, 도구)는 슬레이브 태스크만 보유한다. LIN 버스의 통신은 마스터 디바이스의 마스터 태스크가 전적으로 컨트롤한다. LIN 버스에서 전송의 기본 단위는 프레임이며, 이는 헤더와 응답으로 나뉘어진다. 헤더는 마스터 노드가 항상 전송하며, 세 개의 필드, 즉 브레이크, 동기(sync) 및 식별자(ID)로 구성된다. 슬레이브 태스크가 전송하며 마스터 노드 또는 슬레이브 노드에 존재하는 응답은 데이터 페이로드와 체크섬으로 구성된다. 일반적으로 마스터 태스크는 헤더(브레이크–동기–ID 시퀀스로 구성)를 전송함으로써 루프에서 각 슬레이브 태스크를 폴링한다. LIN을 시작하기 이전에 각 슬레이브 태스크는 데이터를 버스에 출판하거나 각 수신된 헤더 ID에 대한 응답으로 데이터를 구독하도록 구성된다. 헤더를 수신하면 각 슬레이브 태스크는 ID 패리티를 확인한 후 ID를 체크하여 출판 또는 수신이 필요한지를 결정하고, 슬레이브 태스크가 응답을 출판해야 한다면 태스크는 1~8 데이터 바이트를 버스에 전송한 후 체크섬 바이트가 따라온다. 슬레이브 태스크가 구독해야 하는 경우 버스로부터 데이터 페이로드와 체크섬 바이트를 읽고 적절한 내부 동작을 취한다.

표준 슬레이브-마스터 통신에서 마스터는 식별자를 네트워크로 브로드캐스트(Broadcast, IP 네트워크에 있는 모든 로컬 네트워크 호스트로 데이터를 전송하는 방식. 호스트 주소가 전부 "1"인 경우 브로드캐스트 방식이 사용된다)하고 단 하나의 슬레이브가 데이터 페이로드에 응답한다.

마스터-슬레이브 통신은 마스터 노드에서 개별 슬레이브 태스크에 의해 완성되고, 본 태스크는 버스에 출판된 모든 데이터를 자가 수신하며, 마치 독립 슬레이브 노드인 것처럼 응답한다. 데이터 바이트를 수신하기 위해 마스터는 반드시 내부 슬레이브 태스크 응답을 전송하고자 하는 데이터값으로 업데이트해야 한다. 그 후 마스터는 적합한 프레임 헤더를 출판하고 내부 슬레이브 태스크는 데이터 페이로드를 버스에 전송한다.

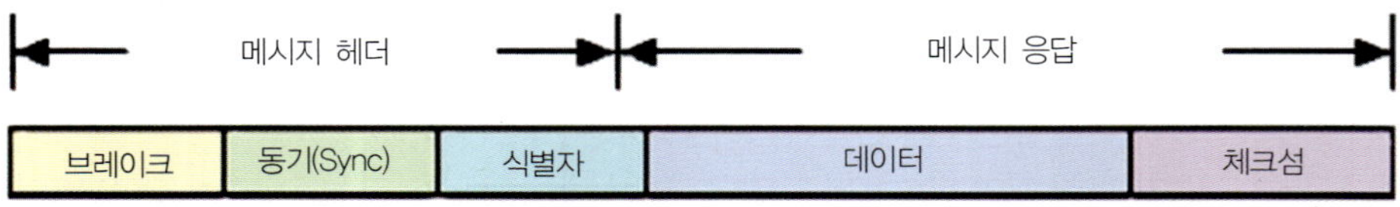

그림 1-13 LIN 메시지 틀

① 브레이크

모든 LIN 프레임은 브레이크로 시작된다. 이는 13개의 우성 비트(Nominal)로 구성되며, 하나의 열성 비트(Nominal)인 break delimiter(구분문자)가 이를 따른다. 이것은 프레임의 시작을 버스의 모든 노드에 알리는 역할을 한다.

② 동기 필드

동기 필드는 헤더에서 마스터 태스크가 전송하는 두 번째 필드이다. 동기는 문자 x55로 정의된다. 동기 필드가 있으면 자동 보드 속도 감지를 수행하는 슬레이브 디바이스가 보드 속도의 주기를 측정할 수 있으며, 버스와 동기화하기 위해 내부 보드 속도를 조정한다.

③ ID 필드

ID 필드는 헤더에서 마스터 태스크가 전송하는 마지막 필드이다. 본 필드는 네트워크에서 각 메시지에 대한 식별을 제공하며 궁극적으로 네트워크에서 어떤 노드가 수신하고 전송에 응답하는지 결정한다. 모든 슬레이브 태스크는 연속적으로 ID 필드를 확인하며 패리티를 검증하고 특정 식별자에 대한 출판자인지 구독자인지를 파악한다. LIN 버스는 총 64개의 ID를 제공한다. ID 0~59는 신호 운반(데이터) 프레임에 사용되며, 60, 61은 진단 데이터를 운반하는 데 사용되고, 62는 사용자 정의된 확장을 위해 확보되었으며, 63은 향후 프로토콜 향상을 위해 확보되었다. ID는 버스를 통해 하나의 보호된 ID 바이트로 전송된다.

④ 데이터 바이트

데이터 바이트 필드는 응답에서 슬레이브 태스크가 전송한다. 본 필드에는 페이로드 데이터 바이트 중 1에서 8바이트를 포함한다.

⑤ 체크섬

데이터 바이트 필드는 응답에서 슬레이브 태스크가 전송한다. LIN 버스는 8-비트 체크섬 필드에서 값을 계산하기 위해 2개 체크섬 알고리즘 중 하나의 사용을 정의한다. 기존 체크섬은 데이터 바이트를 합하여 계산되는 반면, 향상된 체크섬은 데이터 바이트와 보호된 ID를 합하여 계산된다.

LIN 2.0 사양 정의에 따르면 체크섬 계산은 모든 값을 더하고 그 값이 256보다 크거나 256일 경우에 255를 뺀 값으로 계산된다. (modulo-255 또는 modulo-256과 다름) LIN 2.0 사양에 따르면 LIN 1.3 슬레이브 노드와 사용하기 위한 일반 체크섬이 있고 LIN 2.0 슬레이브 노드와 사용하기 위한 향상된 체크섬이 있다. 또한 ID 60~63이 항상 일반 체크섬을 사용해야 한다는 것을 설명한다. NI LIN 인터페이스는 체크섬 유형을 일반 체크섬 또는 향상된 체크섬 중 설정할 수 있는 속성을 제공한다. 기본 설정은 일반 체크섬이다. LIN 2.0 사양에 따르면 ID 60~63은 체크섬 속성의 설정에 상관없이 항상 일반 체크섬을 사용한다.

(4) LIN의 토폴로지와 작동방식

LIN 버스는 단일 마스터 디바이스(노드)와 하나 또는 그 이상의 슬레이브 디바이스 (노드)를 LIN 클러스터에서 연결한다. 각 노드의 동작은 고유의 노드 기능 파일에 의해 설명되고 노드 기능 파일은 시스템 정의 툴에 대한 입력으로써, 전체 클러스터의 동작을 설명하는 LIN description file(LDF)을 생성한다. LDF는 원하는 노드에서 특정 동작을 자동 생성하기 위해 시스템 생성기가 분석한다. 본 지점에서 마스터 태스크는 버스에서 헤더를 전송하고 클러스터의 모든 슬레이브 태스크(마스터 노드의 고유 슬레이브 태스크 포함)는 LDF에 설명된 것처럼 응답한다.

일반적으로 LDF는 LIN 클러스터의 스케줄링(Scheduling, 처리해야 할 일들의 순서를 정하는 일 또는 중앙처리장치(CPU)를 사용할 수 있는 순서를 정하는 일을 의미한다) 동작을 구성하고 생성하는 데 사용되는데, 예를 들어 보드(baud) 속도, 헤더의 마스터 태스크 전송을 위한 순서와 시간 지연 그리고 각 슬레이브 태스크의 동작을 정의한다. NI LIN 하드웨어와 LIN용 NI-CAN Frame API는 LDF에 전적인 지원을 제공하지 않는다. 다시 말해 스케줄링 동작을 하드웨어에 다운로드할 수 없다는 뜻이다. 그러나 버스에 액세스하는 로우 레벨의 지원(헤더 작성과 응답에 대한 출판 또는 구독)이 제공되어 사용자가 애플리케이션(Application, 응용프로그램) 레벨에서 이 같은 스케줄링 동작을 생성할 수도 있다. NI LIN 응답 엔트리 프레임 유형에 대한 설명에서 언급한 바와 같이, NI LIN 하드웨어는 슬레이브 태스크 응답을 저장하기 위한 응답 큐를 갖추고 있다. 응답 큐는 64개의 응답을 보유하며, LIN에 정의된 최대 64개 ID 중 각각에 해당된다. 이를 통해 LIN 인터페이스 슬레이브 태스크는 LIN 사양이 정의한 응답 시간 내에서 헤더에 응답할 수 있다. LIN용 NI-CAN Frame API는 LIN 버스와 완벽한 로우 레벨 연동을 위한 수단을 제공하며, 이를 통해 최종 사용자들은 LIN 네트워크의 분석 및 프로토타입과 같은 복합적인 애플리케이션을 개발하기 위해 기본 기능을 사용할 수 있다. LIN용 NI-CAN Frame API는 LIN 진단 또는 구성, LDF 또는 스케줄 테이블을 원시 지원하지 않는다. 그러나 LIN용 NI-CAN Frame API를 사용하는 애플리케이션에서 본 태스크를 실행할 수도 있다.

(5) 능동센서와 능동 액추에이터

이들은 각각 별도의 전원 및 평가일렉트로닉 또는 제어 일렉트로닉을 갖춘 부품들이다.

① 능동센서(Active Sensors)

능동센서는 전원전압이 인가된 후에 신호를 생성한다. 평가 일렉트로닉은 측정한 신호를 증폭시키거나 이를 데이터신호로 변환시킨다. 그러므로 간섭에 대한 저항성은 더욱더 향상되고, ECU의 구조는 더욱더 단순해진다.

② 능동 액추에이터(Active Actuator)

능동 액추에이터가 기능을 실행하기 위해서는 ECU의 출력신호와는 별도로 전원전압을 필요로 한다. 액추에이터를 작동시키는 큰 전류는 ECU에 의해 스위치 "ON"되지 않는다. 따라서 ECU에 파워 트랜지스터를 설치할 필요가 없다.

3) CAN(Controller Area Network)

CAN(Controller Area Network)은 벤츠의 요구에 의해 독일의 자동차 부품 메이커인 Bosch에서 차량 내 전자 제어 유닛(ECU : Electronic Control Unit)과 같은 각종 제어장치들을 직렬 통신방식을 이용해 차량 네트워크로 연결하기 위해 개발하였으며, 1993년에 ISO에서 국제 표준 규격으로 제정되었다.

CAN 통신은 주로 자동차 안전시스템, 편의사양 시스템들의 ECU들간의 데이터 전송 그리고 정보 및 통신 시스템과 엔터테인먼트 시스템의 제어 등에 사용되며, CAN은 고장방지 기능을 지원하는 Low Speed CAN과 High Speed CAN으로 꼬여 있거나 또는 피복에 의해 차폐되어 있는 2가닥 데이터 배선을 통해 데이터를 전송하고 최대 통신 속도는 1Mbps이며, 125kbps를 기준으로 Low Speed CAN(차량 바디계)과 High Speed CAN(차량 제어계)으로 나누어지며, 여러 가지 ECU들을 병렬로 연결하여 우선순위대로 처리하는 방식이다.

(1) 차량에서 CAN 통신의 필요성

① 전자장치들이 갈수록 더 많이 차량에서 실행되고 있다.

② 적은 연료 소비, 배기가스 저감 그리고 편하고 안전한 것을 필요로 한다.

③ 각종 제어시스템과 이들의 센서 사이에는 정보교환이 필요하지만, 재래식 방법의 Point-to-Point 배선으로는 생산비, 생산시간, 신뢰성과 관련한 문제들이 증가한다.

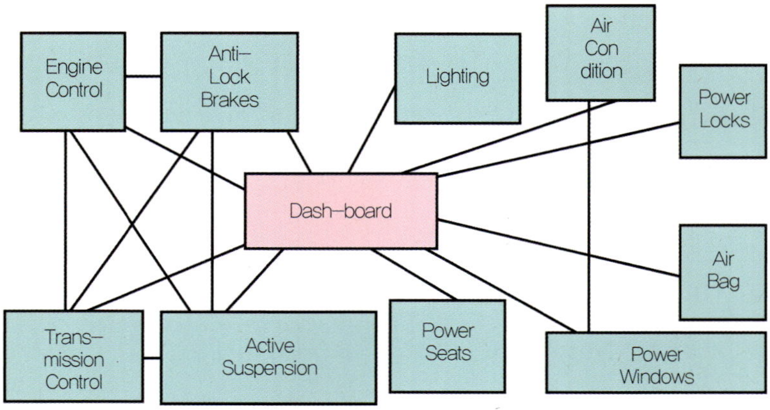

그림 1-14 Point-to-Point 배선 방식

④ 특수 요건들을 충족시키기 위하여 CAN 통신이 개발되어 시리얼 버스시스템으로 제어시스템과 연결하고 차량에서 사용하기 때문에 신뢰성과 관련된 특수 요건들이 충족된다.

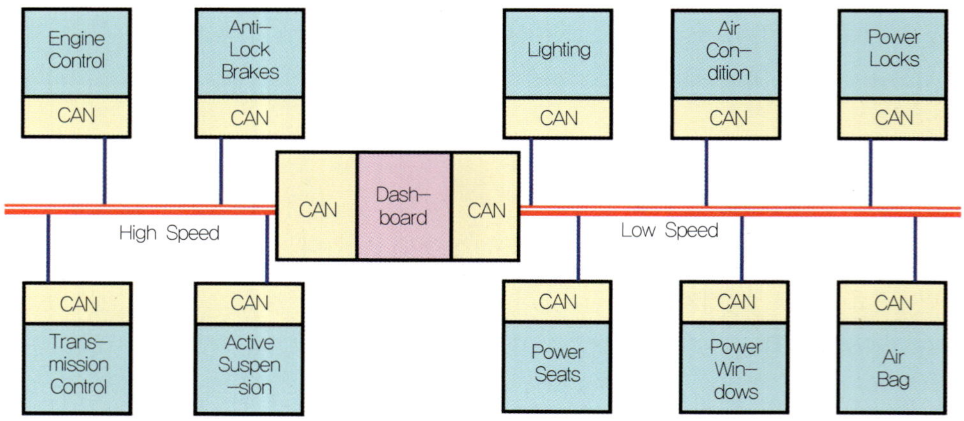

그림 1-15 CAN 통신 방식

(2) CAN 통신의 특징 및 장점

CAN 통신은 여러 개 ECU를 병렬로 연결하여 데이터를 주고받는 통신방법이다. CAN 버스를 통해서 통신선상에 데이터를 띄어놓고 필요한 데이터에 접근(Access)한다. 특징과 장

점은 다음과 같다.

① **다중 주인(Multi Master) 통신 방식** : CAN 버스는 다중 주인(Multi Master) 방식으로 통신하므로 통신 버스를 여러 노드(node)들이 공유하면서 언제든지 버스를 사용할 수 있다.

② **표준 프로토콜이므로 시장성이 뛰어나다** : 많은 업체들이 경쟁적으로 CAN칩을 제작하고 있으며, 비용 또한 비교적 저렴하다. CAN 프로토콜은 호스트 CPU에 내장된 CAN 컨트롤러 칩이나 호스트 CPU에 장착된 CAN 주변 장치에서 실행된다.

③ **간단한 구조** : CAN_High, CAN_Low 두 개의 신호로 통신하므로 단 2개의 선이 필요하다. 그러므로 많은 모듈이 추가되더라도 사용되는 전선의 양을 획기적으로 줄일 수 있다.

④ **노이즈(noise, 잡음)에 매우 강하다** : CAN BUS는 Twist Pair 2선으로 되어있어 전기적 잡음(noise)에 강해 메시지를 보호할 수 있다.

⑤ **ID 값을 이용한 우선순위** : 자동차의 ECU들은 고유한 ID 값을 가지고 있다. ID 값은 낮을수록 우선순위가 높은데, CAN에서는 수신 필터가 있어 필터를 어떻게 설정하느냐에 따라 설정된 ID 값을 특정 그룹 또는 전체 수신해 우선순위를 결정한다. 주소가 아닌 ID 값으로 메시지 내용과 우선순위가 결정되며, 이는 시스템 제어 속도와 안전성을 향상할 수 있다. 특히 BUS를 이용하므로 연결선 수를 대폭 줄일 수 있으며 이는 자동차의 무게와도 직결되므로 매우 중요하다.

⑥ **고속 및 원거리 통신** : CAN 통신은 최대 1Mbps에 달하는 고속 통신을 제공하며, 보통 통신 속도가 500kbps~1Mbps 속도로 CAN 통신이 가능하다. 또한 최대 1,000m까지 원거리 통신이 가능하다.

⑦ **PnP(PLUG & PLAY) 기능** : PLUG & PLAY 기능(꽂으면 실행된다는 뜻으로, 컴퓨터 실행 중에 주변 장치를 부착해도 별다른 설정 없이 작동함을 뜻한다)을 제공해서 CAN 제어기(Controller)를 버스에 간편하게 연결하고 끊을 수가 있어서, 여러 장치를 추가하고 제거하기가 매우 쉽다.

⑧ **하드웨어적인 오류보정이 있다.**

⑨ **실시간 메시지 통신을 할 수 있다** : 한 번에 8개의 데이터를 전송하는 HW 패킷을 제공한다. 보통 RS232/RS485 통신에서는 패킷 통신을 위해 사용자가 일일이 패킷 형식을 만들어 주고 수신받을 때도 그런 해석이 필요하지만, CAN은 8바이트 데이터를 담는 HW 패킷 통신을 기본으로 한다. 따라서 사용자는 데이터 버퍼에 데이터를 쓰고 전송

만 하면 그 외 모든 처리는 HW가 알아서 한다. 분산제어 분야 적용이 용이하다.

⑩ 우선순위가 있다.

(3) CAN Data 전송의 개요

① 통신 방법의 개요

㉠ 각각의 메시지는 자신의 고유 ID를 갖는다(CAN 2.0A=11bit, CAN 2.0B=29bit).

㉡ 모든 node는 bus idle 상태에서 데이터 전송가능(multi master)

㉢ Message 충돌의 중재는 ID를 통하여 우선순위 결정

㉣ 수신 node는 message ID를 check하여 무시 또는 저장

㉤ 수신 node는 message 수신 후 받았다는 신호를 발생

㉥ Message format error를 판단하면 bus에 error 신호를 발생

② Message Frame의 구성

㉠ Frame : 하나의 message를 이루는 field 또는 bit들의 집합

㉡ Data frame : 일반적으로 전송되는 데이터 message

㉢ Remote frame : 특정한 ID의 data frame 전송을 요청

㉣ Error frame : Error를 판단한 node가 전송하는 message

㉤ Overload frame : Data frame 사이에 delay가 필요한 경우 전송하는 frame

(4) CAN 데이터 버스의 구성

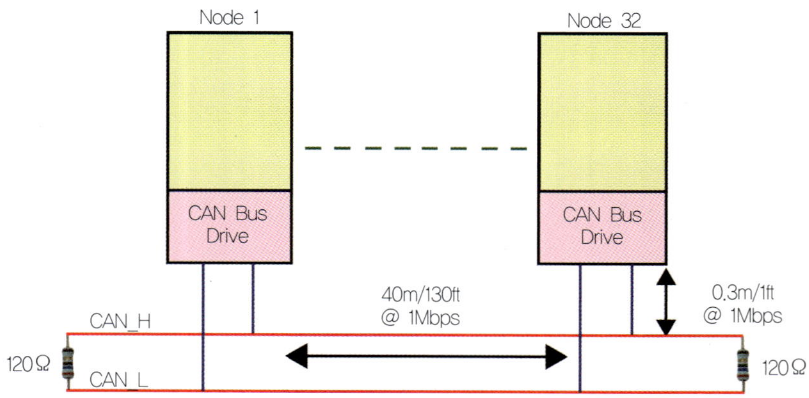

그림 1-16 CAN 데이터 버스의 구성

CAN 데이터 버스시스템은 최소한 2개의 노드(node), CAN-low 배선, CAN-high 배선 그리고 최소한 2개의 터미널 저항(terminal resistor)으로 구성된다.

① 노드(nodes)

버스시스템을 구성하는 다수의 스테이션(예 : ECU) CAN 버스 노드의 내부구조는 LIN-버스 노드의 내부구조와 동일하다. 데이터 전송률을 더 빠르게 하고, LIN-데이터 버스에서와는 다른 전압수준을 버스 배선에 인가하기 위해서 고품질 컨트롤러 및 트랜시버를 사용한다.

② 버스 배선(CAN-high, CAN-low)

두 배선은 서로 꼬여 있거나 와이어-메쉬(wire mesh)에 의해 차폐되어 있다. 노드의 트랜시버(Transceiver, 데이터 전송에 있어서 데이터의 송수신이 가능한 단말 장치. 송신기(transmitter)와 수신기(receiver)와의 합성어이다)에 의해 CAN-high 배선에 수준이 우성(dominant)이면, 이 배선의 전압은 상승한다. 동시에 CAN-low 배선의 전압은 하강한다. 이때의 논리값은 "0"이다. 스위칭할 때마다 두 CAN-배선에서 생성되는 자장은 전압이 서로 반대방향으로 변화하기 때문에 상쇄된다. 따라서 두 배선은 외부에 대해서는 전자적(電磁的)으로 중성이며, 어떠한 외부 간섭도 일으키지 않는다. 즉, 간섭에 대한 저항성이 보장된다.

[버스 배선에서의 전압 수준]

논리값	LIN	CAN 등급 B		CAN 등급 C		수준
0	0V	low	1V	low	1.5V	우성(dominant)
		high	4V	high	3.5V	
1	약 12V	low	5V	low	2.5V	열성(recessive)
		high	0V	high	2.5V	

③ 터미널 저항(Terminal Resistors)

터미널 저항은 CAN-high 배선과 CAN-low 배선 사이의 회로를 연결한다. 이를 통해 CAN-버스 배선에서 반사(reflection)가 발생되는 것을 방지한다. 터미널 저항은 주로 노드(node)에 설치되어 있다. 터미널 저항이 없는 CAN-버스 배선은, 특히 CAN 등급 C 시스템에서는 기능적인 고장의 원인이 될 수 있다. 따라서 고장의 경우에는 반드시 터미널 저항을 먼저 점검해야 한다. CAN 등급 C 시스템에서는 저항측정기를 이용하여 CAN-배선의 접점에서 터미널 저항을 테스트할 수 있다.

(5) CAN 프레임 구조

데이터 프로토콜은 데이터 메시지의 구조를 결정하며, 표준화되어 있다. CAN 데이터 버스에서 메시지의 길이는 128bit까지이다. 이들은 서로 연속된 필드(field)로 분할되어 있다. CAN-버스 등급 C에서 클록 주파수가 5kHz인 경우, 128bit의 메시지를 전송하는 데는 약 0.25ms가 소요된다. CAN 통신은 프레임이라고 하는 패킷(packet)으로 데이터를 전송한다. 프레임이란 하나의 메시지를 이루는 필드 또는 bit들의 집합을 말하며, CAN 프레임은 다음과 같은 분할 구역(section)으로 구성되어 있다.

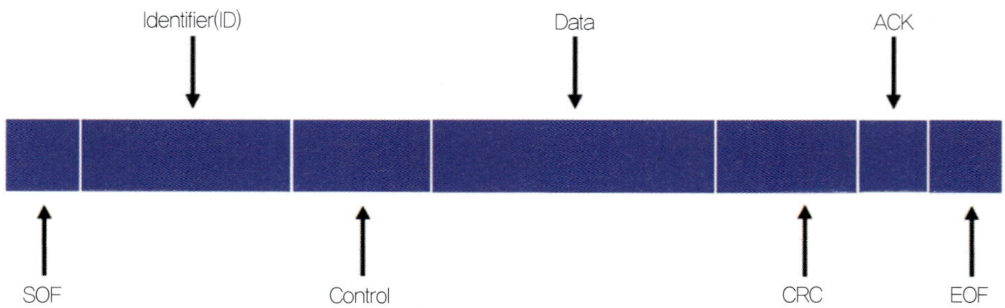

그림 1-17 CAN 프레임

① SOF(Start Of Frame) 비트 : 메시지의 시작을 의미하는 주요한 비트로 버스의 노드(node)를 동기화하기 위해 사용된다.

② Identifier(ID) : 식별자로서 메시지의 내용을 식별하고 메시지의 우선순위를 부여한다. CAN 메시지에 있는 ID의 길이에 따라서 표준 CAN과 확장 CAN 두 가지 양식(mode)으로 구분된다. 표준 CAN은 11비트 식별자이고, 확장 CAN은 29비트 식별자로 구분된다.

③ Control : 데이터의 길이(DLC)를 의미한다.

④ Data : 전달하고자 하는 내용을 의미한다.

⑤ CRC : 프레임의 송신 오류 및 오류 검출에 사용된다.

⑥ ACK 비트(Bit) : 오류가 없는 메시지가 전송되었다는 것을 의미하는 비트로서, CAN

제어기는 메시지를 정확하게 수신했다면 ACK(Acknowledgement) 비트를 전송한다. 전송 노드는 버스 상에서 ACK 비트의 유무를 확인하고, 만약 ACK 비트가 발견되지 않는다면 재전송을 시도한다.

⑦ EOF(End of Frame) 비트 : 프레임의 끝을 나타내고 종료를 의미한다.

(6) CAN의 작동원리

① 멀티-마스터(Multi-Master) 원리

버스 배선을 통해 정보를 송·수신하고 있는 중이 아니라면, 멀티-마스터 원리에 따라 각 노드(예 : ECU)는 버스 배선에 메시지를 전송할 수 있다. 다수의 ECU가 동시에 메시지를 전송하고자 할 경우는 중재(arbitration)를 통해 가장 중요한 메시지를 가장 먼저 전송한다.

② 중재(Arbitration)

하나의 자원에 대하여 복수의 프로세스나 이용자가 행한, 경합하는 요구를 감시하고 관리, 중재하는 과정(process)을 말한다. 다수의 ECU가 동시에 메시지를 전송하고자 할 때, 데이터 버스 배선으로의 접근을 통제하며 중재를 조정(arbitration)이라고도 한다. 통신 중재 방법은 다음과 같다.

㉠ Message 전송이 동시에 일어나는 경우 ID를 통하여 해결

㉡ Dominant Bit : Bus에 우선하여 나타나는 bit(logic "0")

㉢ Recessive Bit : Dominant bit에 대하여 무시될 수 있는 bit(logic "1")

㉣ Dominant bit가 Recessive bit에 우선하며, 따라서 ID가 낮은 메시지가 우선이다.

(7) CAN 통신의 동작 방법

CAN 버스에는 전체 노드를 제어하는 주인(Master)이 없어서 CAN 버스에서 데이터를 쉽게 접근할 수 있다. 우선 CAN 제어기는 CAN 버스선이 다른 제어기에 의해서 사용 중인지 확인을 한다. 만약 CAN 버스선이 사용 중이지 않는다면 모든 노드는 ID 값을 통해서 자신에게 필요한 메시지를 확인한다. 이때 불필요한 메시지를 무시하게 되고 자신에게 필요한 메시지만 수신하게 된다. 자동차의 ECU들은 고유한 ID 값을 가지고 있으므로 다중 노드가 동시에 메시지를 CAN 버스에 전송하려는 경우에는 가장 낮은 ID 값을 가진 최우선 노드가 자동으로 버스에 접근하게 된다(식별자 값이 1과 7일 경우 식별자 1의 우선순위가 더 높음).

우선순위가 높은 메시지가 CAN 버스의 사용 권한을 보장받을 수 있으며, 낮은 순위의 다른 노드들은 대기해야 하며, 자동으로 다음 버스 사이클에서 재전송을 수행한다.

(8) Remote(원격) Frame

① Receiver가 transmitter에 data를 요청할 때 출력하는 frame

② Arbitration field에는 송신기의 ID가 포함되며 data field가 없는 것이 특징

(9) Error Frame

① Error 상황을 알리기 위한 frame

② Error를 감지한 node가 6 dominant bit를 출력하면 다른 node는 이에 반응(stuff error)하여 6 dominant bit를 출력

③ 6~12 dominant bits(Error Flag) + 8 recessive bits(Error delimiter)로 구성

④ Superposition(중첩) : Node들이 출력하는 error flag의 순서에 따라서 중첩될 수 있다.

⑤ Error Delimiter : Error frame의 종료. 8 recessive bit로 구성

(10) Overload(과부하) Frame

① 다음의 상황에서 overload frame을 전송(bus 상태를 안정화하기 위해서)

㉠ Receiver의 내부 조건에 의해서 다음 data/remote frame 사이에 delay가 필요한 경우

㉡ Frame 사이의 intermission의 1, 2bit가 dominant bit인 경우

㉢ Error delimiter 또는 overload delimiter의 마지막 bit가 dominant bit인 경우

② 6 dominant bits(Overload Flag) + 8 recessive bits(Overload delimiter)로 구성

(11) Bit Stuffing

비트 스터핑은 전송된 데이터 열에 여분의 비트를 삽입하는 것으로 특수한 비트열이 확실히 원하는 위치에만 나타나도록 하기 위해 사용한다. 전송할 내용이 같은 bit가 5개 연속이면 6번째 bit는 반대의 bit를 끼워 넣는다.

① 비동기식 통신이므로 각 bit의 check 시점이 달라지는 오차를 줄이기 위한 방법

② Transmitter에 의해 만들어지며, receiver는 이를 빼고 해석한다.

③ Bit Stuff Area : SOF, Arbitration Field, Control field, Data field, CRC field

4) MOST(Media Oriented Systems Transport)

MOST(media oriented systems transport)는 환경에 강하면서도 비용대비 효과가 높은 통신으로 네트워크가 필요한 자동차 멀티미디어 네트워크용으로 1998년 Daimler cyrysler, harmann/becker, BMW, OASIS에 의해 개발되었으며, 모든 종류의 자동차 멀티미디어 애플리케이션(오디오, 비디오, 내비게이션)을 위한 차량 내부 통신 프로토콜이다.

현재 광통신을 이용하여 25Mbps의 전송속도와 64개의 노드를 지원하고, 현재 150Mbps까지 전송속도를 확대하기 위한 개발을 진행 중에 있다. 그리고 상대적으로 고가인 광케이블을 대체하기 위하여 일반 전선으로도 통신이 가능하도록 개발 중에 있다.

MOST(Media Oriented System Transport)는 멀티미디어와 인포테인먼트 애플리케이션을 위한 멀티미디어 네트워크이다.

자동차 조작 · 제어를 담당하는 LIN01과 CAN02와는 달리 주로 고속의 멀티미디어 데이터 전송을 담당한다. 자동차 내의 전자기적 환경은 일반 가전에 비해 매우 열악하다.

많은 잡음에도 회로는 정상적으로 동작해야 하며, 타 장치에 전자기적 간섭을 최소화하도록 전자기파 생성을 규정에 맞게 낮춰 제작해야 한다. 즉, EMS(Electromagnetic Suspension)와 EMI(Electromagnetic Interference) 규정을 만족해야 자동차 생산이 가능하다. 물론, 차량 내 모든 장비는 이 규정의 영향을 받는다. 고품질 오디오 데이터를 잡음과 끊김 없이 POF(Plastic Optical Fiber) 광통신(플라스틱으로 구성된 광섬유로, 빛을 통해 정보를 전송하는 새로운 광통신 매체로 다른 광섬유에 비해 충격에 강하고 유연성이 높으며 무게가 가볍고 가격이 저렴하다)을 이용하여 전송한다.

MOST는 차량용 멀티미디어 및 인포테인먼트 네트워크를 위한 완벽한 통합 프로토콜이다. 물리계층부터 응용계층까지 전 계층의 프로토콜을 정의하고 있다. 물리계층은 버전별로 정해진 매체규격이 있지만 MOST150의 경우에는 광통신 매체와 구리선 매체를 선택적으로 사용할 수 있고, O/E(광신호를 전기적 신호로 변환) & E/O(전기적 신호를 광신호로 변환) 변환기를 통해 동일한 네트워크에 혼재해서 사용가능하다. 게다가 데이터링크 계층을 담당하는 INIC(Intelligent Network Interface Controller)는 모든 버전에서 동일한 On-Board 인터페이스(Media LB, I2C, I2S, SPI, TSI 등)를 제공하여 하드웨어 개발자들의 플랫폼 재사용성을 향상시킬 수 있다. MOST 소프트웨어의 핵심이라고 할 수 있는 NetServices 역시 버전 의존성이 없어 소프트웨어 재사용성을 높일 수 있다.

(1) 물리계층

MOST는 Plastic Optical Fiber(POF/LED), Polymer Clad Silica(PCS), Shielded(STP)와 Unshielded Twisted Pair(UTP) 구리선, 동축 케이블을 물리계층으로 사용할 수 있고, 향후 Glass Optical Fiber도 추가될 예정이다.

MOST는 현재 최대 약 150Mb/s의 대역폭을 제공한다. H.264 등으로 압축된 HD 영상을 전송하는데 충분할지 몰라도 카메라나 각종 대용량 센서 데이터 기반의 ADAS(Advanced Driver Assistant System) 구현을 위해서는 좀 더 많은 대역폭이 요구된다. 그래서 MOST Cooperation과 Microchip은 5-Gb/s 속도의 새 MOST 규격과 INIC 칩을 이미 개발 중이다.

(2) 데이터링크계층

MOST 네트워크는 원형이고 슈퍼프레임을 주기적으로 전송하는 구조이다. 16개의 프레임을 하나의 블록에 결합하고 각 프레임은 512비트로 구성되어 있다.

그림 1-18 MOST 네트워크

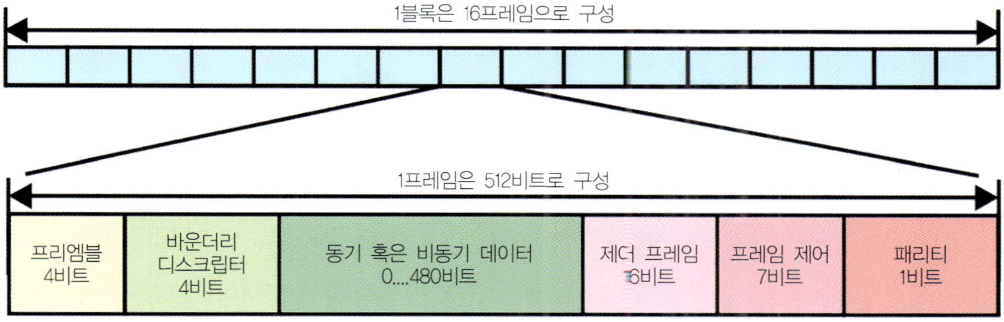

그림 1-19 MOST 프레임 구조

제어 메시지를 전송하는 고정 크기의 제어채널, 오디오나 비디오와 같은 QoS(Quality of Service, 통신서비스 품질. 네트워크상에서 일정 정도 이하의 지연 시간이나 데이터 손실률 등의 보장을 일컫는 말로, 사전에 합의 또는 정의된 통신 서비스 수준을 뜻한다. 즉, 데이터를 목적지까지 빠르게, 일정한 속도로, 신뢰성 있게 보내기 위해 대역폭, 우선순위 등 네트워크 자원을 할당해 주어진 네트워크 자원에 각종 응용프로그램의 송신 수요를 지능적으로 맞춰주는 여러 가지 기술을 총칭하는 용어)가 요구되는 데이터가 실리는 동기(Synchronous) 채널 그리고 경쟁방식으로 패킷을 전송하는 비동기(Asynchronous) 채널로 구성된다. 동기 채널에 실리는 데이터는 트래픽 혼잡에 인한 지연 없이 목적지까지 전송되는 것이 보장된다. 이 QoS가 가장 기본적이면서도 강력한 MOST의 장점이다. 일반 이더넷으로는 이렇게 확실한 QoS 보장이 어렵기 때문이다.

동기채널과 비동기채널의 크기는 네트워크 마스터에 의해서 결정된다. 오디오나 비디오 데이터가 많은 경우에는 동기채널의 크기를 키우고 그렇지 않을 경우에는 줄인다. 비동기채널의 크기는 설정된 동기채널을 제외한 나머지를 모두 사용하며, MOST 프레임 구조는 매우 유연하고 효율적으로 관리될 수 있도록 설계되었다.

(3) 응용계층

MOST 협력에는 응용계층을 기능블록(Function Block) 파일의 집합을 표준화하여 차량에서 널리 사용되는 기능에 필요한 각종 변수(Property)와 기능(Method)들을 정의하였다. 기본적인 MOST 네트워크 관리기능은 Network Master로 정의되었고, 오디오 장비는 AuxIn, AudioAimplifier, AudioDiskPlayer 등으로 정의되었다. 이런 표준화된 기능블록

(Function Block)을 사용하여 MOST 장비를 개발할 경우 호환성이 확보되는 장점이 있다.

5) IDB(Intelligent Transport System Data Bus)-1394

IDB-1394는 가정용으로 사용 중인 IEEE 1394를 기본으로 하고 있기 때문에 DVD, CD Changer, 오디오, 비디오 디스플레이뿐만 아니라 디지털카메라나 게임기 같은 가전제품과 연결하여 사용할 수 있는 장점이 있으며, 광통신을 이용하여 400Mbps의 전송 속도를 보장하고 있다. 현재 미국과 일본 완성차 업체를 중심으로 적용을 검토하고 있다.

6) D2B(Digital Data Bus)

D2B(digital data bus)는 디지털 오디오, 비디오와 기타 고속의 동기・비동기 신호를 최고 11.2Mbps의 속도로 송수신할 수 있는 멀티미디어 데이터 통신이다. UTP(unshielded twisted pair)나 하나의 광섬유(single optical fiber)로 구성되며, 모듈의 추가나 기능의 확장을 위하여 별도의 와이어 하네스 변경이 필요하지 않은 장점을 가지고 있다.

7) 블루투스(Bluetooth)

블루투스는 핸드폰, PDA, 노트북과 같은 정보기기 장치들간의 양방향 근거리 통신을 복잡한 전선 없이 저가격으로 구현하기 위한 근거리무선통신 기술과 표준 및 제품을 총칭한 것이다. 블루투스의 기술개발과 시장형성을 위해 구성된 통신, 컴퓨터, 네트워크 관련 유수 회사들의 협력체 SIG(블루투스 Special Interest Group)에 의해 사실상 표준안이 마련되었다.

SIG는 에릭슨(Ericsson), IBM, 인텔, 노키아, 도시바가 발족하였다.

블루투스의 특징은 SIG 가입회원사에 대해서는 블루투스의 기술에 대한 로열티를 받지 않는 무허가(Open License) 정책이다. 기술개발의 발전 속도가 매우 빠르고, 시장형성 속도도 빠르다.

사용자의 현재 욕구인 양방향 근거리무선통신을 가장 빠른 시일 내에 가장 저렴하게 제공할 수 있다는 것이 블루투스의 장점이다.

블루투스의 단점은 최대 1Mbps의 전송속도로 피코네트(Piconet)라는 망 구성으로 7개의 기기들간 가상(Ad-hoc)의 통신망을 구성한다. 블루투스의 장점은 H/W뿐만 아니라 소프트웨어 부분에서도 완성이 임박하고 많은 관심집단 멤버들이 참여하고 있어 사용자의 현재 욕구를 낮은 가격에 만족시킬 수 있다. 차량 내부에 장착되어 있는 정보통신기기를 비롯한 각종 차량 제어기가 급증하면서 시스템 연계를 위한 배선이 급증하고 있다. 이 같은 문제를 해결하기 위하여 대두된 것이 블루투스이다.

[차세대 고속 무선전송의 응용별 요구 통신 속도]

응용	요구 통신 속도
AC3 Dolby Digital	384kbps
CD Audio	1.5Mbps
MPEG1	1.5Mbps
USB	1.5/12Mbps
MPEG2	4-6Mbps
DVD	up to 9.8Mbps
ADSL	8Mbps
Cable Modem	6Mbps
VDSL	13-52Mbps
HDTV	19.280Mbps

2001년 10월 자동차에 블루투스를 이용한 핸즈프리 프로파일(Hands-Free Profile)이 확정됨에 따라 채택이 가시화되기 시작하였다. 핸즈프리 프로파일은 자동차 내부에서 일반 전화기와 차량 오디오시스템 등을 무선으로 접속하는 핸즈프리 전화를 실현시킬 것이다.

블루투스 SIG는 2001년 핸즈프리 프로파일을 채택한 차량 내부 무선시스템의 시제품을 제작하였으며, 다임러는 2001년 10월 휴대전화와 블루투스 기술을 이용해 차내에서 핸즈프리 통화가 가능한 텔레매틱스 시스템을 2002년 시판하였다. 이 시스템은 블루투스 이동전화 단말기로 차량의 오디오, 디스플레이 시스템 등을 원격으로 조작할 수 있다. 이때 적용된 음성인식 기술은 미국 IBM기술을 활용하였다.

AMI-C에서 차량 내부를 연계시키는 매체로서 블루투스가 일반화되면서 블루투스의 응용 기기에 대한 품목도 확대되고 있다. 따라서 차량 중심의 지능형교통체계와 관련된 부문에도 광범위하게 응용될 전망이다.

[블루투스(Ver.1.0b)의 주요 사양]

항목	주요 내용
주파수대역	2.4GHz(ISM Band)
통신 거리	11m(class 3)~100m(class 1)
Data 전송속도	1Mbps(음성 64Kbps, Data 최대 721Kbps)
네트워크	1대의 Master에 대해 256대의 slave를 등록 가능 7대의 Slave와 동시통신 가능
규격화책정	블루투스 SIG에서 책정, SIG에서는 에릭슨, 노키아, IBM, 인텔, 도시바 외 2,000개사 이상이 참여 중

무선방식의 블루투스 체계에도 한계성은 존재한다. 자동차 응용시스템은 일반 성능보다 신뢰성이 문제가 되기 때문에 자동차 특성 관련 시스템에 대한 응용은 어려울 것으로 예측되며, 대표적으로 엔진이나 브레이크 시스템 등을 들 수 있다. 자동차 내부 정보 계통의 네트워크 프로파일은 자동차 기반의 프로파일(Profile)과 AV 기반의 프로파일로 대별 가능하다.

먼저, 자동차 기반의 프로파일은 다음과 같다. 카 내비게이션(Car Navigation)과 휴대전화 간의 접속, 핸즈프리장치와 휴대전화 간의 접속(2001년 10월 규격 확정), 에어컨과 오디오의 리모콘, 키레스 엔트리(Keyless Entry) 등의 규격화가 진행 중이다. 또한 AV 기반의 프로파일은 CD품질의 음성전송, 동화상 전송 및 AV기기 제어, 복수 스피커의 동시 음성전송 등이 규격화 중이다.

8) FlexRay

(1) FlexRay 개요

자동차의 각 제어시스템 접속에는 표준 네트워크로서 CAN이 채용되어 여러 가지 정보를 공유하는 고도의 시스템 제어를 실현해 왔다. 그러나 차세대 자동차는 환경을 고려한 연비향상, 공간절약을 통한 쾌적성의 향상, 운전자를 위한 편리성 및 안전성의 향상을 실현하기 위해 다수의 ECU에 의한 복합 제어가 요구되고 있다.

이것은 더욱 정교한 제어로 진화되어야 할 필요가 있으며 차내 새로운 전자 제어화, 즉 X-by-Wire(기존 차량에서 유압 라인이나 기계적으로 연결되어 작동하는 조향 · 현가 · 제동시스템을 전기신호로 제어하도록 한 시스템)화로 진행되어 환경보호를 위하여 유압 제어

시스템으로부터 전기 제어시스템으로 바뀌는 것으로, 차체 중량 경감과 치밀한 시스템 제어가 배기가스의 저감이나 연비의 향상으로 나타나고 있다.

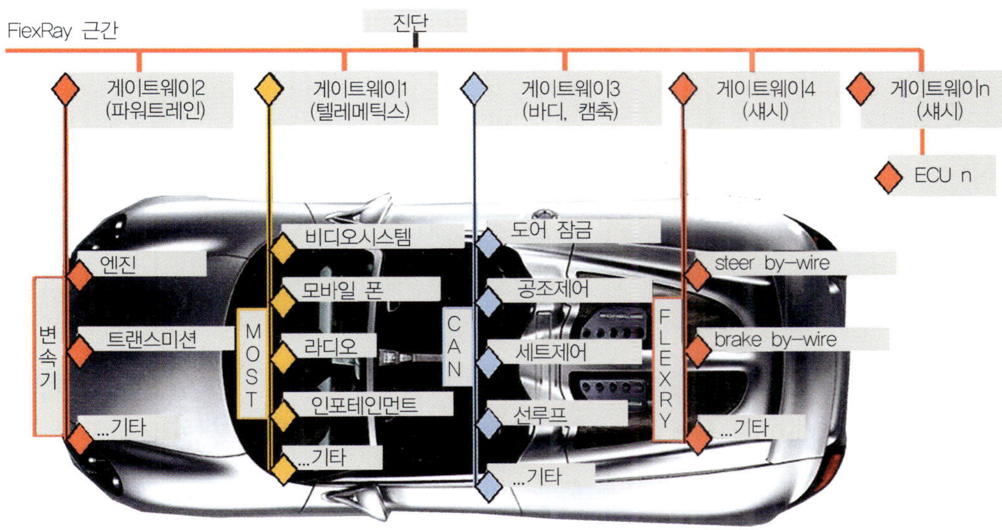

그림 1-20 FlexRay 네트워크 구조

자동차가 지속적으로 안전을 개선하고 성능을 증대하며 환경 영향을 줄이고 승차감을 향상시키기 위해서는 반드시 자동차 ECU간 통신되는 데이터의 속도, 양 그리고 안정성이 증대되어야 한다. 고급 컨트롤 및 안전시스템(여러 개의 센서, 액추에이터, ECU 통합)은 기존의 표준인 CAN이 제공하는 것보다 월등한 동기화와 성능을 요구한다. CAN 버스를 활용하는 차량에서 더욱 높은 대역폭이 요구됨에 따라 차세대 임베디드(Embedded, PC 이외의 장비에 사용되는 칩) 네트워크가 필요하게 되었다. OEM 업체, 툴 공급업체, 최종 사용자들과 수년간의 협력을 통해 FlexRay 표준은 차세대 차량의 새로운 문제점을 처리할 수 있는 in-vehicle(차량 내의) 통신 버스로 부상하였다.

또한 X-by-Wire로 대표되는 By 와이어시스템(steer by wire, brake by wire, drive by wire 등)이란 배선에서 유래된 말로 기존의 차량에서 기계 또는 유압시스템에 의한 연결에 의해서 사용되는 시스템을 전자 제어기가 포함된 전기적 연결로 대치되는 것을 뜻한다. 이 경우 기계적 연결 또는 유압시스템의 중량이 절감될 수 있고, 유압시스템의 배압을 위해서 사용되는 엔진의 부하를 경감시킬 수 있기 때문에 연비의 향상이라는 장점을 확보할 수 있다.

그러나 그보다 더 큰 이점은 전자 제어에 의한 보다 세밀한 제어가 가능하여 배기가스의 보다 정밀한 저감이나 차량 안정성을 확보할 수 있다. 또한 기존의 기계적 연결이 가져왔던 디자인의 제약을 극복할 수 있는 장점을 가지고 있다. 예를 들면, 스티어링 휠(Steering Wheel)은 둥근 형태로 운전자의 앞쪽에만 존재할 수 있었으나 Joystick 등으로 스티어링 휠의 대체가 가능하다.

자동차 제어장치 사이의 데이터 전송량은 비약적으로 증가하여 고속, 고신뢰성의 데이터 전송이 불가결하게 요구될 것이고, 이와 같이 향후 차량제어의 핵심적인 위치에 있는 X-by-Wire 기술의 중심적인 역할을 하는 것이 FlexRay Protocol이다.

FlexRay는 Byteflight(안전시스템 버스) 통신시스템과 효율적인 빠른 데이터 전송 속도를 가진 time-triggered 통신시스템에 기초를 두는 것이 필요하므로, 이러한 종류의 시스템들은 근래에는 TTP(Time-Triggered-Protocol)를 기초로 하여 프로토타입 애플리케이션의 개발에 관한 Daimler Chrysler의 경험에 바탕을 두고 있다. Byteflight는 특히 수동적 안전 시스템(에어백)에서의 사용을 위해 BMW에 의해 개발되었으나, 능동적 안전시스템의 필수 요건들을 충족시키기 위하여 Byteflight는 FlexRay 컨소시엄에 의해 더욱 개발되었다. FlexRay의 적용분야는 ESP, ABS, AT 등의 높은 신뢰성이 요구되는 X-By-Wire(Steer by Wire, Brake by Wire, Drive by Wire 등)시스템의 차내 통신에 대해 주목을 끌고 있는 프로토콜이다. CAN과 같이 이벤트 트리거형의 엑세스 제어 프로토콜에서는 이벤트의 발생에 맞추어 노드가 통신 요구를 내기 때문에 1개의 노드가 통신경로를 점거해 지연이 생기는 현상이 발생한다.

그러나 FlaxRay가 채용하고 있는 타임 트리거 통신시스템에서는 각 노드마다 일정한 타이밍에 송신권을 주는 통신방식이며, 통신의 버스 내부에 미리 필요한 시간의 슬롯을 정의한 버스시스템을 설계함으로써 지연이 생기지 않게 되어 이 문제를 해결할 수 있고, 높은 신뢰성을 유지하는 것이 가능하게 되었다. 그리고 데이터 전송속도는 최대 10Mbit/s인데, 이것은 CAN Network의 10배에 상당하는 고속의 데이터 전송 속도를 갖고 있다.

[LIN, CAN, FlexRay의 비교]

버스	LIN	CAN	FlexRay
속도	40kbit/s	1Mbit/s	10Mbit/s
와이어	1	2	2 또는 4
일반 애플리케이션	차체 전자기기(미러, 파워시트, 액세서리)	파워트레인(엔진, 변속기, ABS)	고성능 파워트레인, 안전(Drive-by-wire, 액티브 서스펜션, 적응 크루즈컨트롤)

이외에도 콘트롤러 LSI(Large-Scale Integration, 대규모 집적 회로)나 송·수신 LSI를 1노드당 2개씩 탑재해 전송 매체도 2겹으로 하여 신뢰성을 높일 수 있고, 노드가 고장이 발생하여도 1계통은 백업으로서 동작하게 되어 있다.

(2) FlexRay의 특징

① **X-by-Wire를 위한 차량용 LAN 통신(CAN의 한계 극복)** : 타임 트리거(Time Trigger) 프로토콜로서 주기적으로 전송되는 데이터 전송방식을 제공하며 최대 전송 속도는 10Mbps이다.

② **고신뢰성을 고려한 통신 프로토콜이다. X-by-Wire 애플리케이션에 대응** : 이중(redundant) 통신, 완전하게 이중화된 네트워크의 구축이 가능하다. 또 하드웨어에 의한 스케줄 감시가 가능하다.

③ **유연한 토폴로지 지원** : FlexRay는 버스형, 스타형, 하이브리드형 등 여러 종류의 토폴로지를 지원한다. FlexRay의 세그먼트 구성은 Fixed Trigger 방식으로 메시지를 송수신하는 고정 길이의 Static Segment와 Flexible Time Trigger로 메시지를 송수신하는 Dynamic Segment의 조합으로 구성된다.

(3) FlexRay 기본 사항

FlexRay는 차폐되지 않은 트위스트 쌍 케이블을 사용하여 노드를 연결한다. FlexRay는 각각 하나 또는 두 개의 쌍으로 구성된 단일 및 듀얼 채널 구성을 지원하고 각 와이어 쌍에 대한 차동 신호(Differential Signal, 두 신호간의 순간적인 대수적 차)는 차폐 없이도 네트워크 외부 노이즈의 영향을 줄인다. 또한 대부분의 FlexRay 노드에는 일반적으로 트랜시버

(Transceiver, 데이터 전송에 있어서 데이터의 송수신이 가능한 단말 장치. 송신기(transmitter)와 수신기(receiver)와의 합성어)와 마이크로프로세서에 전원을 공급하기 위해 전원과 접지 와이어가 있다.

듀얼 채널 구성은 향상된 내고장성(fault-tolerance)과 개선된 대역폭을 제공한다.

FlexRay 버스는 끝부분에 터미네이션(신호 와이어 쌍간 연결된 저항기의 형태)이 필요하고 멀티드롭 버스의 끝 노드만이 터미네이션이 필요하다. 너무 과도하거나 충분하지 않은 터미네이션은 FlexRay 네트워크에 손상을 준다. 특정한 네트워크 실행이 각각 다양하지만, 일반적인 FlexRay 네트워크에는 80~110ohms의 케이블 연결 임피던스가 있으며 끝 노드는 임피던스 매치를 위해 터미네이트된다. 터미네이션으로 인해 흔히 FlexRay 노드를 테스트 설정에 연결할 때 차질이 생기는 경우가 발생하므로 현대의 PC 기반 FlexRay 인터페이스는 케이블 연결을 간소화하기 위해 온보드 터미네이션 저항기를 포함하기도 한다.

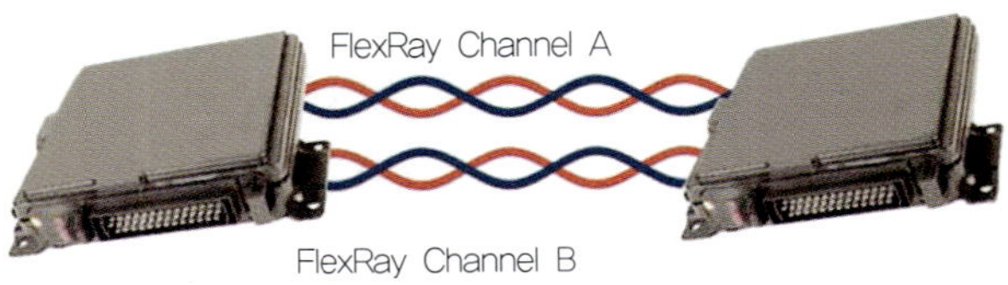

그림 1-21 FlexRay 채널구성

(4) FlexRay 토폴로지와 레이아웃

① 멀티드롭 버스

FlexRay는 여러 ECU를 연결하는 단일 네트워크 케이블 길이를 갖춘 간단한 멀티드롭 버스 토폴로지에 일반적으로 사용된다. 이것은 CAN과 LIN에 사용되는 동일한 토폴로지이며 1세대 FlexRay 차량에 보편적인 토폴로지이다. 각 ECU는 버스의 코어 “줄기”로부터 단거리 정도로 “분기”할 수 있다. 네트워크의 끝에는 터미네이션 저항기가 있어 신호 반향(echo) 문제를 없애주고 멀티드롭 포맷은 유사한 레이아웃 유형을 공유하는 차량 하네스에 적합하므로, 설치가 간단할 뿐 아니라 케이블 연결을 줄일 수 있다.

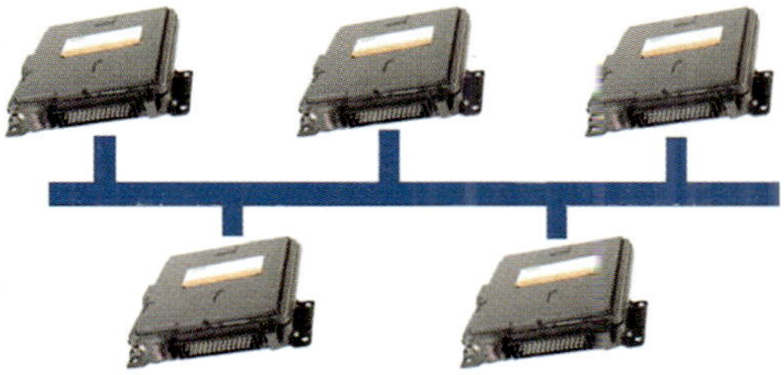

그림 1-22 멀티드롭 버스

② 스타 네트워크

FlexRay 표준은 중앙 활성 노드에 연결되는 개별 링크로 구성된 "스타"구성을 지원한다. 본 노드는 PC 이더넷 네트워크에서 볼 수 있는 허브와 기능적으로 유사하다. 능동 스타 구성을 통해 장거리에서 FlexRay 네트워크의 실행이 가능하며, 네트워크 분할이 가능하므로 네트워크 한 부분이 오작동할 경우에도 신뢰할 수 있다. 스타의 브랜치 중 하나가 절단되거나 짧아질 경우에도 다른 브랜치는 기능을 지속하고 와이어가 길게 뻗은 곳에서는 대형 전기 모터로부터의 전자기 방출 등 더욱 많은 환경 노이즈가 발생되므로, 여러 개의 브랜치를 사용하면 각 부분에 노출된 케이블 양을 줄이고 노이즈 면역을 증대할 수 있다.

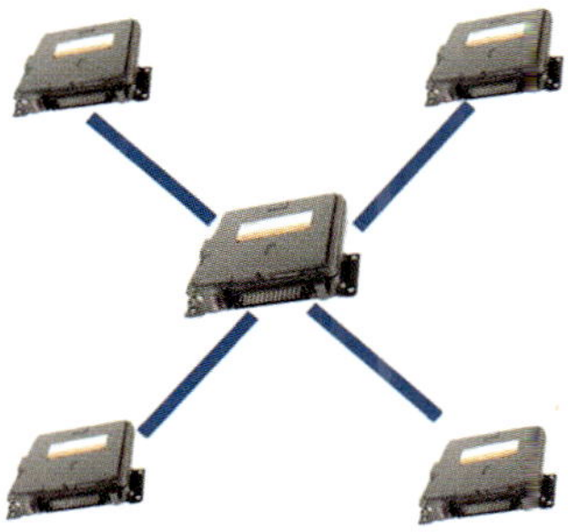

그림 1-23 스타 네트워크

③ 하이브리드 네트워크

버스 및 스타 토폴로지가 통합되어 하이브리드 토폴로지를 형성한다. 미래의 FlexRay 네트워크는 편리한 사용과 버스 토폴로지의 비용 장점을 위해 하이브리드 네트워크로 구성될 것이며, 차량에서 필요시에 스타 네트워크의 성능과 안정성을 적용하게 될 것이다.

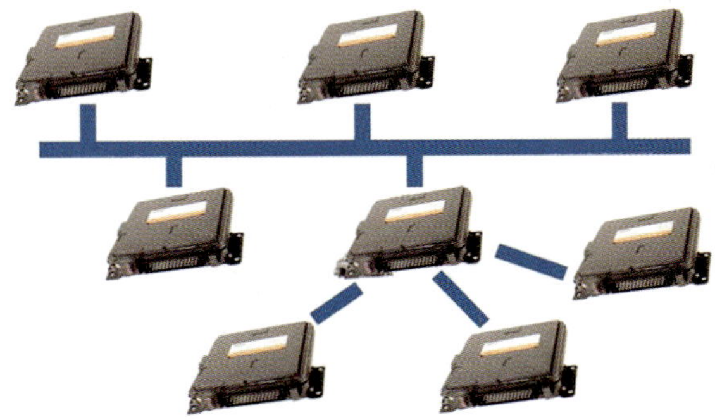

그림 1-24 하이브리드 네트워크

(5) FlexRay 프로토콜

FlexRay 프로토콜은 데이터가 예측 가능한 시간 프레임(마이크로초)에 도달하는 결정성 있는 데이터를 위한 옵션을 제공할 뿐 아니라, 대형의 다양한 프레임을 처리하기 위해 CAN 방식의 다이나믹 이벤트 구동 데이터에 대한 옵션을 제공하는 고유한 time-triggered 프로토콜이다. FlexRay는 정적 및 동적 데이터를 위해 미리 정의된 공간을 제공하는 미리 설정된 통신 주기를 통해 코어 정적 프레임과 동적 프레임의 하이브리드(혼합)를 구현한다. CAN 노드는 통신을 위해 정확한 전송(baud) 속도만 알면 되었지만, FlexRay 네트워크의 노드는 통신을 위해 네트워크의 모든 부분이 어떻게 구성되는지 반드시 알아야 한다.

모든 멀티드롭 버스에서와 마찬가지로, 단 하나의 노드만이 한 번에 데이터를 전기적으로 버스에 작성할 수 있으며, 두 개의 노드가 동시에 작성되면 버스에 경쟁이 발생하여 데이터가 손상된다. FlexRay는 시분할 다중 접속(TDMA) 구조로 여러 노드를 관리하고 모든 FlexRay 노드는 동일 클럭에 동기화되며 각 노드는 버스에 작성하는 순서를 기다린다. 타이밍은 TDMA 구조에서 일관적이므로, FlexRay는 결정성 또는 네트워크의 노드에 제공되는 데이터의 일관성을 보장한다. 이는 노드간 최신 데이터에 의존하는 시스템을 위해 여러 가지 장점을 제공한다.

임베디드 네트워크는 폐쇄 구성이 있고 생산 제품에서 한 번 조립되면 변경되지 않는다는 점에서 PC 기반 네트워크와 다르므로 이 같은 이유로 런타임의 디바이스를 자동 탐색하고 구성하는 데 추가적인 메커니즘이 필요하지 않는다.

FlexRay와 같은 TDMA 네트워크가 적절히 작동하기 위해서는 모든 노드가 반드시 정확하게 구성되어야 한다. FlexRay 표준은 다른 유형의 네트워크에 적용 가능하고, 네트워크 설계자들은 네트워크 업데이트 속도, 결정성 있는 데이터 양 그리고 다른 파라미터 중 동적 데이터의 양 사이에 절충이 필요하다. 모든 FlexRay 네트워크가 다를 수 있으므로 각 노드는 반드시 버스 이전에 적합한 네트워크 파라미터로 프로그래밍되어야 한다.

① 통신 주기

FlexRay 통신 주기는 FlexRay 내에서 미디어 액세스 구조의 근본적인 요소이다. 네트워크가 설계되었을 때 주기의 기간은 고정되었지만, 일반적으로 1~5ms 정도이며 통신 주기에는 4가지 주요 부분이 있다.

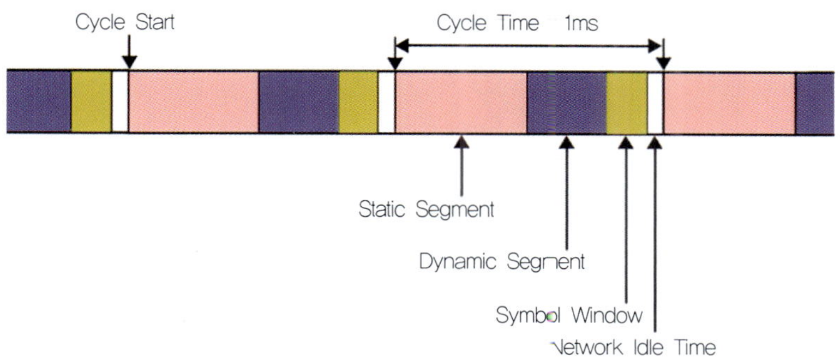

그림 1-25 통신 주기

- 정적 세그먼트(Static Segment) : 정해진 기간에 도착하는 결정성 있는 데이터를 위해 확보된 슬롯이다.
- 동적 세그먼트(Dynamic Segment) : 동적 세그먼트는 CAN과 유사한 방식으로 동작하며 결정성을 요구하지 않는 광범위한 다양한 이벤트 기반 데이터에 사용된다.
- 심볼 윈도우(Symbol Window) : 네트워크 유지와 시작을 위한 시그널링에 사용된다.
- 네트워크 비작동 시간(Network Idle Time) : "조용한"시간으로 알려져 있으며 노드 클럭 간 동기화를 유지하는 데 사용된다.

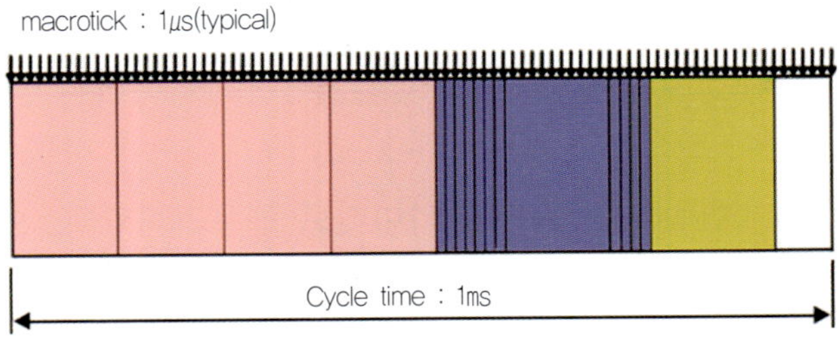

그림 1-26 FlexRay 매크로틱(macrotick)의 세부사항

FlexRay 네트워크의 가장 작은 실용성 있는 시간 단위는 매크로틱(macrotick)이다. FlexRay 컨트롤러는 스스로 능동적으로 동기화하며 로컬 클럭을 조정하므로 매크로틱이 네트워크에서 모든 노드에 대해 동일 지점에서 발생한다. 매크로틱이 특정 네트워크에 대해 구성 가능하지만, 보통은 1마이크로초이다. 매크로틱이 동기화되므로 매크로틱에 의존하는 데이터 또한 동기화된다.

㉠ 정적 세그먼트

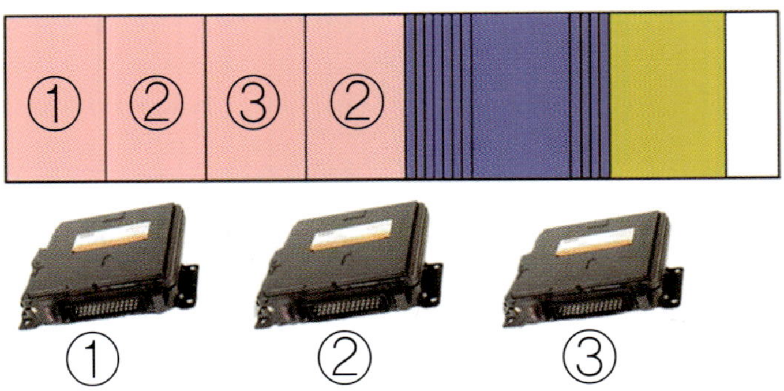

그림 1-27 데이터를 4개의 확보된 슬롯으로 전송하는 3개의 ECU가 있는 정적 세그먼트

그림 1-27은 3개의 ECU가 사용하는 4개의 정적 슬롯이 있는 간단한 네트워크이다. 실제 FlexRay 네트워크는 최대 수십 개의 정적 슬롯을 포함할 수 있으며, 프레임의 ① · ② · ③ · ②부분으로 표시된 정적 세그먼트는 여러 time-triggered 프레임 스케줄링에 전용인 주기의 공간이다. 세그먼트는 슬롯으로 나누어지며 각 슬롯은 확보된 데이터 프레임을 보유한다. 각 슬롯이 시간 내에 발생하면 확보된 ECU는 본 슬롯으로 데이터를 전송할 기회를 가진다. 일단 그 시간이 지나면 ECU는 반드시 슬롯에서 데이터를 전송하기 위해 다음 주기

까지 기다려야 하며, 주기에서 시간 내의 정확한 포인트가 알려져 있으므로 데이터는 결정성이 있으며, 프로그램은 데이터가 얼마나 오래된 것인지 정확하게 파악한다. 이는 일관성 있는 공간 데이터에 의존하는 콘트롤 루프를 계산할 때 매우 유용하다.

그림 1-28은 ECU가 오프라인이거나 데이터를 전송하지 않게 되면, 슬롯은 개방된 채로 유지되며 다른 ECU가 사용하지 않는다.

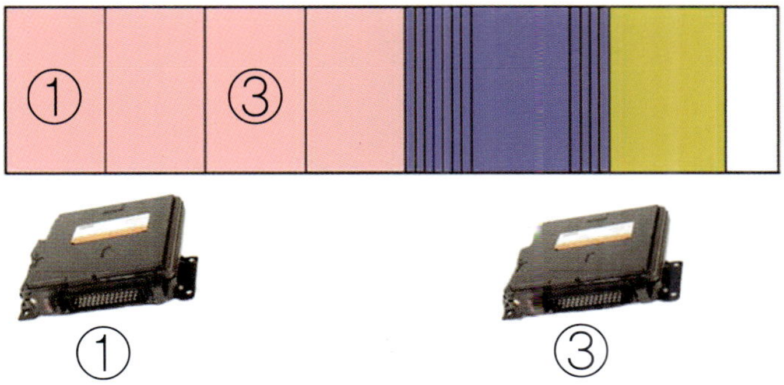

그림 1-28 ECU ②가 없는 정적 슬롯

㉡ 동적 세그먼트

그림 1-29는 첫 번째 7개 미니슬롯(Mini-slot)이 브로드캐스트하지 않도록 선택되었으므로 미니슬롯에서 ECU ① 브로드캐스팅을 나타낸다.

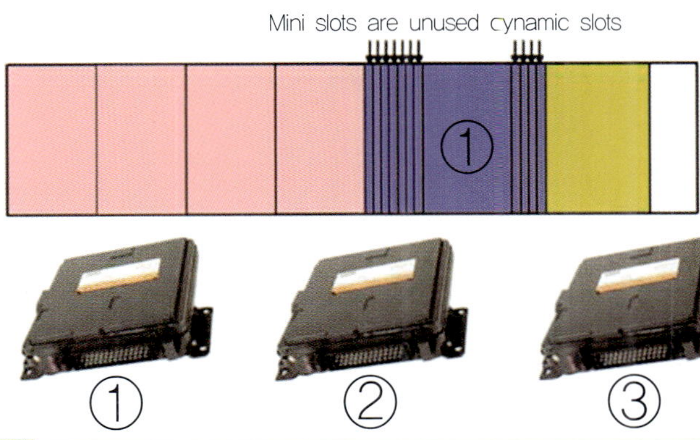

그림 1-29 데이터를 전송하는 하나의 ECU가 있는 FlexRay 다이나믹 슬롯

대부분의 임베디드(Embedded, PC 이외의 장비에 사용되는 칩)를 네트워크는 적은 수의 고속 메시지와 다량의 저속이면서 중요도가 떨어지는 네트워크를 보유한다. 과도한 수의 정적 슬롯에서 FlexRay 주기의 속도를 떨어뜨리지 않은 채 광범위한 데이터를 수용하기 위해서 동적 세그먼트는 전송된 데이터를 허용할 때도 있다. 세그먼트는 고정된 길이이므로, 주기당 동적 세그먼트에 배치되는 고정된 데이터량에 대한 제한이 있으므로 데이터의 우선순위를 정하기 위해, 미니슬롯(minislot)은 동적 세그먼트에서 전송 가능한 각 데이터 프레임에 미리 지정되어 있다. 미니슬롯은 일반적으로 매크로틱(마이크로초) 길이로 높은 우선순위의 데이터는 동적 프레임의 시작 가까이에서 미니슬롯을 받는다.

미니슬롯이 발생하면 ECU는 프레임을 브로드캐스트(Broadcast, 다수의 국으로 동시에 정보를 보내는 것)하는 간략한 기회가 있다. 브로드캐스트를 하지 않을 경우 동적 프레임의 공간을 잃게 되고 다음 미니슬롯이 발생한다. 본 과정은 ECU가 데이터를 브로드캐스트하도록 선택할 때까지 미니슬롯을 따라 이동한다. 데이터가 브로드캐스트되면 미래의 미니슬롯은 ECU가 데이터 브로드캐스트를 완료할 때까지 반드시 기다려야 한다. 동적 프레임 윈도우가 종료되면 그 후 낮은 우선순위의 미니슬롯은 다음 주기의 브로드캐스트 기회까지 반드시 기다려야 한다.

그림 1-30은 첫 번째 두 개의 미니슬롯을 사용한 ECU ②와 ③이며, ECU ①이 브로드캐스트할 시간을 남기지 않으므로 ECU ①은 반드시 다음 주기까지 기다려야 한다.

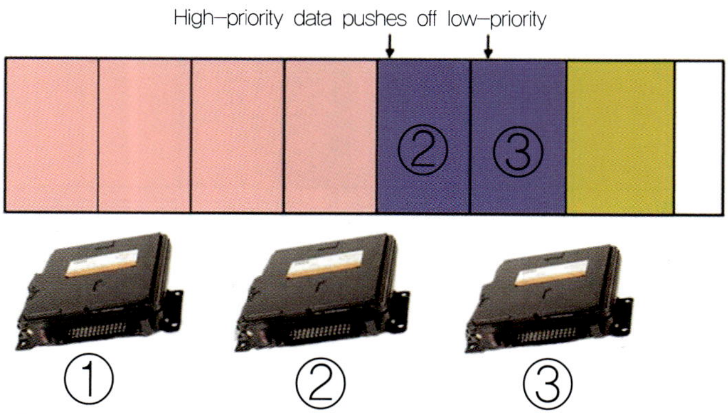

그림 1-30 미니슬롯에서 ECU ② 및 ③ 브로드캐스팅을 나타내며, 낮은 우선순위 미니슬롯에 대한 시간을 남기지 않는다.

ⓒ 심볼 윈도우

심볼 윈도우는 cold-start 주기와 같은 특수 주기의 유지와 파악에 주로 사용되며, 대부분의 하이 레벨 애플리케이션(Application, 특정한 업무를 수행하기 위해 개발된 응용 소프트웨어)은 심볼 윈도우와 연동하지 않는다.

ⓡ 네트워크 비작동 시간

네트워크 비작동 시간은 미리 정의된 ECU가 알고 있는 길로 ECU는 이전 주기 중에 일어났을 수도 있는 드리프트에 대해 조정을 가할 수 있도록 본 비작동 시간을 사용한다.

② 데이터 보안과 에러 핸들링

FlexRay 네트워크는 단일 또는 듀얼 채널 통신을 허용함으로써 확장 가능한 내고장성(fault-tolerance) 기능을 제공한다. 보안이 중요한 애플리케이션의 경우, 버스에 연결된 디바이스(device, 어떤 목적을 위해 설계된 기계나 장치)는 데이터 전송을 위해 두 개의 채널을 모두 사용할 수 있다. 그러나 중복이 필요하지 않을 경우 단 하나의 채널에만 연결할 수도 있으며, 비중복 데이터를 전송하기 위해 두 개의 채널을 사용하여 대역폭을 늘리는 방법도 있다. 물리 레이어 내에서 FlexRay는 신속한 에러 탐지와 시그널링을 제공하며, 독립 Bus Guardian을 통해 에러 봉쇄 기능을 제공한다. Bus Guardian은 물리계층의 메커니즘으로 클러스터의 통신 스케줄과 정렬되지 않은 통신이 야기하는 방해로부터 채널을 보호한다.

③ 프레임 포맷

정적 또는 동적 세그먼트의 각 슬롯에는 FlexRay 프레임이 있으며, 프레임은 Header, Payload, Trailer의 세 가지 세그먼트로 나뉘어다.

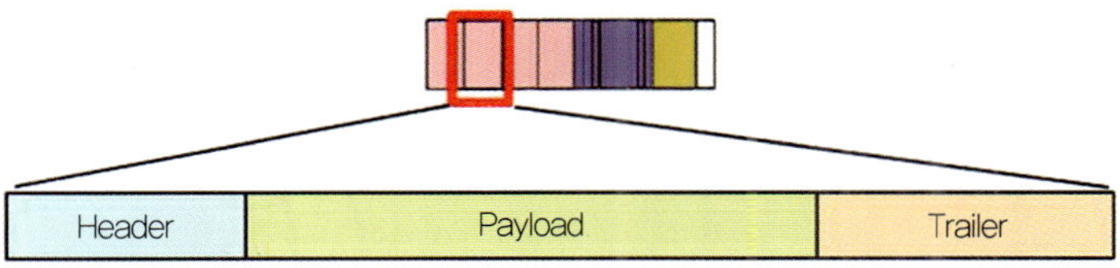

그림 1-31 FlexRay 프레임의 세부사항

㉠ 헤더(Header)

헤더는 5바이트(40비트) 길이이며 다음과 같은 필드를 포함한다.

- 상태 비트 : 5비트
- 프레임 ID : 11비트, 프레임이 전송되어야 하는 슬롯이며, 이벤트 트리거 프레임을 우선순위화하는 데 사용된다.
- 페이로드 길이 : 7비트, 프레임에서 전송되는 문자 개수를 포함한다.
- 헤더 CRC : 11비트, 전송 중 에러를 감지하는 데 사용된다.
- 주기 카운트 : 6비트, 카운터의 값이 포함되며, 통신 주기가 시작하는 각 시간마다 증가한다.

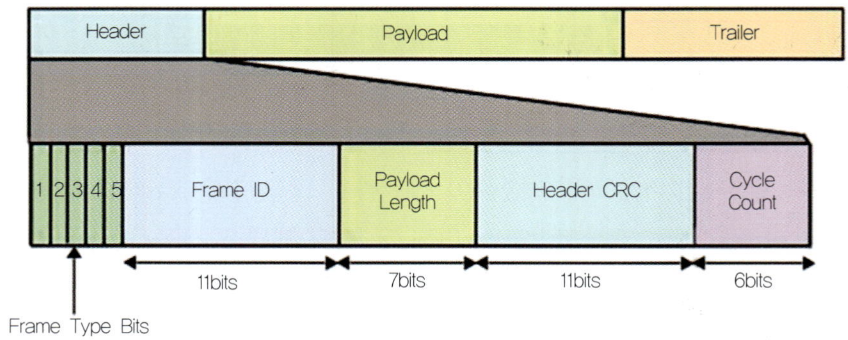

그림 1-32 FlexRay 프레임을 비트 레벨로 나눔

㉡ 페이로드(Payload)

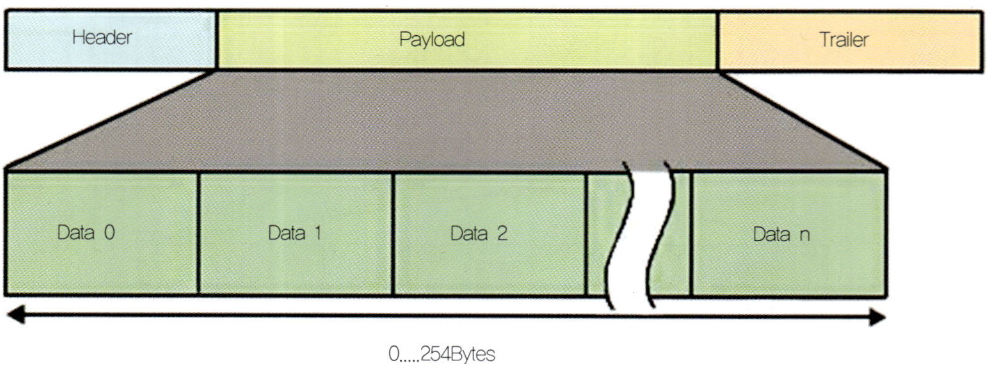

그림 1-33 FlexRay 프레임의 페이로드

페이로드에는 프레임이 전송하는 실제 데이터가 포함된다. FlexRay 페이로드 또는 데이터 프레임의 길이는 최고 127자(254바이트)이며 이는 CAN과 비교하여 30배 이상의 수치이다.

ⓒ 트레일러(Trailer)

트레일러에는 에러 감지를 위한 세 개의 8-비트 CRC가 있다.

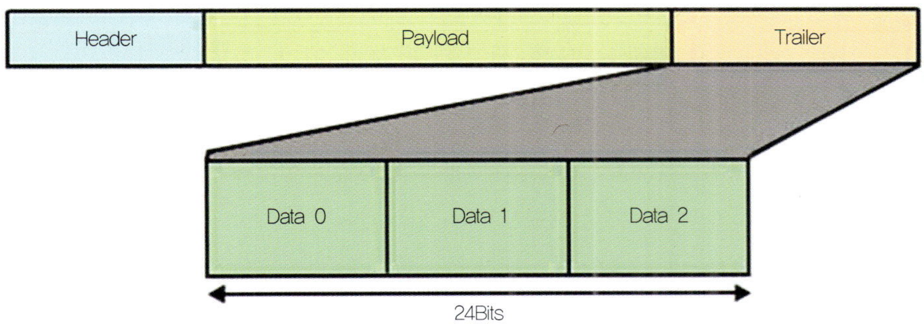

그림 1-34 FlexRay 프레임의 트레일러

(6) 버스 드라이버의 동작모드

버스 드라이버(BD)는 FlexRay 노드 모듈과 채널(버스)간 물리적 인터페이스를 제어한다. BD는 버스에 차동 신호의 송수신 기능을 제공하고 노드 모듈의 양방향 시분할 다중화 바이너리 데이터(Binary Data, 기본 단위가 2개의 상태만 가지는 데이터) 전송을 가능하게 한다. 송수신 기능 이외에 BD는 저전력 관리, 공급전압 감시(전압 강하의 검출) 및 버스 고장 검출 수단을 제공한다. 또한 케이블과 ECU 사이의 ESD 보호 배리어로도 되어있다.

① **동작 모드의 상태천이** : 동작 모드의 천이는 bus driver-호스트 간의 인터페이스로부터의 커맨드, wakeup 이벤트의 검출 혹은 전압강하 상태에 따라서 발생한다. 호스트 커맨드의 우선도는 가장 낮게, 전압강하에 의한 강제 천이 쪽이 최우선이 된다.

② **버스 드라이버의 전압감시** : BD는 진단 정보를 취득하기 위해서 전압감시를 하고 있다. 단, ECU 전체의 안전한 동작을 확보하는 수단은 아니다. 전압강하 상태의 검출은 늦어도 1초 이내이다.

③ VCC 공급전압의 감시 : BD는 VCC 입력이 설치되어 있을 경우, VCC 공급전압을 감시하기 위한 수단을 제공할 필요가 있다. VCC 공급전압 임계값을 밑돌 경우에 BD는 자동적으로 저전력 모드로 바뀌고 BD-호스트 간의 인터페이스에 에러 신호를 보고한다.

④ VBAT 공급전압의 감시 : BD가 VBAT 단자를 가질 경우, 이 단자의 전압을 감시할 필요가 있다. VBAT 공급전압이 임계값을 밑돌 경우에 BD는 자동적으로 저전력 모드로 바뀌고 BD-호스트 간의 인터페이스에 에러 신호를 보고한다.

⑤ VIO 전압감시 : 디지털 IO의 기준전압으로서 VIO 전압이 설치되어 있을 경우, BD는 VIO 전압을 감시하기 위한 수단을 제공할 필요가 있다. VIO 공급전압이 임계값을 밑돌 경우에 BD는 자동적으로 저전력 모드로 바뀌고, BD-호스트 간의 인터페이스에 에러 신호를 보고한다. 주의할 점은 임계값은 제품 고유로 설정된다.

9) 차량용 이더넷(Ethernet)

차량 통신 네트워크에 관해 모든 문제를 해결해 줄 것이라고 생각했던 FlexRay도 새로운 문제에 직면하게 되었다. 전송속도는 빨라졌지만 와이어 숫자의 증가로 인한 차량 무게 상승과 커넥티드카 등의 스마트카의 개발을 위해선 FlexRay보다 더 빠른 데이터 전송 속도가 필요하게 되었다. 이에 대한 대안으로 나온 기술이 이더넷이다. 차량용 이더넷의 경우 데이터 전송 속도가 100Mbit/s로 FlexRay보다 약 10배 정도 더 빠르다. 또한 CSMA/CD와 스위치를 사용하는 통신방식을 사용하여 네트워킹을 한다. 차량용 이더넷은 차량과 사용자 간의 네트워크를 연결해주는 기술(오디오, 비디오), 즉 인포테인먼트 시스템에 사용될 뿐만 아니라 다양한 기술개발과 함께 거의 모든 데이터가 차량용 이더넷을 통해 연결된다.

이더넷은 여러 대의 컴퓨터로 네트워크를 형성하는 시스템으로 자동차 업계는 CAN과 FlexRay를 넘어서는 차세대 차량용 네트워킹 인프라로 이더넷(Ethernet)을 가장 유망한 후보로 한다. 최근에는 CAN, LIN, FlexRay 시스템으로는 지원이 불가능한 고속 데이터 처리가 필요하다. 주차 카메라, HD 디지털 인포테인먼트, 레이더 등의 ADAS 센서 그리고 마지막으로 미래 자동주행 시스템의 '눈과 귀'는 고대역폭 이더넷 백본으로 구축될 것이다.

이더넷은 전 세계적으로 가장 인기 있는 유선 네트워킹 기술이며 이는 세계에서 가장 인기 있는 무선 네트워킹 기술인 Wi-Fi 개발의 기초가 됐다. 이더넷의 자동차 도입은 Wi-Fi 도입을 위한 길을 열어주며, 이는 차량 간 통신기술(V2V) 및 차량-인프라간 통신기술(V2I) 네트워킹 연결을 가능하게 할 것이다. 이것이 가져다 줄 수 있는 많은 장점들 중에서 V2V

기술은 도로 사고의 3/4 이상을 예방할 수 있는 잠재성을 지닌다.

차량용 이더넷은 다음과 같은 이점들이 있다.

① 자동차 산업 네트워크와 그 이외의 세계가 사용하는 네트워크의 조화
② 차량 내부 네트워크의 대역폭 증대
③ 더 높은 수준의 프로토콜과 소프트웨어의 변화의 필요 없이 대역폭의 미래 증가를 위한 수단 제공
④ 요구사항 변경에 따른 차량 내부 네트워크의 변경이 더 용이함
⑤ 자리를 잡은 하드웨어와 소프트웨어 제품의 거대한 토대 및 이를 이해하는 개발자와 공급자를 활용할 수 있는 능력
⑥ 차량 중량과 비용의 감소
⑦ 같은 케이블에서 전원과 데이터를 전송함으로써 전력 케이블을 제거할 수 있는 잠재성
⑧ 활용 가능한 기능성의 더 큰 다양성과 제품차별화를 위한 더 많은 옵션
⑨ 차량 간 통신기술(V2V) 및 차량-인프라간 통신기술(V2I) 애플리케이션을 가능하게 하는 무선 연결성을 위한 통로

참고 차량내부 통신 정리

구분	LIN	CAN	MOST	FlexRay	Ethernet
최대 전송 속도(bps)	19.2k	1M	150M	10M	100M
전송 선로	단선	꼬인 두 선	광섬유	꼬인 두 선	비보호 꼬인 두 선(UTP)
1회 전송 데이터	0~8byte	0~8byte	0~1008byte	0~256byte	0~1500byte
주요 적용 시스템	저가형 센서 편의 센서	파워트레인 섀시 편의장치	AV	파워트레인 섀시	멀티미디어 카메라 인포테인먼트
설치비용	적음	중간	높음	높음	높음

03 자동차 통신의 종류

[1] 차량용 통신 및 네트워크 개념

1) 차량용 통신 개념

① 차량용 통신 : 차량 내 수십 개의 제어기들이 서로 안정적으로 정보를 공유하고 전달하기 위해 사용되는 유선 통식 방식

② 장점 : 신호선 단순화, 커넥터 소형화, 무게를 절감하면서 융합 제어가 가능하도록 한다.

2) 차량용 네트워크의 개념

① 차량용 네트워크 : 다양한 방식으로 구성 가능하지만, 일반적으로 버스 구조를 가진다.

② 차량 내 개별 제어기의 역할에 따라 도메인 기준으로 그룹화하여 네트워크를 분리하는 것이 일반적이다.

3) 차량용 통신 및 네트워크 도입 배경

(1) 차량용 통신 및 네트워크 도입 배경

① 최근 차량에는 수십 개의 제어기가 탑재되며, 그 개수가 계속 늘어나는 추세이다.

② 차량 내 탑재되는 제어기가 늘어남에 따라 신호선 연결만으로는 내부 신호 복잡도가 늘어나, 단순하고 안정적인 정보 공유를 위해 통신을 사용한다.

③ 차량용 통신은 제어기의 특성이나 목적에 따라 요구사항에 맞는 통신 프로토콜을 사용한다.

(2) 적용 현황

① CAN, LIN, Ethernet, FlexRay와 같은 다양한 통신 프로토콜을 사용하는 다양한 네트워크들이 각각 존재하며, GateWay로 연결된다.

② 서로 다른 이종 통신으로 구성된 네트워크는 반드시 GateWay로 연결해 주어야 한다.

참고

기존 신호선은 한 번에 1bit 정보 통신

참고 **GateWay(게이트웨이)**

컴퓨터 네트워크에서 서로 다른 통신망, 프로토콜을 사용하는 네트워크 간의 통신을 가능하게 하는 컴퓨터나 소프트웨어를 두루 일컫는 용어이다. 즉, 다른 네트워크로 들어가는 관문(입구) 역할을 하는 네트워크 포인트이다. 넓은 의미로는 종류가 다른 네트워크 간 통로의 역할을 하는 장치이다. 또한 게이트웨이를 지날 때마다 트래픽(traffic)도 증가하기 때문에 속도가 느려질 수 있다.

(3) 차량용 내부 통신 종류

① 내부 통신은 제어기 간 통신, 센서 통신, 멀티미디어 통신 등 다양한 요구사항에 맞게 통신 방식을 결정한다.

② 제어기 간 통신에 주로 사용되는 방식은 CAN, LIN, FlexRay 등이 존재하며, 최근 고속 대용량 데이터에 대한 수요로 Ethernet 통신이 확대 적용 중이다.

(4) 차량용 외부 통신의 종류

① 외부 통신은 차량 간 통신, 차량과 인프라 통신, 차량과 디바이스 통신, 진단 통신, 전기차 통신 등 다양한 통신 방식이 존재한다.

② V2X 통신에는 DSRC/WAVE 통신, 진단 통신에는 CAN, Ethernet, 전기차 충전에는 CAN, PLC 등이 사용된다.

③ 최근에는 LTE, 5G 등 셀룰러 데이터 통신을 차량에 적용한 커넥티드카(인터넷에 연결할 수 있는 자동차로 음성으로 전화를 하고 지도를 찾는 것은 물론, 뉴스, 날씨, 실시간 교통정보를 운전자에게 제공한다)를 개발 중이다.

[2] 분류

1) 사용 이유

자동차 기술이 눈부시게 발달함에 따라서 성능 및 안전에 대한 소비자들의 심리가 커져 자동차에는 많은 ECU와 편의장치가 장착되고 있다. 이에 더불어 자동차의 많은 배선 및 부품의 고장이 발생할 수 있게 되었으며, 자동차 메이커에서는 이러한 문제를 줄이기 위해서 각 ECU 사이에 통신을 적용하여 공통으로 알아야 하는 정보를 서로 공유하게 되었다.

2) 특징

자동차에 통신을 사용하면 배선의 경량화, 공간의 확보, 시스템 신뢰성의 향상, 설계 변경의 용이, 전기부품의 진단화 등의 장점을 갖추게 된다. 일반적으로 사용하고 있는 수십 개의 배선을 1개의 동선으로 축소할 수 있으므로 배선의 경량화를 이룰 수 있다. 또한 전기장치는 가까운 곳에 위치하고 있는 ECU에서 신호를 주고받을 수 있으므로 배선의 길이가 줄어들게 되고, 차 실내의 공간 확보가 가능하여 공간의 활용도를 높일 수 있게 된다. 그리고 배선이 줄어들게 되므로 커넥터의 접속불량, 배선의 단선과 단락 등의 고장 등이 줄어들게 되어 시스템 신뢰성이 향상된다.

아울러 ECU프로그램의 변경이 용이하여 손쉬운 설계 변경이 가능하고, HI-DS 등의 자동차 전용 진단기기를 사용하여 전자제어 센서와 모터 등의 상태를 점검하고 진단할 수 있어 정비성 향상을 도모할 수 있다.

3) 정보의 공유

자동차에서 정보를 공유하는 것은 자동차 내의 여러 개의 ECU 등이 자신이 필요한 신호, 정보 등을 배선을 통해서 주고받는 것이다.

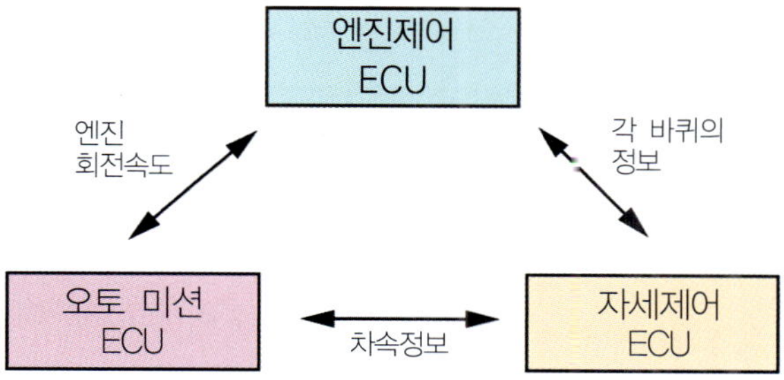

그림 1-35 자동차에서의 정보의 공유

4) 통신 프로토콜과 통신 방법의 종류

통신 프로토콜이란 컴퓨터 등이 정보를 주고받을 때 사용하는 통신 방법에 대한 규칙과 약속을 말하는 것이다. 자동차에서 사용하고 있는 통신의 방법은 다음과 같다.

(1) 통신의 크기에 따른 분류

① 직렬통신

컴퓨터에서 주변 장치와 통신하는 방식으로 순서에 따라서 순차적으로 한 번에 한 개의 데이터만 주고받는 통신방법이다.

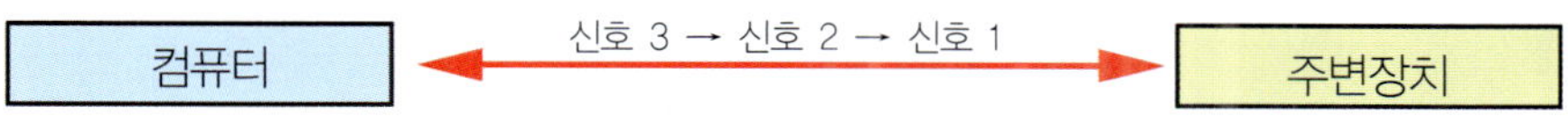

그림 1-36 직렬통신

② 병렬통신

한 번에 여러 개의 데이터를 전송할 수 있는 방법이다. 데이터를 몇 개의 회로로 나누어서 동시에 전송하므로 빠르게 전송할 수 있으나 설치비용이 비싼 단점이 있다.

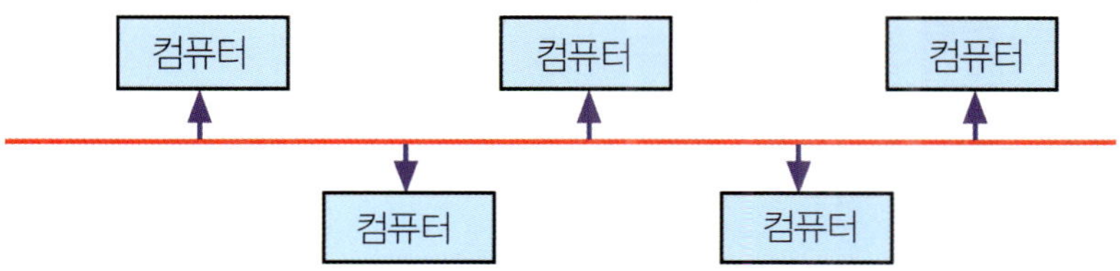

그림 1-37 병렬통신

[직렬통신과 병렬통신의 비교]

	직렬통신	병렬통신
기능	한 번에 한 비트씩 전송	여러 개의 비트가 한 번에 전송
장점	가격이 저렴하고 거리의 제한이 적다.	직렬통신에 비해 속도가 빠르며 효과적임
단점	전송속도가 느리다.	거리의 제한이 있으며 전송 노선의 비용이 비싸다.
예	PWM, 시리얼통신	MUX통신, CAN통신, LAN통신

(2) 형식에 따른 분류

① 비동기통신

정보를 전달할 때 고정된 속도를 갖지 않고 약정된 신호를 기준으로 속도나 시기를 맞추는 통신 방법으로, 전압의 저하 또는 방해를 받아서 데이터가 손실될 수 있다. 따라서 오류를 검출하는 패리티체크를 반드시 한다.

예를 들어, 에쿠스 차량에 적용된 통신은 비동기통신으로 단선 또는 단락에 의한 고장을 방지하기 위해 2선으로 되어 있다. BUS-A, BUS-B 선으로 되어 있으며 1선이 고장 시에는 다른 선으로 통신이 가능하도록 하기 위해서이다.

② 동기통신

송수신할 때 주파수와 위상을 맞추어서 송신하는 통신방법이다. 통신데이터 사이의 시간적 차이를 없애기 위해 별도의 클럭선을 설치하거나 데이터 정보 내에 클럭 정보를 포함시킨다. 예를 들어, 에쿠스 3선 동기통신방식이 동기통신이다. SCK선(클럭선)에 문제가 발생하면 데이터가 출력되어도 시스템이 작동하지 않는다. 하지만 TX, RX선의 이상이 발생하면 해당되는 기능만 작동하지 않는다.

(3) 방법에 따른 분류

① 단방향통신

정보의 흐름이 한 방향으로만 일정하게 전달되는 통신방법으로 라디오, 텔레비전 등이 이에 해당된다.

그림 1-38 단방향통신의 예

② 양방향통신

정보의 흐름이 양방향으로 동시에 전달되는 통신으로 전화기 등이 이에 해당된다.

③ 반이중통신

정보의 흐름을 교환은 할 수 있지만 동시에 통신할 수는 없는 통신으로 무전기 등이 이에 속한다.

④ 시리얼통신

단방향, 양방향통신이 모두 가능하지만 동시에 출력되지는 않고 순차적으로 출력되는 방식이다. 자동차의 자기진단기 통신이 이에 해당된다.

(3) 단방향통신

1) 단방향통신 MUX/PWM/LAN

정보를 주는 ECU와 정보를 받고 액추에이터를 실행하는 ECU가 통신하는 방법이다. 하나의 컨트롤 유닛에서 또 다른 컨트롤 유닛으로 정보를 일방적으로 주는 통신 방법이다. 정보를 받은 컨트롤 유닛은 받은 정보에 따라서 액추에이터를 구동시킨다. 자동차에서는 MUX통신, PWM통신, 단방향 LAN통신이 이에 해당된다.

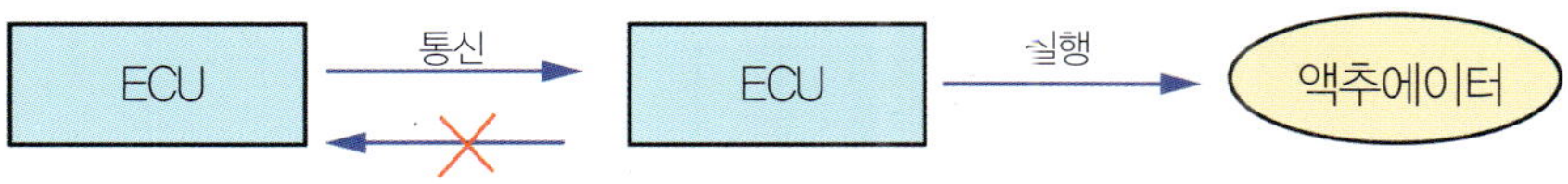

그림 1-39 단방향통신

(1) MUX통신

MUX통신(Multiplex)은 다중통신이라고도 한다. 뉴그랜저, 다이너스티, 그랜저TG 차량에 적용된 통신시스템이다. 다음 그림에서 운전석 도어 모듈은 ETACS(Electronic Time & Alarm Control System)와 양방향통신을 하여 정보를 서로 주고받는다. 운전석 도어 모듈은 조수석 도어 모듈에 정보를 주는 단방향통신을 한다. 조수석 도어 모듈은 정보를 출력하지 못하고 수신만 한다.

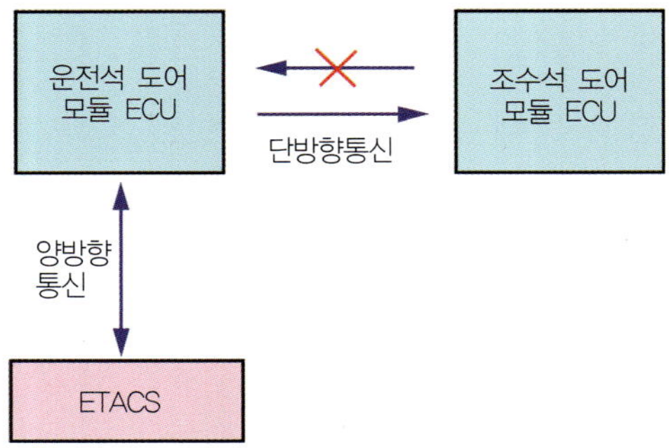

그림 1-40 MUX통신의 예

차량의 시동을 걸어서 운전석 도어 모듈과 조수석 도어 모듈에 전원을 공급한다. 운전자가 조수석 창문을 열기 위해서 스위치 2를 작동시키면 ETACS과 조수석 도어 모듈로 MUX통신 신호가 전달된다.

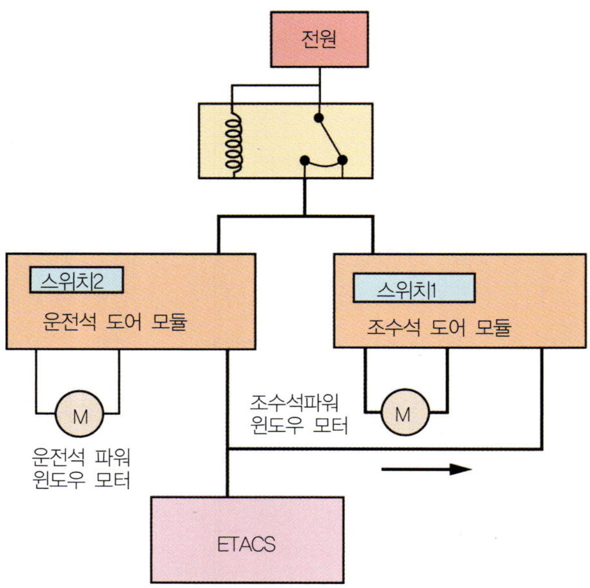

그림 1-41 그랜저의 MUX통신

조수석 도어 모듈에서는 통신 데이터를 판별하고 조수석 파워 윈도우 모터를 작동시켜서 창문을 내린다. 이렇게 하면 통신을 사용하지 않는 차량의 회로보다 배선을 많이 줄일 수 있으므로 차량의 무게도 줄고 비용 및 고장부위도 줄일 수 있게 된다.

(2) PWM통신

PWM통신은 듀티(Duty, 주파수 1사이클을 ON 부분과 OFF 부분으로 나누고 1사이클 중에서 ON되는 시간을 %로 나타낸 것) 신호를 사용하는 PWM방식을 사용하여 통신을 하는 방법이다. 엔진 ECU에서 자동변속기 ECU에 스로틀 포지션 센서의 값을 전달할 때 PWM방식의 통신을 사용한다.

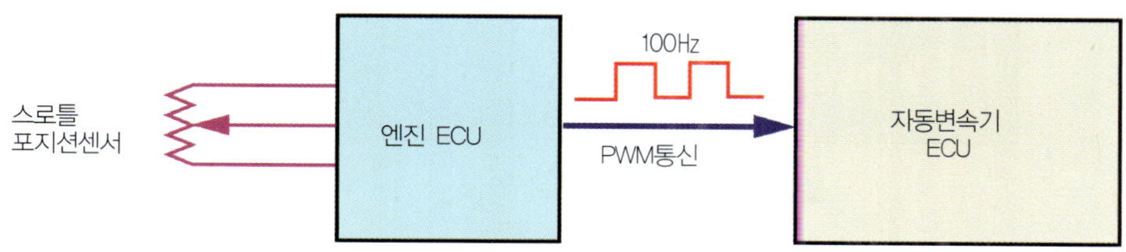

그림 1-42 PWM통신

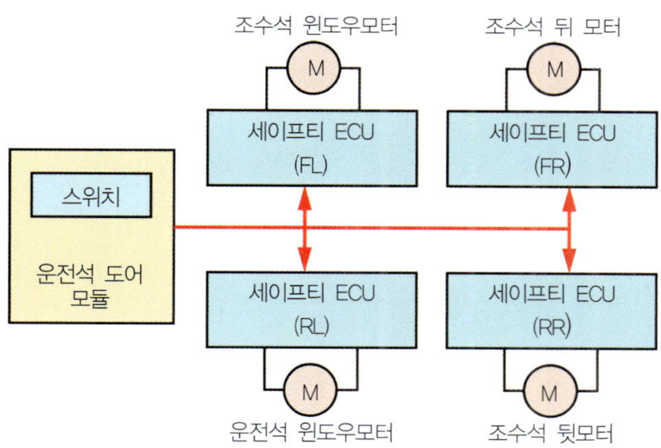

그림 1-43 에쿠스 차량의 PWM통신

운전자가 스위치를 조작하면 운전석 도어 모듈은 해당되는 창문의 동작신호를 통신선에 출력한다. 세이프티 ECU는 자신에 맞는 신호가 입력되면 자신에 연결된 모터를 구동하여 파워 윈도우를 작동시킨다. 에쿠스 차량에서 운전석 도어 모듈에 있는 파워 윈도우스위치의 운전석과 조수석이 동시에 눌렀을 경우 운전석 창문이 우선 작용하고 그 다음에 조수석이 작동된다.

(4) 양방향통신

1) 양방향통신 개념

양방향통신이란 ECU간에 서로의 정보를 주고받는 통신 방법을 말한다. 단방향통신과는 달리 ECU가 정보를 주기도 하고 받기도 하므로 양방향으로 정보가 전달될 수 있다.

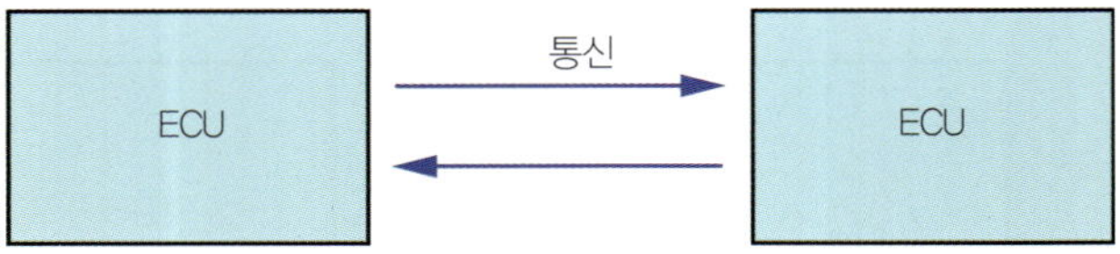

그림 1-44 양방향 통신

2) CAN통신

양방향 통신의 대표적인 것은 CAN(Controller Area Network)통신이다. CAN통신은 ECU간의 디지털 직렬통신을 제공하기 위해 1988년 BOSCH와 INTEL에서 개발한 차량용 통신시스템이다.

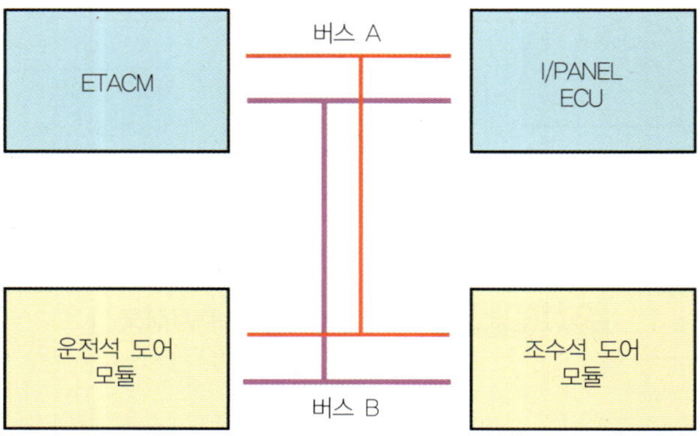

그림 1-45 에쿠스 차량에 적용된 CAN통신시스템

CAN통신은 고온, 충격, 진동, 노즈가 많은 환경, 즉 열악한 환경에서도 잘 견디기 때문에 차량에 적용될 수 있다. 또한 채널식 통신법으로 한 개의 배선으로 여러 신호를 보낼 수 있으므로 각 단위의 배선을 대폭 줄일 수 있다.

현재 차량에서 CAN통신은 엔진 ECU와 자동변속기의 통신 그리고 편의장치 제어 통신 등에 사용되고 있다. ETACS, I/P ECU, 운전석 도어 도듈, 조수석 도어 모듈이 서로 통신을 하여 정보를 주고받는다. 두 개의 통신라인(BUS-A, 3US-B)을 사용하여 서로의 정보를 전송하며 자신에게 필요한 정보만을 사용한다. CAN통신은 HIGH SPEED CAN과 LOW SPEED CAN이 있다.

(1) HIGH SPEED CAN통신

① 전압 레벨

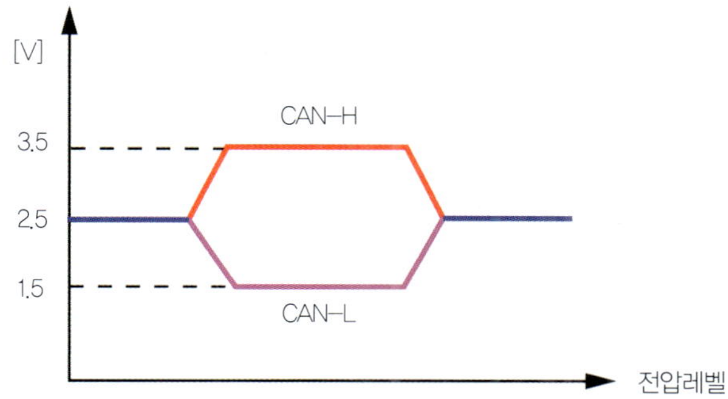

그림 1-46 HIGH SPEED CAN통신 전압 레벨

CAN-H와 CAN-L가 2.5V 전압을 기준으로 상승과 하강을 하는 통신 방법이다. 데이터의 전송속도, 처리속도가 매우 빠르고 정확하다. 빠른 전송으로 인해 노이즈 발생이 있어 오디오, A/V시스템에 영향을 줄 수 있다.

② 통신

TX로 입력된 신호를 RX로 출력하고 이에 해당하는 데이터를 CAN-L과 CAN-H로 출력한다.

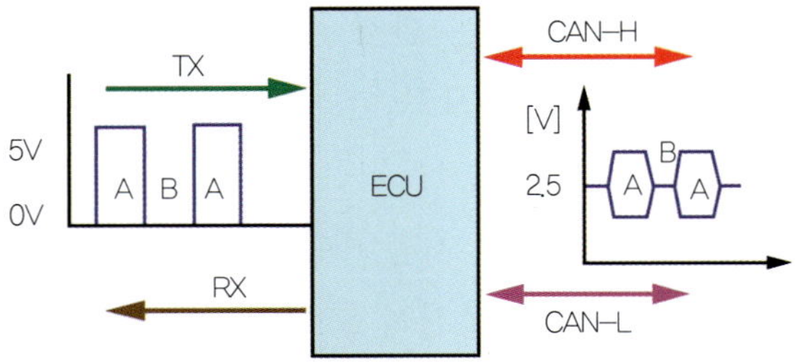

그림 1-47 HIGH SPEED CAN통신

(2) LOW SPEED CAN통신

CAN-L는 5V의 전압이 걸려 있다가 데이터가 출력되면 1.4V의 전압으로 하강된다. CAN-H는 약 0V의 전압이 걸려 있다가 데이터가 출력되면 3.5V로 상승한다.

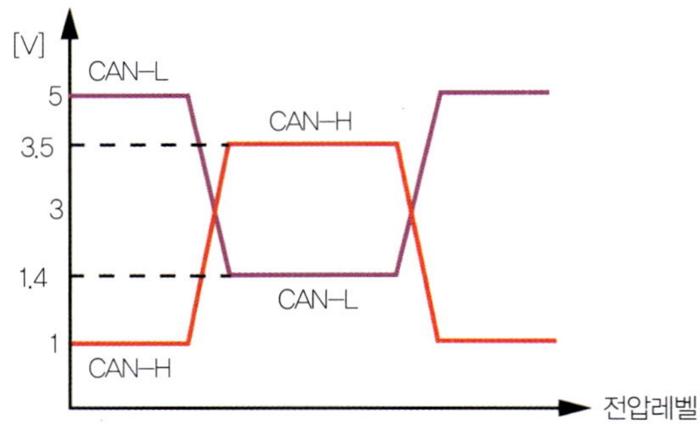

그림 1-48 LOW SPEED CAN통신 전압 레벨

CAN-H와 CAN-L는 같은 시점에서 전압이 변환한다. 속도와 정보처리 속도가 조금 느리지만 잡음 발생이 적어 자동차 ECU의 통신방법으로 사용된다.

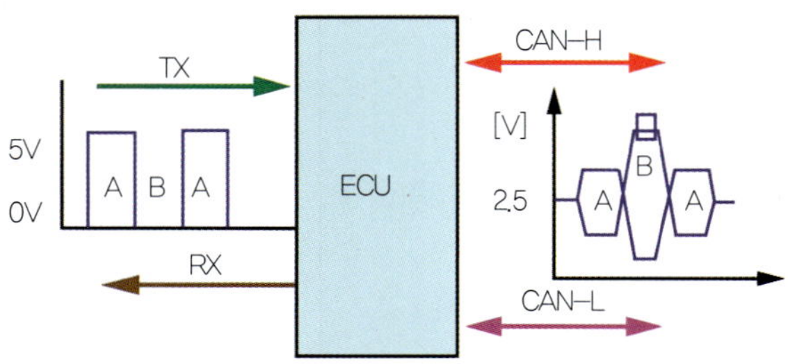

그림 1-49 LOW SPEED CAN통신

(3) 통신의 저항

자동차에서는 ECU들이 배선으로 연결되어 있고 그 바 선의 길고 짧음으로 저항이 틀려져서 통신라인의 전압이 틀릴 수 있다. 0과 1을 정확하게 구별할 수 없어 데이터의 혼란이 생길 수 있다.

CAN통신은 전압에 대해 민감하기 때문에 ECU의 내부에 일정한 전압을 유지시키기 위해 저항을 설치한다. 이 저항의 저항값을 변화시켜 통신하는 ECU들의 전압을 똑같이 맞추는 것이다. 이 저항을 "터미네이션 저항"이라고 한다. 통신라인에 약 200Ω의 저항이 있다. 이 저항에 의해 일정 전압 레벨이 이루어져 정상적인 데이터 통신이 이루어진다.

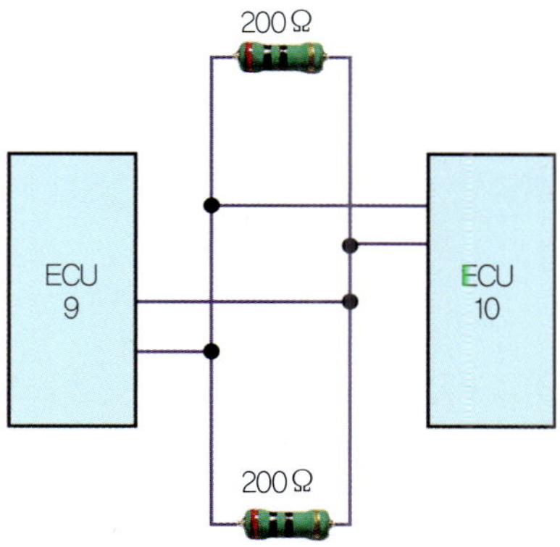

그림 1-50 터미네이션 저항

3) 3선 동기통신

3선 동기통신이란 CAN통신 중의 하나로서 ECU가 3개의 선을 사용해서 통신을 하는 것이다. 이 3선 동기통신은 CLOCK선이 반드시 있어야 한다. 이 통신은 문자나 비트(Bit)를 시작과 정지 코드 없이 전송이 되며, 각 비트의 정확한 시작과 종료 시간이 예측 가능하게 된다.

(1) 3선 동기통신의 사용 예

에쿠스 차량에 적용된 3선 동기통신시스템으로 운전석 도어 모듈과 조수석 도어 모듈, ETACM(ETACS)이 통신을 하면서 SCK(Serial Clock, 마스터로부터의 출력)에 의해서 데이터의 시간적 차이를 막아준다.

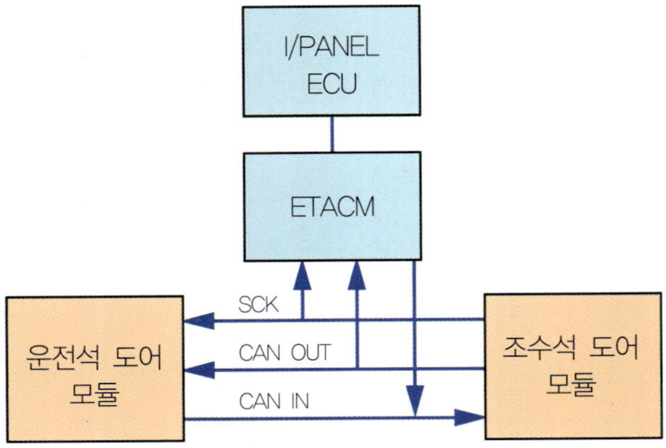

그림 1-51 3선 동기통신

(5) ECU통신

1) ECU통신의 필요성

자동차 기술의 발달로 각각의 ECU들이 가지고 있는 정보를 서로 공유해야 할 필요성이 대두되었다. 만약 ECU들의 정보를 공유하기 위해 때마다 배선을 설치하게 되면 정보의 항목과 양과 배선이 너무 많아지게 되는 단점이 발생하게 된다. 이 경우 통신을 이용하게 되면 배선의 양도 줄일 수 있으며, 공유할 수 있는 정보의 항목도 제한되지 않게 된다.

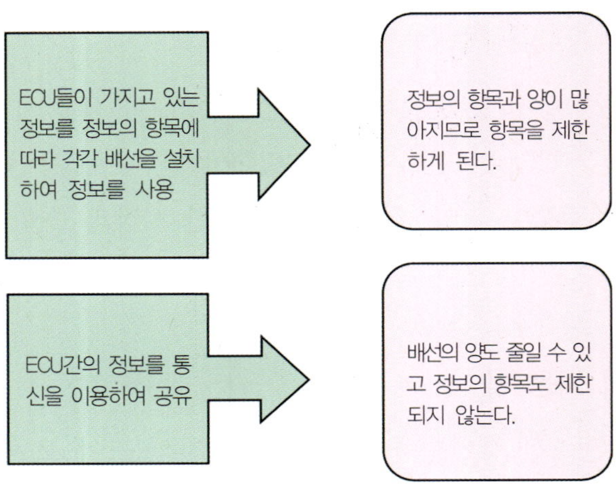

그림 1-52 통신의 필요성

통신을 사용하지 않으면 배선의 수가 많이 늘어날 수밖에 없다.

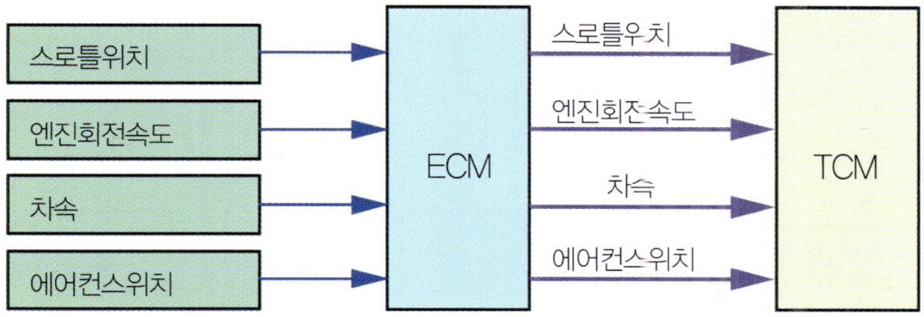

그림 1-53 통신을 사용하지 않는 경우 1

그림 1-53에서는 스로틀위치, 엔진회전속도, 차속, 에어컨스위치 신호 등 여러 가지의 엔진이 필요로 하는 신호를 각 배선으로부터 받아 제어하고 자동변속기의 경우도 각종 신호를 각각의 다른 신호 배선에서 받아서 제어를 한다.

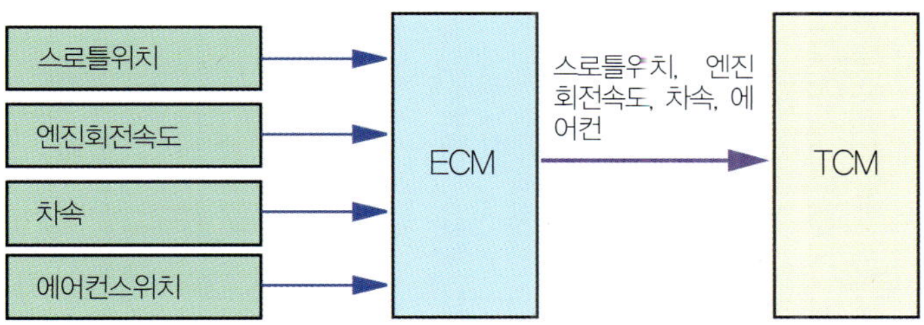

그림 1-54 통신을 사용하는 경우 1

그림 1-54에서는 1개의 통신선을 사용하여 여러 신호를 전달할 수 있다. 또한 엔진과 자동변속기가 상호 제어를 하게 될 때 배선수를 줄이고 보다 효과적으로 제어할 수 있다.

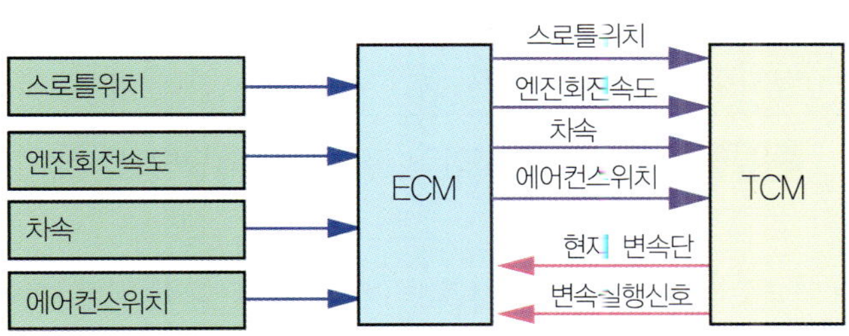

그림 1-55 통신을 하지 않는 경우 2

통신을 하지 않는 경우 엔진이 필요로 하는 신호를 각각의 센서로부터 각각의 배선을 통해서 제공받고, 자동변속기의 신호도 각각의 배선을 통해 엔진 ECU에서 받아 제어를 한다. 반면에 통신을 사용하게 되면 1개의 통신선을 사용해서 엔진제어 ECU와 자동변속기제어 ECU는 여러 가지 신호를 주고받을 수 있다.

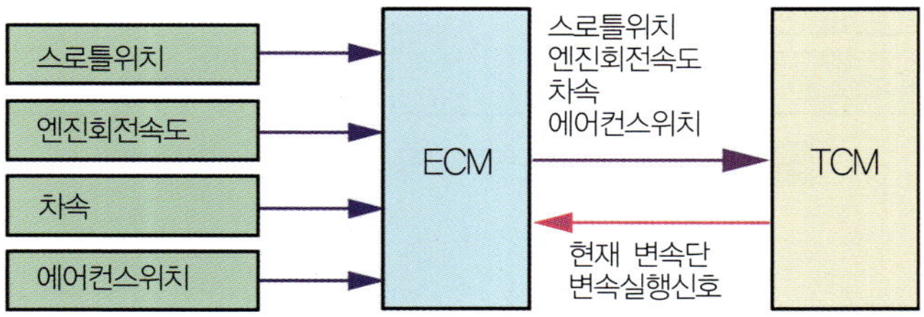

그림 1-56 통신을 사용하는 경우 2

2) ECU 사이의 통신의 형태

자동차의 ECU 간의 통신의 형태는 단방향통신과 양방향통신이 있다. 단반향통신은 하나의 컨트롤 모듈에서 다른 컨트롤 모듈로 통신을 통해 정보를 주기만 하는 형태의 통신이다.

그림 1-57에서 보면 ECM이 TCM으로 스로틀위치, 엔진 회전속도, 차속, 에어컨 스위치 정보를 일방적으로 주기만 할 뿐 받지는 않고 있다.

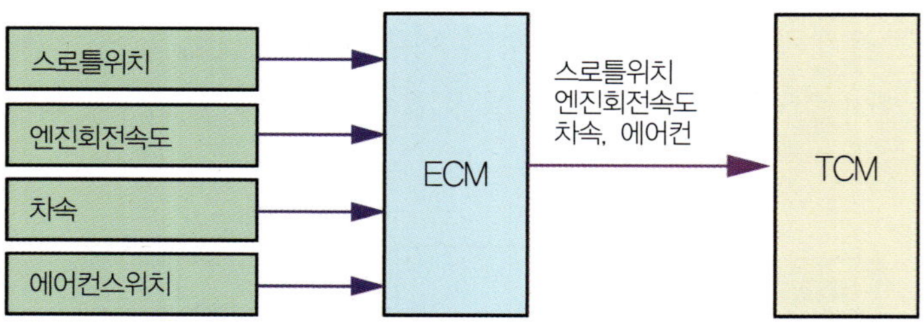

그림 1-57 ECU 사이의 통신의 형태(단방향통신)

양방향통신은 하나의 컨트롤 모듈에서 다른 컨트롤 모듈로 통신을 통해 정보를 서로 주고받는 형태의 통신이다. 그림 1-58을 보면 ECM은 스로틀 위치, 엔진회전속도, 차속, 에어컨 신호를 주고 TCM으로부터는 현재 변속단 변속실행 신호를 받아서 엔진을 제어한다.

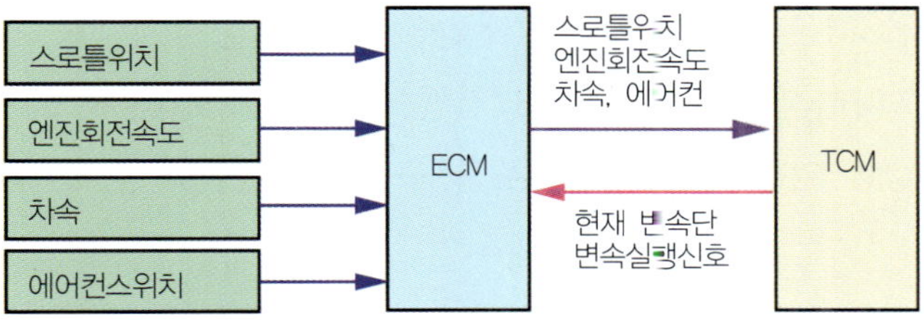

그림 1-58 ECU 사이의 통신의 형태(양방향통신)

이러한 방식, 즉 한 개의 컨트롤 모듈과 다른 컨트롤 모듈 간에 CAN통신선을 통해서 정보를 서로 주고받는 통신방식을 CAN통신이라고 한다. 엔진 ECM, TCM, ABS ECM, ETACM 간에 CAN라인을 설치하여 필요한 정보를 서로 주고받는 형태로 통신한다.

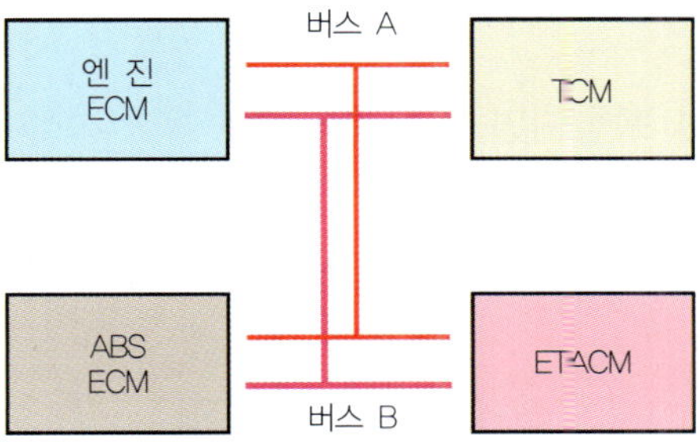

그림 1-59 CAN통신

3) ECM통신의 내용

통신을 통해 엔진 ECM이 다른 ECM에게 주는 신호는 엔진회전수, 스로틀개도, 엔진토크, 차속, 엔진온도 등의 정보를 가지고 있어서 TCM, ABS ECM에 이러한 정보를 전달해 준다.

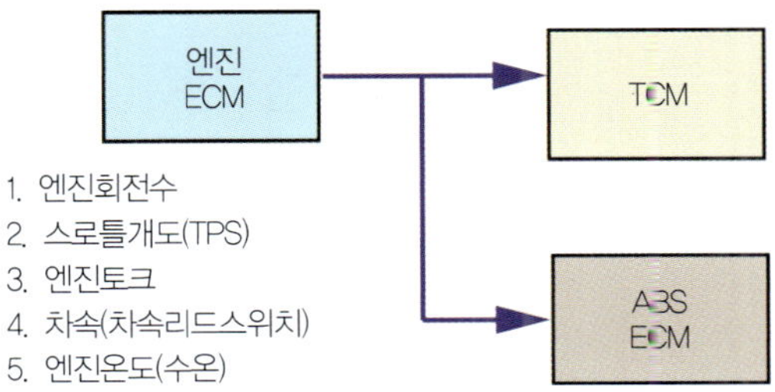

그림 1-60 엔진제어 ECM

자동변속기 제어 ECM은 현재의 변속상태, 변속 시의 충격이 있는지 또는 언제 변속을 하는지를 알고 있다. 따라서 기어위치, 토크저감 요구 신호, ATF온도, 댐퍼클러치 작동 유무, TCM TYPE, TCM ERROR 유무 신호 등을 엔진 ECM과 ABS ECM에 전달한다.

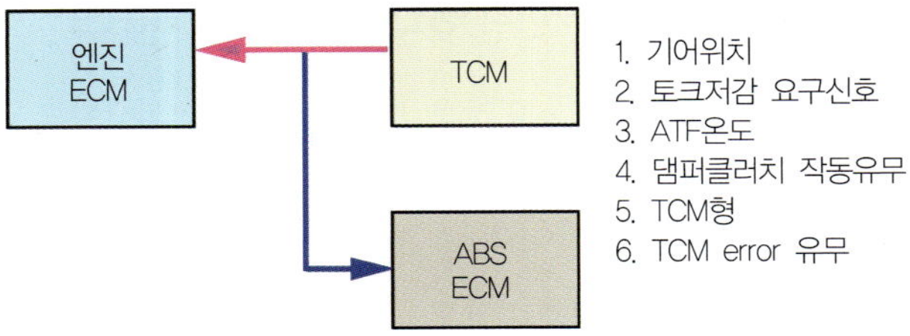

그림 1-61 자동변속기제어 ECM

ABS 컨트롤 유닛에 TCS가 포함되면 TCS제어 도중에 변속을 하게 되면 TCS 제어에 문제가 되기 때문에 변속단 유지 요구 신호를 엔진 ECM과 TCM에 전달한다.

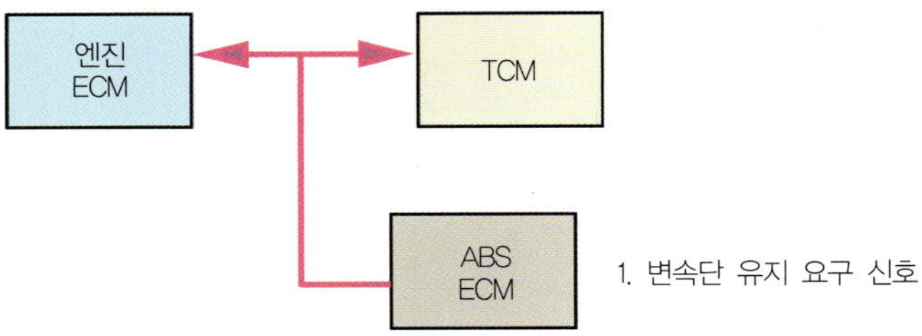

그림 1-62 ABS ECM

04 자동차 통신 제어시스템

[1] 와이퍼 제어

1) 와이퍼 저속/고속

(1) 와이퍼 저속(LOW)

와이퍼 스위치를 LOW로 작동하면 와이퍼는 LOW 속도로 작동한다. 스위치를 OFF시키면 와이퍼도 작동을 멈춘다. 다기능 스위치 와이퍼스위치를 LOW로 작동하면 1번 라인을 통해 I/P ECM으로 와이퍼 LOW작동 데이터가 입력된다.

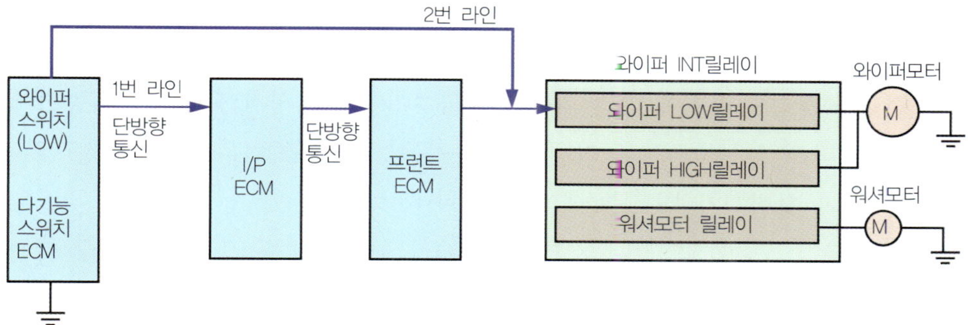

그림 1-63 와이퍼 저속

I/P ECM은 LOW작동 데이터를 프런트 ECM으로 송신하고 프런트 ECM이 데이터를 받아 와이퍼 모터를 LOW로 구동시킨다. 2번 라인은 1번 통신선에 이상이 발생할 경우 직접 릴레이를 구동하는 선이다.

(2) 와이퍼 고속(HIGH)

와이퍼스위치를 HIGH로 작동하면 와이퍼는 HIGH 속도로 작동한다. 스위치를 OFF시키면 와이퍼도 작동을 멈춘다. 다기능 스위치의 와이퍼스위치를 HIGH로 작동하면 1번 라인을 통해 I/P ECM으로 와이퍼 HIGH작동 데이터가 입력된다. I/P ECM은 HIGH 작동 데이터를 단방향 통신선을 통해 프런트 ECM으로 송신한다. 프런트 ECM은 이 데이터를 받아 와이퍼 릴레이를 구동하여 와이퍼 모터를 HIGH로 구동시킨다.

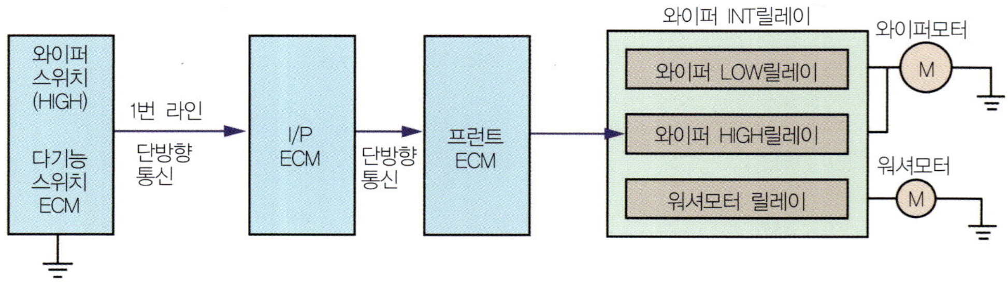

그림 1-64 와이퍼 고속

(3) 간헐 와이퍼(INT) 작동

간헐 와이퍼 작동은 운전자가 다기능스위치를 INT로 구동하였을 때 입력되는 INT신호와 간헐 시간 컨트롤(저속~고속)에 따라 와이퍼 작동주기를 변화시켜 작동하는 기능이다. 다기능스위치의 와이퍼스위치를 INT로 작동하면 다기능스위치 ECM은 I/P ECM으로 와이퍼 INT작동 데이터와 간헐시간 컨트롤 데이터를 송신한다.

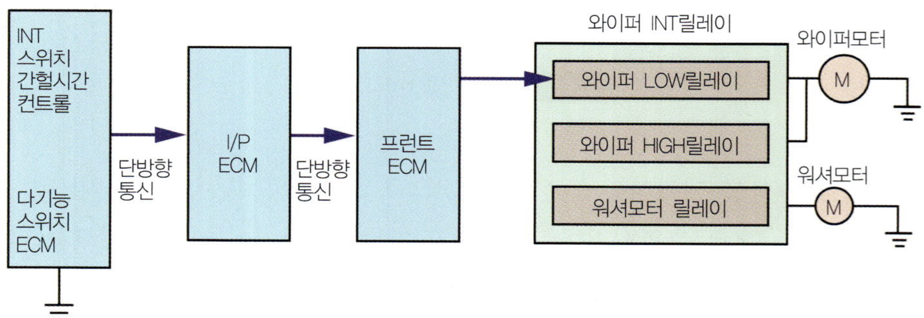

그림 1-65 간헐 와이퍼

I/P ECM은 INT작동 데이터와 간헐시간 컨트롤 데이터를 프런트 ECM으로 송신하고 프런트 ECM은 이 데이터를 받아 와이퍼 모터를 LOW속도로 구동시킨다. 프런트 ECM은 간헐시간 컨트롤 데이터에 따라서 와이퍼 LOW 작동 주기를 제어한다.

(4) 워셔 연동 와이퍼 제어

워셔 연동 와이퍼 제어는 워셔 스위치 작동과 연관하여 와이퍼를 일정 시간동안 작동시키므로 와이퍼 스위치를 별도로 작동하여야 하는 불편을 해소하는 것이다.

다기능스위치의 워셔스위치를 작동시키면 스위치 내부의 ECU는 이 데이터를 단방향통신으로 I/P ECM에 송신한다. I/P ECM은 워셔 작동 데이터를 단방향 통신선을 통해 프런트 ECM으로 송신한다. 프런트 ECM은 이 데이터를 받아 워셔 모터 릴레이를 작동하여 워셔 모터를 구동시키고 동시에 와이퍼 모터를 일정 시간동안 작동시킨다.

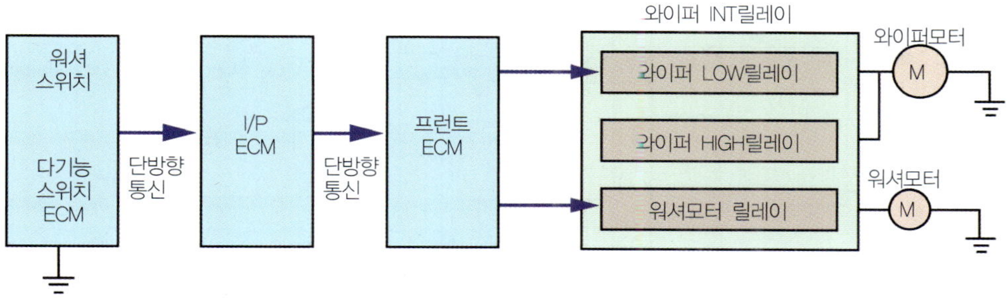

그림 1-66 워셔 연동 와이퍼 제어

[2] 파워 도어록 제어

1) 록, 언록 제어

(1) 운전석, 조수석 도어 노브에 의한 집중 도어록 제어

운전석 및 조수석 도어 노브에 의해서 운전석 또는 조수석 도어를 록, 언록하게 되면 모든 도어가 잠기거나 잠긴 것을 푸는 기능이다. 승객의 편의성을 도모하기 위한 기능이다. 운전석 도어 노브를 록, 언록하면 운전석 도어 ECM이 이 정보를 LAN통신으로 ETACS ECU에 전달한다. ETACS ECU는 이 신호를 받아서 록, 언록 릴레이를 구동한다.

록, 언록 릴레이가 작동하면 12V 전원이 각 도어의 록, 언록 모터에 공급되어 모든 도어가 잠기거나 잠긴 것을 풀게 된다. 각 모터와 연결된 록, 언록 스위치가 모터 회전에 따라서 함께 작동하여 모터가 잠긴 상태인지 풀림 상태인지를 다시 운전석 도어 ECM과 조수석 도어 ECM에 전달한다.

운전석 도어 ECM은 입력된 록, 언록 스위치의 신호로 모터의 상태를 확인하고 ETACS ECU로 이 신호를 전달한다. 따라서 ETACS ECU는 실제로 각 도어가 잠긴 상태인지 풀림 상태인지를 감지할 수 있게 된다.

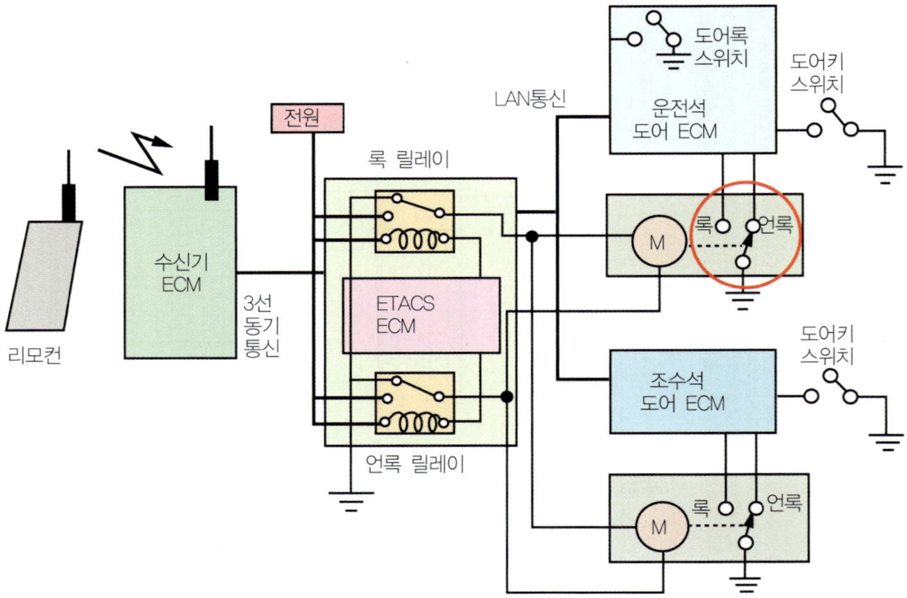

그림 1-67 록, 언록 제어

(2) 운전석, 조수석 도어키에 의한 전도어록, 언록 제어

이 제어는 운전석이나 조수석 도어에 있는 키 스위치를 이용하여 도어를 언록시킬 때 모든 도어가 잠기게 되고, 키를 이용하여 운전석이나 조수석 도어를 록시키면 모든 도어가 잠기게 되는 기능이다. 운전석 도어키를 록, 언록하면 운전석 도어 ECM이 이 정보를 LAN통신으로 ETACS ECM에 전달한다.

ETACS ECU는 이 신호를 받아서 록, 언록 릴레이를 구동한다. 록, 언록 릴레이가 작동하면 12V 전원이 각 도어의 록, 언록 모터에 공급되어 모든 도어가 잠기거나 잠긴 것을 풀게 된다.

도어키스위치는 도어록, 언록 모터와 기계적으로 연결되어 있어서 도어키스위치를 열림으로 하면 도어록 모터로 열림으로 된다. 도어키스위치와 도어록 모터가 동시에 작동되어야 전 도어가 록, 언록 제어된다.

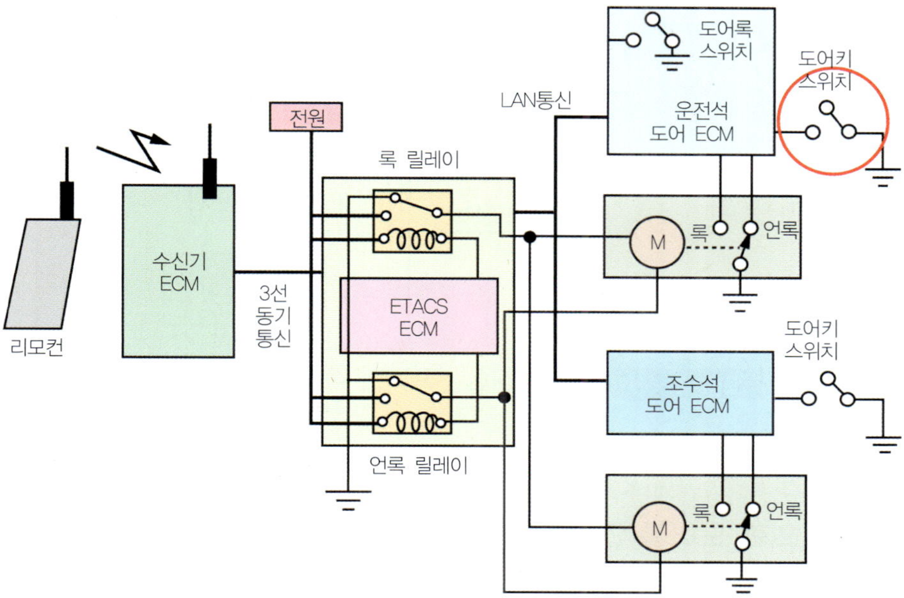

그림 1-68 도어키에 의한 록, 언록 제어

(3) 운전석 도어 모듈의 집중 도어록스위치에 의한 전도어록, 언록 제어

운전석 도어 모듈의 도어록스위치를 록, 언록하면 운전석 도어 ECM이 이 정보를 LAN통신으로 ETACS ECM에 전달한다. ETACS ECU는 이 신호를 받아서 록, 언록 릴레이를 구동한다. 록, 언록 릴레이가 작동하면 12V 전원이 각 도어의 록, 언록 모터에 공급되어 모든 도어가 잠기거나 잠긴 것을 풀게 된다. 각 도어의 록, 언록 모터와 연결된 록, 언록스위치가 모터와 동시에 작동하여 록, 언록 신호를 다시 운전석 도어 노브에 전달한다. 운전석 도어 노브는 입력된 록, 언록스위치의 신호로 각 모터의 상태를 확인한다.

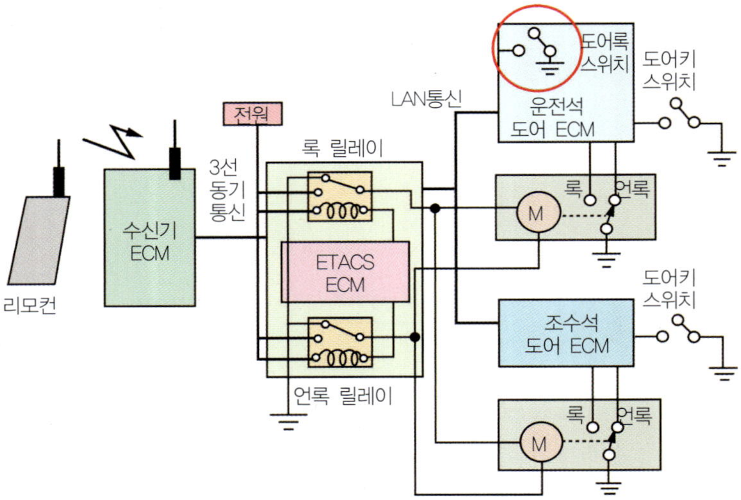

그림 1-69 집중 도어록 스위치에 의한 록, 언록 제어

(4) 리모컨의 의한 도어록/언록 제어

리모컨의 록, 언록 버튼을 작동하면 리모컨의 주파수를 수신기 ECM이 수신받아서 모든 도어를 잠그거나 잠긴 것을 푸는 기능이다. 리모컨을 작동하여 리모컨의 주파수가 수신기로 입력이 되면 수신기 ECM은 리모컨 작동신호를 ETACS ECM으로 3선 동기 통신선을 통해 송신한다.

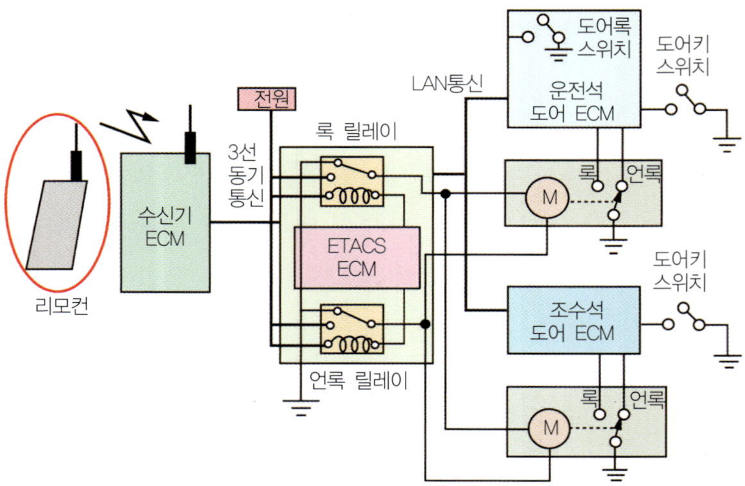

그림 1-70 리모컨에 의한 록, 언록 제어

ETACS ECU는 이 신호를 받아서 록, 언록 릴레이를 구동한다. 록, 언록 릴레이가 작동하면 12V 전원이 각 도어에 있는 록, 언록 모터에 공급되어 도어가 잠기거나 잠긴 것을 풀게 된다.

2) 차속감지, 충돌감지 제어

(1) 차속감지 오토 도어록 제어

차량이 주행을 하여 차속이 40km/h 이상의 속도가 3초 이상 계속 입력이 되면 도어록 모터를 작동하여 모든 도어를 잠가 차량이 주행 중 열리는 것을 방지하는 기능이다. 차량이 주행하면 차속센서에서 펄스신호가 발생하여 I/P ECM으로 입력이 된다. I/P ECM은 차속 신호를 LAN통신을 이용하여 ETACS ECU로 송신한다

ETACS ECU는 도어록 릴레이를 작동시켜서 모든 도어를 잠근다. 록 릴레이가 작동하면 12V 전원이 각 모터에 공급되어 모든 도어가 잠기게 된다. 이 기능은 모든 도어록 모터가 잠기게 될 때까지 3회 연속 작동된다. 3회 작동 후에도 모터가 잠기지 않으면 릴레이 작동을 중지한다.

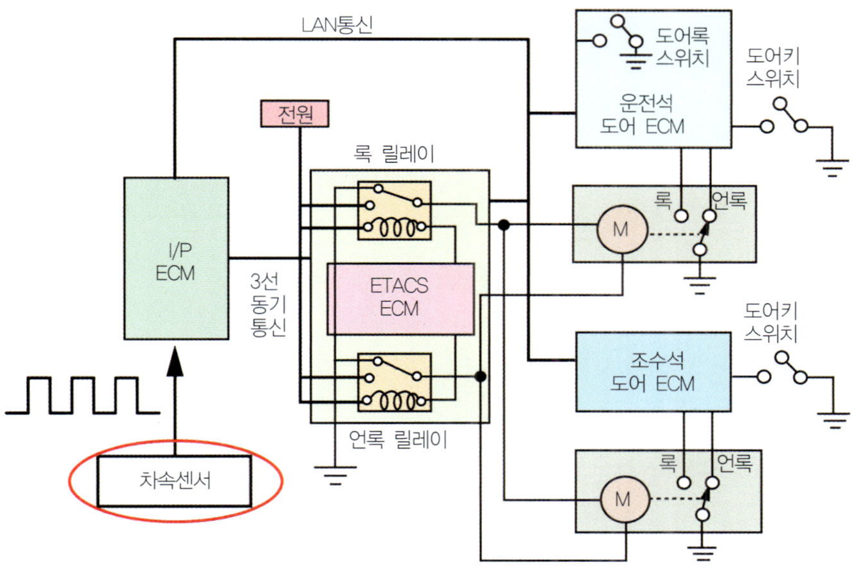

그림 1-71 차속감지 오토 도어록 제어

(2) 충돌감지 제어

충돌감지 도어 언록 제어는 차량이 잠긴 상태에서 주행 중 충돌사건이 발생 시에 충돌감지 센서가 이를 감지하여 도어 언록 모터를 구동시켜 사고로 인해 도어가 열리지 않는 것을 방지하는 기능이다. 차량이 주행 중 도어록 모터가 작동하여 도어가 잠긴 상태에서 충돌사건이 발생하면 충돌감지센서 내부의 스위치 접점이 ON되어 이 신호가 ETACS ECU로 입력이 된다.

ETACS ECU는 이 신호를 입력받아 내장되어 있는 도어 언록 릴레이를 구동하여 잠겨 있는 모터를 풀림 상태로 만든다. 각 도어록 모터 내부에 있는 스위치 접점이 열림으로 될 때까지 언록 릴레이를 3회 구동한다.

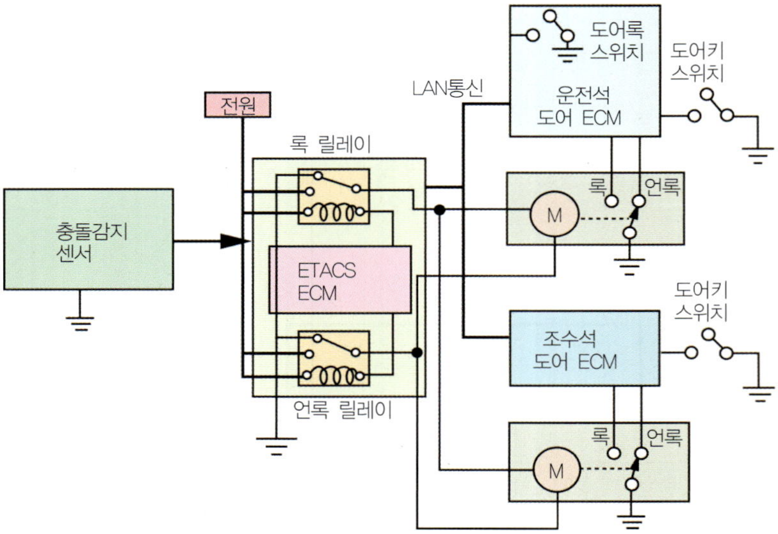

그림 1-72 충돌감지 제어

(3) 파워 윈도우 제어

1) 세이프티 파워 윈도우 제어

(1) 윈도우 타이머 제어

파워 윈도우 타이머 제어는 시동키 ON상태에서 파워 윈도우가 작동하다가 시동키 OFF한

후 약 30초간 파워 윈도우를 작동할 수 있도록 전원을 공급하는 기능이다.

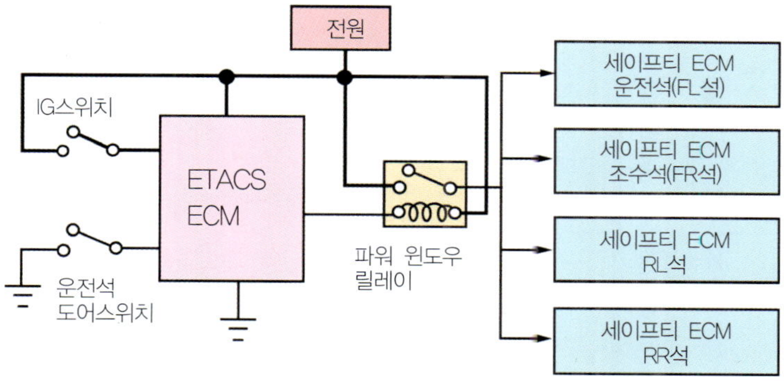

그림 1-73 윈도우 타이머 제어

시동스위치를 ON하여 ETACS ECU로 12V가 입력되면 ETACS ECU는 파워 윈도우 릴레이를 작동시킨다. 파워 윈도우 릴레이가 작동하면 각 도어의 윈도우에 있는 세이프티 ECM으로 전원이 공급되어 파워 윈도우가 작동하게 된다. 운전자가 하차하기 위해서 IG스위치를 OFF시키면 ETACS ECU는 약 30초 동안 파워 윈도우 릴레이를 작동시켜서 세이프티 ECM으로 전원을 공급한다. 30초 이내에 운전석 도어가 열리면 도어가 열린 시점부터 다시 30초를 연장하여 파워 윈도우 전원공급을 한다.

재연장된 30초 이내에 운전석 도어나 조수석 도어의 닫힘 스위치 신호가 입력되면 ETACS ECU는 파워 윈도우 전원공급을 중지시킨다.

(2) 리모컨에 의한 파워 윈도우 타이머 제어

리모컨에 의한 파워 윈도우 타이머 제어는 리모컨으로부터 파워 윈도우의 UP/DOWN 신호 수신 시 파워 윈도우 릴레이를 30초 동안 구동하여 파워 윈도우가 작동할 수 있도록 하는 기능이다.

리모컨으로 파워 윈도우 UP/DOWN 스위치를 작동하면 이 리모컨의 주파수 신호가 차량 내의 수신기로 입력된다. 수신기 ECM은 3선 동기 통신라인을 통해 ETACS ECU로 리모컨에 의한 파워 윈도우 UP/DOWN 명령을 송신한다.

ETACS ECU는 파워 윈도우 릴레이를 접지하고 LAN통신라인을 통해 운전석 도어 모듈로 파워 윈도우 UP/DOWN 신호를 출력한다. 운전석 도어 모듈은 단방향 통신라인을 통해 각 세이프티 ECM으로 파워 윈도우 구동명령을 송신한다.

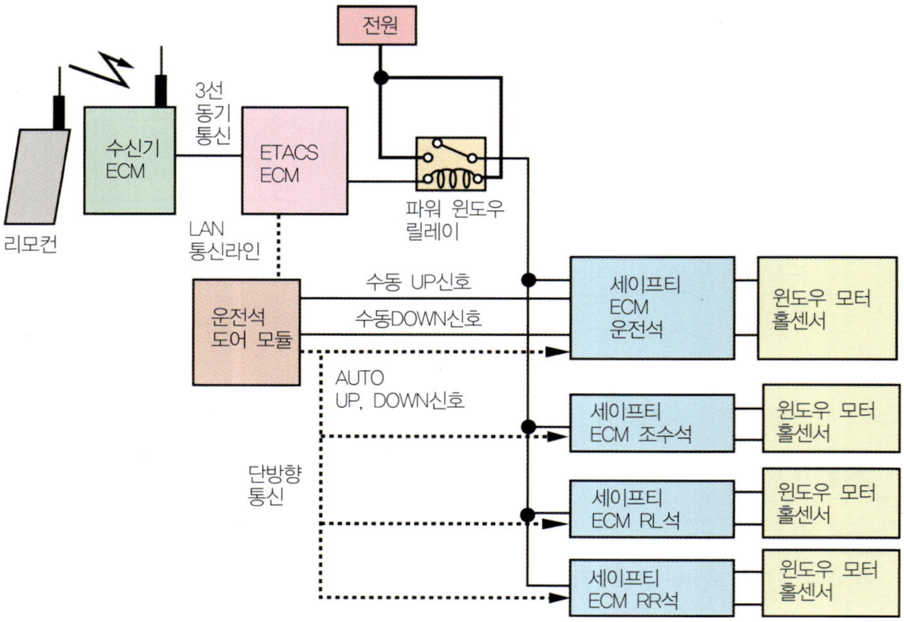

그림 1-74 리모컨에 의한 윈도우 타이머 제어

세이프티 ECM은 파워 윈도우모터에 전원을 공급하여 파워 윈도우를 작동한다. 30초가 경과하면 ETACS ECU는 파워 윈도우 릴레이를 OFF시켜서 파워 윈도우 작동을 중지시킨다.

(3) 세이프티 파워 윈도우 제어

세이프티 파워 윈도우는 파워 윈도우 UP작동 시 윈도우 사이에 이물질 끼임 등으로 파워 윈도우가 정상적으로 작동하지 못할 때 이를 감지하여 창문을 약 20cm 아래로 열리도록 하여 안전사고를 예방하는 기능이다.

운전석 도어 모듈에서 파워 윈도우스위치를 AUTO UP으로 작동하면 이 신호는 운전석 도어 모듈의 CPU에 입력된 후 통신라인을 통해 운전석 세이프티 윈도우 ECM으로 보내진다. 운전석 세이프티 AUTO UP신호가 입력되면 윈도우 모터를 UP 방향으로 회전시킨다. 세이프티 윈도우는 AUTO UP 중에만 작동되며 UP작동 중 창문에 구속이 발생하고 이에 따른 모터 내의 홀센서는 출력되는 펄스의 수를 검출하여 창의 위치를 연산하고 펄스폭에 의해 회전 주파수를 연산하며 홀센서의 변화를 세이프티 윈도우 ECM에서 감지하여 구속이라 판단되면 DOWN 릴레이를 ON하여 윈도우를 20cm 하강시킨다.

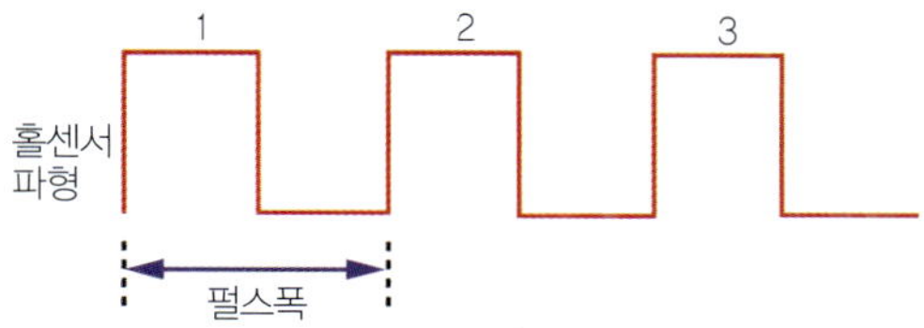

그림 1-75 홀센서 파형

수동으로 UP시킬 경우 창문에 구속이 발생하면 세이프티 윈도우 ECM은 UP 릴레이를 OFF하여 창문 작동을 멈춘다. 이때 창문은 하강하지 않는다. 운전석에서 조수석 또는 뒤좌 · 우 윈도우스위치를 AUTO UP으로 작동하는 경우에는 단방향통신 라인을 통해 작동신호가 세이프티 윈도우 ECM에 전달되고 각 도어의 UP 릴레이를 ON하여 모터는 UP방향으로 작동한다. UP작동 중 창문에 부하가 가해지면 위의 설명과 같이 제어가 된다.

파워 윈도우의 유리창의 위치는 창이 닫히는 위치에 설치된 리미트스위치로부터 위치를 검출한다. 리미트스위치가 OFF되면(창이 닫힌 경우) 세이프티 기능은 정지되고 ON인 경우(창이 열린 경우)에는 작동한다. 리미트스위치의 고장을 검출했을 경우 1회의 UP동작으로 창문은 5cm만 상승하고, 이때는 세이프티 기능은 작동하지 않는다. 또한 센서 pulse의 고장을 검출했을 경우 1회의 UP동작으로 윈도우의 상승은 0.7초로 되고 이때도 세이프티 기능은 작동하지 않는다.

(4) 세이프티 파워 윈도우 작동 영역

세이프티 윈도우는 리미트스위치의 상태에 따라 기능이 작동할지 또는 작동하지 않을지를 결정하게 된다. 창의 상단으로부터 4mm 아래에서부터 작동한다.

① 세이프티 비작동 구간 : 창의 상단부터 창의 상단으로부터 4mm까지

② 세이프티 작동 구간 : 창의 상단으로부터 4mm부터 창의 최하단까지

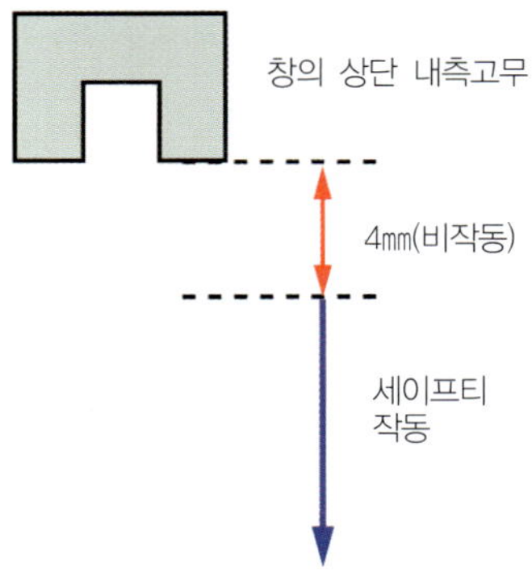

그림 1-76 세이프티 작동 구간

(5) 세이프티 파워 윈도우 구속 여부 감지

AUTO UP 출력 중에 리미트스위치가 ON인 상태에서 홀센서의 펄스 신호가 검출되지 않거나, 펄스의 주기변화가 있는 경우를 구속이라고 판단한다.

① 펄스가 검출되지 않는 경우

AUTO UP 출력 중에 리미트스위치가 ON인 상태에서 펄스가 0.1초 이상 입력되지 않는 경우 구속이라 판단한다.

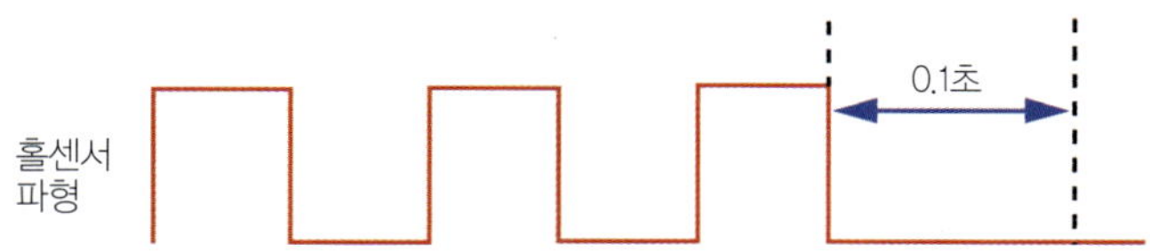

그림 1-77 펄스가 검출되지 않는 경우

② 펄스의 주기가 변한 경우

AUTO UP 출력 중에 리미트스위치가 ON인 상태에서 펄스의 주기변화가 있는 경우를 구속이라고 판단한다. 현재 주파수와 8번째 전 펄스의 주파수의 차이가 설정값을 벗어난 경우 구속이라 판단한다.

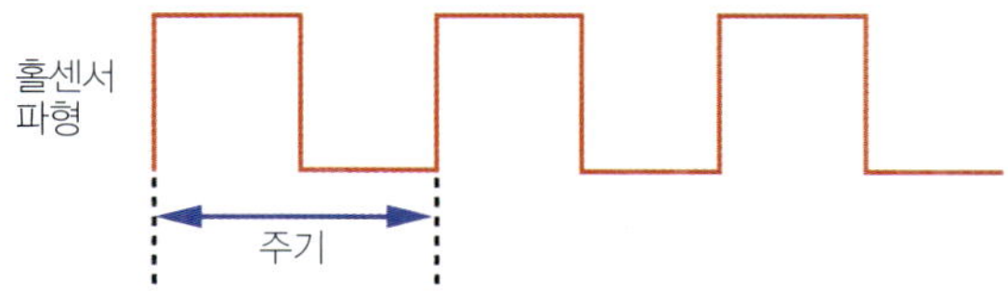

그림 1-78 펄스의 주기가 변한 경우

(6) 리모컨 AUTO UP, DOWN 기능

이 기능은 시동키 OFF상태에서 리모컨의 록 버튼을 2초 이상 누르면 창문이 자동으로 올라가고, 언록 버튼을 2초 이상 누르면 창문이 자동으로 내려가는 기능이다. 멀티모드 리모컨의 록 버튼을 1회 누르고 출력 후 록 버튼을 계속 2초 이상 누르면 전 파워 윈도우 UP동작을 실행한다. 4개의 파워 윈도우 UP의 순서는 좌우측 앞 도어가 동시에 UP동작 후 약 250ms 후 다시 좌우측 뒷도어가 동시에 UP동작을 수행한다.

리모컨의 언록 버튼을 1회 누르고 언록 출력 후 언록 버튼을 계속 누를 경우 좌우측 파워 윈도우 DOWN동작을 실행한다. 이때 좌우측 앞도어의 파워 윈도우가 동시에 실행한다.

(4) 아웃사이드 미러 제어

1) 후진 연동 아웃사이드 미러 제어

차량이 후진 시 뒤쪽의 사물이 잘 보이도록 하기 위해서 사이드 미러를 후진 신호가 입력되면 5° 아래로 하강하도록 하는 기능이다. 운전석 도어 모듈에 있는 사이드 미러 선택 스위치 위치에 따라 운전석 및 조수석 미러를 함께 5° 하강하거나 조수석 사이드 미러만 5° 하강시키는 기능이다.

시동키 ON 후 변속레버를 후진 Ⓡ에 위치시키면 인히비터스위치를 통해서 후진 신호가 I/P ECM에 입력된다. I/P ECM은 후진 신호를 LAN 통신라인을 통해 운전석 도어 모듈과 조수석 도어 모듈에 데이터를 송신한다. 후진 신호를 받은 각 도어 모듈은 모터 구동 IC에서 전원을 출력하여 사이드 미러를 하향으로 5° 내린다.

인히비터스위치가 다른 변속단에 위치하여 후진 Ⓡ신호가 OFF가 되면 I/P ECM은 다른 인히비터스위치 데이터를 송신하여 이 데이터를 받은 도어 모듈은 사이드 미러를 다시 5°

상향 조정하게 된다.

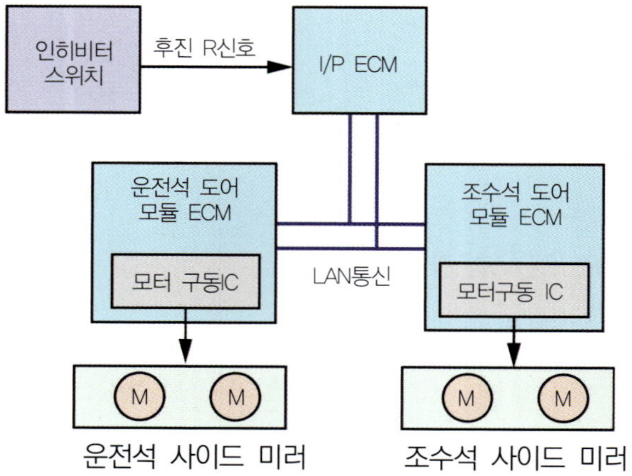

그림 1-79 후진연동 아웃사이드 미러 제어

2) 스위치에 의한 아웃사이드 미러 폴딩, 언폴딩 제어

차량을 주차시킬 때 또는 운전자의 의지에 의해서, 운전자가 운전석 도어 모듈에 있는 사이드 미러 폴딩 스위치를 작동하여 사이드 미러를 접거나 펴는 기능이다. 시동키스위치를 ON하여 배터리 전압이 운전석 도어 모듈로 입력이 된다. 운전석 도어 모듈 내부에 있는 폴딩 릴레이와 언폴딩 릴레이의 코일에 상시전원이 입력되어 Tr1과 Tr2에 대기하고 있다.

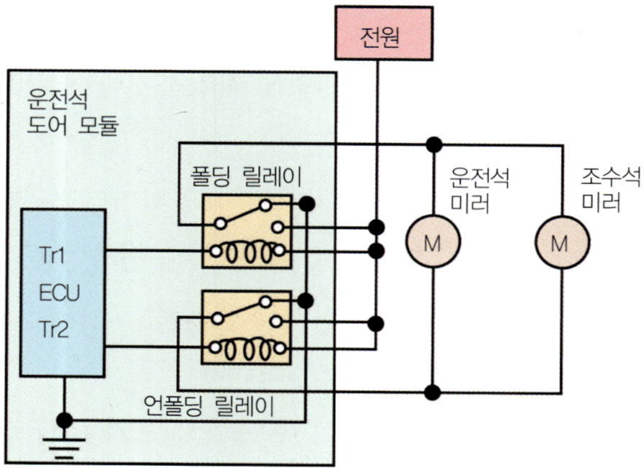

그림 1-80 스위치에 의한 아웃사이드 미러 폴딩, 언폴딩 제어

운전석 도어 모듈에 있는 폴딩 스위치를 작동하면 ECM은 Tr1에 베이스 전압을 약 10초 동안 구동하여 릴레이로 전류가 흘러 폴딩 릴레이 접점이 붙게 되고 사이드 미러 모터에 전원이 공급되어 사이드 미러가 접히게 된다. 다시 스위치를 작동시키면 ECM은 Tr2에 베이스 전압을 출력하여 언폴딩 릴레이가 작동하여 사이드 미러가 펴지게 된다.

3) 리모컨에 의한 아웃사이드 미러 폴딩, 언폴딩 제어

리모컨의 작동으로 아웃사이드 미러를 폴딩, 언폴딩할 수 있는 기능을 말한다.

운전자가 리모컨의 도어록, 언록 버튼을 2초 이상 계속 누르게 되면 이 리모컨의 주파수가 차량 내부에 있는 수신기로 입력된다. 이 도어록, 언록 신호를 수신기는 ETACS ECU에 3선 동기통신선을 이용하여 ETACS ECU로 출력을 하게 된다 ETACS ECU는 메인 통신라인으로 리모컨에 의한 도어록, 언록 신호를 출력하고, 운전석도어 모듈이 이 신호를 받아 모듈 내부에 있는 폴딩 릴레이와 언폴딩 릴레이를 구동하여 사이드 미러를 동작시킨다.

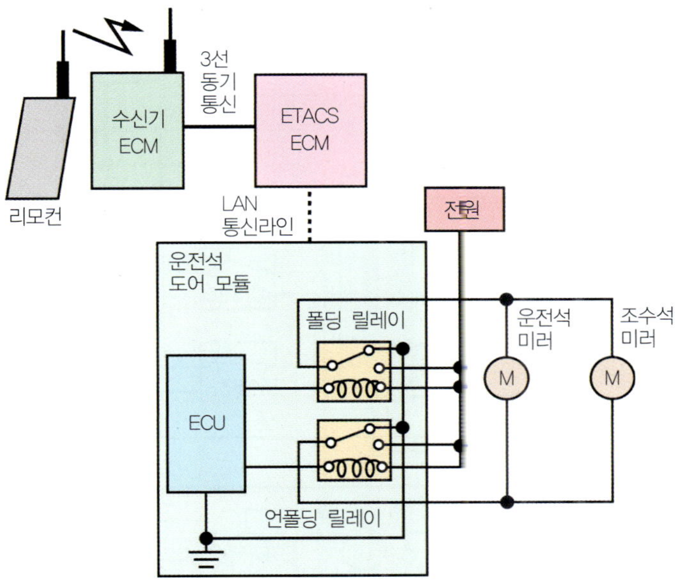

그림 1-81 리모컨에 의한 아웃사이드 미러 폴딩, 언폴딩 제어

(5) 리모컨 제어

1) 도난 경보 제어

차량의 리모컨의 록 버튼을 작동시키면 차량의 모든 도어, 후드 및 트렁크가 닫혀 있으면 비상등이 점멸하고 도난 경계에 진입한다. 차량에 침입이 발생하면 도난경보상태로 돌입하여 혼을 작동하고 스타트 릴레이를 구동하여 시동이 걸리지 않게 하는 기능이다.

운전자가 차량의 리모컨의 록 버튼을 작동하면 이 리모컨의 주파수가 수신기로 입력되고 수신기는 이 데이터를 ETACS ECU로 송신하게 된다. ETACS ECU는 내장되어 있는 록 릴레이를 작동하여 4개 도어에 있는 도어록 액추에이터를 동작시켜서 4개의 도어를 모두 잠그고 후드 및 트렁크, 도어 스위치가 닫혀 있는지 점검한다. 각 모듈로 입력되는 도난 경보와 관련된 도어스위치, 트렁크 및 후드 스위치의 입력이 정상이면 비상등을 2회 점멸하고 도난경계상태로 진입한다.

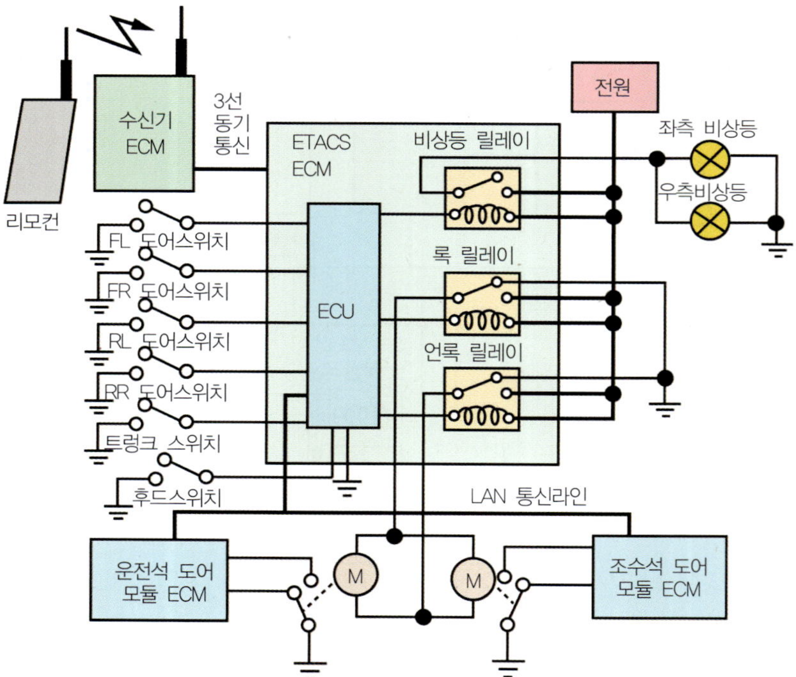

그림 1-82 도난경보 제어

2) 리모컨 시동 제어

리모컨 시동 제어는 사용자가 차량에 탑승하지 않은 상태에서 시동이 되는 기능으로 안전을 고려한 조건이 만족하면 제어를 하게 된다.

(1) 리모컨 시동 조건

① 점화키 OFF상태에서 도난 경계 모드일 것. 즉, 도어, 후드, 트렁크가 모두 잠긴 상태일 것
② 변속 레버는 "P"위치에 있을 것, "N"레인지에서는 시동이 되지 않음
③ 주차브레이크는 잠겨 있을 것
④ 발전기 "L"단자의 전압은 LOW일 것
⑤ 점화키는 탈거된 상태일 것(핸들 록스위치 신호)
⑥ 원격 시동 후 엔진 경고등은 OFF일 것

원격 시동 후 4초 후에 엔진 경고등이 점등된 상태이면 엔진이 정지함

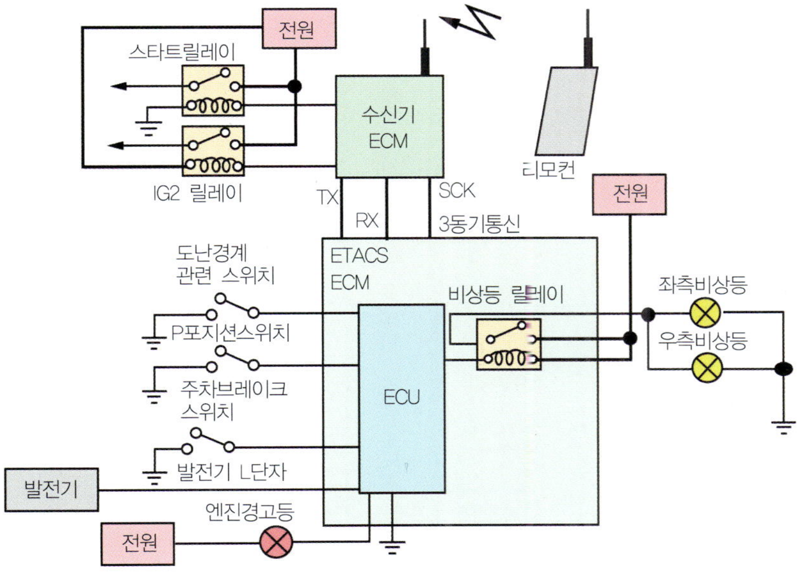

그림 1-83 리모컨 시동 제어

리모컨으로 록 버튼을 누르면 도어록 릴레이가 작동하며 도난경계상태에 진입하게 된다. 도난경계와 관련된 스위치신호(4개 도어, 후드, 트렁크, 4개 도어록 액추에이터)가 정상으로

입력되어야 한다. 리모컨 시동 버튼을 누르면 수신기가 이 주파수를 입력받아 ETACS ECM로 TX선을 통해 리모컨 시동 데이터를 송신한다.

ETACS ECM은 이 데이터를 받고 도난경계상태 및 변속레버인 "P"레인지스위치, 주차브레이크스위치를 확인하여 이 신호가 정상이면 해당되는 데이터를 다시 수신기로 RX선을 통해 송신한다.

(6) 등화시스템 제어

1) 미등 출력 제어

미등 출력 제어란 미등스위치 작동 신호를 받은 다기능스위치 ECM이 이 데이터를 I/P ECM으로 송신하면 이 신호를 다시 프런트 ECM이 받아서 미등 릴레이를 작동시켜 각 해당하는 미등램프를 작동시키는 기능이다. 미등스위치를 작동시키기 전에는 다기능스위치 ECM에서 5V 스위치 전압을 감지하고 있다가 운전자가 미등스위치를 ON하면 5V의 전압이 0V로 되어 다기능스위치 ECM은 미등스위치가 작동되었다고 판단한다.

다기능스위치 ECM은 미등스위치 작동 데이터를 2선 통신선을 이용하여 I/P ECM으로 송신한다. I/P ECM은 다시 단방향 통신선을 이용하여 프런트 ECM으로 송신한다. 미등스위치 작동데이터를 받은 프런트 ECM은 내장되어 있는 미등 릴레이를 작동시켜 미등으로 전류를 공급한다.

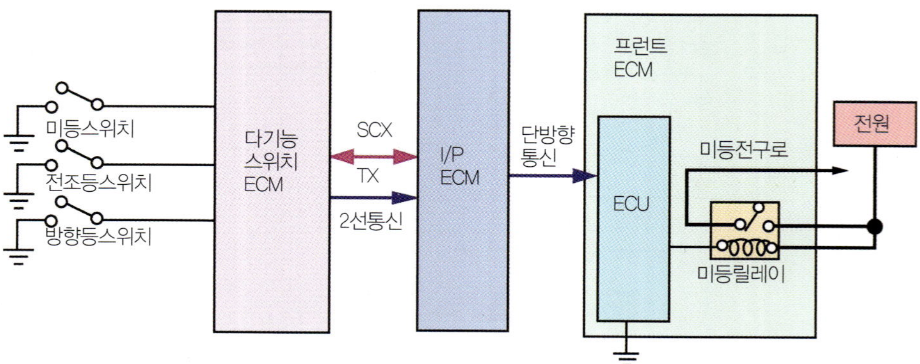

그림 1-84 미등 출력 제어

2) 전조등 출력 제어

전조등 출력 제어란 전조등스위치 작동신호를 받은 다기능스위치 ECM이 이 데이터를 I/P ECM으로 송신하고, 이 신호를 다시 프런트 ECM이 받아서 전조등 릴레이를 작동시켜서 전조등 램프를 제어하는 기능이다. 전조등스위치를 작동하면 5V 스위치 전압이 0V로 된다. 이 스위치 신호를 받은 다기능스위치 ECM은 전조등을 작동시키기 위해 2선 통신선을 이용하여 전조등 작동 데이터를 I/P ECM으로 송신한다.

I/P ECM은 다시 단방향 통신선을 이용하여 계기판 ECM으로 전조등 작동 데이터를 송신하여 계기판 등을 점등시킨다. 또한 프런트 ECM으로 전조등 작동 데이터를 송신한다. 프런트 ECM은 내장되어 있는 전조등 릴레이를 구동하여 전조등을 작동시킨다.

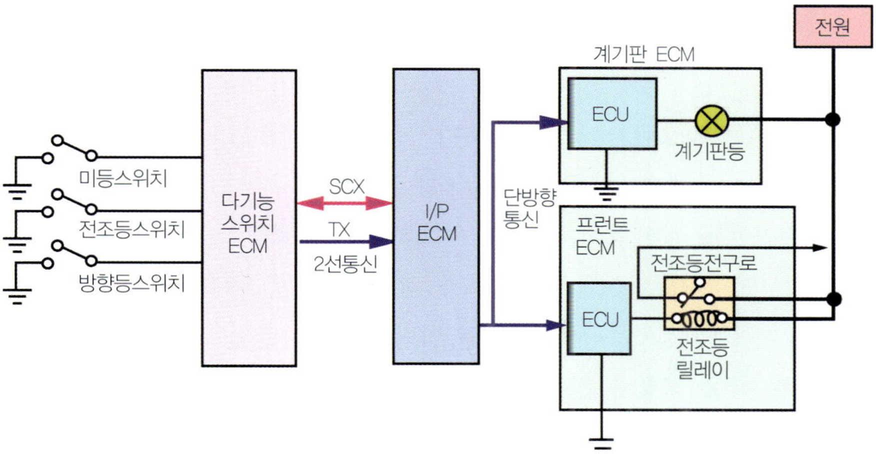

그림 1-85 전조등 출력 제어

3) 오토라이트 제어

오토라이트 제어란 차량 주위의 밝기에 따라 미등 및 전조등을 자동으로 작동시키는 기능을 말한다. 주위의 밝기를 판단하는 오토라이트센서를 적용하여 이 신호를 I/P ECM으로 보내 미등 및 전조등을 자동으로 작동시킨다.

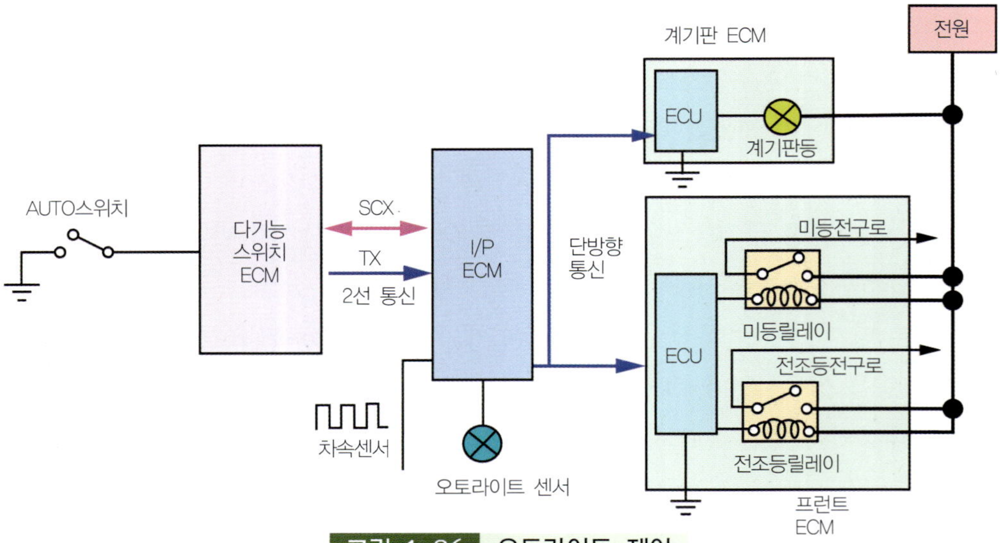

그림 1-86 오토라이트 제어

다기능스위치의 AUTO스위치를 ON하면 다기능스위치 ECM으로 신호가 입력되고 이 신호가 2선 통신라인을 통해 I/P ECM으로 데이터가 전달된다. I/P ECM은 주위의 조도에 따라 변하는 오토라이트 센서의 전압값 및 차속센서를 입력받아 단방향 통신라인으로 계기판 ECM과 프런트 ECM으로 미등 및 전조등 작동데이터를 송신한다.

계기판 ECM은 미등 및 전조등 작동 신호를 입력받아 계기판 등을 점등시킨다. 프런트 ECM은 미등 및 전조등 작동 신호를 입력받아 릴레이를 구동하여 미등과 전조등을 작동시킨다.

(7) IMS시스템

IMS는 Integrate Memory System의 약어로 통합 메모리 시스템을 의미한다. 운전자가 자신의 체형이나 운전습관에 맞는 최적의 조건을 설정한 후 간단한 스위치 조작 하나만으로 쉽게 기억된 위치로 운전자 시트 및 미러를 자동 복귀시킬 수 있는 편의장치이다.

(1) IMS의 기억 및 재생 기능

운전자가 설정한 시트의 위치와 각도, 아웃사이드 미러의 각도를 각각의 위치센서를 이용해 감지하고 그 데이터를 IMS 컨트롤 유닛에 기억시켜서 IMS 컨트롤스위치 또는 리모컨을 이용해 운전자가 설정해 놓은 위치로 복귀시키는 기능이다.

(2) IMS시스템의 제어 기능

IMS시스템의 제어 기능은 수동조작 스위치에 의한 매뉴얼 동작, IMS 컨트롤스위치 조작에 의한 메모리 기억 및 재생 동작, AUTO스위치 조작에 의한 승하차 연동 동작, 리모컨 조작에 의한 리모컨 기억 및 재생 동작이다.

(3) IMS시스템의 구성

IMS시스템은 파워시트 컨트롤 유닛, 아웃사이드 미러 컨트롤 유닛, IMS AUTO스위치, IMS 컨트롤스위치, 리모컨, 수신기 등으로 구성되어 있다.

(4) 시스템 동작사양

시스템은 운전석 파워 윈도우 메인 스위치에서 운전석 아웃사이드 미러스위치와 조수석 아웃사이드 미러스위치, 파워시트 수동스위치 조작에 의해 수동 조작된다.

1) 운전석 사이드 미러 수동 조작

시스템은 운전석 파워 윈도우 메인스위치에서 운전석 아웃사이드 미러스위치와 조수석 아웃사이드 미러스위치, 파워시트 수동스위치 조작에 의해 수동 조작된다. 운전석 파워 윈도우 메인스위치에서 운전석 아웃사이드 미러스위치 조작에 의해 미러 모터를 상, 하, 좌, 우로 작동시킨다.

파워 윈도우 메인스위치에서 운전석 아웃사이드 미러스위치를 조작하면 운전석 아웃사이드 미러 컨트롤 유닛으로 스위치 동작신호가 입력된다. 이 신호를 기준으로 아웃사이드 미러 컨트롤 유닛 좌우, 상하 모터측으로 전원 및 접지 출력을 제어하여 아웃사이드 미러를 작동시킨다.

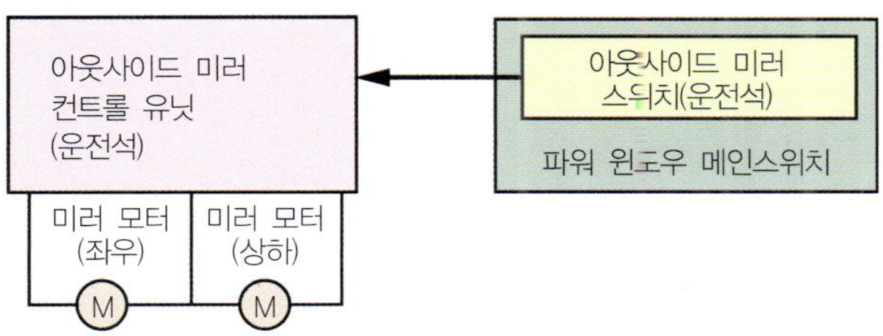

그림 1-87 운전석 사이드 미러 수동 조작

2) 조수석 사이드 미러 수동 조작

운전석의 파워 윈도우 메인스위치에서 조수석 아웃사이드 미러스위치 조작에 의해 미러 모터를 상, 하, 좌, 우로 작동시킨다. 파워 윈도우 메인스위치에서 조수석 아웃사이드 미러 스위치를 조작하면 조수석 파워 윈도우스위치로 MUX통신라인을 통해 미러 작동 신호데이터가 송신한다.

조수석 파워 윈도우스위치는 이 신호를 판독하여 조수석 아웃사이드 미러 컨트롤 유닛으로 모터 구동 신호를 출력하고, 미러 컨트롤 유닛은 이 신호를 입력받아 좌우, 상하 모터를 제어하여 조수석 사이드 미러를 작동시킨다.

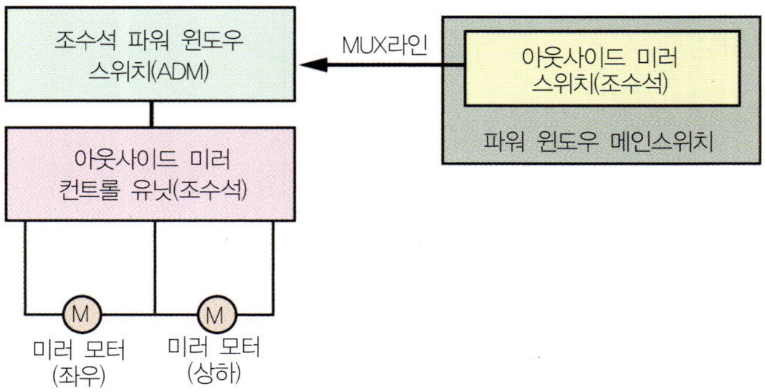

그림 1-88 조수석 사이드 미러 수동 조작

3) 파워시트 수동스위치 조작

파워시트 수동스위치 조작에 의한 시트쿠션 슬라이딩, 틸트, 하이트 작동 및 등받이 리클라이닝을 작동한다.

시트에 설치된 스위치를 이용해 시트 쿠션과 등받이의 위치 및 각도를 각각 설정할 수 있고 4방향(슬라이딩, 틸트, 하이트, 리클라이닝)으로 동시 작동도 가능하다. 시트의 수동 동작은 파워시트 컨트롤 유닛 내부의 ECU를 통하지 않고 직접 모터를 구동한다.

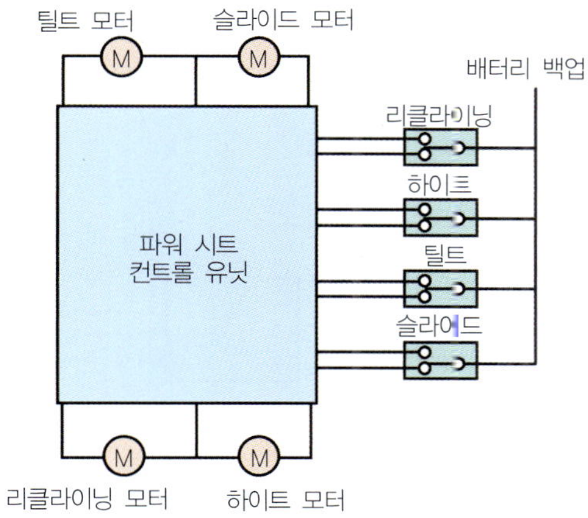

그림 1-89 파워시트 수동 조작

4) 시스템 동작 사양

(1) 메모리 기억 동작

스위치 ON상태에서 IMS 컨트롤스위치의 SET MEMORY 버튼을 누른 후 5초 이내에 1 또는 2버튼을 누르면(부저음 2회 발생) 현재의 시트 위치와 아웃사이드 미러의 위치를 기억한다.

(2) 메모리 재생 동작

시동키 ON상태에서 포지션 1 또는 2 스위치를 누름에 따라 시트와 아웃사이드 미러는 기억되어 있는 위치로 재생된다(부저 1회 동작).

(3) AUTO스위치 조작에 의한 승하차 연동동작

AUTO스위치 ON상태에서 이그니션키를 탈거하면서 시트 슬라이드 위치를 현재에서 5mm 후방으로 후퇴 제어한다. 후퇴 제어 중 슬라이드 후방 리미트스위치가 OFF된 경우 제어를 즉시 중단한다. 동일 조건에서 시동키를 키 박스에 삽입하면 바로 직전의 위치로 복귀시킨다.

① IMS통신 : IMS통신의 경우 IMS제어 스위치의 작동신호를 운전석 도어 모듈에서 신호를 받아 통신으로 IMS ECM으로 그 값을 전달한다.

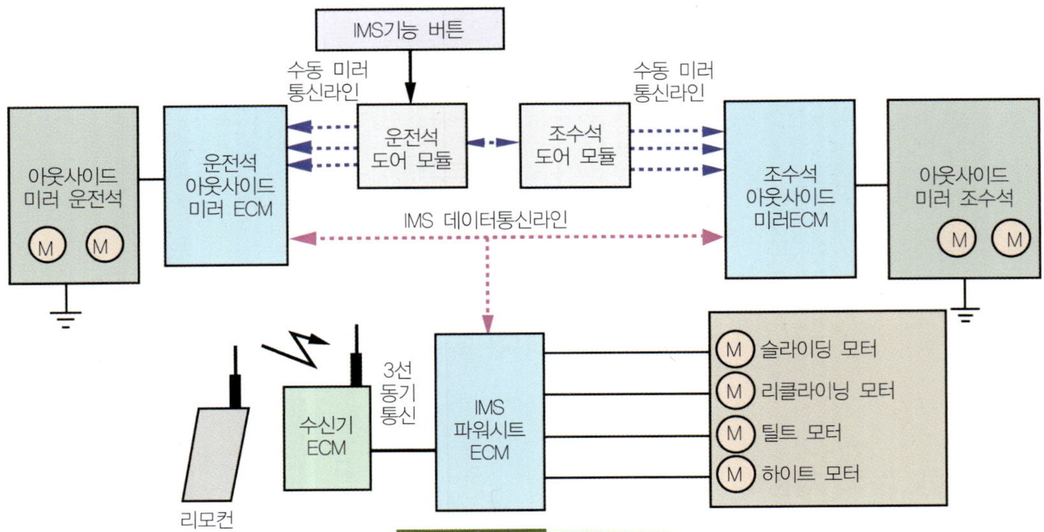

그림 1-90 IMS통신

05 스마트폰과 스마트카의 연동기술(MIV, Mobile-In-Vehicle Connectivity)

스마트폰과 자동차의 연결은 그 목적과 방식에 따라 콘텐츠의 공유(Content Sharing), 차량 디바이스에서 스마트폰의 외부망 연결 기능의 공유 테더링(Tethering), 차량 내부 디스플레이장치를 이용한 화면공유 미러링(Mirroring), 스마트폰 애플리케이션과 차량 디바이스 애플리케이션 간 상호 데이터 교환과 제어 수행(Application Linking) 등의 4가지로 분류될 수 있다.

[1] 콘텐츠의 공유(Content Sharing)

스마트폰과 자동차와의 연결은 스마트폰이 가진 음악 등의 콘텐츠를 차량에 케이블을 직접 연결하여 재생하는 것을 가장 먼저 생각할 수 있다. 주로 USB를 이용해 연결을 제공하는 이 방식은 차량의 디바이스가 케이블로 연결된 스마트폰의 파일 시스템에 접근해서 직접 파일을 읽거나 파일을 자신의 디바이스로 복사해 와서 플레이하는 방식으로 손쉽게 스마트폰의 콘텐츠를 공유할 수 있으나 물리적인 케이블의 연결이 필요하다는 단점을 지닌다. 이에 반해 무선으로 스마트폰과 차량 디바이스를 연결해 콘텐츠를 전송하는 방식도 있다.

먼저 블루투스의 A2DP(Advanced Audio Distribution Profile)를 이용한 오디오 데이터의 스트리밍을 들 수 있다. 이 방식은 프로파일의 목적에 맞게 단방향 2채널 스테레오 오디오를 전송하기 위한 방식에 한정해 사용될 수 있다. 따라서 오디오 콘텐츠 공유에 제한돼 사용될 수 있다. 블루투스를 이용한 오디오 전송은 페어링 시스템을 통한 쉽고 간편한 연결을 지원하는 장점을 가지는 반면 음질의 저하를 불러온다. 블루투스 연결이 음질의 저하를 일으키는 원인은 그 동작원리와 순서를 통해 알 수 있다. 그림 1-90을 보면 블루투스(Bluetooth, 휴대폰, 노트북, 이어폰 · 헤드폰 등의 휴대기기를 서로 연결해 정보를 교환하는 근거리 무선 기술 표준)의 음악 재생은 다음의 순서를 따른다. 음원 → MP3 변환 → PCM 변환 → A2DP 규격으로 변환 → A2DP 데이터 전송 → ….

이 과정 중 문제가 되는 부분은 처음 음원을 MP3로 변환하는 구간 ①과 PCM을 A2DP로 변환하는 구간인 ③이다. 구간 ①에서 MP3로 변환하는 과정이 손실압축이기 때문에 일정 정도 음질의 열화가 있는데, 구간 ③에서 PCM 데이터의 변환을 위해 다시 코덱이 사용된다. 이때 블루투스의 동작원리에 따라 페어링된 기기 간의 네고시에이션(Negotiation, 교섭)을 통해 코덱(Codec, 코더(coder)와 디코더(decoder) 또는 컴프레서(Compressor)와 디컴프레서(Decompressor)의 합성어로, 음성이나 비디오 데이터를 컴퓨터가 처리할 수 있게 디지털로 바꿔 주고, 그 데이터를 컴퓨터 사용자가 알 수 있게 모니터에 본래대로 재생시켜 주기도 하는 소프트웨어)의 사용이 결정된다. 주로 MP3나 SBC(Smart Bitrate Control, DivX, 코덱을 사용해서 최대한 용량 대 화질을 구현하기 위해 만들어진 인코딩 방법)가 쓰인다. 이론상 2번의 손실압축을 거치기 때문에 2번째의 손실압축을 통한 결과물이 최상일 때를 가정한다 해도 처음의 MP3 음질이거나 대부분 그 이하의 음질일 수밖에 없다. 이러한 블루투스의 콘텐츠 품질 저하 문제를 해결하기 위해 와이파이를 이용해 스마트폰과 디바이스를 하나의 네트워크로 묶은 후 네트워크 내에서 파일을 공유하는 방식이 최근 콘텐츠의 공유를 위한 연결기술에서 새롭게 쓰이고 있다. 이 경우 디지털로 변환된 최초의 콘텐츠가 손실 없이 그대로 전송되기 때문에 블루투스의 A2DP 대비 더 나은 음질을 보여줄 수 있다. 그림 1-91에서 와이파이를 통한 콘텐츠 공유방식의 장점을 살펴볼 수 있다.

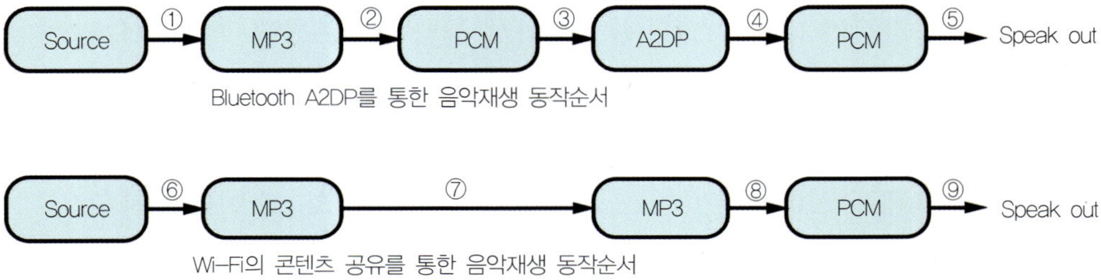

그림 1-91 블루투스와 와이파이를 통한 음악재생 동작순서의 차이

(2) 테더링(Tethering)

테더링은 일반적으로 이동통신 사업자에 의해 운영되는 무선통신망으로의 직접 연결이 불가능한 차량의 디바이스(Device, 특정의 기능을 위하여 구성한 기기, 장치, 도구)가 망으로의 접속을 위해 주로 사용하는 방식이다. 차량의 디바이스는 와이파이 혹은 블루투스 장치를 지니고 스마트폰에 연결되며 스마트폰이 망으로의 연결을 제공함으로써 단순 통신 게이트웨이(Gateway, 현재 사용자가 위치한 네트워크에서 다른 네트워크로 이동하기 위해 반드시 거쳐야 하는 거점) 역할을 수행하는 구조다. 이때 모든 애플리케이션(Application, 스마트폰 따위의 운영체제에서 사용자의 편의를 위해 개발된 다양한 응용 프로그램)은 차량의 디바이스에서 실행되며 업데이트를 포함한 모든 종류의 애플리케이션의 관리 책임도 차량의 디바이스에 있다.

이 방식은 차량이 출시된 이후 기능의 확장, S/W의 수정이나 보완 등이 번거로운 기존의 Stand-Alone(독립형) 타입의 차량 디바이스가 지니는 문제를 그대로 갖고 있다. 그럼에도 불구하고 외부망 접속을 위한 별도의 비용 지출이 없다는 장점 때문에 제공 솔루션의 성격에 따라 일부 선호되는 방식이며, 실제 자동차 제조사에서도 자신들의 서비스에 적용하고 있다. 차량 제조사의 입장에서 망사용에 대한 대가를 별도로 지불하지 않고, 운전자의 경우에도 자신의 스마트폰을 통해 차량 디바이스를 외부 네트워크에 접속시킬 수 있다. 그러나 이러한 테더링 방식의 경우에도 한 가지 문제점이 있다. 이는 외부 네트워크와 항상 연결돼 있는 상태를 유지하기 어렵다는 점이다. 바꿔 말하면 운전자가 차량에 탑승해 있지 않은 상태에서는 서비스가 불가하다. 차량 외부에서 차량의 도어나 그 외 장치의 제어가 불가능하며 차량의 상태나 진단을 수행하는 것이 불가능하다. 때문에 자동차 제조사들은 제공할 서비스의 성격에 맞춰 늘 네트워크에 접속할 필요가 없는 서비스군을 제공할 경우 통신비용을 줄일 수 있는 테더링 방식의 연결 솔루션을 부분적으로 도입하고 있다.

테더링 동작과 관련해 또 하나의 문제는 사용자 편의성과 관련된 것이다. 테더링을 위해서는 스마트폰이 와이파이 엑세스 포인트의 역할을 해줘야 한다. 때문에 차량에 운전자가 탑승할 때마다 스마트폰의 와이파이를 켜고 엑세스 포인트 기능을 하도록 수동으로 조작시켜 줘야 한다.

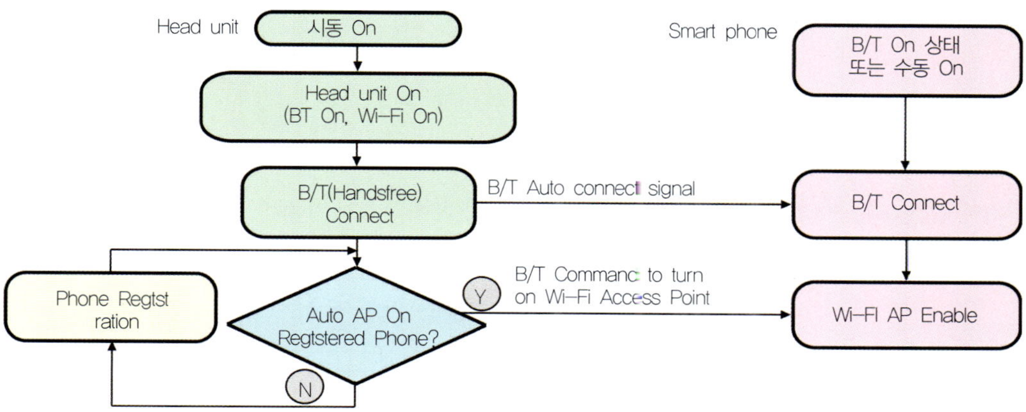

그림 1-92 와이파이 엑세스 포인트의 자동 수행 동작원리

그러나 최근 이를 블루투스 페어링과 연동해 자동 수행하게 해주는 테더링 솔루션이 개발됐다. 그림 1-92에서 차량의 디바이스가 켜지게 되면 바로 주변의 페어링된 블루투스 장치를 찾게 된다. 이 과정을 통해 주변의 스마트폰을 찾고 블루투스 연결이 자동으로 이뤄지게 된다. 블루투스 연결이 이뤄지고 나면 차량 디바이스에서 테더링을 지원할 스마트폰인지 자동으로 와이파이 엑세스 포인트를 켜야 하는 폰인지를 확인하고, 이를 통해서 확인이 된 스마트폰을 향해 와이파이 엑세스 포인트를 켜라는 명령을 블루투스를 통해서 전달해 동작을 수행한다. 이러한 명령의 전송들은 일반적으로 블루투스의 시리얼 포트 프로파일(Serial Port Profile, SPP)을 통해 이뤄진다.

(3) 미러링(Mirroring)

미러링크 혹은 터미널모드로 대표되는 미러링 기술은 스마트폰의 현재 화면을 그대로 차량의 디바이스에 전송한다. 운전자는 차량의 디바이스를 통해 현재 스마트폰의 화면을 직접 보면서 터치조작 등을 수행할 수 있다. 이러한 미러링크의 동기화 인터페이스는 VNC(Virtual Network Computing, 가상 네트워크 컴퓨팅으로 인터넷상의 어디에서든 광범위한 컴퓨터로부터도 컴퓨팅 데스크톱 환경을 보이도록 하는 것), 오디오 전송에 대한 실시간 전송 프로토콜 RTP(Real Time Protocol)와 단거리 무선통신 BT(Bluetooth), 서비스 교섭을 위한 범용 플러그 앤 플레이 UPnP(Universal Plug and Play, 각종 가전제품을 홈네트워크에 접속하는 인터페이스 규격) 등의 세 가지 기본 프로토콜로 구성된다.

이 기술에서 스마트폰은 외부망과의 통신을 담당할 뿐만 아니라 VNC 서버의 역할을 수행한다. 그리고 차량 디바이스는 스마트폰에 비해 큰 디스플레이 장치를 가지며 VNC 클라이언트의 역할을 통해 스마트폰의 화면을 그대로 자신의 디스플레이 장치에 보여주는 동작을 수행한다. 이렇게 스마트폰의 현재 화면을 그대로 차량 디바이스에서 보기 위해서는 스마트폰의 VNC 서버가 프레임버퍼를 읽을 수 있어야 한다. 때문에 VNC 서버 프로그램은 스마트폰 제조사나 스마트폰 운영체제 제작사로부터 시스템 권한의 획득을 필요로 한다. 그렇지 않다면 운영체제에 대한 루팅(Rooting, 안드로이드 운영체제를 탑재한 모바일 기기에서 관리자 권한을 획득하는 것) 등의 방법을 통해 시스템 권한을 획득할 수 있으나 이는 일반적으로 허가되지 않는 행위다. 이러한 기술적인 제약을 해결하기 위해 크게 2가지의 방법이 사용될 수 있다. 한 가지는 미러링을 위한 표준화된 프로토콜을 만들어 운영체제와 그 상위 프레임워크 레벨에서 디바이스 리소스에 접근 가능한 통일된 인터페이스를 제공하는 방법이다. 모든 사용자가 동일한 방식을 통해 미러링에 필요한 프레임버퍼와 오디오 채널(PCM 데이터)로 접근할 수 있게 만들어 주는 것이다. 이 방식을 통해 응용 프로그램 개발자들은 특정 스마트폰에 국한되지 않고 범용적인 스마트폰 미러링 애플리케이션의 작성이 가능해진다. 현재 CCC(Car Connectivity Consortium)에서 정의하는 미러링크의 규격이 이 분류에 속한다고 할 수 있다. 다른 한 가지는 특정 스마트폰 제조사가 제조사의 단말 리소스에 접근하기 위한 별도의 프로토콜을 디자인하고, 이에 대한 API를 제공함으로써 상위 애플리케이션 개발자가 해당 제조사의 단말에 국한된 미러링크 솔루션을 구현하는 방법이다.

애플의 iAP 프로토콜을 통해 아이폰의 리소스에 접근하는 방식이 이 분류에 속한다고 할 수 있다. 일반적으로 특정 애플리케이션이 한 회사의 디바이스에 종속되는 경우가 많지 않고, 자동차 제조사들이 특정 스마트폰에서만 차량의 서비스가 구동되는 상황을 원치 않기 때문에 미러링에 대한 표준 프로토콜 개발을 위한 컨소시엄이 구성돼 활발히 운영되고 있다.

미러링크의 장점은 모든 애플리케이션의 수행이 스마트폰에서 이뤄지기 때문에 큰 노력 없이 소프트웨어를 업데이트해 늘 최신 버전으로 유지할 수 있고, 운전자 혹은 차량 탑승자가 스마트폰에 비해 큰 화면으로 애플리케이션 서비스를 제공받을 수 있다는 점이다. 또 스마트폰의 작은 화면이 운전 중 혹은 정지 상태의 차량 내에서 서비스를 즐기기에 적당하지 않아 더 큰 화면을 원한다.

RUI(Remote-UITM)는 차량 디바이스에서 TCP/IP(Transmission Control Protocol/Internet Protocol, 네트워크 전송 프로토콜로, 서로 다른 운영체제를 쓰는 컴퓨터 간에도 데이터를 전송할 수 있어 인터넷에서 정보전송을 위한 표준 프로토콜로 쓰이고 있다. TCP는 전송 데이터를 일정 단위로 나누고 포장하는 것에 관한 구약이고, IP는 직접 데이터를 주고받는 것에 관한 규약이다. 인터넷에 물려 있는 모든 컴퓨터는 인터넷 표준 위원회에서 제정한 규약을 따르고 있는데, 인터넷 표준 프로토콜이 TCP/IP이다. 프로토콜이란 쉽게 말해 한 컴퓨터에서 다른 컴퓨터로 데이터를 완전하게 보내기 위한 장치이다. TCP/IP에서 먼저 IP는 출발과 도착 주소를 가지는 헤더를 참조해 네트워크를 통해 데이터를 목적지에 전달한다. 그러나 이 과정에서 데이터가 잘못 전달되거나 파손될 수도 있고, 보내진 순서대로 데이터를 전송하지 못할 수도 있다. 이러한 단점을 보완하는 것이 TCP이다) 네트워크를 통해 스마트폰에 접속해 원격에서 마치 스마트폰을 사용하는 것처럼 디스플레이와 터치 이벤트 그리고 키보드 입력을 이용하는 것을 가능하게 해주는 솔루션이다.

이 솔루션을 이용해 운전자는 차량 내 디스플레이를 갖춘 디바이스를 통해 자신의 스마트폰의 모든 기능을 무선 연결로 원격에서 이용할 수 있다. 서버는 스마트폰에서 구동되며 VNC 서버 기능을 이용해 원격의 클라이언트로 화면을 전송하고 클라이언트로부터 전달된 키보드 이벤트와 화면 터치 이벤트를 운영체제(커널의 이벤트 처리모듈)로 전달한다. 그리고 클라이언트와의 원활한 접속을 위해 서버 탐색기능(Discovering)을 갖춰 클라이언트가 손쉽게 서버를 찾아 연결을 시도할 수 있게 구현돼 있다. 클라이언트는 원격의 스마트폰 화면을 디스플레이하는 기능을 갖추고 클라이언트에서 발생한 우저의 키보드 이벤트와 화면터치 이벤트를 스마트폰에서 구동 중인 서버로 전송하는 기능을 가진다. 이를 통해 RUI 인터페이스로 연결된 스마트폰을 사용자가 조작할 수 있게 된다. 또한 클라이언트는 서버탐색(Discovering) 프로토콜을 활용해 아이피(IP)나 포트(Fort)의 입력 없이 손쉽게 네트워크 내에 존재하는 RUI 지원 스마트폰을 찾아내고 접속할 수 있다. RUI 인터페이스는 FTP를 포함해 서버와 클라이언트 간의 파일전송을 지원한다.

미러링 솔루션의 구현에 있어 가장 중요한 부분은 이미지 전송속도다. 이미지 전송속도는 실제 물리적인 연결을 지원하는 데이터 전송속도와 이미지 전송을 위한 압축시간, 이미지 출력을 위한 압축해제시간을 포함하는 개념이다. RUI 솔루션에서는 이미지 전송속도에 맞춰 적당한 압축방식을 통해 압축을 실시하는데, 일반적으로 고속으로 연결된 상태에서는 낮은 비율의 압축을 선택해 압축시간이 많이 걸려서 실제 연결에서 지원하는 전송속도를 제대로 활용하지 못하는 부작용을 줄이고, 저속 연결 시에는 상대적으로 높은 비율의 압축을 선택함으로써 전송속도의 부족함을 메우는 방식을 택하고 있다.

스마트폰과 차량 단말이 서로 동일한 해상도의 디스플레이를 사용한다면 문제가 되지 않지만, 해상도가 다른 디스플레이를 사용하게 된다면 이미지의 크기를 변경시켜 줘야 한다. 만약 서버에서 이 작업을 수행한다면 서버는 미러링 연결이 될 때 상대 디바이스의 디스플레이 해상도 정보를 받아올 수 있어야 하고, 이렇게 받아온 해상도를 스마트폰의 실제 해상도에 맞춰 이미지를 변환하는 작업을 수행하기 때문에 전송속도에 영향을 줄 수 있다.

반대로 클라이언트가 서버에서 전송된 이미지를 변환해 디스플레이하는 방식은 미리 디스플레이 정보를 교환하지 않아도 된다는 장점이 있는 반면, 서버(스마트폰)에 비해 상대적으로 이미지 처리가 늦은 클라이언트(차량 디바이스)에서 이미지 처리가 이뤄져야 해 클라이언트 디바이스의 이미지 처리 성능이 어느 정도 보장돼야 한다. RUI의 경우에는 서버에서 이미지 해상도 조절이 이뤄지고 조절된 이미지를 적절한 방식으로 압축해 클라이언트로 보내는 방식을 택했다.

[4] 애플리케이션(Application) 연결

애플리케이션(Application) 연결은 스마트폰의 애플리케이션과 자동차 디바이스의 애플리케이션이 연결돼 서로 간 애플리케이션 레벨의 통신을 통해 동작의 제어와 데이터의 교환을 가능하게 하는 기술을 말한다. 스마트폰 애플리케이션은 외부와 연결된 통신 채널을 이용해 이미지와 음성을 비롯한 다양한 정보를 전송할 수 있으며, 연결된 외부 디바이스는 스마트폰 애플리케이션을 제어하기 위한 각종 제어 명령을 전송하고 명령의 수행 결과를 스마트폰으로 받아오는 역할을 담당한다.

미러링은 근본적으로 디바이스의 커널(Kernel, 컴퓨터 운영체계의 가장 중요한 핵심으로써 운영체계의 다른 모든 부분에 여러 가지 기본적인 서비스를 제공한다)이나 운영체제 레벨에서 프레임 버퍼나 오디오 채널에 대한 접근을 허용해 스마트폰과 동일한 화면, 음성을 받아오기 위한 기술인데 반해, "애플리케이션 연결"은 스마트폰에서 구동되는 다양한 애플리케이션들이 각자 별개의 통신을 이용해 외부 디바이스와 연동되며, 현재 스마트폰의 화면에 나오는 이미지나 음성과는 무관하게 원하는 영상정보와 음성정보를 전송해 외부 디바이스에서 보이게 동작할 수 있다.

이렇듯 각각의 애플리케이션들이 상호 간섭 없이 외부 디바이스와 통신이 가능해 매쉬업 서비스(MASH-UP service, 웹으로 제공하고 있는 정보와 서비스를 융합하여 새로운 소프트웨어나 서비스, 데이터베이스 등을 만드는 서비스)가 가능해진다. 스마트폰은 음악의 스트리밍 데이터와 비디오 데이터 그리고 내비게이션 데이터를 한 번에 차량 단말로 전송하고 차량 단말에서는 이렇게 전송받은 여러 데이터들을 효과적인 방식으로 구성해 보여줄 수 있다.

이 방식은 핵심 프로그램의 구동이 스마트폰에서 이뤄지기 때문에 소프트웨어의 업데이트가 간편할 뿐 아니라 애플리케이션의 구동이 차량 디바이스의 하드웨어 성능에 크게 좌우되지 않는다. 따라서 저가의 낮은 성능을 가진 디바이스에서도 높은 하드웨어 성능을 요구하는 애플리케이션 서비스를 제공할 수 있다는 장점을 가진다. 또한 애플리케이션 연결을 통해 차량의 다양한 HMI(Human Machine Interface, 사람의 시각이나 청각과 관련 지어진 아날로그적인 인지의 세계와 컴퓨터나 통신의 디지털을 처리하는 기계의 세계를 연결하는 인터페이스) 장치들의 컨트롤 신호를 연결된 스마트폰 애플리케이션에 전송해 애플리케이션의 제어를 가능하게 할 수 있어 차량 내 스마트폰 이용에서 늘 문제가 되고 있는 운전자의 주의 분산 문제를 개선할 수 있는 장점을 가진다.

그러나 이러한 애플리케이션 연결 방식은 개별 애플리케이션마다 애플리케이션 제공자의 입장에서 설계된 별도의 인터페이스로 차량 디바이스와 통신을 하도록 만들어질 가능성이 크기 때문에 하나의 차량 디바이스에서 다양한 스마트폰 서비스와의 연결을 위해서 복잡한 인터페이스를 가지게 될 우려가 있다. 그렇기 때문에 스마트폰 애플리케이션들이 차량 디바이스와 연결돼 동작하기 위한 표준화된 프로토콜이 필요하다. 하지만 현재 이런 부분에 대한 표준화 논의는 거의 이뤄지지 않고 있다.

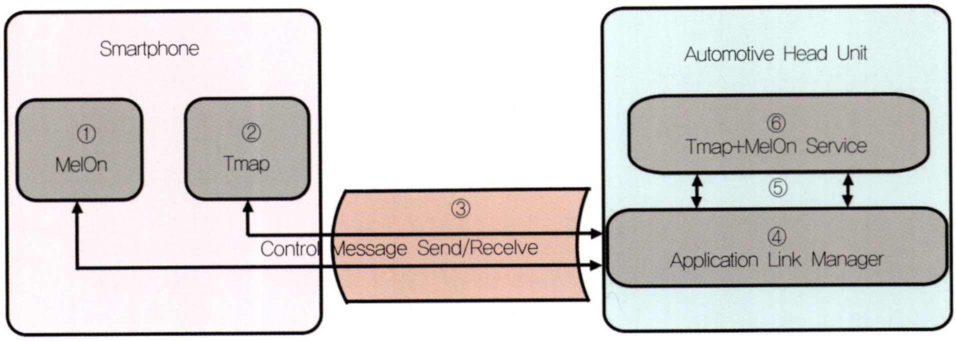

그림 1-93 애플리케이션 연력 솔루션의 예

그림 1-93에서는 애플리케이션 연결 방식의 솔루션에 대한 예를 보여주는데, 스마트폰에서 구동되는 개별 애플리케이션인 ①와 ②는 미리 정의된 인터페이스 ③을 이용해 자동차 헤드유닛의 Application Link Manager ④와 연결된다. 이렇게 연결된 서비스 ①, ②는 인터페이스 ③을 통해 자동차 헤드유닛으로부터 서비스 구동에 필요한 다양한 사용자 컨트롤 신호를 받을 수 있으며 이러한 사용자 컨트롤에 의해 자신의 서비스를 스마트폰 상에서 구동하고 그 결과물인 영상과 음성 및 데이터를 인터페이스 ③을 통해 외부 디바이스(차량의 헤드유닛)로 보내줄 수 있다.

차량의 헤드유닛에서 동작하는 Application Link Managing Software인 ④는 스마트폰의 인터페이스 ③을 통해 애플리케이션들과 직접 통신을 담당하며, 이를 별도의 차량 애플리케이션 인터페이스 ⑤를 이용해 차량 내 다양한 서비스에 제공한다. 차량 서비스 ⑥은 같은 디바이스 상에서 구동되는 Application Link Manager와의 연결만으로 스마트폰의 다양한 애플리케이션과 통신이 가능해지며, 복수의 스마트폰 애플리케이션과의 연결을 통해서 매쉬업된 제3의 서비스를 만들어 이를 차량 운전자에게 제공할 수 있게 된다. 이런 구조를 통해서 스마트폰 애플리케이션은 외부 디바이스의 내부 인터페이스와는 상관없이 공개된 표준 인터페이스 ③을 따르는 구현만으로 외부 디바이스에서의 다양한 매쉬업 서비스를 제공하는 효과를 누리며, 차량 내 서비스 ⑥은 분리된 별도의 내부 인터페이스 ⑤를 외부로 공개하지 않고도 스마트폰의 다양한 애플리케이션과 연결돼 서비스를 제공받을 수 있는 장점을 가진다. 차량 내부에서 구동되는 소프트웨어의 경우, 동작에 필요한 차량의 주요 인터페이스를 외부로 공개하지 않아도 되기 때문에 해킹 등 외부에서의 인가되지 않은 접근에 대한 보호가 이뤄질 수 있다.

이 방식이 가지는 또 하나의 장점은 개별 애플리케이션에 대한 미러링 서비스를 구현할 수 있다는 점이다. 미러링은 이미 설명한 바와 같이 애플리케이션의 구동 화면 전체를 연결된 차량 디바이스로 전송해 동일한 유저 인터페이스로 서비스를 이용할 수 있는 기술인데, 개별 애플리케이션이 자신의 화면출력 데이터를 연결된 상대 디바이스로 전송을 하고 해당 디바이스가 화면 출력을 담당하면 바로 미러링이 된다. IEEE에서 표준화가 시작되었다.

06 차량용 기타 통신 종류

(1) Ethernet AVB 통신

1) Ethernet AVB 통신 개념

① AVB(Audio Video Bridging)는 IEEE 802.1을 다르는 기술 표준화가 시작되었다.

② 오디오, 비디오 등의 멀티미디어 스트림 데이터의 품질을 보장하며 동시에 원활하게 전달하기 위해 고안하였다.

③ 멀티미디어 데이터가 전송될 때, 오디오 데이터와 비디오 데이터는 서로의 싱크가 lip-sync처럼 잘 동기화될 필요가 있다.

④ 주변 Ethernet Bridge의 클럭을 동기화 기술로 전송 지연을 최소화시켜 스트리밍 서비스를 가능하게 한다.

⑤ IEEE에서 개발된 Ethernet 네트워크 실시간 오디오/비디오 전송 표준 기술인 AVB(Audio Video Bridging) 기반의 오디오 네트워킹 시스템으로 고품질 오디오 및 비디오 기기들을 네트워크에 연결하고 실시간 전송을 실현하는 기술이다.

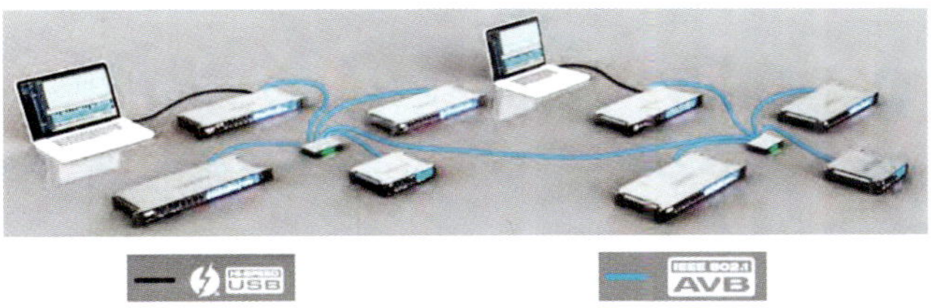

그림 1-94 Motu 제품으로 구성된 AVB 예시

2) 차량용 Ethernet AVB 통신 개념

① ECU와 인포테인먼트 기능의 수요 증가로 차량용 Ethernet에 대한 연구를 진행해왔다.

② OBD(On Board Diagnostics), ADAS시스템이 탑재되면서 대용량, 고속 실시간 데이터 처리가 중요해졌다.

③ AVNU 단체에서 자동차 환경에 맞는 요구사항을 기존 산업용 Ethernet AVB 통신에 반영한 Automotive Ethernet AVB 통신에 대한 표준화를 진행하게 되었다.

④ 자동차의 경우 안전과 밀접한 데이터도 네트워크에서 처리되기 때문에 데이터의 안정성과 실시간성이 매우 중요하다.

⑤ 차량용 Ethernet AVB 스택은 AVB 지원 하드웨어와 AVB 지원 소프트웨어 프레임워크 부분으로 구성된다.

3) Ethernet AVB 통신 표준

(1) Ethernet AVB 통신 표준 사양 구성

① 802.1Qav : AV 프레임 전송기능, Traffic Shaper(최대, 보장 대역폭) 설정 기능

② 802.1as : AV장치 간 시간 동기화

③ 802.1Qat : 스트림 대역 예약

④ IEEE 1722 : AV 스트림 전송 프레임 구성

⑤ 802.1ba : AVB 브리지, 단말 요구사항 정의

(2) Ehternet AVB 표준 사양 스펙

① IEEE 802.Qav는 AV 프레임 전송 기능 및 남는 대역에서의 일반 프레임 전송 기능을 지원할 수 있도록 신용(Credit) 개념을 사용하는 Traffic Shaper(최대, 보장 대역폭)라는 것을 지원한다.

② IEEE 802.1as는 AV장치 간 시간 동기화 지원. 시간 동기화란 각 장치 간의 시간의 차이를 보상하면서 동작 시간(Clock)을 서로 맞추는 작업으로 장치 간 실시간성 보장에 중요한 요소이다.

③ IEEE 802.1Qat는 대역폭 할당 기법을 명세해 놓은 표준으로 Talker(토커는 인터넷을 경유하여 사람들이 상호 이야기하는 채팅 시스템이다)와 리스터(Listener) 사이의 스

위치들이 주어진 시간적 요구사항을 만족할 수 있도록 대역폭을 제공할 수 있는지 확인하고 이를 확보하는 과정이다.

④ IEEE 1722는 AVB 데이터의 전송 프로토콜을 명시해 놓은 것으로 메시지 프레임 포맷을 정의한다.

⑤ IEEE 802.1ba는 AVB 장치나 브릿지의 요구사항을 정의(Recovery 시간, 최대 사이즈, 오차범위, 전달 시간 등)

[2] Ethernet TSN(Time-Sensitive Network) 통신

TSN은 IEEE 802.1(국제 전기전자 기술자 협회, 네트워크 기술 표준 담당) 내 TSN 태스크 그룹에서 개발하고 있는 실시간 네트워크 표준 규격이기도 하다. 2012년 11월, 기존의 AVB(Audio/Video Bridging) 태스크 그룹이 담당하던 표준화 작업의 영역이 확장됨에 따라 지금의 이름으로 변경됐다. TSN(Time-Sensitive Networking)을 사용하면 Ethernet 네트워크에서 데이터 스트림을 제어하고 우선순위를 지정할 수 있다. 시스템의 실시간 기능을 구현하기 위해 보장된 대역폭, 시간 동기화 또는 개별 애플리케이션에 대한 낮은 대기시간과 같은 개별 요구사항이 고려된다.

상호 운용성 극대화를 위해 TSN이 적용되는 시스템에서는 서로 다른 실시간 이더넷 프로토콜을 모두 동일한 회선으로 전송할 수 있게 된다. 여기엔 제한된 지연시간 내에 확정성을 담보할 수 있는 모션제어 애플리케이션도 포함된다. 또한 TSN 내 모든 네트워크는 동일한 시간 처리 메커니즘을 공유함으로써 연결성을 극대화할 수 있다.

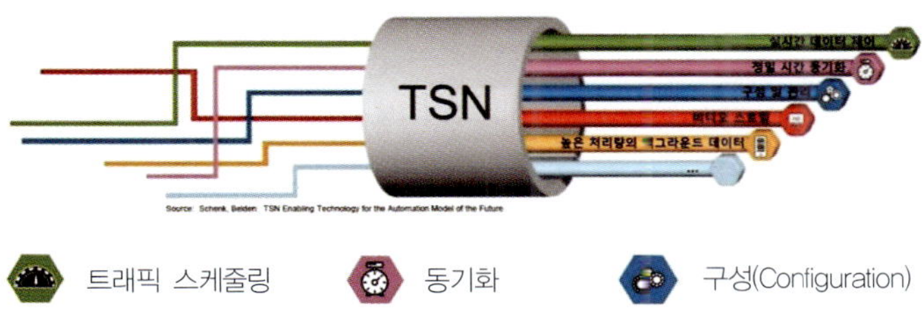

그림 1-95 TSN의 상호 운용성을 표현한 이미지(출처 : 힐셔)

1) Ethernet TSN(시간 민감형 네트워킹) 통신 배경

① 안전과 민감한 제어시스템에서는 약간의 통신 지연이 큰 사고 발생으로 이어질 수 있기에 정교한 통신 처리와 시스템 동기화가 요구된다.

② TSN란 초저지연 인프라 기술의 하나로서, Ethernet 계층의 시간 제어 네트워크의 하나이다.

③ TSN은 AVB에서 확장된 네트워크로서, 제어 데이터를 실시간성을 보장하며 안전하게 전송 보장하는 기능이 추가되고 있다.

2) Ethernet TSN 통신 표준

① TSN은 IEEE 802.1(국제 전기전자 기술자 협회, 네트워크 기술 표준 담당) 내 TSN 태스크 그룹에서 개발중이다.

② 기존 Ethernet AVB 통신을 TSN으로 이름을 변경하여 멀티미디어뿐 아니라 제어 데이터까지 처리하도록 기능 개선을 추진 중이다.

③ 표준 사양

㉠ 802.1Qv : Time-critical data 우선 처리

㉡ 802.1Qbu : Message Preemption 처리

㉢ 802.1Qch : 전송 스케줄 관리

㉣ 802.1CB : 중복(Redundant) 프레임 처리

㉤ 802.1AS : 시간 동기화 처리

3) TSN을 구성하는 핵심

① 데이터 트래픽 스케줄링(Traffic Scheduling)

② 정밀한 시간 동기화(Synchronization)

③ 장비 간 TSN 호환을 위한 하나의 통합 설정(Configuration)이다.

(3) TCP/IP 통신

1) TCP/IP의 개념

① TCP/IP 스택은 네트워크를 통해 서로 정보를 공유하는 표준 프로토콜의 집합을 의미한다.

② IP는 인터넷 프로토콜로서, 인터넷 환경에서 IP 주소 체계에 의해 정보가 전달될 수 있도록 하는 규약이다.

③ TCP는 여러 데이터를 순차적으로 전송할 때 송·수신이 제대로 이루어졌는지 확인하는 과정을 포함한 전송 제어 규약이다.

④ TCP/IP 스택은 물리계층의 통신 방식과 상관없이 상위 애플리케이션끼리 데이터를 송·수신할 때 필요한 부가 정보를 담을 수 있는 표현법과 방식을 정의한 상의 프로토콜이다.

2) TCP/IP 스택 구조

① TCP/IP 스택은 응용, 전송, 네트워크, 데이터 링크, 물리계층 등으로 나뉘어 구성된다.

② 응용계층에는 실제 전달하고자 하는 데이터만 필요하다.

③ 전송계층에서는 TCP 혹은 UDP 형태로 저장하고 전달하는 방식에 대한 내용을 정의한다.

④ 네트워크계층은 IP 주소를 포함하여, 송·수신할 대상에 대한 정보를 정의한다.

⑤ 데이터 링크계층은 데이터 전송에 사용한 통신 방식을 정의한다.

⑥ 물리계층은 실제적인 유선이나 무선으로 전달되는 물리적인 신호의 모양을 정의한다.

(4) 진단 통신 배경

1) 진단 통신 도입 배경

① 배출 가스 제어장치의 고장과 Miss Fire 등 배기가스 증가 원인이 되는 현상을 막기 위해 차량의 상태를 확인할 수 있는 인터페이스가 필요하다.

② 차량의 안전과 관련된 고장 정보를 운전자에게 전달할 필요가 있어 MIL(Malfunction Indicating Lamp)로 경고하여 배출 가스 제어장치의 고장, 열화에 의한 배출 가스 증

가를 억제하기 위한 목적으로 도입됐다.

③ 1988년 이후 캘리포니아 주에서 판매되는 모든 자동차에 대해 OBD 탑재가 의무화되면서 전 세계의 자동차에 진단 통신과 OBD가 적용됐다.

2) 진단 통신 법규 및 표준

① OBD는 진단 통신을 이용하여 차량을 진단할 수 있도록 차량 내에 정해진 커넥터 모양과 통신 방식, 필수 진단 정보 등의 내용을 담고 있는 법규이다.

② DLC(Diagnostic Link Connector) 진단 커넥터는 차량 내에 별다른 도구 없이 접근 가능한 곳에 설치되어야 한다.

③ 차량 내 전자 제어장치와 외부 진단기 간의 통신 규약을 정의하기 위해 ISO 국제 표준에서 UDS(Unified Diagnostic Services) 통합 진단 서비스 내용을 ISO 14229로 정의하고 있다.

④ ISO 15765-3에서는 CAN 통신을 이용한 진단 프로토콜을 정의하고 있다.

⑤ 진단 통신은 전자 제어장치 진단, 제어기 리프로그래밍, 원격 제어 등 다양한 서비스를 지원한다.

3) 진단 통신 개요

(1) UDS(Unified Diagnostic Services) 통신 개념

UDS(차량용 진단 통신)는 차량의 전자제어장치(ECU)들간에 진단, 펌웨어 업데이트, 테스트 목적의 통신에 사용되는 프로토콜이다. 주로 CAN버스를 통해 CAN 메시지형식으로 통신하는 것이 일반적이지만 UDSonLIN, UDSonIP(UDS) 등 여러 Variation이 있다.

① UDS는 통합 진단 서비스 프로토콜로 다양한 진단 서비스를 지원하기 위해 진단 절차 및 데이터 표현법 등을 정의한 통신 규약이다.

② OBD-II는 제한된 법적인 서비스 정보만 제공하지만, UDS는 제조사와 기술자 간의 진단 서비스를 구현하기 위한 내용까지 포함하고 있는 규약을 정의하고 있다.

③ UDS 클라이언트는 진단 서비스를 요청하는 측으로 일반적으로 진단기, 테스터기가 해당된다.

④ UDS 서버는 진단 서비스 요청을 수신하는 측으로 일반적으로 차량 내 전자 제어기가

해당되며, 진단 서비스 요청에 대한 응답을 제공하야 한다.

⑤ UDS는 물리적인 통신 방식에 상관없이 두 장치 간의 진단 서비스를 표현하는 방법, 진단 서비스 절차 등의 내용을 담고 있는 상위 프로토콜이다.

(2) UDS 통신 서비스

① UDS 통신 서비스는 진단기와 제어기 간의 진단 통신을 통해 할 수 있는 서비스를 정의한다.

② 대표적으로 네트워크 계층의 프로토콜 제어, 제어기 내부 데이터 취득, 고장 코드 기록, 백업, 원격 강제 구동, 소프트웨어 업데이트 등이 있다.

③ 최신 차량에는 UDS 외에도 차량 내 전자 제어기들의 상태 모니터링 및 점검을 위해 외부에서 테스터라고 하는 컴퓨터(클라이언트)를 차량의 Bus 시스템에 연결하여 개별 제어기의 고장 메모리를 확인하거나, 새로운 소프트웨어로 업데이트하는 등 양산 이후 제어기 유지, 보수 모니터링 관리 용도로 널리 활용되고 있다.

(3) UDS request frame의 예시

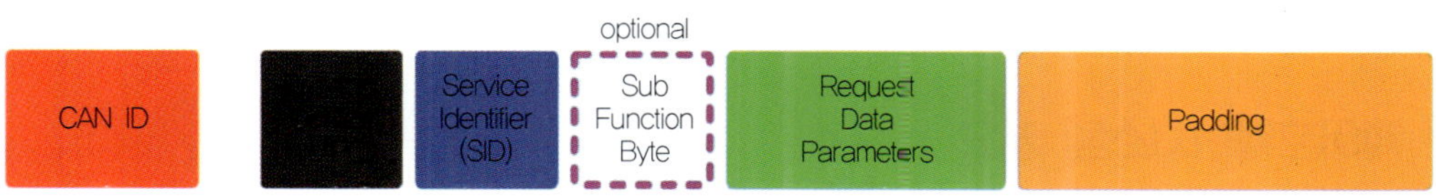

그림 1-96 UDS request message structure(UDS on CAN)

① PCI(Protocol Control Information) : PCI 필드는 UDS 자체와는 관련이 없지만, 단일 CAN frame에 들어가지 않는 대용량 payload를 가진 UDS 메시지의 흐름 제어와 관련된 정보를 포함하고 있다. PCI 필드는 1~3byte를 차지할 수 있다.

② SID(Service ID) : UDS 서비스와 식별자(SID)는 ISO(국제 표준화 기구)에서 정의된 표준인 ISO 14229-1에 의해 정의되어 있다. 그리고 UDS 메시지 payload에는 이런 SID와 SID와 관련된 파라미터들이 포함된다. SID 필드에는 request SID 또는 Response SID가 올 수 있는데, Positive response SID는 request SID에 0x40을 더하고 Negative Response SID는 항상 0x7F이다.

③ Sub Function Byte : Sub function byte는 UDS request frame의 optional 필드로

일부 서비스에만 사용된다. Sub function byte 중에서도 bit 7은 positive response를 suppress하기 위해 사용되는데, 테스터가 굳이 긍정응답을 들을 필요가 없는 경우 해당 bit을 set하면 ECU가 긍정응답을 하지 않는다. 단, ECU의 부정응답은 suppress할 수 없다.

④ DID(Data Identifier) – Request Data Parameters : 대부분의 UDS 서비스는 SID와 Sub function byte 이외에도 구체적인 요청을 하기 위해 DID 필드가 존재하며 다양한 Request data parameters가 올 수 있다. 예를 들어, SID가 0x19(Read DTC(Diagnostic Trouble Codes) Information)이고 Sub function byte가 0x02(DTC by Status Mask)인 경우 뒤이어 1byte의 Status Mask가 따라온다.

다른 예로 SID가 0x22(Read Data by Identifier)인 경우 뒤이어서 0~65535 사이의 2byte DID가 따른다. 이런 DID는 WWH-OBD(World Wide Harmonization On-Board Diagnostics)로 일부 표준화되어 있고 일부는 제조사에서 전용으로 사용해 알려지지 않은 것들도 있다. 또한 여러 DID를 붙여 보내서 여러 데이터를 요청하는 것도 가능하다. 예를 들어, ECU의 Vehicle Identification Number(VIN)를 읽기 위해서는 0x22 다음에 0xF190이 온다.

[5] 게이트웨이시스템 개요

1) 게이트웨이시스템 하드웨어 구조

① 게이트웨이는 다양한 통신 방식으로 구성된 이종 네트워크 간의 정보 교환이 이루어지도록 데이터를 변환하는 장치이다.

② 차량용 게이트웨이 장치는 CAN, LIN, Ethernet 같은 이종 통신 네트워크 간의 정보 교환, 내부 네트워크 관리, 외부 인터페이스 통제, 진단 모니터링, 데이터 미러링, 로깅 등의 기능을 지닌다.

③ 게이트웨이 장치의 하드웨어는 Controller, Transceiver 등으로 구성되어 있다.

④ Controller는 Main micro controller IC에 내장된 경우가 많으며 CAN, LIN Controller 등이 있다.

2) 게이트웨이시스템 소프트웨어 구조

① 게이트웨이 소프트웨어는 일반적으로 차량용 전자 제어기의 표준 소프트웨어 플랫폼으로 알려진 AUTOSAR 소프트웨어 플랫폼을 기반으로 개발하는 경우가 많다.

② AUTOSAR에는 통신 및 네트워크 제어를 위한 다양한 프로토콜 스택이 구현되어 있다.

㉠ COM : 통신 메시지 중 Signal 단위 처리

㉡ SM : 통신 상태(State) 관리

㉢ NM : 네트워크 관리

㉣ PDUR : PDU 라우터(전달)

③ 이종 네트워크 간의 메시지를 전달하는 방법에는 Frame, PDU, signal Routing이 존재한다.

㉠ Frame : 도일 네트워크 간

㉡ PDU : 이종 네트워크 간. 하나의 메시지를 호환가능한 단위로 분할하여 전달

㉢ Signal : 필요한 signal 부분만을 재조합하여 전송

[6] ITS(Intelligent Transport systems)

1) ITS 개념

① ITS는 교통수단 및 교통 시설에 전자, 제어 및 통신 등 첨단 기술을 접목하여 교통정보 및 서비스를 제공하고, 이를 활용함으로써 교통체계의 운영 및 관리를 과학화 · 자동화하고, 교통의 효율성과 안정성을 향상시키는 교통체계이다.

② 버스 정류장의 버스 도착 안내시스템, 교통량에 따라 자동으로 차량 신호가 바뀌는 시스템, 내비게이션의 실시간 교통정보(TPEG), 하이패스 등이 ITS에 해당한다.

③ 카메라를 통해 교통사고, 차량고장, 도로 파손 등의 돌발 상황을 실시간으로 파악, 대응하여 피해를 줄이고, 교통소통에 미치는 영향을 최소화하여 목적지까지의 소요시간, 우회 경로, 주차 정보 등을 제공, 빠른 길로 안내하고 교통량을 분산하는 등 효율적인 교통 운영을 위해 도입

2) C-ITS 개념

① C(Cooperative)-ITS는 V2X통신을 활용하여 서로 데이터를 공유하고, 능동적인 돌발

상황 대응 및 예방이 가능한 교통 안전중심의 차세대 ITS를 의미한다.

② C-ITS는 V2X 통신 기반의 정보를 공유하여 실시간 정보의 수집과 제공, 연계 서비스의 제공 등 다양한 서비스로 확장이 가능하다.

③ CAV(Connected Autonomous Vehicle)는 자율주행차에 V2X 통신을 기반으로 연결성을 제공함으로써 인프라 통신이 하나의 센서와 서비스로 연결되는 자동차를 의미한다.

3) ITS 현황

(1) C-ITS 국내 개발 현황

① C-ITS 인프라 구축을 위해 필요한 구성 요소

㉠ 도로 인프라 지원 시스템 : RSU(Road Side Unit), 중계기, CCTV

㉡ C-ITS 센터 : 도로 인프라의 정보를 기반으로 교통 시스템을 운영하는 데이터 통제 센터

㉢ ITS 차량 단말기 : OBU(On-board Unit), 차량 내에 탑재되어 RSU나 다른 차량과 통신할 수 있는 단말기

② 국내의 경우 2014년부터 C-ITS 인프라 구축을 위한 시범 사업과 실증 사업들이 진행했다.

(2) 주요 서비스

① 원활한 도로교통 주행, 충돌예방 등

㉠ 위치 기반 교통정보 제공 서비스

㉡ 원격 자동 결제 서비스

㉢ 교통 위험 정보 안내 서비스

㉣ 사고 위험 정보 안내 서비스 등

② V2V, V2I 등의 통신을 기반으로 정보 공유를 통해 자율 주행차의 센서 오차, 돌발 상황 대체 기능의 한계를 극복할 수 있도록 다양한 서비스 개발 중이다.

[7] WAVE(Wireless Access in Vehicular Environments) 통신

WAVE는 IEEE 802.11a/g 무선랜 기술을 변형한 기술로 5.9Ghz 대역에 10MHz의 대역

폭을 사용한다. 최대 전송속도는 27Mbps를 지원한다. 일반 무선랜과 확연한 차이는 200km/h의 고속이동 중에도 끊김 없는 통신을 구현하는 데 있다. 100ms 이내의 짧은 무선 접속 및 패킷 전송속도로 차량 간 통신을 지원함으로써 전방의 돌발 상황을 실시간으로 전송, 차량의 안전한 운행을 돕는다.

1) DSRC 통신 개념

① DSRC는 근거리 전용 통신으로 차량과 노변 기지국 간에 사용되는 근거리 통신이다.
② 20m 이하의 노변-차량 간 양방향 근거리 통신으로, 일 대 다수의 통신기능, 고속 전송기능(1mbps), 값싸고 단순한 변조 기술을 사용하는 것이 특징이다.
③ DSRC는 요금 징수, 교통량 수집과 정보를 제공하는 네트워크 통신 기술로 기존에 ITS에 가장 많이 활용하였다.
④ 사물 인터넷 환경과 스마트카의 개발에 따라 교통상황을 실시간으로 인지하여 교통사고를 미연에 방지하고, 교통 흐름을 원활하게 조정할 수 있는 통신 기술의 개발이 요구에 맞는 V2X의 개념으로 확장하기에는 부족하여 DSRC에서 WAVE통신이 확장 개발 중이다.

2) WAVE 통신 개념

① V2X를 위한 대역 할당, 기지국과 단말기 간의 서비스 정보를 주고받기 위해 양방향 통신을 제안하면서 개발 시작
② 공공 안전, C-ITS 서비스를 위한 V2X 차량 네트워킹 기술 WAVE는 IEEE 802.11a/g 무선 와이파이 기술 차량 환경에 맞도록 개량한 802.1p MAC/PHY 기술을 기반으로 개발
③ 무선 통신장치들이 혼선 없이 자신의 무선 신호를 전달하려면 다른 신호와 겹치지 않는 자신의 주파수 영역인 주파수 대역폭을 가져야 하는데, WAVE 통신은 5.9GHz 영역대를 사용
④ Wave 통신의 1개의 제어 채널과 6개의 서비스로 나누어 통신
⑤ 제어 채널은 모든 기지국이 동일한 채널을 사용하여 모두가 알아야 하는 메시지를 전송
⑥ 서비스 채널은 각 기지국마다 독립된 채널을 할당 미리 정의된 서비스 제공

3) WAVE 통신 표준(SAE J2735)

(1) SAE J2735 표준 구성

① SAE J2735(DSRC Message Set Dictionary)는 WAVE 통신을 통해 애플리케이션 간 전달되는 메시지 규격을 정의함

② 유럽 V2X 표준 단체 ETSi에서 ITS/V2X 메시지 정의를 다음 표준에서 제시하고 있다.
 · ETSI EN 302 637-2, ETSI EN 302 637-3

③ 표준 구성 : Data Dictionary(데이터 사전), Message Set(메시지 모음), Data Frame(데이터 프레임 구조), Data Element(데이터 요소)

(2) SAE J2735 표준 Message Set

DSRC SAE j2735에는 총 16종류의 메시지 세트가 정의되어 있으며, 계속 업데이트 중이다. 주요 메시지 종류는 다음과 같다.

① BSM(Basic Safety Message) : 기본 안전 메시지

② EVA(Emergency Vehicle Announcement) : 응급 차량 접근 메시지

③ RSA(Road Side Alert) : 인프라에서 차량으로 보내는 알림 메시지

④ SPAT(Signal Phase and Timing) : 교통 신호등 정보 메시지

[8] C-V2X 통신

1) C-V2X 통신 기술의 정의

① LTE/5G 모바일 네트워크 통신 기술 기반의 V2X 통신 기술로 단거리 DSRC/WAVE 통신과 구분된다.

② C-V2X는 일반적인 휴대전화와 달리 2종류의 전송 모드를 가진다.
 ㉠ Indirect : 일반적인 통신 모드로 중계기를 통해 다른 기기와 연결. V2N에 활용가능
 ㉡ Direct : 중계기 없이 모바일 기기간 직접 연결되는 방식. V2I, V2V, V2P와 같은 서비스에 사용 가능

③ 5GAA는 5G 기반의 c-V2X를 표준화를 진행하는 단체

④ ETSI(유럽 통신 표준 협회)에서 유럽 지역의 C-V2X 표준화를 진행 중이다.

2) C-V2X와 V2X와의 차이

① 성능면에서 C-V2X가 우위에 있다고 볼 수 있지만, 표준화나 인프라 측면에서는 V2X가 많은 진전을 보여 사용화 단계까지 진행되어 있는 상태이다.

② C-V2X의 LTE-V2X나 5G-V2X의 표준화는 아직 진행 중이며 상용화까지는 많은 시간이 필요한 상황이다.

③ C-V2X의 경우 LTE/5G망을 이용하기에 기존의 인프라를 활용할 수 있어 중복투자가 없다는 장점이 있다.

④ 기존 WAVE 통신의 상위 애플리케이션 프로토콜을 그대로 활용할 가능성이 높아 통신 매체만 변경되는 차원에서 기술 전환이 이루어질 가능성도 높은 상황이다.

[9] 전기차 충전시스템

1) 전기차 충전시스템 개념

① 전기차는 전기 에너지를 배터리에 저장하고, 배터리로부터 구동력을 얻어 움직이는 자동차이다.

② 전기차와 전력망을 연결해 주는 기반 시설이 전기차 충전 인프라이며, 배터리를 충전하기 위한 전력의 대부분은 직접 전력망에 연결하여 공급한다.

③ 전기차 충전 인프라는 Smart Power Grid(한전), Charging Station, Interface 구조를 가진다.

2) 충전시스템 구조

① 전기차의 내부는 크게 OBC, 배터리 시스템, EPCU(통합 전력 제어장치, 자동차 내부 전원 공급), 감속기, 구동 모터로 구성되며 충전과 관련 있는 시스템은 OBC와 배터리 시스템이다.

② OBC(on Board Charger)는 고전압 배터리의 충전을 위해 외부 AC 전원을 DC 전원으로 변환시키는 장치, 완속 충전기와의 연결을 담당한다.

③ 배터리시스템은 배터리 자체와 배터리 제어를 위한 BMS(Battery Management System)로 구성되고, BMS는 배터리의 각 셀과 내구성과 성능이 최적이 되도록 충·방전 기능을 담당한다.

④ Charging Station은 전력망으로부터 AC 전압을 차량 충전에 맞는 DC 전압으로 변환하여 공급하는 역할을 한다. 또한 전력망과 연결되어 과금, 충전량 등의 정보를 교환하는 통신이 이루어지며, PLC, CAN 통신 등이 이에 활용된다.

3) 전기차 유선 충전 통신 개념

(1) 전기차 유선 충전 통신 개념

① 전기차 충전 방식은 SAE J1772(IEC 62196)에 따르면 AC Level 1/2, DC level 1/2로 나뉜다.

② AC LV1 : 가정에서 표준으로 사용되는 120V 교류 전압을 이용하여 충전하는 방식으로 최대 전달 전력은 2kW를 사용한다.

③ AC LV2 : 단일 혹은 삼중 위상 교류 전압 240V를 이용하여 충전하는 방식으로 LV1에 비해 충전 속도가 빠르다.

④ DC LV1, 2 : 직류 고전압 50~1,000V를 이용하여 매우 높은 전류(Level 1 : 80A, Level 2 : 400A)로 충전 진행한다.

(2) 전기차 유선 통신 표준

① 전기차 유선 충전 통신에는 다양한 종류가 존재하며, 각 국가별로 다른 표준을 사용하고 있어 SAE, IEC, ISO 등의 표준 단체에서 표준안을 마련하기 위해 준비 중이다.

② 충전 통신은 대표적으로 Control Pilot, CHAdeMO, PLE 등이 존재한다.

③ Control Pilot : 충전 파워 조절 제어 신호에 6단계의 전압 레벨로 나눠진 PWM 신호를 사용하여 충전기와 배터리 간의 제어에 이용한다.

④ CHAdeMO : CAN 통신을 이용하여 데이터 기반 충전 프로세스를 제어하는 방식이다.

⑤ PLC : PLC 통신을 이용하여 데이터 기반 충전 프로세스 및 인프라 연계 서비스를 제공하는 방식이다.

02

CHAPER

지능형 자동차

1. 보행자 보호시스템
2. 섀시 통합 제어시스템
3. 경고 및 안전을 위한 편의 기술

CHAPTER 02

지능형 자동차

01 보행자 보호시스템

자동차는 사고 시 탑승자의 안전을 위해 안전벨트나 에어백 같은 다양한 안전장치를 갖추고 있다. 하지만 이들 장치는 기본 중의 기본으로 이제는 ICT(정보통신기술, Information & Communication Technology) 기술과 다양한 센서기술이 융합된 첨단 안전시스템을 통해 보행자 및 탑승자의 안전을 보호해 주고 있다.

그림 2-1 ICT 기술과 센서기술이 융합된 능동안전시스템

보행자 보호장치는 순수형(Pure Passive Method), 충돌-능동형(Crash-Active Method), 예방형(Active Protection System, Preventive Protection System), 자동 제동장치(Automatic Braking), 전자제어 제동부스터(Electronic Controlled Brake Booster) 등으로 나눌 수 있다.

순수 유동형(Pure Passive Method)은 주로 차량 설계와 관련되어 보행자 충격을 감소시켜주는 방법이다. 예를 들어, 연한 전면구조물(Soft Front Structures), 향상된 운전자 시야(Enhancement Of Driver's View) 등이 있다.

충돌-능동형(Crash-Active Method)은 위험한 상황이 닥칠 것을 미리 감지하여, 사고를 미연에 방지해주는 기술로 이루어져 있다. 최근에 이슈가 되고 있는 인공지능 기술까지 적용하여 안전시스템의 최종 목표라 할 수 있는 교통사고 없는 도로를 만드는데 기여하고 있다.

능동 안전시스템(Active Safety System)이 보호해야 할 대상은 많다. 탑승자를 보호해야 하고, 차체(車體)도 손상되지 않도록 해야 한다. 그러나 이보다 더 중요한 보호 대상이 있으니 바로 보행자다. 자동차가 보행자와 충돌하는 경우, 차량이나 탑승자의 피해보다는 보행자의 피해가 더 큰 것이 대부분이기 때문이다.

따라서 보행자와의 충돌은 가급적 피해야 하지만, 어쩔 수 없이 사고가 일어난다면 그 피해를 최소화해야만 한다. "적극적 보행자 보호(APP, Active Pedestrian Protection)"시스템은 바로 이런 사고를 대비하여 개발됐다.

이 시스템은 자동차가 보행자와 충돌했을 시, 보닛(Bonnet)의 윗부분이 순간적으로 튀어 올라 보행자가 받는 충격을 완화시켜 주는 기능을 갖고 있다. 최근에는 여기에 더해 보닛 위에서 에어백이 부풀어 오르도록 하는 일명 "보행자 에어백시스템"까지 개발되어 보행자 안전이 더욱 강화되고 있다.

능동형(Active Protection)시스템은 브레이크를 이용하여 자동으로 감속하는 경우처럼, 능동적으로 작동하는 요소를 이용하여 사고의 위험성을 감소시키는 방법으로 제동력 보조(Brake Assistant), ESP(Electronic Stability Program) 등이 있다.

예방형(Preventive Protection)시스템은 충돌을 회피하거나 초기에 위험성을 감소시키는 방법으로 운전자 경고(Driver Warning), 자동 안전 제동장치(Automatic Comfort Braking), 보행자 경고(Pedestrian Warning), 자동위험 경고(Automatic Emergency Warning) 등이 있다.

자동 제동장치(Automatic Braking)는 사고 발생이 감지되면 자동으로 감속하여 정지하거나 차량을 정차시키는 역할을 수행하는 것이다.

Brake-by-Wire는 전기유압 제동장치(EHB, electro-hydraulic brake)와 전기기계 제동장치(EMB, Electro-Mechanical Brake) 및 혼합형인 Hybrid EMB로 분류할 수 있다.

전기유압 제동장치(EHB)는 운전자가 브레이크 페달을 밟으면, HU(Hydraulic Unit)에 전자적으로 명령이 전달되어 최적의 제동압력을 구현하고 캘리퍼를 구동하는 것이다. 전기기계 제동장치(EMB)는 운전자가 브레이크 페달을 밟으면 각 바퀴에 부착된 전기 모터에 의하여 캘리퍼를 구동하는 것이다. 혼합형인 Hybrid EMB는 EHB와 함께 EMB의 중간 단계 기술로 이 시스템은 전륜에는 기존의 제동장치와 같이 진공펌프를 이용한 유압식 제동장치를 적용하고, 후륜에는 EMB를 채택한 방식이다.

(1) 보행자 보호 에어백(Pedestrian Air Bag)

보행자 에어백은 보행자가 차에 부딪혔을 때 보닛과 전면 유리 사이에 있는 에어백이 부풀어 오르며 튀어나와 보행자의 부상 정도를 줄여주는데, 보행자 사고의 대부분은 차량 보닛 하부의 엔진과 전면 유리 하단, 강성이 강한 A필러에 부딪혀 발생한다는 점을 감안해 개발된 에어백이다.

부딪히는 대상이 사물인지 사람인지는 라디에이터 그릴과 앞 범퍼에 달린 7개의 센서가 확인하여 자동차와 충돌한 대상이 사람으로 감지되면 제어장치로 신호를 전달한다. 신호를 전달받은 제어장치는 먼저, 보닛 위쪽의 핀을 풀어 보닛을 약 10cm 들어 올리는데 이는 보행자의 머리가 보닛 아래에 있는 엔진에 닿지 않도록 하기 위함으로, 보행자 에어백은 전면 유리 하단부의 3분의 1과 양쪽 A필러를 감싼 U자 형태의 에어백이 수천분의 1초(약 0.03초)만에 가스로 채워지며 부풀어 오르며, 보행자의 머리가 여기에 직접 닿지 않도록 충격을 완화해 준다.

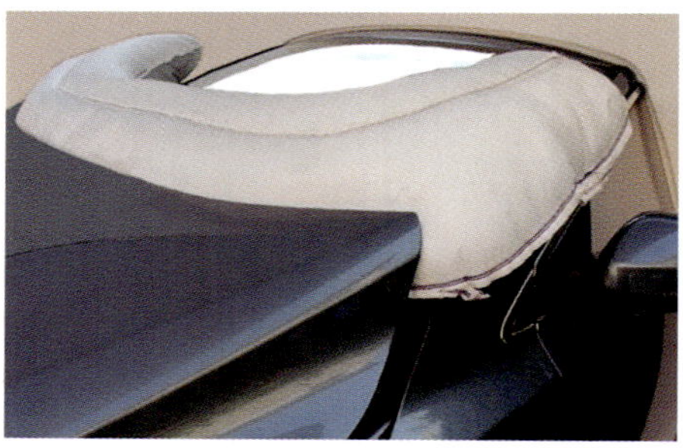

그림 2-2 보행자 에어백

(2) 능동적 후드시스템(Hood Lifting System)

보행자 머리와 엔진 사이의 충돌을 완화하기 위하여, 범퍼에 20km/h 이상의 충돌이 감지되면 보닛을 들어 올려서 충돌 흡수 공간을 확보하는 것이다. 두 개의 구동기가 보닛의 뒷부분을 약 100mm 들어올린다. 다리와 보닛 사이의 충돌이 발생한 후 60~70msec 이내에 구동기는 보닛을 들어올려야 한다. 들어올려진 보닛은 상체가 충돌할 때까지는 유지되다가 머리가 보닛의 상부에 충돌할 때에 충격을 흡수하면서 주저앉게 된다.

현재 개발되고 있는 구동기에는 두 가지가 있으며 그림 2-3(a)는 금속튜브(metal bellows) 형태의 구동기(금속튜브는 충돌 시에 소형 가스발생기(micro gas generator)에서 발생한 가스가 채워짐)이며, 그림 2-3(b)는 공압 구동기(pneumatic muscle) 형태의 구동기를 보여주고 있다.

(a) 금속 튜브형

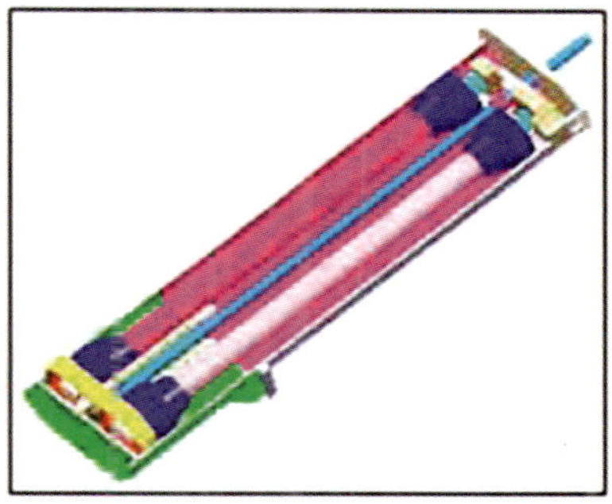

(b) 공압 구동기형

그림 2-3 능동적 후드시스템

(3) 능동적 범퍼(Active Bumper)

능동적 범퍼개념 자체는 오래전부터 추구되었지만, 능동적 범퍼가 실용적이기 위해서는 충돌 전에 전개시켜야 하는데, 보행자와의 충돌을 예측하기가 쉽지 않아 아직도 초기단계에 머물고 있다. 능동적 범퍼를 구동하는 방법에는 다양한 가능성들이 검토되고 있다.

① 가스 생성기(gas generator)를 이용한 공압 방식

② 가스 충전기(gas reservoir)를 이용한 공압 방식

③ 폭발식(pyrotechnical) 가스 생성기를 이용한 공압 방식
④ 유공압 방식(hydraulic drive)
⑤ 전기 유공압 방식(electro hydraulic driver)
⑥ 기계 기구적(mechatronical driver) 방식

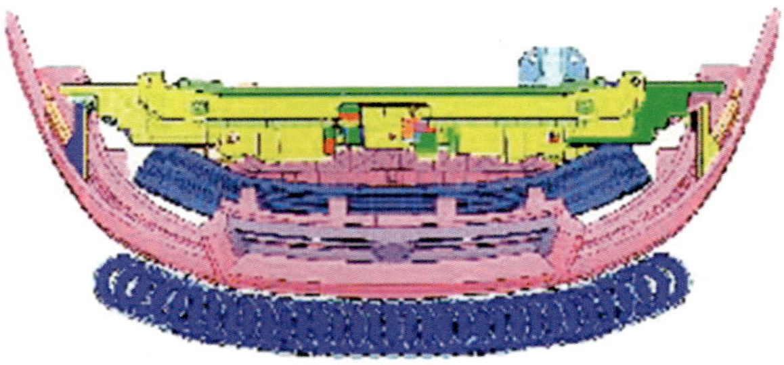

그림 2-4 능동적 범퍼시스템

(4) 전자제어식 안전벨트(Electronic Controlled Seat-Belt Pre-Tensioner)

프린 텐셔너는 충돌 시에 안전벨트의 여유를 줄여 주어 운전자 에어백의 작동공간을 확보해 주고 운전자를 바른 자세로 고정해 주는 기능을 하는 것으로서, 운전자를 보호할 뿐만 아니라 보행자와 운전자의 충돌을 방지하고 운전자가 적절한 조치를 할 수 있도록 도와주는 것이다. 프리 텐셔너는 자동차에서 충돌이 발생할 때 에어백 ECU에서 직접 화약에 점화를 일으킬 수 있는 전류를 공급하는 방식이다.

그림 2-5 가역적 안전벨트 견인기

(5) 보행자 보호 스피커시스템

전기차와 하이브리드 자동차가 환경을 보호하고 기름값을 절약해주는 일거양득의 이점이 있는 반면, 일반 가솔린 자동차에 비해 엔진 소음이 너무 적어 자동차가 보행자에 가까이 다가와도 느끼지 못하는 안전과 직결된 문제점이 노출되고 있다. 저속 운행 시 전기차 및 하이브리드카의 차량접근 통보장치는 시속 25km로 저속 주행할 때 일반 차량의 엔진 소리와 동일한 약 55데시벨(dB)의 전자음을 내어 보행자에게 차량접근 중임을 알린다.

(6) 보행자 보호장치의 성능 비교

보행자 보호장치와 경고장치, 시야개선 및 나이트 비전(Night Vision)의 보행자 보호 성능을 6가지 기준으로 평가한 결과가 다음 표와 같다. 표를 보면 자동 제동장치(Automatic Braking)에 의한 자동 감속이 가장 효과적이고, 운전자 경고(Driver Warning), 나이트 비전(Night Vision)도 보행자 보호에 비교적 우수한 성능을 보이고 있다.

[보행자 보호장치의 성능 비교]

Total	2차 충격의 축소, 회피	1차 충격의 축소, 회피	사고통계의 관점에서의 보호가능성	VRU 보호 또는 점유	수동, 충돌-능동 예방방법	가역적, 비가역적 적용 않음	보호장치
8+	+ +	+ +	+ +	VRU+	예방	가역+	제동거리축소 측정법
5+	+	+	+	VRU+	예방	가역+	운전자경고
	100% 결함 없는 안전한 센서의 조건을 만족하는 것이 불가능함					비가역-	외부 에어백
2+*	0	+	+	VRU+	충돌-능동	비가역-	후드 리프팅
	100% 결함 없는 안전한 센서의 조건을 만족하는 것이 불가능함					비가역-	능동형 범퍼
	100% 결함 없는 안전한 센서의 조건을 만족하는 것이 불가능함					비가역-	윈드실드 에어백
5+	+	+	+	VRU+	수동	적용않음 +	운전자 시야의 증대
5+	+	+	+	VRU+	예방	가역 +	보행자 경고
0	0	0	0	Occ-	충돌-능동	가역 +	안전벨트 인장기
5+	+	+	+	VRU+	수동	적용않음 +	나이트 비전

[7] 보행자 감지(Pedestrian Detection)

보행자 감지를 위해 사용되는 센서에는 단안 카메라(Monocular Camera), 스테레오 카메라(Stereo Camera), 적외선 카메라(Infrared Camera), 레이더(Radar), 라이더(Laser Radar), 혼합방식(Hybrid) 등이 있으며, 보행자 감지에 관한 다양한 연구 결과는 다음과 같다.

1) 비전센서(Vision Sensor)

비전센서(Vision Sensor)는 센서 형식의 완전한 화상 처리 시스템으로 하우징 안에 이미징센서, 조명(또는 조명 연결부), 광학장치(또한 교환 렌즈), 하드웨어/소프트웨어 및 PLC 연결을 위한 이더넷과 디지털 인터페이스가 통합되어 있다.

비전센서(Vision Sensor)를 이용한 보행자 감지의 애로사항은 카메라가 움직이고 보행자의 다양한 외양(Wide Range Of Appearance), 복잡한 배경(Cluttered Background) 등이다.

그림 2-6 비전센서를 이용한 보행자 감지

비전센서 기반 보행자 감시의 주요 기술적 특징은 학습기반 접근(Learning Based Approach), 추적기반 접근(Tracking Based Approach), 외곽선 추출에 의한 ROI(Region Of Interest, 관심영역. 영상처리상의 방법으로, 원본 이미지에서 관심영역을 추출할 수 있도록 설정하는 것) 설정, 다양한 인식기술, 신경망(Neural Network), SVM(Support Vector Machine, 기본적으로 두 범주를 갖는 관측값들을 분류하는 방법으로, 주어진 데이터들을 가능한 멀리 두 개의 집단으로 분리시키는 최적의 초평면(Hyperplane, 전체 공간보다 차원이 하나 낮은 공간을 초평면이라고 한다. 평면 안에서는 직선이 초평면이고, 삼차원 공간 안에서는 보통의 평면이 초평면이다)을 찾는 것) 등이 있다. 이미지센서(Image Sensor)로는 기존의 CCD(Charged Couple Devices, 광전변환소자로 사진이 촬영되는 센서로 CCD가 클수록 고화질의 사진을 촬영할 수 있다)에 비하여 CMOS(Complementary Metal-Oxids-Semiconductor, 복합 금속-산화-반도체로 렌즈를 통해 들어온 빛을 전기 신호로 바꾸어 저장해 주는 센서)가 선호되고 있다.

극단적인 빛 조건에서는 비선형(Non-Linear)의 특성 이미지센서가 선호되는데, 예를 들면 황혼을 향해 가는 경우, 터널을 들어가거나 나올 경우, 상향등을 켠 차와 조우할 때 특히, 로그 형태의 반응을 나타낼 때, 고명암비(High Dynamic)의 영상을 취득할 수 있어 자동차 환경에서 유용하다.

[CMOS센서와 CCD센서의 비교]

특징	CMOS	CCD
기술		
통합수준	++	--
동력소모	++	--
동적 범위	++	-
암흑 감시	-	++
비용		
형상 모듈	O	O
시스템 통합	++	--
유효성		
자동차 성능(렌즈 포함)	O	O
주요 흐름		
주요 공급자들이 기대 생산량	+	O

※++: very good, +: good, O : medium - : poor -- : very poor

그림 2-7 비전센서를 이용한 영상 취득 비교

2) 스테레오 비전(Stereo Vision)

(1) 스테레오 비전 개요

스테레오 비전은 스테레오 카메라 두 대를 사용하여 주변 환경을 인식하는 방식으로, 삼각법을 기반으로 스테레오 카메라는 거리 정보를 획득할 수 있는 센서로서 영상과 거리 정보를 동시에 제공할 수 있다. 스테레오 비전의 필요성은 자율주행 측면에서 3D Scanning Lidar와 단안 카메라의 조합을 대체하는 용도이며, 운전 중 발생할 수 있는 수많은 상황 가운데 일부를 차량 스스로 인지하고 상황을 판단, 기계장치를 제어하는 기술인 첨단 운전자 지원시스템(ADAS, Advance Driver Assistance System) 측면에서의 필요성 때문이다.

유럽 자동차 안전성 등급 판정기관인 Euro NCAP(New Car Assessment Programme)은 긴급제동시스템(AEB, Autonomous Emergency Braking System)을 자동차 안전등급 판정항목으로 추가할 예정이다. 이를 제공하지 않을 경우 최고 등급을 받지 못할 것으로 보이며, 단계적인 의무 장착 규제가 진행될 가능성 또한 높다. 다양한 종류의 장애물을 매우 낮은 오 인식률로 인지해야 하는 AEB의 특성으로 인해, 3차원 거리정보와 물체의 형상 정보를 동시에 제공하는 스테레오 카메라가 이를 위한 효율적인 센서로 대두되고 있다.

(2) Stereo Matching

스테레오 카메라로부터 거리 정보를 획득하기 위해서는 두 카메라의 내 · 외부 변수를 추정하는 카메라 교정 과정과 두 카메라에서 획득된 영상상에서 서로 대응되는 위치를 찾는 스테레오 매칭 과정이 반드시 필요하다. 카메라 교정의 경우 Offline으로 비교적 간단하게 수행될 수 있기 때문에 오랜 기간 구동하면서 발생하는 카메라의 작은 변화를 Online으로 보정하는 것이 중요하지만, 최근 효율적인 알고리즘들의 개발 및 프로세서의 성능 향상으로 인해 영상 전체를 매칭하여 사용하는 방법이 선호되고 있다. 이렇게 계산된 조밀한 스테레오 매칭 결과를 Dense Disparity Map이라고 부른다.

(3) General Obstacle Detection(GOD)

GOD란 주행 상황에 존재하는 일반적인 장애물을 검출하는 방식을 의미한다. 단안 카메라를 사용하는 모노 비전은 영상의 밝기 정보만을 제공하기 때문에 보행자, 차량과 같이 유형이 정해진 물체의 외형을 학습하는 방법으로만 물체를 검출할 수 있다. 이에 반해 스테레오 비전은 조밀한 거리 정보를 제공하기 때문에 물체의 유형과 관계없이 거리 정보를 기반으로 장애물을 인식할 수 있다.

GOD는 중간수준표현(Medium-level Representation)으로 볼 수 있으며, 다음과 같은 중요성을 갖는다. 다양한 응용 시스템들(보행자, 차량, 차선 인식기 등)이 모두 스테레오 비전센서로부터 저수준(Low-level)의 정보(Color Image, Dense Disparity Map)를 가져가서 사용하게 되면, 차량 내부 통신으로 전달해야 하는 정보량과 불필요한 중복 연산이 증가하게 된다. 따라서 주행 상황을 간략화하여 다양한 응용시스템들이 공통적으로 사용할 수 있는 중간수준의 형태로 표현하여 공유하게 되면 위의 문제를 해결할 수 있게 된다.

먼저 GOD 혹은 중간수준표현 단계를 효과적으로 수행하기 위해서는 전방 도로면의 형태를 추정하는 과정이 필요하다. 도로면은 일반적으로 3차원 곡면이다. 따라서 평면, 2차 곡면, B-spline 곡면 등의 3차원 곡면 모델을 사용하여 추정할 수 있다. 하지만 일반적인 포장도로 상황에서는 좌·우 방향의 기울기는 무시 가능하기 때문에 대부분의 경우 2차원 곡선 모델을 사용하여 V-disparity 혹은 YZ-plane 도메인에서 추정한다. 이러한 근사화는 도로면 추정 연산량을 줄여주며, 스테레오 매칭 오류와 장애물에서 생성된 3차원 점들에 대한 강인성을 확보해줄 수 있다는 장점을 갖는다.

도로면 모델링에 사용되는 2차원 곡선 모델로는 1, 2차 다항식(Polynomial), 구분적 선형(Piecewise Linear) 함수가 있으며, 이를 일반화한 형태인 B-spline 함수도 있다. 이러한 모델들 중 Cubic B-spline 함수가 높은 자유도로 인해 다양한 형태의 도로면을 정확하게 표현할 수 있다고 알려져 있다. 하지만 이는 높은 자유도로 인해 스테레오 매칭 오류와 장애물에서 생성된 3차원 점들에 강인하게 추정되기 힘들다는 한계를 갖기 때문에 이에 대한 추가 연구가 필요한 상황이다.

GOD 혹은 중간수준표현으로 사용되는 대표적인 방법은 세 가지가 있다. 첫 번째는 Occupancy Grid 기반 방법이다. 이는 전방 주행 환경을 격자로 표현한 후 격자를 구성하는 각 칸이 점유되었을 확률을 스테레오 비전센서를 기반으로 계산하여 전방 상황을 표현하는 방법으로, 로보틱스(Robotics, 로봇+테크닉스(공학)의 합성어로, 로봇에 관한 기술공학적 연구를 하는 학문. 센서 공학·인공지능의 연구, 마이크로일렉트로닉스 기술의 종합적 학문 분야) 분야에서 오랜 기간 사용되어온 방법이다. 두 번째는 디지털 고도 모델(DEM, Digital Elevation Map) 기반 방법이다. 이는 주행 환경을 격자로 표현한 후, 격자를 구성하는 각 칸에 존재하는 장애물의 높이를 계산하여 이를 기반으로 전방 상황을 표현하는 방법이다.

세 번째는 Stixel(카메라와 지면과의 기하학적 관계를 이용하여 탐색 영역을 축소한 것) 기반 방법이다. 이는 장애물과 도로면의 경계와 장애물의 높이를 추정하여 이를 이어주는 다수의 막대들로 전방 상황을 표현하는 방법으로, Stixel은 Stick과 Pixel의 합성어이다. Stixel은 매우 많은 정보량을 갖는 Dense Disparity Map을 위치, 높이, 움직임 정보를 갖는 Stixel이라 불리는 소수의 막대로 표현하는 방법으로 정보 축약 측면에서 매우 효율적이라고 알려져 있다.

이 방법은 전방 주행 상황에 존재하는 장애물이 도로면에 수직하게 서 있다는 가정하에 이를 고정픽셀 너비의 Stixel로 모델링한다. 그 후 SGM을 통해 생성된 Dense Disparity Map을 사용하여 Stixel의 위치 및 높이를 추정한다. 검출된 Stixel의 움직임은 Dense Optical Flow(고밀도 광학 흐름)와 Kalman Filter(잡음이 섞여 있는 기존의 관측값을 최소제곱법을 통해 분석함으로써 일정 시간 후 위치를 예측할 수 있도록 하는 최적의 수학적 계산 과정)를 기반으로 추정되며, 이와 같은 움직임 정보를 포함하는 Stixel을 Dynamic Stixel이라고 부른다. 마지막으로 Dynamic Stixel들은 위치, 높이, 움직임의 유사성을 기반으로 구분되어 실세계에서 서로 같은 물체를 구성하는 Stixel들끼리 묶여지게 된다.

(4) Classifier-based Object Detection(COD)

COD란 물체의 외형을 학습시켜 생성한 Classifier(분류기)를 사용하여 영상에서 차량, 보행자 등을 검출하는 방식을 의미한다. COD 관점에서 스테레오 비전을 사용함으로써 얻을 수 있는 이점은 크게 세 가지로 설명될 수 있다.

첫째, GOD 및 도로면 추정 결과를 사용하여 COD 과정을 효율화할 수 있다. 도로면 굴곡 정보 혹은 GOD에서 검출된 장애물의 위치 및 높이 정보를 사용하면 영상의 각 위치별로 예상되는 보행자 혹은 차량의 크기를 예상할 수 있기 때문에 COD를 적용할 관심 영역을 제한할 수 있다. 보다 적극적으로는 GOD 결과를 기반으로 장애물 뒤 혹은 장애물 사이와 같은 위험 지역을 검출하고, 그 위치에만 COD를 적용할 수도 있다. 이러한 GOD 기반 관심 영역 설정 방법은 COD 과정의 연산량을 줄여줄 수 있을 뿐만 아니라 오 검출을 낮춰주는 효과 또한 가져올 수 있다.

둘째, Dense Disparity Map과 영상의 밝기 정보를 융합하여 COD에 사용되는 Classifier의 성능을 향상시킬 수 있다. 일반적으로 모노 비전을 사용하는 경우에는 영상의 밝기 정보를 사용하여 COD에 사용되는 Classifier를 학습한다. 스테레오 비전의 경우에는 영상의 밝기 정보뿐만 아니라 거리에 대한 정보를 담고 있는 Dense Disparity Map을 함께 제공하기 때문에 이 둘을 융합하여 Classifier의 성능을 향상시킬 수 있다. 보행자 검출의 경우, 영상의 밝기 정보와 Dense Disparity Map에 각각 Classifier를 적용하여 그 결과를 융합하는 방법이 인식률을 향상시킨다는 결과가 보고되었다.

셋째, 원거리 차량의 거리 추정 정확도를 높일 수 있다. 모노 비전의 경우에는 Classifier로 인식된 차량의 거리를 추정하기 위해 차량의 너비 혹은 하단 위치 정보를 사용한다. 하지만 이는 원거리에서 심한 거리 오차를 발생시킨다는 한계를 갖는다.

GOD의 경우에도 Disparity Map의 분별력이 원거리르 갈수록 급격히 저하되기 때문에 원거리 물체 검출에 실패할 가능성이 높으며, 원거리 물체가 검출된다 하더라도 Disparity Map의 Resolution(해상도) 한계로 인하여 올바른 거리 정보를 추출하기 힘들게 된다. 이러한 한계는 COD 방법으로 먼저 물체 위치를 인식하고 해당 물체 영역에만 정밀한 스테레오 매칭 방법을 적용하여 거리 정보를 획득함으로써 보완 가능하다.

(5) 기능

스테레오 비전센서는 다음과 같은 기능을 수행한다.

첫 번째는 보행자, 전방 차량, 교행 차량에 대한 제동 보조 기능이다. 이 기능에서 스테레오 카메라는 레이더와 융합되어 보행자 및 전방 차량을 검출하는 용도와 교차로에서 교행하는 차량과의 위험 상황을 예측하는 용도로 사용된다.

두 번째는 ACC(Adaptive Cruise Control)와 Stop & Go 기능이다. 이 기능에서는 차선과 전방 차량이 스테레오 카메라로 인식되어 종 · 횡 방향 제어를 보조하는데 사용된다.

세 번째는 Active Suspension 기능이다. 이는 스테레오 카메라에서 획득한 조밀한 거리 정보로부터 근거리 도로면의 굴곡을 추정하여 현가시스템의 제어를 최적화한다.

3) 능동적 센서(Active Sensors)

마이크로웨이브를 이용하는 레이더(Radio Detection And Ranging)와 적외선 레이저를 이용하는 라이더(Laser Radar)는 전자파의 왕복시간(Time of Flight)을 이용하여 장애물까지 거리를 측정하는 것이다. 주행속도와 차간거리를 자동으로 제어하는 시스템인 적응식 정속주행 시스템(ACC, Adaptive Cruise Control)용으로 개발된 LRR(Long Range Radar, 장거리(300km 이상) 레이더)는 이미 상용화되어 있다.

보행자보호 등을 위한 SRR(Short Range Radar, 장애물과의 거리 및 각도를 측정한다. 이 센서는 자동차 주위 약 14m 이내의 실질적인 안전지대를 형성한다)은 24GHz 대역 주파수를 사용하고, 여러 센서를 네트워크로 연결하여 삼각법(Triangulation, 서로 멀리 떨어진 각각의 지점에서 각도를 관측하여 각각의 위치 관계를 수치적으로 정하는 하나의 측량방법)에 의해 위치를 측정하고 있다. 보행자 인식은 반사파의 파워 스펙트럼 밀도(Power Spectral Density Plot, 파형(波形) 분석에 있어서 분석 구간이 무한대인 경우, 퓨리에(Fourier) 변환을 통하여 구한 단위 주파수당 에너지의 분포)를 이용하며 물체의 고유특성인 주파수 성분(Spectral Content)과 반사도(Reflectivity)를 이용한다. 보행자는 차와 같은 다른 장애물에 비해 위치적으로 좁은 영역에서만 반응하고 전자파 반사도는 금속, 인체, 나무 등의 순서이다.

4) 센서 융합(Sensor Fusion)

센서 융합의 목적은 동일 대상에 대한 다수 센서의 정보를 이용하여, 정밀도를 향상시킨다. 겹치지 않는 영역에 대한 정보의 통합을 통한 감지영역이 확대되고 다수의 센서를 사용함으로써 신뢰도가 향상된다. 다른 종류의 센서를 통합하여 주변 환경에 대한 강인성을 향상시키며 다른 종류의 센서 정보를 종합하여 새로운 정보 생성, 서로 다른 추상화 계층에서의 데이터 처리로 신속하게 정보를 검출하고 불안정한 센서들의 종합을 통하여 안정된 결과를 도출할 수 있다.

센서 융합의 종류는 잉여 또는 경쟁센서 융합(Redundant or Competitive Sensor Fusion), 상호 보완센서 융합(Complementary Sensor Fusion), 협동센서 융합(Co-Operative Sensor Fusion), 다단계센서 융합(Multi-Level Sensor Fusion), 레이더 구동 융합(Radar Driven Fusion), 비전구동 융합(Vision Driven Fusion), IR(Infrared Ray, 적외선)과 색체센서 사이의 협동 융합(Co-Operative Approach, Fusion Between IR and Colour Sensors) 등이 있다.

잉여 또는 경쟁센서 융합(Redundant or Competitive Sensor Fusion)은 일반적으로 동일 양에 대한 중복된 측정은 정밀도를 향상시키고 중복된 동일 센서는 단품 오류에 대하여 강인하게 된다. 상호보완센서 융합(Complementary Sensor Fusion)은 서로 다른 영역을 감지하는 센서들은 감지영역을 확대하고, 서로 다른 물리량을 감지하는 센서들은 특성영역(Feature Space)을 확대한다.

협동센서 융합(Co-Operative Sensor Fusion)은 여러 센서의 데이터를 통합하여 새로운 데이터를 생성시킨다. 예를 들어, 두 개 이상의 레이더를 사용하여 방위각을 구할 수 있다. 아래 그림은 중첩되는 센서들의 감지 영역을 표시한 것이다.

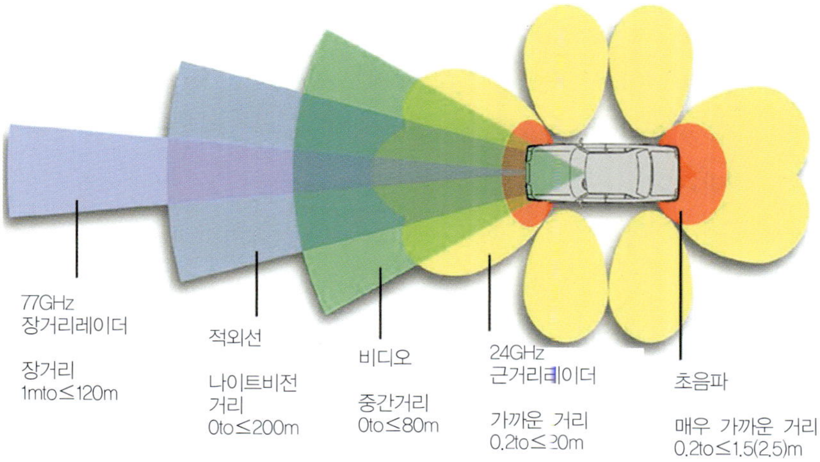

그림 2-8 차량 센서들의 검지 영역

멀티-레벨센서 융합은 센서 융합을 위하여 중앙연산장치로 보내지는 데이터량을 줄이기 위해, 각 센서의 저수준(raw) 데이터를 전 처리하는 것이다. 그림 2-9와 같이 추상화의 여러 단계에서 센서 융합이 가능하다.

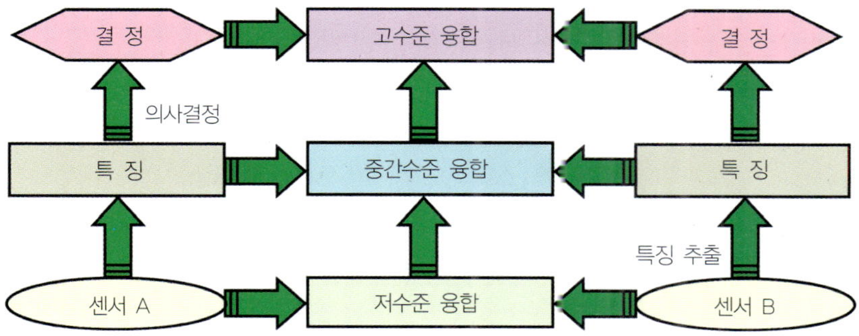

그림 2-9 센서 융합의 개념도

5) 저수준 융합

저수준 융합의 분류는 레이더 구동 융합(Radar Driven Fusion), 비전 구동 융합(Vision Driven Fusion), IR의 색채센서 사이 협동센서 융합(Co-Operative Approach, Fusion Between IR and Colour Sensors) 등으로 나눌 수 있다.

레이더 구동 융합(Radar Driven Fusion)은 레이더(Radar) 정보를 이용하여 영상처리 속도를 향상시키고 레이더(Radar)의 공간적 보충 정보가 ROI의 크기를 줄이고 신뢰성을 높여준다. 비전구동 융합(Vision Driven Fusion)은 일반적으로 레이더의 동작주기가 더 작기 때문에 효용성이 희박하다.

IR과 색채센서 사이의 협동센서 융합(Co-Operative Approach Fusion Between IR and Colour Sensors)은 레이더와 비전이 독자적으로 감지하여 통합 결과의 신뢰성을 향상시킨다. 이것은 감지와 분류과정의 성능을 향상시킨다. IR 이미지가 비교적 조직적 원인(Structured Textual) 정보를 적게 함유하므로, 가시광 영상처리의 안내자 역할을 할 수 있다. 예를 들어, IR영상에서 고온 부분 검출을 통하여 차와 사람의 검출을 용이하게 할 수 있다.

[비전 기반 보행자 보호시스템]

시스템	주요 특징
DaimlerChrysler의 Urban Traffic Assistant Chamfer System	- 스테레오 비전(Stereo Vision) - Time delay 신경망(Neural Network)
카네기 멜론대학(Carnegie Mellon University)의 NavLab	- 스테레오 비전(Stereo Vision) - 신경망 패턴 구별(Neural Network Pattern Classification) - 3~12Hz - 도심 Bus 운전자용
Pavia University의 ARGO	- 스테레오 비전(Stereo Vision) - 견본 매칭(Template Matching) - 10~40m

[센서 융합 기반 보행자 보호시스템]

시스템	주요 특징
PROTECTOR Project(Preventive Safety for Unprotected Road User)	- 2000-2003년 - EC 자금 - 자동차, 센서, 연구소 등 참여 - 레이더(Radar), 레이저 영역조사(Laser Range Finder), 비디오 사용 - 2종의 승용차 사용 (피아트(Fiat), 다임러크라이슬러) - 1종의 트럭 사용(MAN)
SAVE-U Project(Sensors and System Architecture for VulnerableE road Users Protection)	- 2002-2005년 - EC 자금 - 레이더(Radar), 레이저영역조사(Laser Range Finder), 비디오 사용 - 경보, 제동, 수동적 보호 포함

02 섀시 통합 제어시스템

섀시 통합 제어시스템은 제동, 조향, 현가의 개별시스템을 기반으로 센서정보를 공유하면서 최적의 통합 제어시스템을 구성하고 있다.

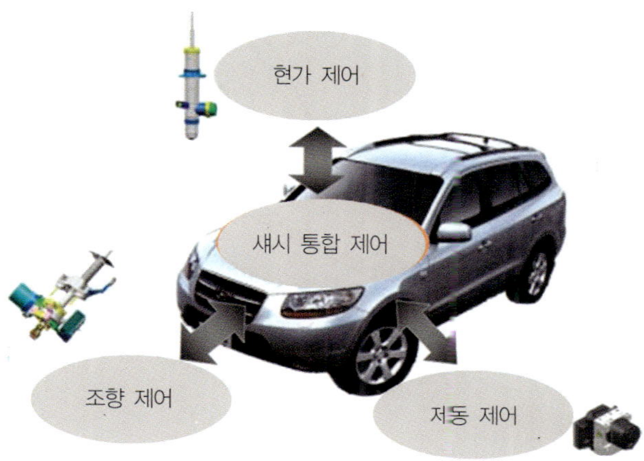

그림 2-10 제동, 조향, 현가 개별 섀시 제어시스템 구성도

(1) 개별 섀시 제어시스템

1) 능동형 현가장치(Full-Active Suspension System)

능동형 현가장치는 외부에서 에너지를 공급하여 스프링 상수나 감쇠력을 주행조건에 대응하여 적절하게 조절하는 장치이다. 즉, 능동형 현가장치는 적재중량, 도로면 상황, 주행속도 등 여러 가지의 주행상태에 대응하여, 유압이나 압축공기 액추에이터를 이용하여 자동차 높이(차고) 및 스프링 상수, 감쇠력 등을 최적화시키는 장치로, 반 능동형 장치와 구분하기 위하여 완전 능동형(full-active)으로 표현하기도 한다.

능동형 현가장치는 반 능동형이 지니고 있는 감쇠력 제어와 자동차 높이(차고) 조절기능을 모두 갖추고 있으며, 자동차의 자세변화에 능동적으로 대처하여 자세를 바로 잡아 줄 수 있다. 능동형 현가장치의 기본 개념은 주행할 때 현가장치의 구성요소들이 각각의 상황에 따라 적절히 대응하도록 하는 것이다.

예를 들어, 스프링에 가벼운 하중이 얹힐 때에는 탑승자에게 불편함을 주지 않으면서도 자동차의 하중을 충분히 지지할 수 있을 정도까지만 딱딱해지도록 하거나 갑작스런 차로 변경에서는 차체의 안정을 유지하기 위해 현가특성을 딱딱해지도록 제어한다. 또 비포장도로와 같은 불규칙한 도로에서는 자동차 높이(차고)를 상승시켜 하체의 손상을 방지하는 등의 제어를 수행한다.

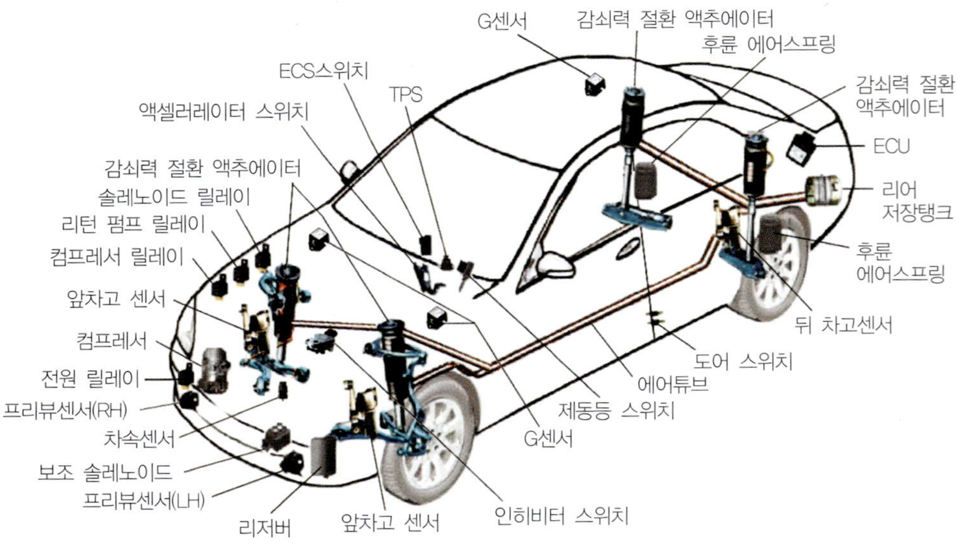

그림 2-11 능동형 현가장치 구성도

능동형 현가장치에 사용되는 센서에는 가속도센서, 차고센서, 압력센서 등이 있으며, 감쇠력 가변방식이나 공기스프링을 이용한 자동차 높이(차고) 조절방식보다 더욱더 정밀한 제어를 위하여 센서의 수량 증가 및 정밀도가 높은 것을 사용한다. 제어논리를 포함한 ECU는 증가한 센서의 신호처리 및 정밀한 액추에이터의 제어가 요구되기 때문에 용량이 크고 계산속도가 빠른 것이 필요하다.

특히 능동형 현가장치는 오동작이 발생하였을 때 안전에 큰 문제를 야기할 수 있으므로, 각종 센서 및 액추에이터의 고장진단 및 페일 세이프(Fail Safety)가 구비되어 있어야 한다.

2) 도로면 감지(프리뷰 제어) 능동형 현가장치

일반적으로 반 능동형이나 능동형 전자제어 현가장치는 도로면의 변화에 대하여 현가장치의 바운싱(Bouncing) 주기 등으로부터 도로면 상태를 판단하여 감쇠력을 바꾸거나 공기 스프링의 압력을 조정하는 방식을 사용한다. 이에 비해 도로면 감지 능동형 현가장치는 초음파 펄스방식의 프리뷰센서(Preview Sensor), 수신센서 등을 이용하여 도로면의 상태를 사전에 검출하여 빠른 시간 내에 쇽업소버의 감쇠력을 바꾸거나 공기스프링의 압력조정 등을 통하여 충격을 훨씬 부드럽게 하여 승차감을 향상시킬 수 있는 장치이며, 프리뷰 제어(Preview Control)라 한다.

요즘은 전자식 제어서스펜션(ECS) 기술이 안정성과 승차감을 향상시키고 있다. 현대모비스는 최근 자율주행과 커넥티드 기술을 융합한 신개념 '프리뷰 에어서스펜션' 기술을 선보였다. 내비게이션 정보를 미리 반영해 자동으로 차체 높이를 조절하고 노면 충격을 흡수하는 기술이다. 도로 상태와 교통정보를 미리 예측해 탑승객에게 편안한 승차감을 제공하는 것은 물론 안전성도 대폭 개선했다.

그림 2-12 프리뷰 제어

'프리뷰 에어서스펜션 기술'은 내비게이션에 나타나는 도로 정보를 통해 목표 지점으로부터 평균 500m 전부터 작동을 시작한다. 예를 들어, 전방에 어린이보호구역이 있다는 내비 정보가 탐지되면 차량 스스로 서서히 차체를 낮추고 부드럽게 움직여 승차감을 좋게 하는 방식이다.

스쿨존에서 차고를 낮추는 이유는 안전을 위한 시야 확보 차원에서다. 스포츠유틸리티차량(SUV)이나 버스, 트럭 등 일반적으로 차고가 높은 차량들의 차체를 낮춰주면 그만큼 시야 확보가 쉬워진다. SUV의 경우 최대 10cm까지 차고를 조절할 수 있다.

프리뷰 제어는 프리뷰센서가 자동차의 앞쪽에 있는 도로면의 돌기와 단차를 초음파로 검출하여 돌기 또는 단차를 넘기 전에 쇽업소버의 감쇠력을 최적으로 제어하여 승차감을 향상시킨다.

3) 전동방식 전자제어 동력 조향장치

동력 조향장치의 보급이 증가함에 따라 그 요구 성능도 단순히 조향 조작력의 감소에 그치지 않고 주행속도나 주행조건에 따른 최적의 적절한 조향 조작력의 설정도 중요한 요구 성능 중 하나가 되었다. 그 요구에 대응하기 위해 기존의 유압 동력장치에 유압제어 기구와 HU(Hydraulic Unit)를 추가한 전자제어 동력 조향장치가 이미 개발되었지만, 예전의 일반적인 유압 동력 조향장치(Normal Power Steering)에 비하면 복잡하고 비싸다.

한편 유압 동력장치의 고성능화와는 별도로 위의 요구에 대응하는 방법으로 전동 전동기(Motor)를 이용하여 조향 조작력을 보조(assist)하는 전동방식 동력 조향장치(MDPS : Motor Driven Power Steering)의 개발이 급속히 증가하고 있다. 그 이유는 유압방식 동력 조향장치에 비해 간단한 제어기구로 조향 조작력 제어의 자유도를 넓히면서 가격과 무게감소 그리고 작업 성능 등이 향상되는 효과가 있고, 특히 최근의 개발 방향이 지구 환경에 근거를 둔 연료소비율 향상에 중점을 두고 있기 때문이다.

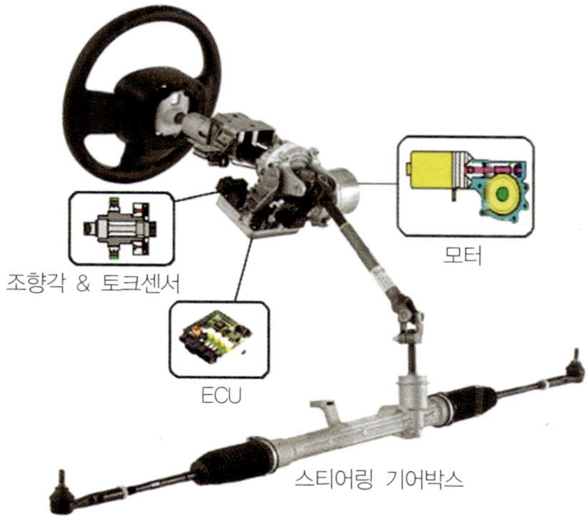

그림 2-13 전자제어 동력 조향장치의 구성도

전동방식 동력 조향장치는 자동차의 주행속도에 따라 조향 휠의 조향 조작력을 전자제어로 전동기를 구동시켜 주차 또는 저속에서는 조향 조작력을 가볍게 해주고, 고속에서는 조향 조작력을 무겁게 하여 고속주행 안정성을 운전자에게 제공하는 것으로, 자동차의 연료소비율 향상과 전기자동차에 적극적으로 대응하기 위한 장치(System)라 할 수 있다.

또한 최근 전력전자 기술의 발달로 제어 기술이 발전되어 벡터 제어에 의한 제어용 모터의 영역이 확대됨에 따라 영구자석 동기 전동기를 이용한 소형 AC 서보모터 등 정밀 제어용으로 영구자석 동기전동기가 DC모터를 대체하고 있다.

4) 타이어 공기압력 모니터링 장치의 개요

자동차 운행 중 타이어 문제로 발생되는 사고 중 상당수는 못이나 그 밖의 원인에 의해 타이어 공기압력이 서서히 줄어드는 상태로 주행 때 발생된다. 이에 대한 대처방안으로 타이어 상태를 지속적으로 감시해 정차 및 운행 중 타이어의 공기압력 변화로 주행 안정성에 방해가 될 상황에 도달하면 운전자에게 경고해 주어 주행 안정성을 확보토록 한 장치가 타이어 공기압력 모니터링장치(TPMS : Tire Pressure Monitoring System)이다.

또 타이어 공기압력 모니터링장치는 타이어 공기압력의 저하 및 과대 공기압력 상태의 경고뿐만 아니라 미연에 타이어 상태를 검출하여 운전자로 하여금 타이어 마모와 연료소비를 감소시킬 수 있도록 하였다.

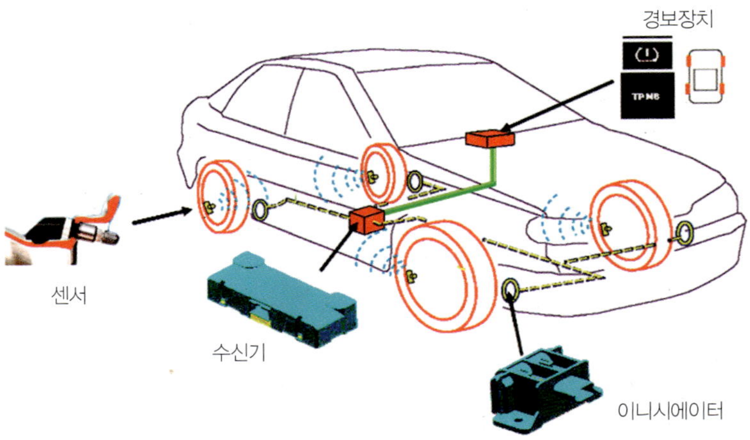

그림 2-14 타이어 공기압력 모니터링장치 구성도

타이어 공기압력 모니터링장치는 각 타이어 내부의 압력 및 온도 그리고 자신의 고유번호를 무선으로 송신하는 타이어 공기압력센서와 이 신호를 수신하여 처리하는 수신기 그리고 센서 작동여부를 제어하는 이니시에이터(Initiator)와 표시장치로 구성된다.

5) VDC(Vehicle Dynamic Control)

VDC는 ESP(Electronic Stability Program)라고도 하며 ABS와 TCS 제어를 비롯하여 요 모멘트 제어와 자동 감속기능을 포함하여 자동차의 자세를 제어하는 장치이다. 기존의 자동차에서는 요잉(Yawing)을 제어를 할 수 있는 장치가 설치되어 있지 않았다.

ECS(Electronic Control Suspension)의 경우는 롤링(Rolling), 피칭(Pitching) 및 바운싱(Bouncing) 제어를 통해 주행 중 발생되는 진동을 억제하여 자동차의 안전을 확보하였으나 코너링(Cornering)을 할 때 발생되는 언더/오버 스티어링(Under & Over Steering)에 대한 제어를 할 수 없다.

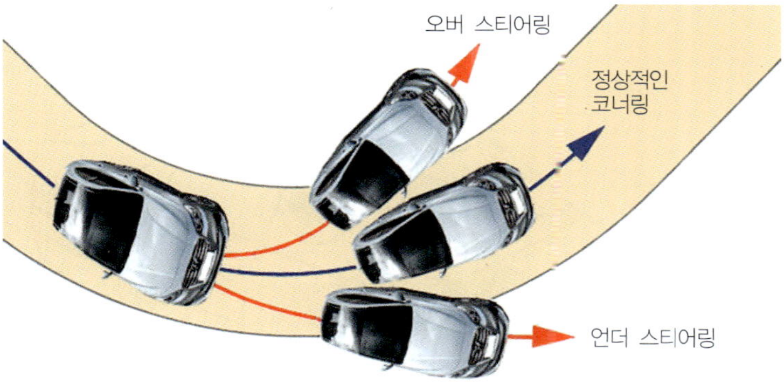

그림 2-15 언더/오버 스티거링

그러나 VDC는 자동차의 요 모멘트(Yaw Moment) 제어를 통해 언더/오버 스티어링을 제어함으로써 자동차의 스핀(Spin)을 억제하여 보다 안정된 주행성능을 확보할 수 있는 안전한 장치이다. 즉, VDC란 자동차의 미끄럼을 검출하여 운전자가 브레이크를 작동시키지 않아도 자동적으로 각 바퀴의 브레이크 유압과 엔진 출력을 제어하여 안전성을 향상시킨다.

VDC는 EBD 제어, ABS 제어, TCS 제어 기능을 포함하고 있으며, 요 모멘트 제어와 자동 감속제어를 함께 수행한다. VDC는 스핀 또는 언더/오버 스티어링 등의 발생을 억제하여 이로 인한 사고를 미연에 방지하는 장치로 자동차에 스핀이나 언더 또는 오버 스티어링이 발생하면 이를 검출하여 자동적으로 안쪽 바퀴나 바깥쪽 바퀴에 브레이크를 작동시켜 자동차의 자세를 제어하여 안정된 상태를 유지하며, 스핀 한계 직전에서 자동 감속한다. 이미 스핀이 발생한 경우에는 각 바퀴별로 제동력을 제어하여 스핀이나 언더 오버 스티어링의 발생을 미연에 방지하여 안정된 운행을 하도록 도와준다.

VDC는 ABS 및 TCS에 요 레이터 & 횡 가속도센서, 마스터 실린더 압력센서를 추가한 것으로 차속센서, 조향 휠 각속도센서, 마스터 실린더 압력센서로부터 운전자의 조정 의도를 판단하고, 요 레이터 & 횡 가속도센서로부터 차체의 자세를 계산하여 운전자가 별도로 브레이크 페달을 밟지 않아도 4바퀴를 개별적으로 자동으로 브레이크를 작동시켜 자동차의 자세를 제어하여 모든 방향에 대한 안전성을 확보한다.

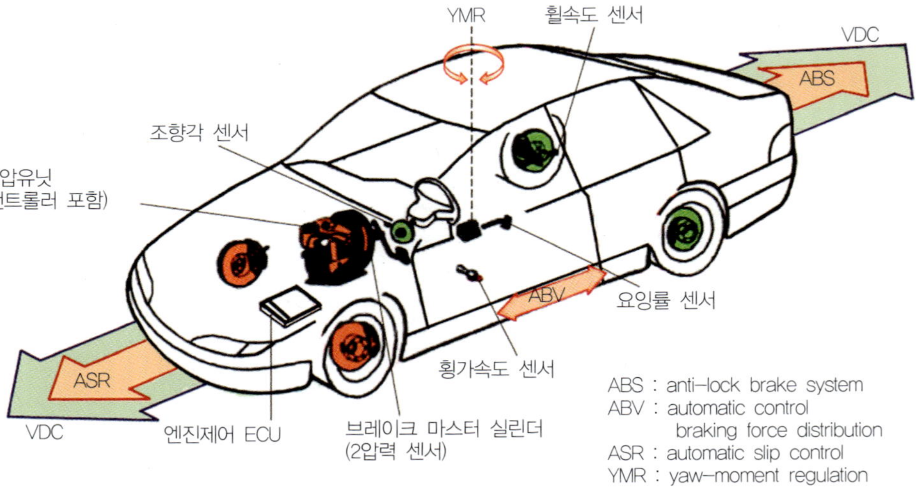

그림 2-16 VDC 구성품 및 제어 요소

6) EHB(Electro-Hydraulic Brake), EMB(Electro-Mechanical Brake), 회생제동 브레이크

(1) EHB(Electro-Hydraulic Brake)

EHB(전기유압식 브레이크)는 엔진의 동력에 의해 작동하던 종래의 유압식 브레이크를 개선한 것으로서, 전기모터에 의해 유압을 발생시켜 제동하는 방식이며, 엔진 정지 시에도 제동이 가능하여 하이브리드 자동차에 적용되고 있다.

EHB는 by-Wire 시스템의 구조를 가지지만 여전히 유압을 매개체로 사용하기 때문에 습식(Wet Type)으로도 불리며, Bosch의 SBC(Sensotronic Brake Control)와 도요타 프리우스에 적용된 ECB(Electronically Controlled Brake) 및 현대자동차 YF쏘나타 하이브리드에 적용된 HPU(Hydraulic Power Unit) 등이 대표적인 예라고 할 수 있다.

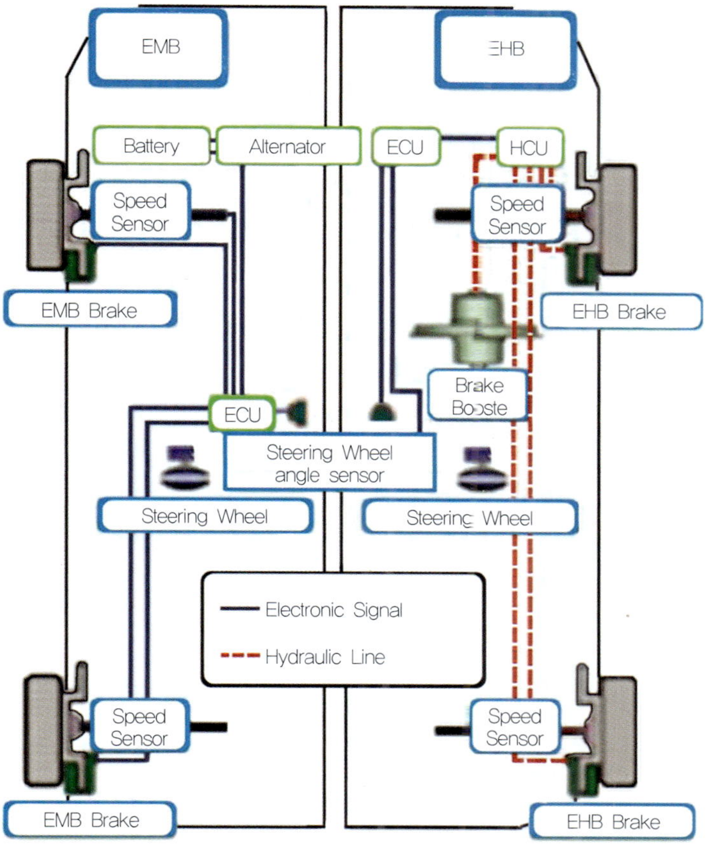

그림 2-17 EMB와 EHB 비교

이 방식은 기존의 유압식 제동장치와 EMB의 중간단계로 볼 수 있으며, 브레이크 페달에 장착된 감지센서에 의해 운전자의 제동 작동이 감지되면 자동차의 두뇌에 해당하는 ECU는 유압 제어부(Hydraulic Control Unit)를 제어함으로써 각 바퀴의 캘리퍼에 적절한 유압을 보내주어 제동이 되게 하는 구조이다.

EHB의 구성 부품은 기존의 휠 속도센서, 조향각센서, 센서 클러스터(yaw rate+Lateral Cceleration), 기존 휠 브레이크 외에 EHB HU(Hydraulic Unit)+ECU, 전기적 페달 모듈(Electronic Pedal Module With Pedal Feel Simulator and Sensors) 등으로 되어 있다.

(2) EMB(Electro-Mechanical Brake)

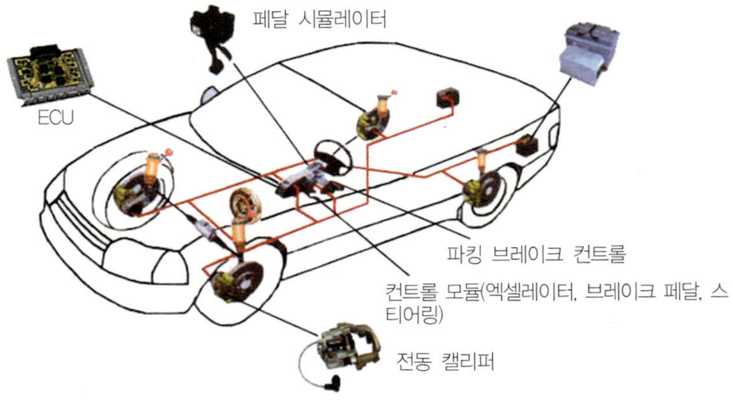

그림 2-18 EMB 구성요소

전기기계식(EMB)은 유압을 전혀 사용하지 않는 완전한 BBW(Brake by Wire)로 볼 수 있으며, 전기적인 방식으로 각 휠에 장착된 전동 캘리퍼 또는 전자식 디스크를 모터에 의해 제어하여 제동력을 발생시키는 제동시스템이다.

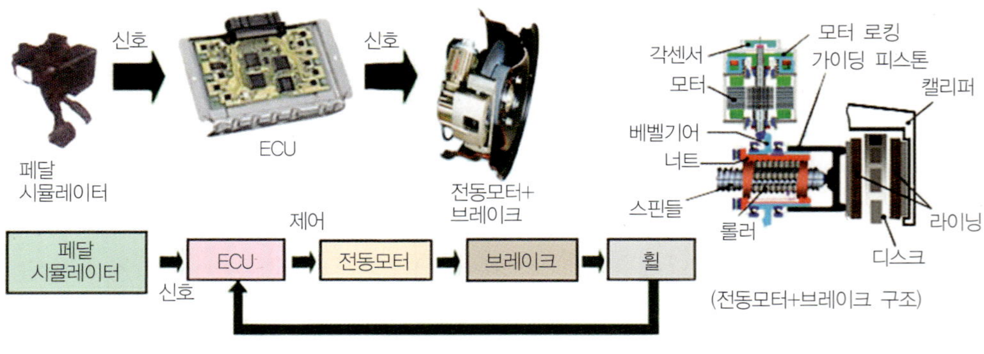

그림 2-19 EMB 제어

EHB가 기존 유압시스템을 유지하면서 액추에이터 파트와 브레이크 페달을 연결하는 유압라인을 전기적 신호로 대체해 제어하는 시스템인 반면, EMB는 기존 자동차의 모든 유압라인이 삭제된 시스템으로 모든 제동을 전기전자장치로 제어한다. 지금까지 개발된 브레이크 시스템 가운데 가장 발전적인 개념이라 할 수 있다.

EMB는 차량에 적용되던 유압브레이크시스템 대신 운전자가 브레이크 페달을 밟는 힘을 전기적 신호로 전환해 제동한다. 운전자가 페달을 밟으면 페달에 부착된 시뮬레이터가 이를 전기적 신호로 바꿔 ECU에 전달하고, ECU는 차량 상태 및 제동력을 연산해 전동 캘리퍼를 제어하는 시스템이다.

EMB는 또 기존 ABS · TCS · BAS · VDC(ESP) 기능을 통합제어하고 어떤 상황에서도 차량의 자세를 제어하는 것이 가능하다. EMB 시스템이 적용될 경우 자동차는 마스터 실린더와 부스터 등 기존 유압라인의 부품 중 다수가 필요 없어 제동 관련 부품이 크게 줄어든다. 이로 인해 브레이크시스템의 구조가 단순해지므로 자동차 설계 시 유연성이 대폭 늘어난다.

자동차에 브레이크시스템을 장착하는 것도 한층 더 자유로워진다. 케이블이 없기 때문에 브레이크 페달을 지금의 위치에 고정할 필요 없이 운전자가 가장 편리한 곳에 설치할 수 있으며, 더욱 발전할 경우에는 스티어링 휠에 버튼 형식으로 장착하는 것도 가능할 것이다.

특히 EMB는 유압이 전달되는 시간이 필요 없고 차량 제동력의 최적 제어가 가능하므로 EHB보다 5% 정도 제동거리가 짧다. 그만큼 운전자의 안전성이 한층 향상될 뿐만 아니라 전자적 제동으로 인해 브레이크 페달 사용이 매우 쉬워지고, 떨림 현상이나 제동 소음도 전혀 발생하지 않으며, 빙판길이나 급커브길 등에서 EHB에 비해 더욱 뛰어난 제동력을 보여 자동차가 쏠리거나 기우는 느낌을 거의 받지 않아 운전자의 승차감은 한층 향상된다.

EMB는 모터에 의해 캘리퍼를 작동시키기 때문에 비교적 큰 제동력이 필요한 전륜의 경우 기존 12V로는 불가능하기 때문에 한때 42V 시스템으로 차량 전장체계의 설계변경이 검토되었으나, 현재는 쐐기형 구조의 강한 마찰력을 이용하여 작은 전압 12V로도 큰 제동력을 낼 수 있는 전자웨지캘리퍼(Electronic Wedge Brake, EWB)가 개발되어 전륜은 EWB 형식이, 큰 제동력이 필요하지 않은 후륜은 EMB 형식으로 개발이 진행되고 있다.

(3) 회생제동장치(Regenerative Brake)

회생제동장치를 간단히 설명하면 제동 시 발생하는 운동에너지를 전기에너지로 변환하여 배터리를 재충전하였다가 발진, 가속, 등판 시에 재사용하는 일련의 시스템을 말한다. 전기자동차가 휘발유자동차에 비하여 1회 충전 항속거리가 짧다는 단점을 보완하기 위하여 개발되었으나, 현재는 전기자동차뿐만 아니라 하이브리드자동차와 연료 전지자동차에서 연비 개선의 목적으로 사용되고 있다. 감속과 동시에 배터리를 재충전시키기 때문에 자동차의 연비는 약 40% 정도 향상된다. 또한 자주 감속을 하는 도심에서는 그 효과가 더 증대된다.

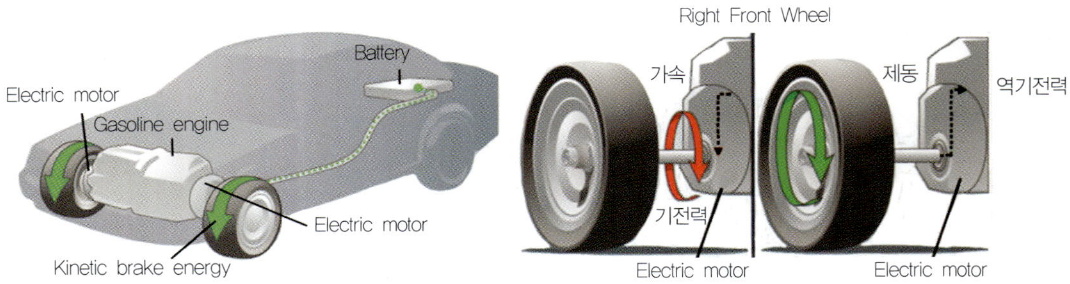

그림 2-20 회생제동시스템

전기자동차는 배터리에서 나오는 전력으로 모터를 회전시켜 자동차를 주행시킨다. 회생제동장치는 제동이 시작되는 시점부터 상대적으로 복잡한 작동 구조를 갖고 제동과 에너지 축적을 수행한다. 우선 운전자가 브레이크 페달(Pedal)을 밟게 되면 전류가 흐르지 않게 되고 남아있는 자기장과 관성으로 인한 모터의 회전 때문에 플레밍의 왼손법칙에 의해 전류가 반대방향으로 흐르게 된다. 따라서 힘은 반대로 작용하여 모터가 정지하도록 하는 힘을 발생시키고 발전기로서의 역할을 수행하여 생산된 전력을 배터리에 축전한다. 검출된 유압을 분석하여 모터에서 발생시킬 수 있는 제동력 범위 내에서는 우선적으로 회생제동장치를 작동시키고, 이상의 제동력에서는 유압브레이크를 동시에 작동시켜 마찰 제동을 실시한다.

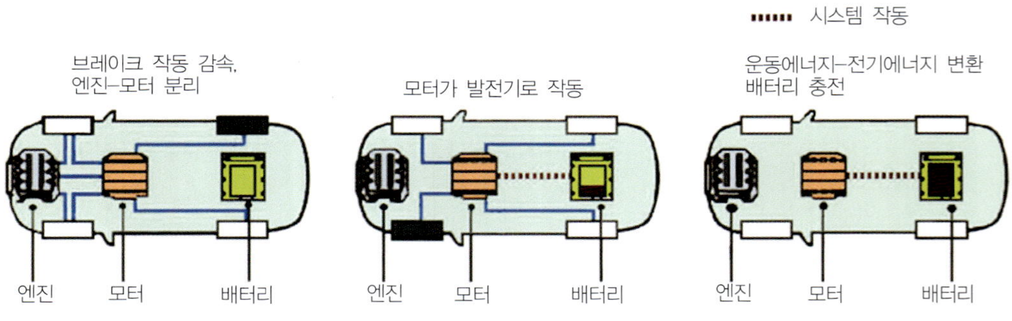

그림 2-21 회생제동장치 작동 과정

제동 시 회생제동시스템 내에서 발생하는 에너지의 흐름을 그림 2-22에 나타내었다. 그림 2-22와 같이 가능한 많은 에너지를 회생시키기 위해서는 각 손실에너지를 적극적으로 저감시키는 것이 효과적이 된다.

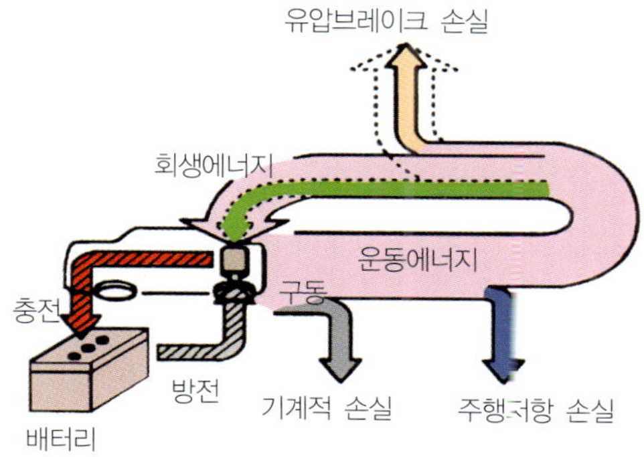

그림 2-22 회생제동 에너지 흐름도

이러한 회생제동에 의한 에너지 절감 효과는 모터, 배터리의 용량과 적용 대상 자동차에 따라 달라지지만 30kW급 모터를 장착한 하이브리드자동차의 경우 도심 주행 시 동급 차량 대비 100% 이상의 연비 향상 중 회생 제동에 의한 개선이 전체의 약 35%를 차지한다고 알려져 있다. 따라서 회생제동 기술은 하이브리드자동차뿐만 아니라 전기 및 연료전지자동차와 같이 에너지 저장장치를 가지고 있는 전기자동차에서 에너지 절감과 이에 의한 배기가스 감소효과를 얻을 수 있는 핵심 기술이라고 할 수 있다. 회생제동의 적용에 의한 효과는 연비 향상뿐만 아니라 기계적 제동의 부담 감소로 인한 브레이크 패드의 수명 연장 및 전자식 브레이크 시스템의 확장을 통한 차량 안전성과 제동 응답성 향상을 가져온다.

(2) DBW(Drive By Wire)

DBW는 자동차와 운전자 사이의 직접적인 연결이다. 즉, 스티어링, 브레이크 및 엔진제어 등은 신뢰성이 있지만 까다로운 시스템을 물리적이 아닌 전자식으로 제어하는 것이 바로 DBW 기술의 목표이다.

스티어링 휠, 브레이크, 액셀러레이터 페달과 같은 기계적인 링키지(연결대)가 기계장치시스템에 직접적으로 연결되는 것이 아니라 전자식 센서에 연결되고, 전자식 센서는 브레이크 페달에 전달되는 운전자의 입력을 신호로 전환시키는 것이다. 차내 컴퓨터는 이러한 신호를 이용하여 시스템을 적절하게 실행하며 DBW 기술을 통해 디자이너와 엔지니어들은 더욱 가볍고 안전하며, 현재의 자동차보다 더욱 공간성이 좋은 자동차를 제작할 수 있을 것이다.

SBW(Steer-By-Wire) 시스템을 이용하면 스티어링 휠은 더 이상 스티어링 랙에 직접 연결될 필요가 없을 것이며, 따라서 강력한 브래킷이나 연결 공간 또는 현재 사용하고 있는 충격 보호시스템 등이 필요 없게 된다.

BBW(Brake-By-Wire)시스템은 전동식 주차 브레이크장치이다. 특히 하이브리드자동차 및 전기자동차에 완전한 BBW시스템이 적용될 것으로 예상된다.

SBW시스템은 BBW시스템보다 구현하기가 더욱 어려우며 일반적으로 소비자들은 직접 제어 루프(Direct Control Loop)가 제거되는 것을 바라지 않으며 안전 백업시스템(Fail-Safe Backup System)을 적합한 자리에 위치시키는 작업은 까다로울 수 있다. 또한 완벽한 DBW 구현을 위해서는 현재 시스템에 사용되는 14V보다 높은 전압이 필요하고, DBW를 구현하려면 무엇보다 신뢰성을 담보하기 위한 예비장치의 추가적 구성이 필요하다. 안전 법규제를 만족시키기 위한 설계가 까다로우며 원가 부담도 크다.

[3] 통합 충돌안전 제어시스템(Pre-Crash Safety System)

도요타 자동차의 통합 충돌안전 제어시스템을 중심으로 설명한다. 밀리파 레이다센서를 이용하여 전방의 주행상황을 검지하고, 충돌위험이 발생하면 운전자에게 경보를 하며, 충돌을 피할 수 없는 경우에는 전동 안전벨트 및 제동 액추에이터를 자동으로 제어하여 피해를 최소화하는 시스템이다. 고속영역에서는 설정된 속도와 안전거리를 자동으로 제어하여 부분적인 종방향 자율주행을 실현한다.

시스템의 구성은 프리 크래시(Pre-Crash)센서, 프리 크래시 브레이크, 프리 크래시 브레이크 어시스트, 서스펜션 컨트롤, 프리 크래시 시트벨트로 구성된다.

충돌안전 제어시스템은 밀리파 레이더를 중심으로 차속, 스티어링, 요 레이트 등 각종 센서와 이들 정보를 바탕으로 충돌 판단을 하는 컴퓨터로 구성된다. 전방이나 주변 상황을 검지하는 밀리파 레이더는 레이더 크루즈컨트롤과 겸용하여 저가격, 컴팩트화를 노리고 있고, 밀리파 회로나 신호처리 방법을 새롭게 개발하여 세계 최소 사이즈, 고성능의 "전자 스캔형 밀리파 레이더"로서 차량 탑재를 용이하게 한 것이 큰 특징이다.

충돌판단 컴퓨터는 센서에서 오는 충돌 가능성에 대한 3단계 정보를 가지고 장애물 충돌까지의 예측시간, 거리, 상대속도 및 방향을 검지하고, 내 차와의 예상 주행 레인 내에 존재하는지의 여부를 판단하며, 도로가 커브일 경우 요 레이트 센서나 스티어링 센서 등으로 주행 커브 반경을 예측하고 위치를 보정한다.

통합 충돌안전 제어시스템은 충돌 가능성의 긴급 정도에 따라 다양한 회로로 브레이크시스템이 작용하는 기능을 갖고 있기 때문에 구조도 복잡하며, 브레이크 제어와 관련된 ESP, ABS, TCS시스템 등과 원활한 일체화 시스템을 이루고 있다.

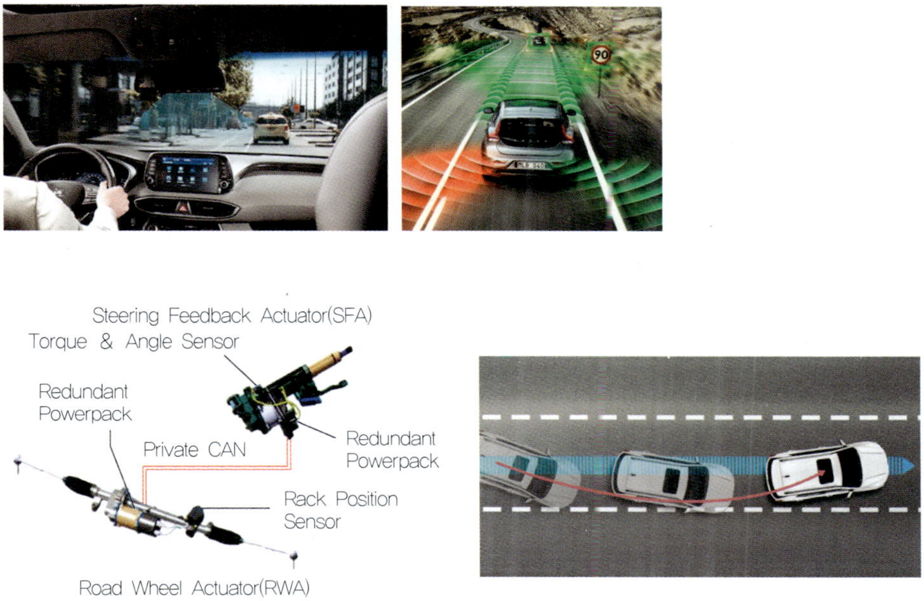

그림 2-23 통합 충돌안전시스템의 개념도

(4) 나이트 비전(야간 시야 개선장치, Night Vision)

나이트 비전시스템(Night Vision System)은 야간 주행 시 운전자에 개선된 시야를 제공해 주기 위하여, 적외선 영역을 이용하여 시야를 확보한다. 나이트 비전시스템이 단순히 야간 전방시야를 확보하는데 그친다면, 지능형 나이트 비전시스템(Smart Night Vision System)은 확보된 시야를 기반으로 전방의 동물 및 보행자를 감지하여 운전자에게 주의를 줌과 동시에 충돌 예상 시 후속조치가 가능한 신호를 차량에 보내주는 시스템을 말한다.

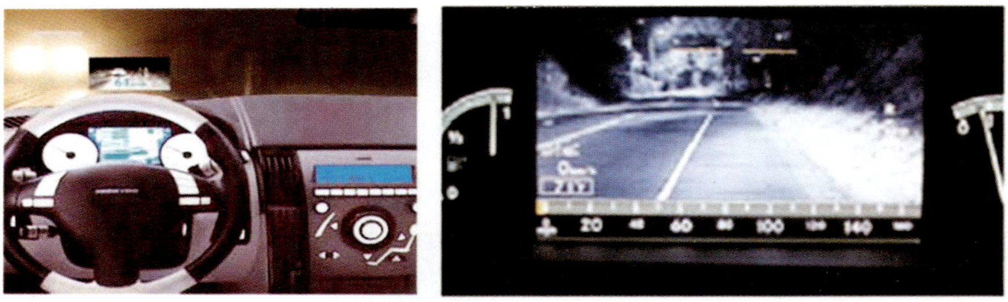

그림 2-24 나이트 비전

나이트 비전의 구성요소들을 정리하면 다음과 같다.

① **주파수 대역** : 가시광의 장파장단 0.76~0.83㎛보다 장파장의 빛으로, 2.5㎛까지의 파장영역인 NIR(Near Infrared, 근적외선) 기술을 선호한다.

② **NIR 광원** : HPL(High Power Laser, 고출력 레이저)을 사용해 물체 종류를 정확히 인식할 수도 있다. 레이더보다 탐지거리가 짧다는 단점도 해결된 상태다. 그러나 눈비가 오는 궂은 날씨에는 성능이 떨어진다. 펄스모드(Pulse Mode)로 구동된다.

③ **이미지센서(Image Sensor)** : 복합 금속–산화–반도체로 렌즈를 통해 들어온 빛을 전기 신호로 바꾸어 저장해 주는 센서로 CMOS를 선호한다.

④ **디스플레이** : 액정 도트 한 개에 전압을 제어하는 트랜지스터가 한 개씩 붙는 구조로 액정 디스플레이 구조의 하나로 콘트라스트가 강하여 얼룩이 생기지 않기 때문에 컬러 타입에 사용되는 AM-LCD(Active-Matrix Liquid-Crystal Display)와 Separate Combiner를 사용한다.

⑤ **FIR(Far Infra Red)** : 원적외선으로 적외선 중 파장이 수십 ㎛ 이상인 긴 파장의 적외선으로 통상 30㎛에서 1,000㎛ 정도의 파장을 가진 적외선을 말한다.

[나이트 비전시스템 특징]

종류	특징	주요업체
NIR(Near Infra Red, 근적외선)	- 수정된 Headlamp 사용 - FIR에 비하여 높은 해상도 - 주간에도 사용 가능 - LDWS 등과 통합 가능	보쉬(Robert Bosch) 재규어(Jaguar) 르노(Renault) 다임러크라이슬러(Daimler Chrysler)
FIR(Far Infra Red, 원적외선)	- 사람의 발열을 감지 - 감지 및 구현 용이 - 고가의 camera	GM Cadillac 오토리브(Autoliv)

1) HUD(Head up Display)

그림 2-25 Head up Display

HUD는 전방표시장치로서 최근 자동차 분야에서 운전자의 안전과 편의성을 높이기 위한 자동차 전자장비 기술이다.

차량 주행에 필요한 정보인 차량 현재 속도, 연료 잔량, 내비게이션 길안내 정보 등을 운전자 바로 앞 유리창 부분에 그래픽 이미지로 투영해주는 장치로, 고속으로 운전할 때 운전자가 시선을 돌리지 않아도 되어 안전을 확보하는 역할을 한다.

HUD 장비는 애플리케이션 프로세서(AP)와 프로젝터용 레이저 구동 칩, 화면 확대용 디스플레이로 구성된다. 운전석 계기판 뒤에 설치된다.

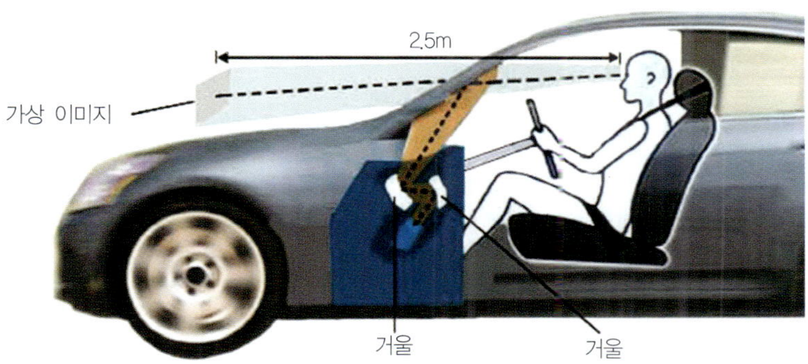

그림 2-26 HUD 구성도

2) 현재 업체들이 장착하고 있는 나이트 비전

차량용 나이트 비전 카메라는 아날로그 비디오 출력 CVBS(NTSC/PAL)을 지원하며, 멀티미디어 연결 표준이 된 Gigabit Ethernet 인터페이스를 지원한다. 멀티보드 형태로 구성되며, 차량용 모니터에 영상 데이터를 모니터링할 수 있게 제공한다. 30frame/sec 실시간으로 보행자나 차량을 감지하여 운전자에게 경고를 해줄 수 있는 시그널을 제공한다.

CVBS(Composite Video Banking Sync)는 텔레비전 신호의 종류를 나타내는 말인데, 영상신호(색차, 휘도, 싱크)가 한 개의 신호선에 모두 섞여 있고 오디오신호는 포함되지 않는 것을 말한다. 각각의 영상 관련 신호는 TV 내부의 회로에서 분리되므로, RGB(red-green-blue, 색 표시 방식으로 빛의 3원색인 적 · 녹 · 청을 혼합하여 색을 나타내는 RGB 방식은 컬러 텔레비전이나 컴퓨터의 컬러 모니터 또는 인쇄 매체가 아닌 기타 빛을 이용하는 표시장치에서 채용되고 있다. RGB 방식은 적 · 녹 · 청을 혼합하여 원하는 색을 만드는 가색 방식을 사용한다) 컴포넌트 입력처럼 각 신호가 다 분리되어 있는 경우보다 아무래도 화질이 떨어진다.

NTSC(National Television System Committee)는 한국, 일본, 캐나다 등에서 사용하는 방식으로 주사선 수는 525, 초당 29.97프레임의 주사율을 가지고 있고, 필드 주파수는 60(59.94)Hz, 라인 주파수는 15.750(15.734)Hz이다. 홀수 필드가 우선으로 주사된다.

PAL(Phase Alternation Line)의 주사선 수는 625, 초당 25프레임의 주사율을 가지고 있어 NTSC에 비교해 프레임에서는 뒤지지만, 625라인의 수직 주사선을 가지고 있어 해상도가 높다. 유럽, 호주, 중국, 북한 등에서 사용한다. 짝수 필드가 우선으로 주사된다.

그림 2-27 나이트 비전

① 메르세데스 벤츠의 신형 S class에 탑재된 나이트 비전시스템은 운전자의 시야를 150m나 확대시켜 준다. 이 시스템은 전조등에 설치된 두 개의 투사기에서 적외선 빛을 도로에 방출하고, 앞 유리에 장착된 적외선 카메라가 반사된 적외선 빛을 받아 계기판 스크린 위에 흑백 이미지로 표시한다.

② BMW의 5시리즈 이상의 모델부터 장착된 나이트 비전시스템은 300m까지 시야를 확대, 적외선 카메라를 이용하여 계기판의 중앙 바로 위에 위치한 iDrive 모니터에 이미지를 표시하는 햅틱 회전조절기(Haptic Knob)를 설치했다. 이 장치는 운전석 바로 옆에 설치되어 사용자가 에어컨, 오디오, 창문 등 자동차 내에 조절을 필요로 하는 대부분의 조작 장치를 조그만 다이얼 하나만 조작함으로써 모두 해결할 수 있게 하는 장치이다. 조작 대상이 바뀔 때, 동작 레벨이 바뀔 때 등 촉각적인 피드백을 통하여 어느 단계에 있는지를 직관적으로 알 수 있게 했다. 이와 같이 햅틱 기술은 사실성을 재현하는 목적 이외에도 사용자의 직관력을 활용할 수 있는 다양한 인터페이스에 적용될 수 있을 것으로 기대된다.

그림 2-28 BMW 5시리즈의 iDrive

③ 혼다는 일본에 출시된 혼다 Legend에 인공지능 나이트 비전을 장착하였다. 카메라는 차량 앞쪽의 460m 안에 있는 방열 물체를 감지하여 앞 유리의 왼쪽 아래 부분에 이미지를 투영한다.

④ 도요타는 미국에서 출시된 렉서스 LX470과 일본에 출시된 일부 모델에 나이트 비전을 장착했다. 이 시스템은 차량 앞의 150m 안에 있는 모든 물체를 비출 수 있는 근거리 적외선 기술을 이용했다.

3) 능동적 방법과 수동적 방법의 비교

방사선(Radiation) 방사기(Emitter, 탐지 가능한 전자기 또는 음파 에너지를 방출할 수 있는 도구)에는 다음과 같은 종류가 있다.

① 자외선 보명기술(Ultraviolet Light Technologies)
② 동기 펄스 조명기술(Synchronized Pulsed Visible Light Technologies)
③ 장거리 적외선기술(Technologies Based on Far Infrared Radiation)
④ 근거리 적외선기술(Technologies Based on Near Infrared Radiation)
⑤ 근거리 적외선 기반을 둔 게이트시스템(Range Gating Systems Based on Near Infrared Radiation)

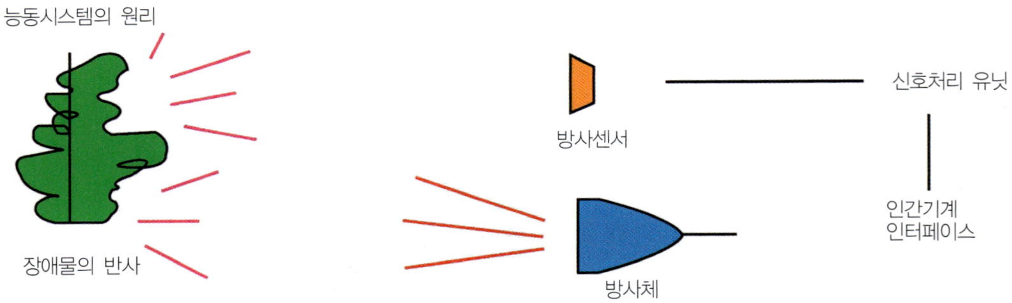

그림 2-29 활동적 나이트 비전의 작동원리

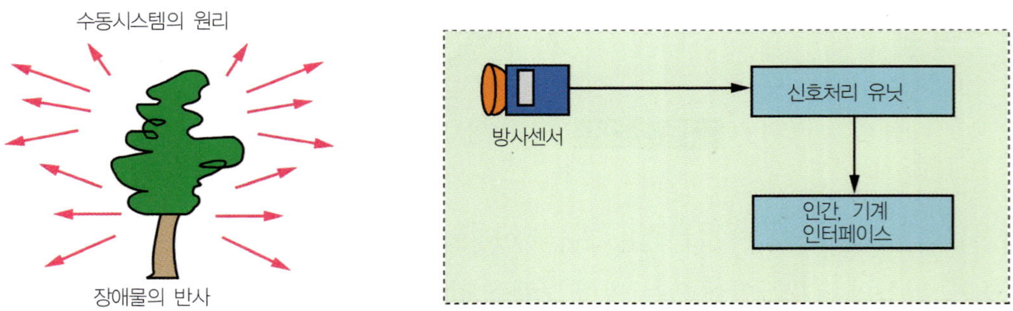

그림 2-30 수동적 나이트 비전의 작동 원리

4) 근적외선 방식과 원적외선 방식(NIR vs FIR)

(1) 근적외선 방식(NIR : Near Infrared Ray)

빛의 스펙트럼에서 적색 바깥쪽을 적외선이라 한다. 적외선은 가시광선보다 파장이 긴데, 그중에서 파장이 가장 짧은 0.75~3㎛인 것을 근적외선이라 한다. 근적외선 방식은 적외선 방사기(IR Generator)를 통하여 방사된 적외선이 물체에 도달한 후 반사된 근적외선을 카메라를 통하여 감지하고, 이를 LCD나 다른 디스플레이장치를 통하여 운전자에게 표시하는 방법을 말한다.

① **구성** : 카메라, ECU, IR, Generator
② **장점** : 육안과 유사한 자연스러운 영상, 가격 경쟁력 우수(원적외선 대비 저가)
③ **단점** : 빛 번짐 발생(대형차 전조등), 구성 부품 많음(IR Generator, 적외선 발생기), 짧은 시야 거리(200m 이하)

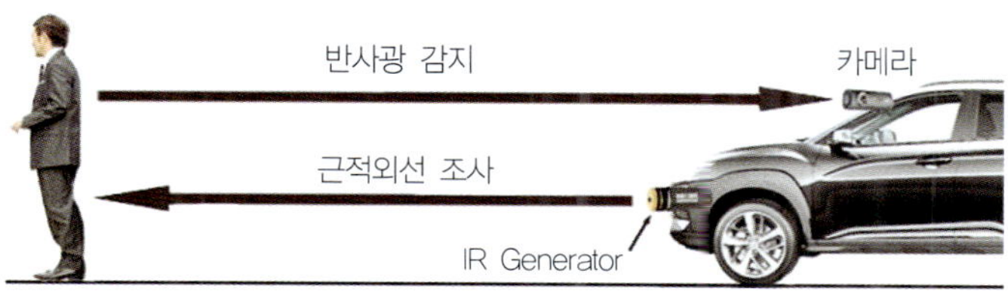

그림 2-31 근적외선 방식 주요 특징

(2) 원적외선(FIR : Far Infrared Ray) 방식

원적외선 방식은 파장이 25㎛ 이상인 적외선이다. 가시광선보다 파장이 길어서 눈에 보이지 않고 열작용이 크며, 침투력이 강하다. 물체가 발산하는 열(파장 : 1,000nm 이상)을 원적외선 카메라를 이용하여 감지하고, 이를 LCD나 다른 디스플레이 장치를 통하여 운전자에게 표시하는 방법을 말한다.

① **구성** : 카메라, ECU
② **장점** : 생명체와 같은 발열 물체 감지 우수, 근적외선 대비 긴 시야 거리(200 이상), 주변 빛에 영향을 받지 않음
③ **단점** : 고가의 카메라, 주위 온도와 비슷한 물체 감지성능 미흡, 이미지 센서 해상도 열세(320×240)

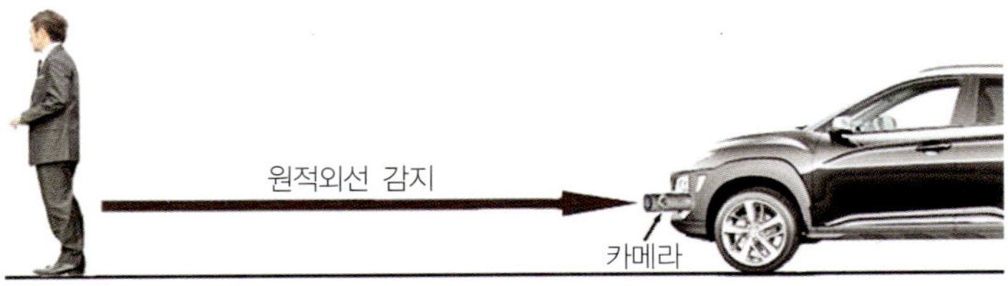

그림 2-32 원적외선 방식 주요 특징

근적외선 카메라는 기본 VGA(640×480)급으로 원적외선 카메라의 QVGA(320×240)급에 비하여 해상력이 우수하며, 육안과 유사하게 자연스러운 야간 영상을 표시할 수 있다. 또한 우리나라의 여름과 같이 온도가 높은 경우에 원적외선 카메라는 이를 구분하지 못하는데 반하여, 근적외선으로는 이를 뚜렷하게 구분할 수 있다.

시스템의 가격적인 측면에서 근적외선 카메라는 비록 적외선 방사기라는 추가 구성품이 필요하지만, 원적외선 카메라가 고가인 관계로, 근적외선 방식이 가격적인 측면에서 훨씬 경쟁력을 가지고 있다.

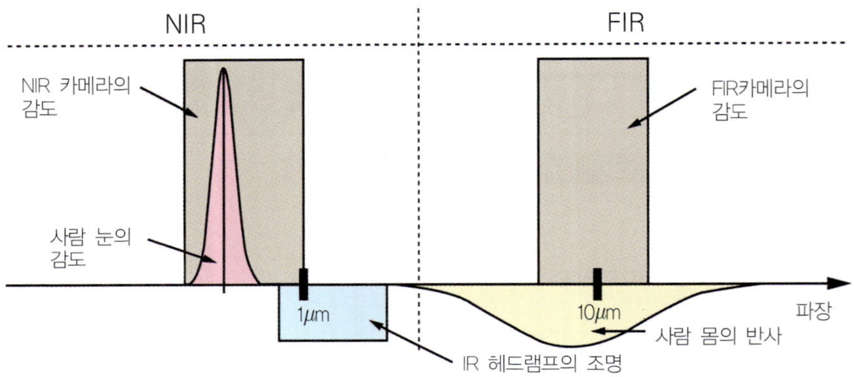

그림 2-33 적외선 주파수 대역

(3) 영상의 특징

① NIR영상, ② FIR영상

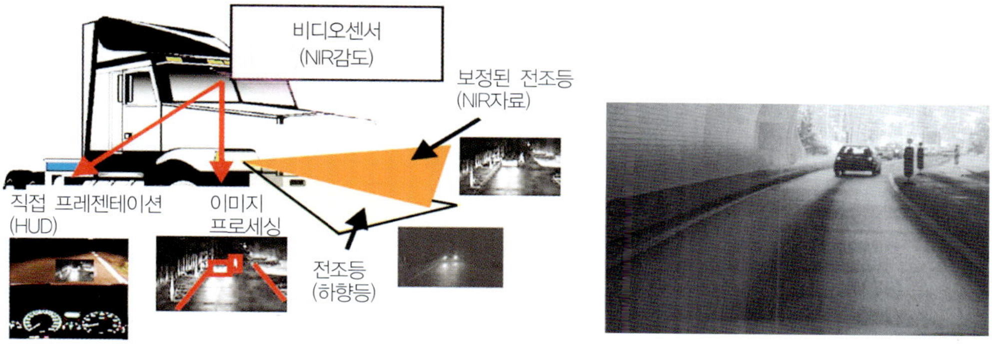

(a) NIR 영상　　(b) FIR 영상

그림 2-34 적외선시스템 영상

(4) 원적외선과 근적외선 기술 비교표

[NIR과 FIR의 비교]

특징	NIR	FIR
시스템 방향		
자동차 내부로 통합	++	--
기계적인 허용량	0	0
외부 온도에서의 종속성	0	--
장시간 안정성	++	0
동력소요(헤드램프 포함)	0	++
데이터 센싱에 의한 날씨의 영향성(그림 특성)		
• 맑은 날씨		
대비	++	--
가시거리	++	++
• 비		
대비(와이퍼 동작 중)	++	--
가시거리	--	++
• 안개		
대비	--	--
가시거리	--	++

특징	NIR	FIR
이미지 프로세싱과 시각화(상향 의존성)		
• 광학시스템		
분해능력(디스플레이로 직접 출력)	++	0
분해능력(목표물 감지)	++	--
기계적 크기	++	--
• 직관적 이미지 해석	++	--
• 이미지 프로세싱	0	0
• 목표물의 발견과 분류		
도로의 경계	++	--
차선표시, 구조물	++	--
도로표지판	0	--
사람, 동물	0	++
자동차	++	++

++ : 매우 좋음, + : 좋음, 0 : 보통, - : 나쁨, -- : 매우 나쁨

① 근적외선 기술이 정밀도, 인지성 등의 우수성 때문에 선호된다.

03 경고(Warning) 및 안전(Security)을 위한 편의(Comfort) 기술

(1) 자율주행(Autonomous Driving)

1) 자율주행 개요

자율주행(Autonomous Driving)은 사전적 의미로는 자동차나 비행기 등의 기계가 외부 힘을 빌리지 않고 자체 판단에 따라 움직이는 것을 말한다. 운전자의 불편함을 없애준다는 점에서 자율주행자동차는 "바퀴 달린 인공지능 로봇"이라고도 불리고, 운전의 재미가 줄어든다는 점에서 비판적인 시각도 있지만, 자율주행자동차는 교통약자를 위한 하나의 중요한 방법으로 떠오르고 있다.

그림 2-35 자율주행

자율주행 기술은 차선이탈 방지시스템, 차선변경 제어기술, 장애물 회피제어기술 등을 이용하는 것으로, 출발지와 목적지를 입력하면 최적의 주행경로를 선택하여 자율주행토록 하는 시스템이다. 군집주행 기술은 여러 대의 차량이 짧은 간격을 유지하면서 고속주행토록 하는 것으로, 도로 인프라 및 차간통신기술이 응용된다. 차간거리시스템에는 자동차에 장착된 레이더로 앞차와의 거리를 측정, 일정한 거리를 유지시켜 주는 지능형 크루즈컨트롤시스템과 서행 제어시스템 기술이 포함된다.

요즘 부분적으로 자율주행 기술을 적용한 자동차가 등장하면서 움직임을 제어하는 수준에 따라 반 자율주행 또는 준 자율주행 등의 용어를 사용하지만, 일반적으로 자율주행 구분은 미국 고속도로안전국이 제시한 "첨단 운전자 지원시스템(ADAS : Advanced Drive Assistance System)"의 레벨 단계를 따른다.

자율주행이 곧 운전자를 지원하는 기능의 통칭인 만큼 첨단 운전자 지원시스템(ADAS : Advanced Driver Assistance Systems)으로 부르는 게 일반적인데, ADAS의 가장 큰 장점은 객체와 차량 환경을 모두 감지할 수 있다는 것이다. 안정적으로 교통 상황을 예측할 수 있으며 자율주행 수준을 미국자동차공학회(SAE : Society Automotive Engineers)는 1~5단계로 미국도로교통안전국(NHTSA : National Highway Traffic Safety Administration)은 1~4단계로 정의한다.

[자율주행 단계(SAE)]

단계	기능	설명
1	단일 주행 보조기능	- 단일 기능의 운전자 보조시스템 활용 - 크루즈컨트롤, 차선유지 등 - 운전자가 직접 운전
2	복수 주행 기능 융합 보조	- 2개 이상의 주행 기능이 융합 보조 - 차선유지, 적응형 크루즈컨트롤 등 - 운전자는 주행상황 항상 주시
3	제한된 자율주행	- 특정 도로 조건에서 제한된 자율주행 - 고속도로 자율주행 등 - 운전자는 위급상황 시 개입
4	완전 자율주행	- 모든 도로 조건에서 자동 제어 - 운전자 탑승
5	무인 완전 자율 주행	- 모든 도로 조건에서 자동 제어 - 무인 운전

현재 글로벌 자율주행 기술은 2단계에서 3단계로 넘어가는 시점에 있다. 3단계는 실용화를 앞두고 있고, 2단계는 이미 많은 자동차에 적용되고 있다. 대표적인 자율주행 기능으로는 현대자동차의 "어드밴스드 스마트크루즈컨트롤(ASCC : Advanced Smart Cruise Control)"을 꼽을 수 있다. 앞차와 거리를 설정해 두면 자동차 스스로 주행하는 기능이다. 주행 중 차선을 넘으면 "차선이탈경보장치(LDWS : Lane Departure Warning System)"가 운전자에게 경고를 해주고, 조치가 없으면 "차선유지기능(LKAS Lane Keeping Assist System)"이 차선을 유지하기 위해 스스로 조향한다. 앞차와 충돌 위험이 있다고 판단하면 자동으로 브레이크를 잡아주는 "자동긴급제동장치(AEB : Autonomous Emergency Brake)"도 ADAS 기능 중의 하나이다.

최근 자동차에 많이 적용되는 주차 지원 기능은 3단계에 근접한 2단계 ADAS로 지금까지의 주차 지원 기능은 "부분"으로 한정돼 있었지만, 최근 "부분"을 "완전"으로 바꾼 기술이 개발되었다. 스마트폰과 연동해 주차된 차를 구동할 수도 있기 때문에 이처럼 ADAS에 기반을 둔 자율주행자동차는 미래 완성차 경쟁의 핵심이 될 기술로 꼽히고 있다.

자율주행 기반 기술로 꼽히는 ADAS의 핵심은 자동차 스스로 달리고, 돌고, 멈추려면 사람의 뇌가 거리와 장애물, 도로의 굴곡과 높낮이를 인식해 안전을 확보하는 것처럼 자동차도 주행 중 판단이 가능해야 하고, 판단에는 정확한 주행 정보가 필요한데 현대자동차는 현대엠엔소프트가 구축한 3차원 디지털 지도를 적극 활용하고 있다.

자동차 안에 통신 모듈을 넣고 클라우드 서버를 통해 정밀 지도를 이용하면 자율주행의 안전성을 높일 수 있고, 목적지를 입력하면 자동차 스스로 경로를 선택한 뒤 도로의 높낮이, 회전 반경, 차선의 종류 등을 미리 알고 주행하면서 예상치 못한 상황은 실시간 카메라와 센서를 통해 감지해 대처한다.

2) 자율주행차 차량 보안시스템

(1) 개요

자동차, 교통 환경이 점차 자율주행, 지능형 교통시스템으로 발전하면서, 자동차는 점점 복잡화, 지능화되고, 교통 인프라와 자동차 간의 연결성드 대폭 확대되고 있다. 현재 센서와 소프트웨어에 의한 자율형 주행 서비스는 점차 차량 간 및 차량과 인프라 간 연동 및 협력을 통한 자율주행 환경으로 진화가 예측된다.

이러한 자동차의 지능화 및 연결성 확대는 다양하고 보다 정밀한 자율주행 서비스가 가능한 면이 있지만, 사이버 공격을 위한 벡터가 증가하여 보안 위협 역시 확대되는 문제가 있다. 최근 사례로 지프 체로키를 해킹 후 원격 조정하여 시속 100km/h로 주행 중인 차량을 급정거시키고, 핸들을 임의로 조작하여 차량을 배수로로 곤두박질시키기도 하였다. 미쓰비시 아웃랜더 차량의 와이파이 접속구간을 해킹하여 원격으로 차량의 잠금을 해제하고 헤드라이트, 공조장치 등을 임의로 제어하기도 하였다.

중국 텐센트의 보안 자회사 킨시큐리티랩은 테슬라의 웹브라우저의 무선 접속과정에서 해킹에 성공하여 14마일 떨어진 곳에서 주행 중인 차량의 브레이크를 조작하여 급정거시켰으나, 테슬라는 이러한 공격에 대해 바로 보안패치를 하였다. 하지만 다음 해에 큐리티랩은 패치된 시스템의 보안망을 뚫고 다시 해킹에 성공하였다.

이에 차량 지능화와 보안 기술은 우리가 확실히 확보해야 할 핵심 분야이며, 이를 조기 확보하여 신뢰성 있는 제품 생산 준비를 갖추는 것이 반드시 필요하다. 자동차 보안을 위한 다양한 솔루션들이 개발 · 적용되고 있으나 계속해서 피해 사례가 보고되는 등 점점 지능화되고 고도화되는 자동차 사이버 공격에 대한 대응책이 필요한 상황이다.

(2) 자율주행자동차 보안 위협 및 보안 기술

자동차에 대한 다양한 보안 위협과 이에 대응하기 위한 다양한 보안 솔루션들이 연구 개발되고 있으나, 자동차에 있어서 가장 큰 보안 문제는 인가되지 않은 데이터가 차량 내부 네트워크로 주입되는 것과 DOS 등의 공격을 통해 자동차의 가용성이 침해되는 것이다.

[자율주행자동차 보안 위협]

분류	보안 위협
전장 플랫폼	- ECU 소프트웨어 결함, ECU 리버스 엔지니어링 - ECU 펌웨어 해킹 및 위/변조 - 위장 ECU 장착 - 차 안에서 즐길 수 있는 엔터테인먼트(Entertainment)와 정보(Information)시스템인 차량용 인포테인먼트(IVI, In-Vehicle Infotainment) 해킹, 악성 감염 스마트센서 물리 공격(블라인딩, 스푸핑, 재밍)
내부 네트워크	- 차량 내부 네트워크에 악의적인 제어 메시지 주입 - 정상적인 내부 네트워크 방해(패킷 삽입, 삭제, 임의조작, 지연 등), 도청 - DOS, 리플레이, 스푸핑, 패킷 폐기 공격
외부 네트워크	- 무선통신망 해킹, DOS 공격 - 위장 OBU(Onboard Unit), RSU(Road Side Unit) - 악의적인 차량(Misbehavior Vehicle) - 거짓 정보(Fake Message) 제공 - 차량 접속 기기 해킹
관리, 진단	- 프라이버시 침해, OBD-II 해킹 - 원격 업데이트 및 진단 프로토콜 해킹 - 해킹에 의한 사고원인 분석/증거 보존의 어려움

[자율주행자동차 보안 기술]

분류	보안 기술
전장 플랫폼	- 시큐어 부트, 시큐어 플래싱, 접근 제어 - 애플리케이션 샌드박스, 플랫폼 가상화 - HSM(Hardware Security Module) : 암호키를 생성하고, 저장하며, 보호하는 하드웨어 기반의 보안장비 - 부채널 방지 - Autosar 기반 보안 관련 모듈인 CSM(Cryptographic Security Manager), SecOC(Secure Onboare Communication)

분류	보안 기술
내부 네트워크	- 침입 탐지시스템(IDS), 차량용 방화벽(F/W), 침입방지시스템(IPS) - ECU 인증, 키관리, 암호화 - 위협 탐지(Rule-Based, Machine Learning Based)
외부 네트워크	- V2X 메시지 인증, 암호화 - 차량 PKI, V2X 메시지 서명(고속) 검증 - IEEE 1609.2, CAMP VSC3
보안, 관리, 진단	- 보안 모니터링, 보안 취약성 분석 - 차량 이상징후, 비정상 행위 분석 - 원격 SW/FW 보안 업데이트 - J2735 기반 보안성 평가 - 포렌식(컴퓨터 관련 조사/수사를 지원하며, 디지털 데이터가 법적 효력을 갖도록 하는 과학적·논리적 절차와 방법을 연구하는 학문) 및 사고 원인 분석 기술

① 전장 플랫폼 관련 보안

자동차의 기능이 고도화되면서 고성능 ECU가 탑재되는 추세이며, 현재 ECU 관련 보안 기술로는 시큐어 부트, 시큐어 플래싱, 시큐어 접근제어 등의 기술이 있다. 이러한 기술들은 ECU 보호뿐 아니라 FOTA/SOTA(무선 펌웨어 업데이트) 등 최근 안전한 원격 업데이트를 위한 요소 기술로도 활용되고 있다.

자동차의 연결성이 확대되면서 IVI(In-Vehicle Information, 차량용 인포테인먼트) 헤드유닛 플랫폼 보호에 대한 연구도 최근 활발히 진행되고 있다. 애플리케이션 샌드박스, 시큐어 부팅 등의 기술이 일부 적용되고 있으며, 특히 헤드유닛의 전장연결 영역을 보호하기 위해 플랫폼 가상화를 통한 분리(Isolation), Adaptive Autosar, Secure Socket CAN, 방화벽 등 연구가 활발히 진행되고 있다.

② 차량 내부 네트워크 보안

방화벽, 침입 탐지시스템(IDS : Intrusion Detection System) 등의 기술이 개발되어 일부 적용되고 있다. 방화벽은 보안에서 가장 기본적인 시스템이지만, 실제로 방화벽이 차단할 수 있는 해킹 공격은 약 30%밖에 안 된다. 이것은 PC를 사용할 때 윈도우 방화벽을 설치해도 악성코드에 감염되는 것과 똑같은 상황이다. 그렇기 때문에 백신 등을 설치하여 PC에서 일어나는 활동을 감시해야 한다.

침입 탐지시스템(IDS)은 네트워크에서 백신과 유사한 역할을 하는 것으로, 네트워크를 통한 공격을 탐지하기 위한 장비이다. 즉, 방화벽이 차단하지 못한 내부의 해킹이나 악성코드의 활동을 탐지한다. 침입 탐지시스템은 설치 위치와 목적에 따라 두 가지로 나뉘는데, 호스트 기반의 침입 탐지시스템(HIDS : Host-Based Intrusion Detection System)과 네트워크 기반의 침입 탐지시스템(NIDS : Network-Based Intrusion Detection System)이다.

최근에는 알려지지 않은 위협 탐지를 위해 인공지능 기반 이상 징후, 비정상 행위분석 기술에 대한 연구도 활발히 진행되고 있다.

③ 차량 외부 통신 보안

차량 외부 통신 보안은 차량간 V2X 보안의 경우 IEEE 1609.2 및 CAMP VSC3 표준 기반으로 기술개발이 이루어져, 현재 국내외적으로 테스트베드를 구축하여 실증하는 단계에 있다. IEEE 1609.2는 차량과 차량, 차량과 도로기지국 간의 통신 보안 규격으로 메시지 인증, 무결성, 기밀성 보장 및 자동차 인증서 관련 내용이 포함된다. 차량 간 인증은 IEEE 1609.2와 CAMP VSC3에서 정의한 SCMS라고 하는 차량용 PKI(Vehicular PKI) 기술이 적용된다.

[자율주행자동차 보안 표준]

표준명	개요
IEEE 1609.2	- 자동차 및 기지국과의 WAVE 통신을 위한 보안 통신규격(암호, 인증, 디지털 서명 등)
IEEE 1616	- 자동차 EDR(Event Data Recjorder 표준)
CAMP VSC3	- 프리이버시를 보존하는 자동차 PKI 표준
EVITA	- HSM 기반의 전자제어장치(ECU) 보안 플랫폼 규격
AUTOSAR	- 자동차 전용 임베디드 소프트웨어 표준으로 4.1버전 이후로 암호 등 보안 규격이 포함
ISO 14229	- 자동차 통합 진단 표준 • 14229-1 : ECU에 대한 통합진단 • 14229-2 : 세션 레이어 서비스 • 14229-3 : CAN 네트워크 통합진단 • 14229-4 : FlexRay 네트워크 통합진단
ISO TC22 SD31 WG2	- 자동차 진단 프로토콜 표준

표준명	개요
ISO TC22 SD31 WG6	- Extended Vehicle. 차량 클라우드 서비스를 위한 인터페이스 표준, 보안 규격 포함
ITU-T X.1373	- 보안 제어 기능을 갖춘 안전한 자동차 소프트웨어 업데이트 절차
ITU-T itssec-2	- 차량 V2X 통신시스템에 대한 보안 가이드라인
ITU-T itssec-3	- 차량 접속 디바이스에 대한 보안 요구사항
ITU-T itssec-4	- 차량 전장의 침입 탐지시스템 구성 방법
ITU-T itssec-5	- 차량 클라우드 edge 컴퓨팅 보안 가이드라인
ETSI TS 102	- 지능형 교통시스템(ITS)을 우한 보안 표준 • 731 : ITS 보안 구조 및 서비스 • 893 : ITS 보안 취약점 및 위험 분석 • 941 : ITS 프라이버시 노호 기술 • 942 : ITS 접근제어 기술 • 943 : ITS 보안 구조 및 서비스

(3) 차량 이더넷(Automotive Ethernet) 보안

차량 이더넷은 기존의 BUS 방식의 차량 내부 네트워크와는 통신구조, 특성 등이 상이하기도 하며, 이더넷 도입에 따른 프로토콜의 복잡성, 안전/비안전 영역간 통신 연결성 확대 등으로 인해 새로운 방식의 보안 기술 적용이 필요한 상황이다. 차량용 이더넷 보안을 위해 일반적으로 다음의 4단계의 보안 적용 단계가 필요하다.

① **네트워크에 대한 접근 제어** : 중앙 게이트웨이를 통한 접근제어, 네트워크 분리 또는 VLAN을 통한 보안 영역(Security Zone) 설정/관리 등

② **온보드 보안 통신** : 키관리, 메시지 인증 코드, 고속 기억장치(HSM : High Speed Memory), 암호화 등 적용을 통한 ECU간 보안 통신

③ **데이터 사용 정책** : 차량의 상태 및 ECU 신뢰도 기반의 메시지 및 기능 사용 정책 적용

④ 네트워크 이상 징후 탐지 및 대응 : 차량 이더넷 통신 과정에서의 비정상 행위, 이상징후 등을 탐지하여 대응

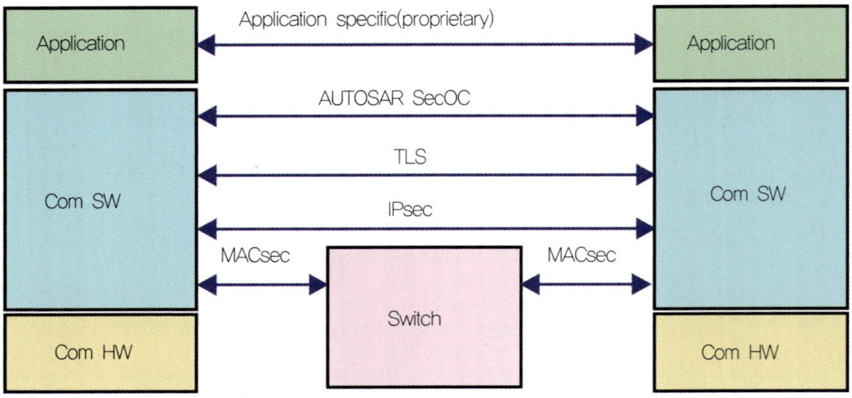

그림 2-36 차량용 이더넷 온보드 통신 보안

(4) 고속화 이슈

차량 간 V2V 메시지 전송에 대한 성능 요구사항은 SAE의 J2945에서는 차량 간 주기적으로 브로드캐스트 전송하는 안전메시지(BSM : Basic Safety Message)를 100ms 주기로 전송하도록 요구하고 있다. 즉, 초당 10개의 BSM을 브로드캐스트하도록 되어 있는 것이다. 만약 특정 차량 주변에 100대의 차량이 있다면 이 자동차는 1초에 1,000개의 BSM 메시지를 수신하게 된다. 이처럼 V2X 통신에 있어서 메시지의 고속 처리는 매우 중요하며, 보안 관점에서는 차량 간 메시지의 서명 검증 고속화가 큰 이슈가 된다. 현재 OBU에는 서명키의 안전한 저장 및 안전한 서명 처리를 위해 HSM이 들어가 있으나 HSM은 CPU에 비해 낮은 클럭 스피드와 버스 딜레이 등의 요소로 고속 서명 검증 성능 확보에 어려움이 있다. 최근에는 고성능 CPU를 통해 SW적으로 서명을 검증하거나, WAVE 모뎀에 ECC 가속을 위한 Co-processor를 탑재하여 고속 서명 검증을 하려는 시도가 있다. 또한 별도의 하드웨어 지원 없이 병렬처리 기반의 고속화하는 기술도 연구되고 있다.

(5) 분석(Analytics) 기술

인텔은 미래 자동차 안전을 위한 보안 기술을 ① Secure the Platform, ② Secure the

Communication, ③ Secure the Backend, ④ Secure Analytics, 4가지로 분류하였으며, 파나소닉은 자동차 보안을 위한 라이프사이클을 ① Detection, ② Response, ③ Protection, 3단계로 정의하였다.

인텔 분류와 파나소닉 분류 단계의 핵심은 지능형 분석이다. 파나소닉의 분류 중 Protection은 알려진 공격에 대응하기 위한 모든 기술을 포함하며, Detection과 Response는 알려지지 않은 공격을 탐지 대응하는 기술로 머신러닝 기반의 이상 징후 탐지 알고리즘이 필요하다고 강조한다. 해외에서는 이러한 인공지능 기반의 분석 기술에 대한 연구가 매우 활발하며 관련 솔루션들도 일부 발표되고 있다.

시만텍은 딥러닝을 기반으로 차량 내부 네트워크의 트래픽을 학습하여 차량의 정상, 비정상 행위를 탐지하는 솔루션 "Anomaly detection for automotive"를 출시하였다. 이 솔루션의 특징은 시만텍장치를 OBD-Ⅱ 포트에 연결 후, 일정 시간 운전자의 주행 데이터를 딥러닝으로 분석, 학습하여 모델을 만들고, 이를 기반으로 주행 과정에서 발생하는 찰나의 조작(브레이크, 엑셀, 핸들 등)이 운전자에 의한 것인지 해킹에 의한 것인지를 판별한다. 전장 메시지의 패턴, 페이로드 내용, 트래픽 주기, 차량의 상태 등이 학습, 분석 및 탐지에 사용된다. 이스크립트의 IDPS(Intrusion Detection and Prevention System)는 3단계 방어(Firewall, Intrusion Detection, Monitoring & Analysis) 솔루션이 통합된 제품이며, 클라우드에서 2차 분석 결과를 피드백하여 차량 보안시스템에 적용하는 구조를 갖는다.

현재 자동차 보안을 위한 지능형 분석에 대한 연구가 매우 활발히 진행되고 있으나 여전히 해결해야 할 이슈들이 존재한다. 한 가지 이슈는 즉각적인 대응이 필요한 자동차의 특성에 따른 실시간 대응 이슈가 있다. 이러한 이슈와 관련하여 실시간을 필요로 하는 탐지/대응은 자동차에서 수행하고 그레이 영역에 해당하는 의심 트래픽은 클라우드에서 2차 분석은 수행하는 방식도 제안되어 있으며, 향후 5G 통신이 적용되면 문제가 없다는 시각도 있다. 또한 클라우드로 전송하는 트래픽을 줄이기 위한 기법들(필터링, 샘플링, 데이터 압축, 동적 리포팅 등)에 대한 연구도 파나소닉 등에서 일부 진행되고 있다.

이러한 지능 분석 기술은 자동차의 위협 예측, 이상 징후 탐지뿐 아니라 사고/오동작이 발생할 때 원인분석 등 다양한 보안 서비스에도 활용이 가능하다. 최근에는 전장에서 공격 발생 시 공격 ECU 탐지에 대한 연구도 등장하기도 하였다. CAN 네트워크는 메시지 ID 기반의 브로드캐스트 통신 방식으로 CAN 메시지에 송신자 및 수신자의 ID 정보가 없고, ECU에 대한 인증도 적용되지 않기 때문에 공격이 발생할 경우 공격자 ECU 및 피해 ECU의 식별이 매우 어렵다. 미시건대학교 연구진은 CAN ID 기반 전송 우선순위(Priority), 전압 차에 의한 통신 특성, ECU 메시지 중 변하지 않는 필드의 전압 등을 핑거프린트 프로파일로 사용하여 공격 ECU를 탐지하는 기법을 제한하였다. 공격 탐지를 위하여 CAN 네트워크 내에 별도로 설치된 Fingerprinting ECU가 ECU 통신주기와 CAN 네트워크에서 전압 출력 변화를 기계 학습하여 트랜시버의 사용 전압을 Fingerprint한다.

(2) 첨단 운전자보조시스템(ADAS)

ADAS(Advanced Driver Assistance System)란 자동차를 안전하고 편리하게 운행할 수 있도록 운전자의 운전을 보조하고, 지원하는 시스템을 말한다. 최근의 자동차에는 레이더(Radar), 라이다(Lidar), 카메라(Camera), 초음파(Ultrasonic) 등의 각종 인식센서가 장착되고 있으며, 이러한 인식센서를 활용하여 접근 차량이나 보행자, 장애물을 감지하여 운전자에게 위험을 사전에 경고해 주거나 능동적으로 사고를 회피할 수 있도록 지원하는 안전기술이 적용되고 있다.

1) 크루즈컨트롤

(1) 스마트 크루즈컨트롤(SCC : Smart Cruise Control)

스마트 크루즈컨트롤(SCC)은 전방의 레이더 센서가 선행 차량을 인식, 운전자가 미리 지정한 속도를 조절하며 차간거리를 유지시켜 주행하는 능동적인 정속주행장치이다. 가다 서다를 반복(Stopand-Go)하는 상황에서도 운전자가 지정한 속도 유지가 가능하고 선행차가 감속하면 레이더, 적외선 탐지 빔 또는 광선레이더를 이용하여 앞차의 속도가 느려짐을 감지하면 자동으로 속도를 줄여 앞차와의 간격을 유지한다. 일정 속도 이하까지 속도가 떨어지면 기능이 해제된다. 속도가 고정되어 유지되는 일반 크루즈컨트롤보다 발전된 형태이지만, 역시 고속주행에서만 효과를 발휘한다는 것이 단점이다. 교통상황 변화에 맞추어 자동적으로 지정된 속도를 조절하는 첨단시스템이다.

ASCC(Advanced Smart Cruise Control)의 속도 조절과 간격 조절의 구현 방법은 SCC와 동일하지만, 자동으로 멈추고 재출발까지 가능한 것이 어댑티브 스마트 크루즈컨트롤의 특징이다. 운전자가 계기판 클러스터에 원하는 속도를 설정하면 가속페달과 브레이크페달을 조작하지 않아도 가 · 감속되는 선행 차량을 따라 차간거리를 유지함은 물론, 선행 차가 멈추거나 다시 출발하면 이를 따라 스스로 정차하고 재출발할 수 있다. 고속 · 항속 시뿐만 아니라 정체 시에도 유용하게 사용할 수 있다.

SCC와 ASCC는 현대/기아 자동차에서 주로 사용되는 명명법이다. 제조사별로 액티브 크루즈컨트롤 또는 어댑티브 크루즈컨트롤의 줄임말인 ACC 그리고 다이내믹 레이더 크루즈컨트롤이라고 표현하기도 한다. 최근 기아차는 소비자의 이해를 높이기 위해 이 기능을 "스마트 크루즈컨트롤 · 정차 및 재출발 기능 포함"(SCC w/S&G, Smart Cruise Control with Stop & Go)이라고 이름을 바꾸기도 했다.

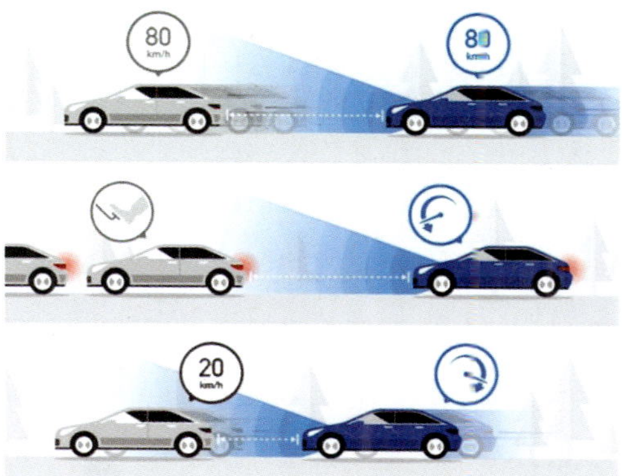

그림 2-37 스마트 크루즈컨트롤

(2) 내비게이션 기반 스마트 크루즈컨트롤(NSCC : Navigation-based Smart Cruise Control)

주변의 차 정보와 내비게이션 지도를 통한 도로 정보까지 더해 고속도로 또는 도로 상황에 맞춰 적절한 속도로 주행할 수 있도록 도와준다.

① **오토셋 기능** : 고속도로에서 구간별로 다른 제한속도를 내비게이션 정보를 통해 인지하고 차가 알아서 설정 속도를 변경해 주는 기능이다. 제네시스 EQ900에 최초 적용했다.

② NSCC-Z(Navigation-based Smart Cruise Control-Zone, 안전구간 기능)은 도로의 안전속도 지점이나 구간에서 차가 스스로 속도를 줄였다가 운전자가 설정한 속도로 복귀한다. 내비게이션에 내장된 안전 속도 정보에 기반한다.

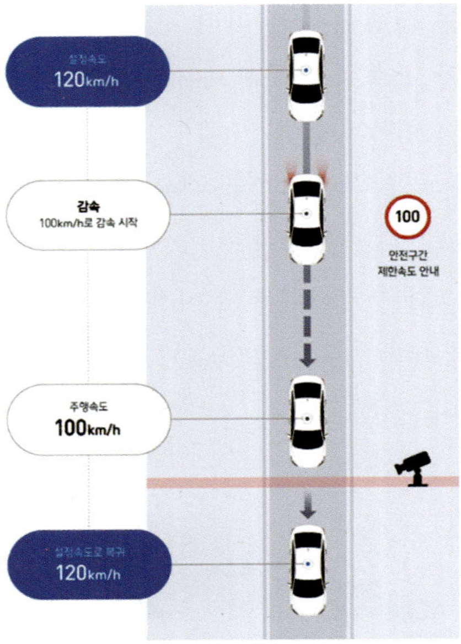

그림 2-38 NSCC-Z(안전구간 기능)

③ NSCC-C(Navigation-based Smart Cruise Control-Curve, 곡선로 기능)는 곡선로를 미리 파악하고 속도를 줄여 부드럽고 안전하게 곡선로를 주행하고, 곡선로를 통과하면 원래 설정 속도로 복귀한다.

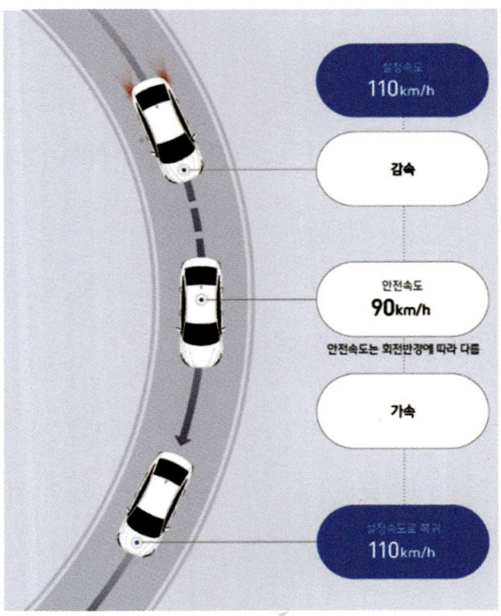

그림 2-39 NSCC-C(곡선로 기능)

④ NSCC-R(Navigation-based Smart Cruise Control-Ramp, 진출입로 기능) : 고속도로나 자동차 전용도로의 IC(Inter Change, 나들목)와 JC(Junction, 분기점)의 진출입로에서 스스로 속도를 줄여 곡선구간을 통과한 뒤 원래 설정 속도로 돌아오도록 한다.

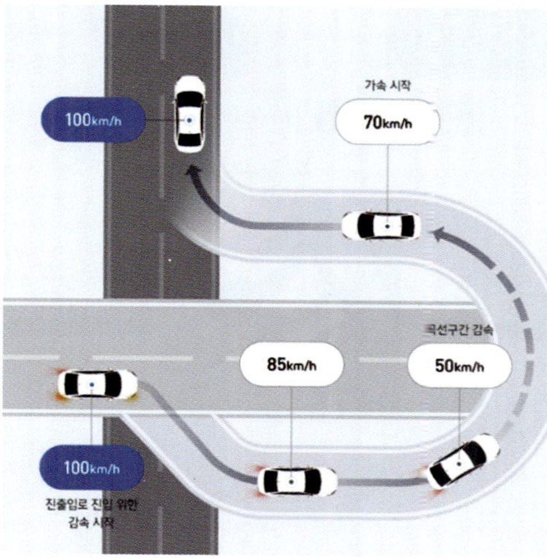

그림 2-40 NSCC-R(진출입로 기능)

2) 차선유지

(1) 차선이탈 경보장치(LDWS : Lane Departure Warning System)

① 개요

차선이탈 경보시스템(LDWS)은 전방 카메라 영상과 차량 신호 정보를 이용하여 운전자의 부주의에 의하여 일정 이상인 상황에서 방향지시등이 차선이탈 여부를 판단하여 차선이탈 위험이 예측되는 경우 사고가 발생하는 것을 방지해주는 경보시스템이다.

경고를 알려주는 방식은 소리와 계기판 모니터를 통해서 알려주며, 최근에는 핸들이나 운전석 의자에 진동을 추가해서 알려주기도 한다. 또한 일정 속력 이상 주행 시 경고등이 울리도록 할 수 있고, T/S(Turn Signal) 케이블이나 OBD Ⅱ를 연결한 상태에서 방향지시등을 켜면서 차선을 변경하면 신호가 울리므로 차선을 바꿀 때마다 무분별하게 신호가 울리는 일은 발생하지 않는다.

그림 2-41 차선이탈 경보장치

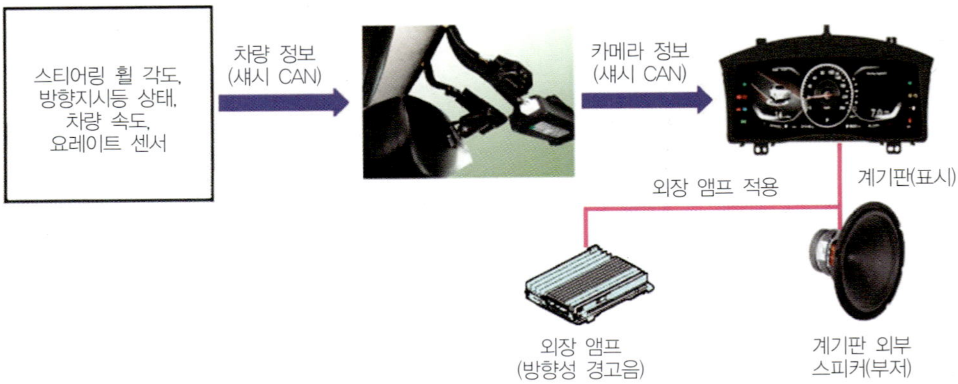

그림 2-42 차선이탈 경보장치시스템

② 기능

차선이탈 경보장치는 카메라 영상과 차량 신호정보(CAN 통신)를 이용하여 3가지의 기능을 지원한다.

㉠ 차선이탈 경보시스템(LDWS : Lane Departure Warning System) : 전방의 차선을 인식하여 차선이탈 위험이 예측되는 경우 경보 기능을 수행한다.

㉡ 차량 추돌 경보시스템(FCW : Forward Collision Warning) : 주행 차량 전방의 상황을 판단하여 추돌 위험 시 경보 기능을 수행한다.

㉢ 상향등 자동 제어(HBA : High Beam Assist) : 주행 차량 전방의 선행 차량 및 대항 차량의 램프 광원을 인지하여 상향등의 ON/OFF를 제어하는 시스템이다.

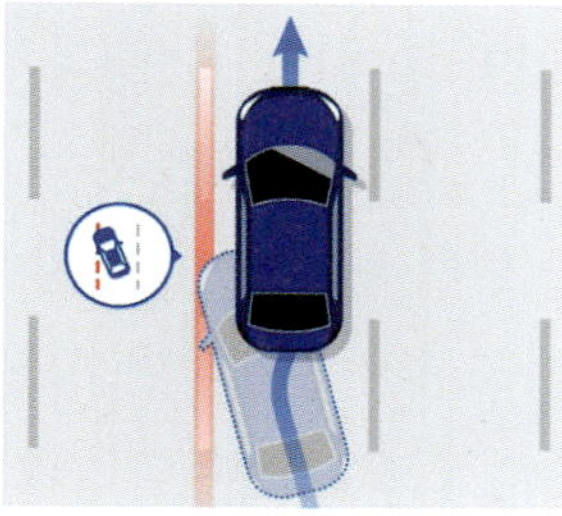

(a) LDWS

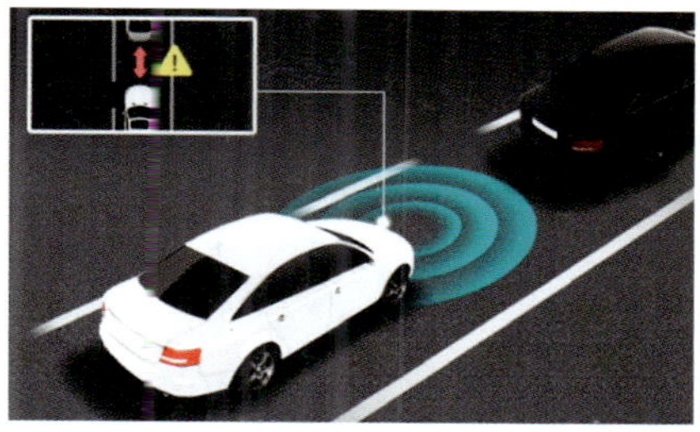

(b) FCW

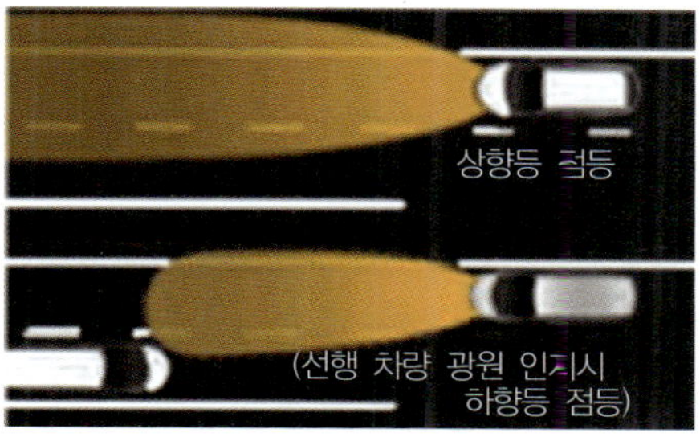

(c) HBA

그림 2-43 차선이탈 경보장치 기능

③ 구성 부품

차선이탈 경보장치는 고속 CAN 통신으로 정보를 전달하며 아래 유닛들로 구성된다.

그림 2-44 차선이탈 경보장치 구성부품

(2) 차선유지 보조시스템(LKAS : Lane Keeping Assist System)

LDWS보다 한 단계 진화된 LKAS는 경고 신호를 보내는 것만이 아니라 자동차가 주행에 개입하는 차선 유지 보조시스템이다. 단순히 차선이탈 경보에 그치지 않고 시속 60km/h 이상의 속도에서 운전자가 방향지시등을 켜지 않고 차로를 이탈하려고 하면 운전자 의지와 무관하게 기능을 활성화하면 자동차 스스로가 스티어링 휠을 조향해 주행하던 차선을 유지해 준다. ASCC와 함께 작동되면 스티어링 휠에 손을 대지 않고도 운전자의 개입이 없는 자율 주행이 가능한 것이 특징이다. 안전을 위해 1분 미만(제조사마다 다름) 동안만 작동되며 해당 시간이 지나면 스티어링 휠을 잡으라는 경고를 보낸다. 제조사별로 LKA 또는 "스티어링 & 레인 컨트롤 어시스트"라고 부르기도 한다.

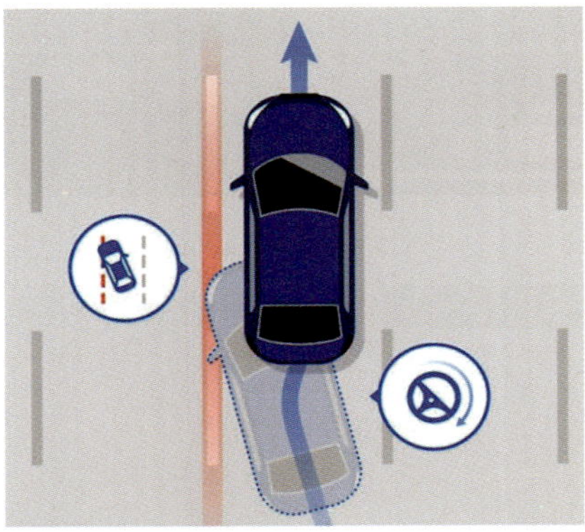

그림 2-45 차로 이탈방지 보조시스템

3) 어라운드 뷰 모니터링 및 후측방 경보

(1) 어라운드 뷰 모니터링(AVM : Around View Monitoring)

① 개요

어라운드 뷰 모니터링(AVM)시스템은 차량 주변 360도 상황을 차량 위에서 내려다 본 듯한 화면을 실시간 영상으로 제공하는 주차지원시스템이다. 차량의 전방, 양 측면, 후방에 각 1개씩(총 4개)의 초광각 카메라로부터 입력된 영상을 왜곡 보정, 시점변환 및 영상 합성 기술을 기반으로 차량 주변의 360도 조감도를 위에서 아래로 내려다본 영상 및 다양한 뷰 모드를 제공한다.

AVM 시스템은 주차 및 저속 운행 시 차량 주변 영상을 운전자에게 제공하여 차량 운행의 안전성과 편의성을 향상시키는 것을 목적으로 하며, 최종 화면이 표출되는 원리는 다음과 같다.

① 190도를 투영할 수 있는 초광각 카메라를 통해서 4개의 영상을 AVM 유닛에 전송한다.
② AVM 유닛은 카메라로부터 전송받은 4개의 영상을 굴곡현상이 없도록 보정 작업한다.
③ 보정 작업된 4개의 영상을 합성하여 차량의 모니터를 통해 운전자에게 전달한다.

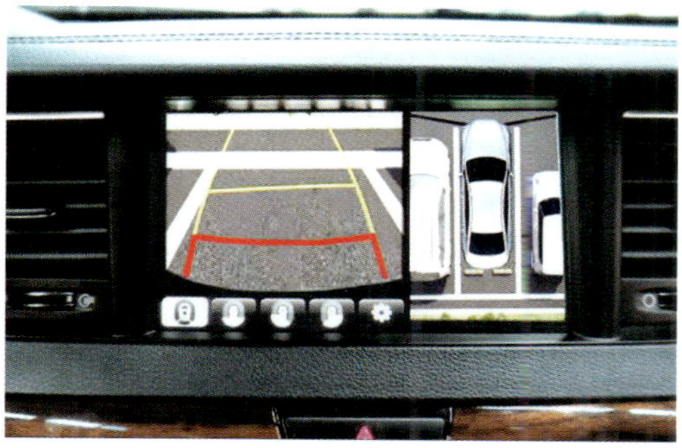

그림 2-46 어라운드 뷰 모니터링

② 구성 부품

㉠ 스티어링 휠센서 : 후방영상 또는 어라운드 뷰 영상에 "조향연동 주차가이드 라인" 표시를 위하여, C-CAN 통신 라인을 통해 AVM 유닛에 스티어링 휠 앵글 값을 전달한다.

㉡ 변속기 : 변속기 레버의 위치를 AVM에 전송하여 AVM 작동조건을 판단하도록 한다.

㉢ 전후방 PAS(8개) : 전 · 후방에 장착된 주차보조센서(PAS)를 통하여 장애물 위치의 경보화면을 어라운드 뷰 영상에 표시한다.

㉣ 어라운드 뷰 모니터링 유닛 : 영상신호 처리 · 입출력, 차량 통신(CAN) 및 AVM 시스템의 전반적인 작동을 제어한다.

㉤ AVM 스위치 : AVM 스위치 신호를 입력하여 전방 모드에서 영상 제공 여부를 제어 입력한다.

㉥ 차속센서 : 차량의 속도를 AVM에 전송하여 AVM 작동 조건을 판단하도록 한다.

㉦ 광각 카메라(4개) : 전방, 후방 및 좌 · 우 도어 미러에 장착되며, 차량 주변의 영상을

촬영하여 AVM 유닛에 전송한다.

◎ AVN 또는 MTS 모니터 : AVN(Audio Video and Navigation System) 헤드 유닛 또는 MTS(모젠) 헤드 유닛의 모니터를 이용하여 운전자에게 AVM 유닛의 출력 영상 정보를 제공한다.

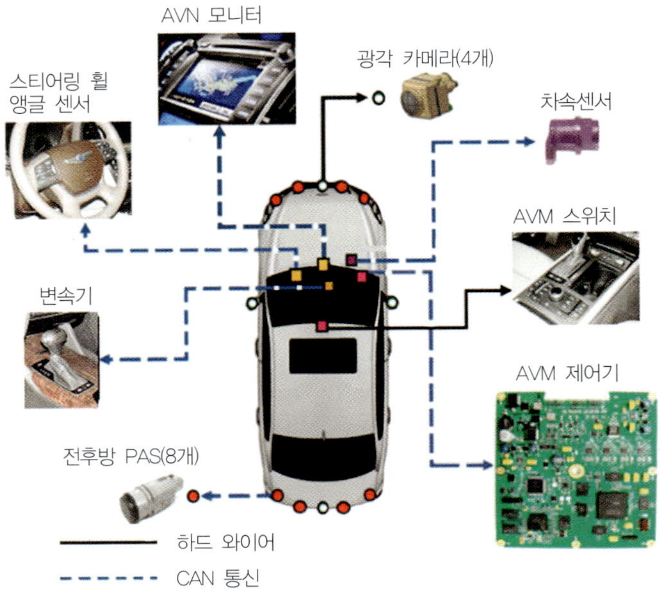

그림 2-47 어라운드 뷰 모니터링 구성 부품

③ 주요 기능

㉠ 차량 주변 영상 표시 기능

차량 주변 영상 표시 기능은 차량이 저속 전진 혹은 후진 시 4개의 카메라로부터 입력된 영상을 차량 주변 360도 조감 영상으로 합성하여 제어기(ECU)를 통해 운전자에게 제공한다. AVM 시스템은 차량 운행 조건 및 운전자 선택에 따라 총 8개의 차량 주변 영상을 제공한다.

㉡ 가이드라인 조향 연동 표시 기능

가이드라인 조향 연동 표시 기능은 차량 후진 시 보여지는 후방 영상 화면에 차량의 예상 주차 가이드라인을 표시하는 기능으로 운전자의 조향각 조작에 연동하여 차량의 예상 진행 궤적이 움직인다. 가이드라인 조향 연동 궤적과 함께 표시되는 중립 궤적선은 조향각이 중립 상태일 때 차량의 예상 진행 궤적을 나타낸다. 중립 궤적선은 조향각 조작에 관계없이 표시되는 고정선이며, 차량의 적용 지역에 따라 표시 여부가 결정된다.

㉢ 전후방 근접 경고 표시 기능

후방 · 전방에 장착된 PAS 또는 자동주차시스템(SPAS, Smart Parking Assistant System) 센서의 장애물 경보 신호를 어라운드 뷰 영상 내에 표시하여 주차 시 모니터를 보고 경보가 되고 있는 실제 위치를 확인할 수 있도록 하는 기능을 제공한다.

㉣ 공차 보정 기능

조립 공차로 발생되는 어라운드 뷰 영상의 어긋남을 차량 출고 전 또는 A/S에서 보정할 수 있도록 수동 공차 보정 S/W를 ECU 나에 탑재한다. 올바른 공차 보정을 수행하기 위해서는 공차보정 절에 명시된 작업 환경을 준수하여 공차보정 환경을 구성해야 한다.

(2) 후측방 경보시스템(BCW : Blind-Spot Collision Warning System)

후측방 경보시스템은 자신의 차량 후방과 측방(좌우)에 다른 차량이나 장애물이 있을 경우 레이더에 물체가 감지되면 사이드 미러에 경보 인디케이터를 작동시키거나 부저를 울리는 것이다.

그림 2-48 후측방 경보시스템

레이더로 작동하는 시스템은 24GHz 기반의 레이더를 채용하고 있으며, 야간이나 우천시에도 제 성능을 낼 수 있기 때문에 리어 범퍼에 레이더 센서 2개가 장착되어 후행 차량과의 거리 및 속도를 측정하여 주행 중 후측방 사각 지역 장애물을 감지 및 경보(시각, 청각)를 제공한다. 주행 중에는 30~145km/h에서 작동하는 것이 일반적이며, 후진 시에도 기능을 갖고 있다.

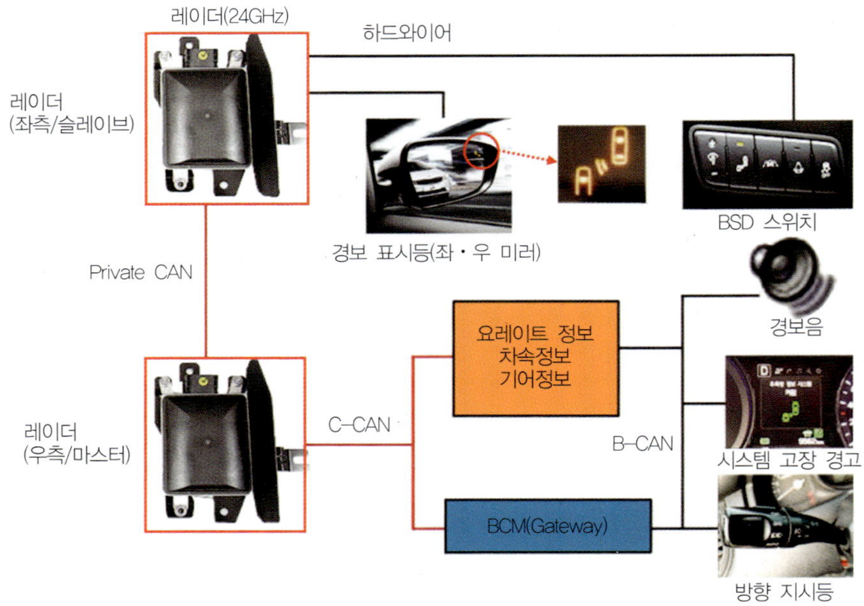

그림 2-49 후측방 경보시스템 구성부품

후측방 경보시스템은 사각지대 경보시스템 외에도 다음과 같은 3대 기능을 보유하고 있다.

① **사각지대 차량 정보(BSD : Blind Spot Detection)** : 후방 사각 지역에 있는 다른 차량을 감지해 사이드 미러 경고 표시를 통해 운전자에게 경고를 한다. 만약 방향지시등을 작동하면 운전자가 차선을 변경하려는 것으로 판단하고 경고등 점멸과 동시에 부저를 울린다.

② **후방 고속 접근 차량 경보(LCA : Lane Change Assist)** : 차량 양쪽의 후측방에 고속으로 접근하는 차량을 감지하여 운전자에게 경보한다. 접근하는 차량이기 때문에 내차보다 속도가 높은 조건이며, 사이드 미러에 경고 표시만 한다. 마찬가지로 방향지시등을 작동하면 점멸과 동시에 부저가 울린다.

③ **후진 시 측면 접근 차량 경보(RCTA : Rear Cross Traffic Alert)** : 자차를 후진 시 후방

측면에서 접근하는 대상 차량에 대해서 경보를 발생한다. 사이드 미러에 경고등이 점멸하며 부저도 함께 작동한다.

(a) BSD (b) LCA (c) RCTA

그림 2-50 후측방 경보시스템 3대 기능

(3) 후방 모니터시스템(전자 미러)(RVM w/e-Mirror : Rear View Monitor with e-Mirror)

자동차 양쪽에 있는 사이드미러와 룸미러로 관찰할 수 있는 후방 상황을 카메라를 통해서 모니터로 보여주는 기술이다. 이 기술은 기존 방식보다 후방 상황을 모니터를 통해서 보다 정확하고 넓게 볼 수 있도록 한 것이며, 특히 주차와 차선 변경 등에 유용한 주행 편의 기술이다.

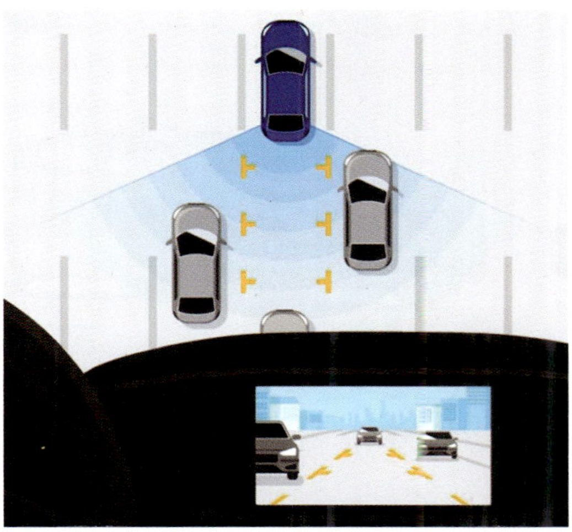

그림 2-51 후방 모니터시스템(전자미러)

4) 충돌방지

(1) 자동 긴급제동시스템(AEBS : Autonomous Emergency Braking System)

AEB시스템은 레이더와 카메라를 이용하여 전방의 충돌 위험 물체를 감지하고 위험 상황 시 경보와 자동제동등을 통해 사고를 회피하는 시스템이다. 최초의 위험 상황이 감지되었을 때는 운전자가 대응하도록 운전자에게 경고 및 비상제동을 수행하여 전방 차량과 충돌을 방지하거나 충돌 속도를 낮추는 기능을 수행한다. 구성부품은 전방의 잠재적 장애물을 식별할 수 있는 감지장치(레이더, 카메라), 운전자 경고 및 설정 변경을 위한 시각이나 청각과 관련된 인간의 아날로그적인 인지의 세계와 컴퓨터나 통신의 디지털을 처리하는 기계의 세계를 연결하는 인터페이스(HMI : Human-Machine Interface)장치, 제동력을 발생하기 위한 제동장치 등이 있다. 시스템 제어 순서는 다음과 같다.

① 스마트 크루즈컨트롤시스템의 레이더 센서와 주행 보조시스템의 카메라 센서를 이용하여 선행 차량(사람) 감지 및 데이터 분석(CAN 통신)
② 분석한 감지 데이터를 이용하여 AEB 제어 대상(차량 및 보행자) 확인
③ 선행 차량 유무 · 속도 · 거리에 따라 적절한 감속도 계산
④ 계산된 "요구 감속도"를 차량 자세 제어유닛(VDC)으로 전송(CAN 통신)
⑤ VDC는 "요구 감속도" 구현을 위한 필요 토크 계산 후, 제동 제어를 수행(CAN 통신)

그림 2-52 자동 긴급제동시스템

(2) 전방추돌 경고시스템(FCWS : Forward Collision Warning System)

전방추돌 경고시스템은 운전자 차량과 앞차 간의 안전거리가 확보되지 않을 경우 장치에서 이를 감지하여 운전자에게 알려준다. 장치에서 GPS를 통해 차량 속도를 확인하고 해당 속도를 기준으로 추정된 다음 안전거리를 계산하여 차량 속도가 50km/h(30mph)를 넘으면 자동으로 작동한다.

주행 차선 앞쪽 차량과 간격을 인식하여 전방 차량과의 간격이 너무 좁거나 추돌 위험이 있다고 판단될 때 일반적으로 이 경보는 소리와 계기판(또는 내비게이션 모니터)을 통해 안전(녹색)과 주의(황색) 그리고 위험(적색) 등으로 나뉘어 울려주는데 경보 방식은 제조사별로 상이하다.

전방추돌 경고시스템(FCWS)의 성능은 여러 가지 요인에 의해 영향을 받을 수 있다. 경우에 따라 FCWS 기능이 앞차를 감지하지 못할 수 있다.

① FCWS 기능은 차량 속도가 50km/h(30mph)를 초과하는 경우에만 활성화된다.
② FCWS 기능은 차량의 카메라 뷰가 비, 안개, 눈, 햇빛, 헤드라이트 조명 또는 어둠에 의해 가려진 경우 앞차를 감지하지 못할 수 있다.
③ FCWS 기능은 카메라가 잘못 조정된 경우 제대로 작동하지 않을 수 있다(카메라 조정).
④ 40m(130피트) 이상 떨어져 있거나 5m(16피트)보다 가까운 차량은 FCWS 기능으로 감지하지 못할 수 있다.
⑤ FCWS 기능은 카메라 배치 설정이 차량 높이 또는 차량에 설치된 장치를 정확하게 가리키지 않으면 작동하지 않을 수 있다(카메라 조정).

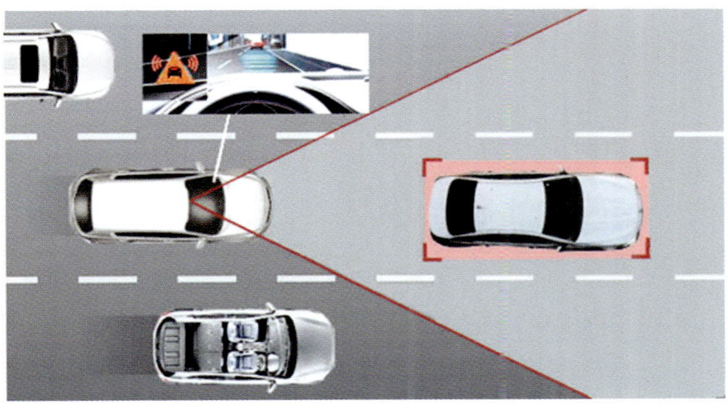

그림 2-53 전방추돌 경고시스템

(3) 전방 충돌방지 보조시스템(FCA : Forward Collision-Avoidance Assist)

전방 충돌방지 보조시스템(FCA)은 주행 중 전방 차량과의 충돌 위험이 감지되면 차량의 브레이크를 자동으로 작동시켜 충돌을 방지하거나 사고 충격을 완화하기 위한 안전시스템이다. 전방추돌 경고시스템(FCWS) 기술의 업그레이드 버전으로 자동 브레이크 작동 기능이 추가된 시스템이다.

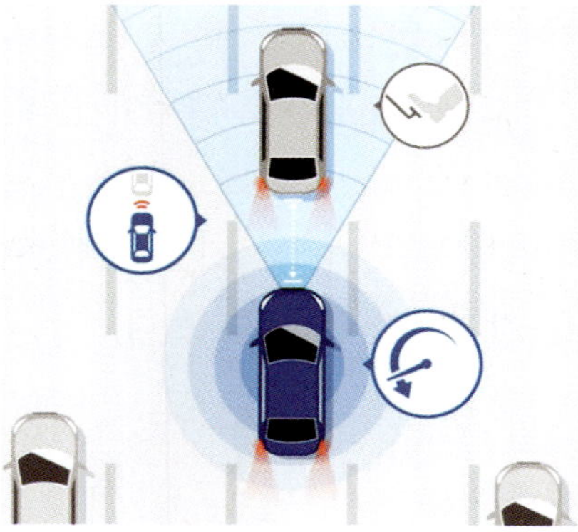

그림 2-54 전방 충돌방지 보조시스템

이 시스템은 자동비상제동시스템(AEB : Automatic emergency braking systems)으로 명칭되기도 하며, 충돌 위험을 감지했음에도 운전자가 브레이크를 밟지 않거나 밟았지만 충분치 않은 경우 자동으로 적절한 브레이크를 작동시킨다. 최근에는 차량뿐만 아니라 이륜차, 자전거, 보행자를 감지하고, 후방 충돌을 방지하는 기술로 진화하고 있다. 또한 능동적 사고회피를 위해 브레이크 작동과 함께 회피 조향을 보조하는 기능을 제공하기도 한다. 전방 충돌방지 보조시스템의 기능은 다음과 같다.

① FCA(자차 고속 대응 기능)

㉠ 앞차가 갑자기 속도를 줄이거나 멈추는 경우 작동하며, 자전거를 탄 사람이나 보행자를 인식하기도 한다.

㉡ 전방 카메라, 전방 레이더, 전측방 레이더로 감지하고 빠른 시점에 제동해 사고 가능성을 줄여주는 기능

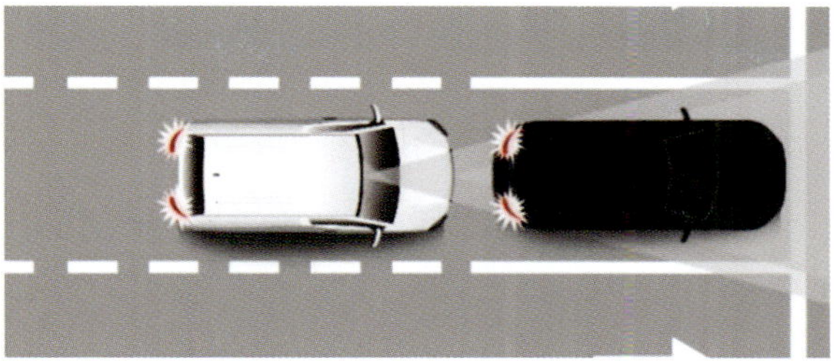

그림 2-55 자차 고속 대응 기능

② FCA(추월 시 대향차 대응 기능)

㉠ 추월을 위해 좌측으로 차로 변경 시 마주 오는 차와 충돌 위험이 있는 경우 우측으로 조향해 원래 차로로 복귀시킨다(단, 우측으로 복귀할 때 2차사고 위험이 있는 경우 경고만으로 운전자에게 위험을 알린다).

㉡ 전방 카메라, 전방 레이더, 전측방 레이더, 후측방 레이더를 이용해 측면에서 다가오는 차와 충돌이 예상될 경우 자동 조향으로 사고를 예방한다.

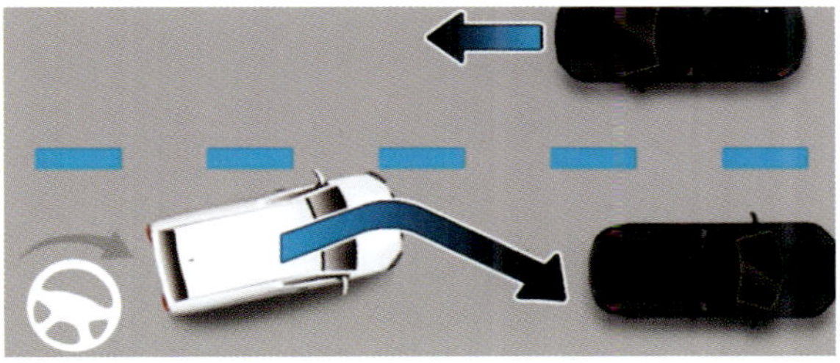

그림 2-56 추월 시 대향차 대응 기능

③ ESA : ESA(Evasive Steering Assist, 회피 조향 보조 기능)는 전방에 있는 차량, 보행자, 자전거 탑승자와 충돌 경고 상황 발생 시 사고 회피를 위한 조향에 힘을 더해준다.

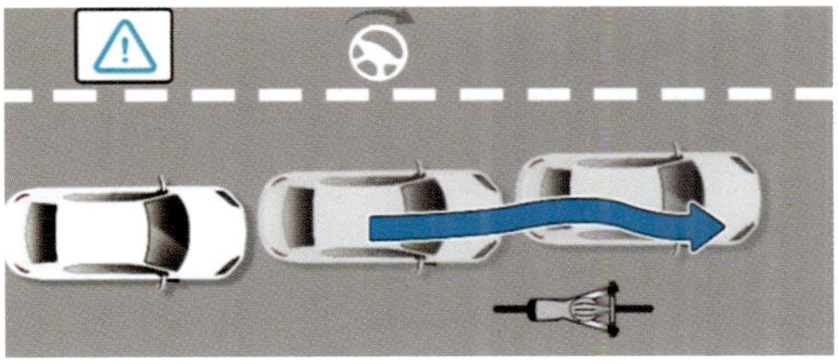

그림 2-57 회피 조향 보조 기능

5) 사각지대 경보 및 라이다

(1) 사각지대 경보시스템(BSW : Blind Spot Warning)

BLIS(Blind Spot Information System), BSM(Blind Spot Monitor), BSW(Blind Spot Warning) 등과 같은 용어는 간단하게 사각경보시스템으로 불리고 있다. 경차도 적용될 정도로 보편적인 안전장치기도 하다.

BSW는 운전석에서 좌우 후사경(back mirror)으로 쉽게 확인하기 어려운 측면의 사각지대에 위치한 다른 차량을 감지하여 운전자에게 안내하거나 경고해 주는 시스템이다. 이 시스템은 측면의 사각지대에 접근한 다른 차량을 시각적 또는 청각적으로 경고하여 진로 변경 시 운전자의 안전운전을 유도한다.

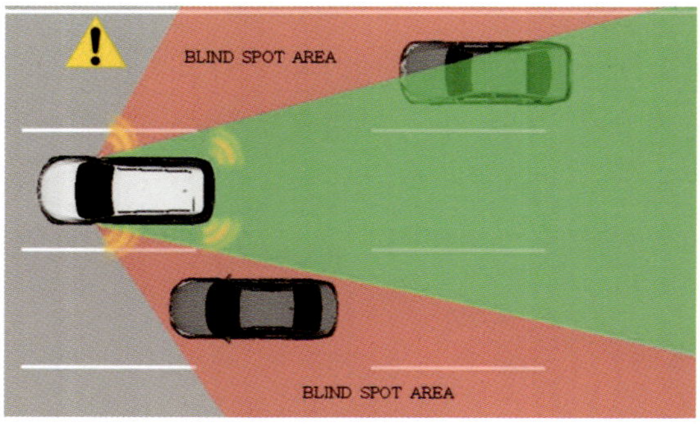

그림 2-58 사각지대 경보시스템

(2) 라이다(LIDAR : Light Detection and Ranging)

① 개요

빛의 산란정보 및 반사시간을 측정하여 기상정보를 수집하던 초기 라이다 기술이 자율주행차 및 스마트카를 중심으로 차량 및 보행자의 안전과 고도화된 자율주행 성능을 위하여 차량 주변 환경에 대한 3차원 좌표를 고속으로 획득하는 라이다 기술의 중요성이 부각되고 있다.

라이다란 레이저를 이용하여 거리를 측정하는 기술로서 3차원 GIS(Geographic Information System) 정보 구축을 위한 지형 데이터를 구축하여 자율주행자동차의 핵심 기술로 주목을 받고 있다.

자동차용 라이다는 주행 중인 차량이 앞차와의 충돌을 피하거나 충격을 최소화할 수 있도록 차간거리를 실시간으로 측정하여 경고 또는 차량 자동제어를 할 수 있도록 하는 장치로, 자율주행차의 차량거리 센서시스템의 라이다/레이더, 영상센서, 통신, 3D 등의 가장 필수적인 부품이다.

라이다센서는 마이크로웨이브 기기에 비해 측정 가능거리 및 공간분석(Spacial Resolution)이 매우 높은 편으로, 실시간 관측으로 2차원 및 3차원 공간 분포 측정이 가능한 장점이 있다.

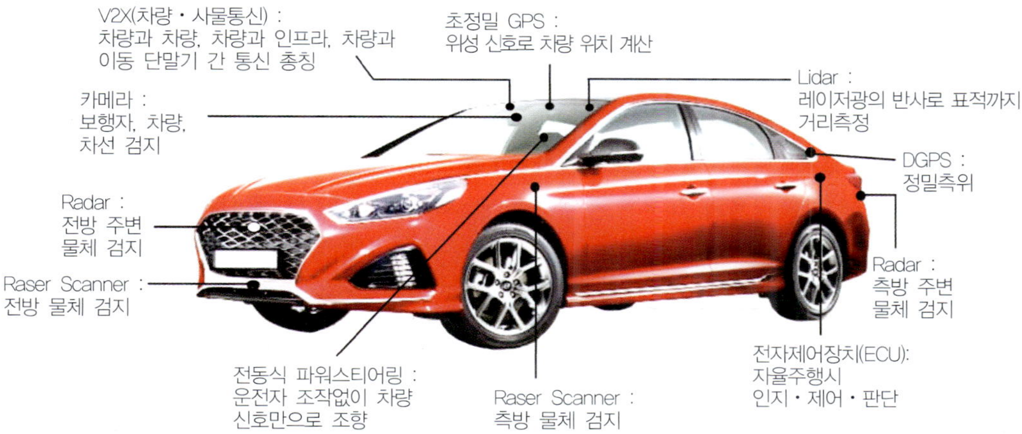

그림 2-59 자율주행자동차 핵심 기술

라이다시스템은 레이저 송수신 모듈 및 신호처리 모듈로 구성되며, 레이저 신호의 변조 방법에 따라 ToF(Time of Flight) 방식과 PS(Phase Shift) 방식으로 구분된다. ToF 방식은 레이저 펄스 신호가 측정 범위 내의 물체에서 반사되어 수신기에 도착하는 시간을 측정함으로써 거리를 측정하는 원리이며, PS 방식은 특정 주파수를 가지고 연속적으로 변조되는 레이저 빔을 방출하고, 물체로부터 반사되어 오는 레이저 신호의 위상 변화량을 측정하여 거리를 측정하는 방식이다.

라이다 기술은 파장에 따라서 사용되는 응용분야가 다르다. 250nm의 자외선(Ultraviolet)은 기상 관련 분야에 사용하고, 500~600nm의 가시광선(Visible) 영역은 수심 측량, 1,040~1,060nm의 근적외선(Near-Infrared) 영역은 지형 맵핑에 사용한다. 그리고 1,500~2,000nm의 적외선(Infrared) 영역은 기상 측정 분야에 사용되며, 특히 Doppler LIDAR에 사용되고 있다. 그중 1,550nm 파장 대역은 시각 안전 파장으로 최근 차량용으로 시각에 안전하면서도 눈에 보이지 않는 대역으로 적극적으로 활용되고 있다.

[라이다 기술 종류]

라이다 기술	내용
Elastic-backscatter LIDAR	레이저 파장의 변화 없이 입자들의 운동량에 따라 back scattering되는 빛의 spectral broadening 특성을 이용하여 대기 중의 에어졸 및 구름의 특성 측정 등에 활용되는 기술
Ramam LIDAR	분자 에너지 상태에 따라 분산되는 레이저 빛의 주파수 변화 및 Raman band 내의 세기 분포 분석을 통해 대기 중의 수증기 및 온도 분포 등의 측정에 활용되는 기술
Differential-absorption LIDAR	각기 다른 레이저 파장을 가지는 레이저 빔들에 대해 측정 대상 물질의 흡수 차이를 이용하여 대기 오염 물질 등의 농도 분포를 측정할 수 있는 기술
Resonance Fluorescence LIDAR	원자, 이온 또는 분자의 에너지 천이와 동일한 에너지를 가지는 레이저 빛에 대해 동일 파장의 빛 또는 긴 파장의 빛을 방출하는 특성을 이용하여 중간권역 대기 중의 원자 및 이온 농도를 측정하는 기술
Doppler LIDAR	Doppler 효과에 의한 레이저 빔의 미세한 주파수 변화를 측정하여 바람 등의 속도를 측정하는 기술
Laser Rangefinder	물체로부터 반사되는 레이저 빔의 수신 시간을 측정하여 거리를 측정하는 가장 간단한 형태의 라이다 기술
Imaging LIDAR	레이저 빔의 진행 방향에 대한 거리정보를 포함하여 공간에 대한 영상 모델링이 가능한 기술로서 Laser Rangefinder 기술을 기반으로 Point-Scanning을 통해 Point Cloud 정보를 수집하거나 광각의 Flash-Laser에 대해 반사되는 레이저 빛을 다중 배열 수신 소자를 통해 수집함으로써 3차원 영상 구현이 가능한 기술

② 자율주행차 및 스마트카를 위한 라이다 기술

실제 도로에서 자동차 자율주행 기술의 성공은 인공지능, 기계학습 그리고 컴퓨터가 여러 데이터를 이용해 마치 사람처럼 스스로 학습할 수 있게 하기 위해 인공 신경망(ANN, Artificial Neural Network)을 기반으로 구축한 기계 학습 기술인 딥러닝(Deep Learning)과 관련된 소프트웨어 설계능력에 기반한 것이지만, 소프트웨어의 구동에 필수적이면서도 우수한 성능을 확보하는데 핵심적인 데이터는 주변 상황에 대한 3차원 영상센서에 의하여 획득된다.

기존의 센서들로는 높은 수준의 공간분석으로 3차원 공간정보를 확보하기 어렵기 때문에 자율이동 및 자율주행을 지원하기 위해 주변 공간에 대한 최대 공간분석의 3차원 정보 획득을 요구하고 있어 라이다 기술이 자율주행자동차 시대의 핵심 센서로 인식되고 있다. 차량용 라이다센서는 주·야간 구분 없이 100m 이상 범위의 주변 상황에 대한 고해상도 3차원 공간정보 검출이 가능하도록 해야 한다.

③ 차량용 라이다 기술

원격 탐지(Remote Sensing) 방식으로 전방 또는 주변 공간에 대한 3차원 라이다센서가 실외용으로 성능상 제약 없이 활용되기 위해서 해결되어야 할 가장 큰 문제점 중 하나는 태양광으로 인한 조도 변화에 대한 대응이다. 일반적으로 직사광선에 닿는 표면의 밝기는 최대 7~8만 lux 수준에 해당하며, 라이다센서가 야외에서 문제없이 동작하기 위해서는 이러한 조도에서도 반사된 레이저 신호를 안정적으로 검출할 수 있도록 개발되어야 한다.

이를 위해서는 기본적으로 광 검출기의 감도가 우수하야 할 뿐만 아니라, 배경광에 대한 대책이 수립되어야 하고, 빛을 조사하는 파워가 배경광에 의하여 발생하는 노이즈보다 더 큰 신호를 확보할 만큼 충분한 신호 대 잡음비(Signal-to-noise ratio)를 확보해야 한다. 특히 빛을 조사하는 광 송광부에서 출력되는 광 파워는 정상적인 작동 중에 사람이 접촉하지 않도록 특별한 설계가 되어야 하고, 건강상 위험을 초래하지 않는 시각안전 등급 Class 1을 만족하여야 한다.

라이다 기술의 구성 요소에 따라서 회전하는 구조체를 가진 회전형 라이다 기술, 광 검출기를 어레이(array)로 구성하여 반사된 파형의 시간 차이를 어레이로 인식하는 어레이형 라이다 기술 그리고 마지막으로 두 가지 방식의 단점을 보완한 스터드 라이다 기술이다.

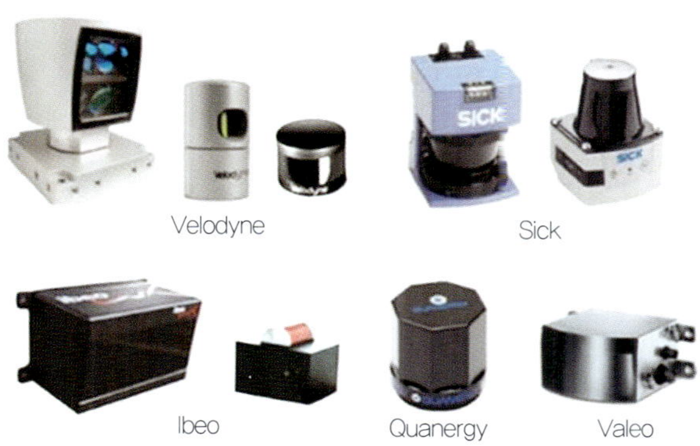

그림 2-60 실리콘 광 검출기 기반 회전형 라이다 3차원 영상센서 상용제품

㉠ 회전형 라이다 기술

라이다에 응용되는 파장은 시각안전파장으로 알려진 1,550nm 대역과 실리콘 광 검출기를 이용할 수 있는 850nm 및 905nm 대역의 부근을 이용하는 기술로 나누어진다. 이 대역은 가시광선 대역에서 벗어나 있어 눈에 보이지 않으면서도 화합물 광 검출기보다 상대적으로 저렴한 가격의 실리콘 광 검출기를 이용할 수 있는 장점이 있다. 하지만 일반적으로 해당 파장 대역에서는 실리콘 광 검출기의 공정 최적화를 거쳐도 광 검출 효율이 5% 미만 수준으로 떨어져서 일반 가시광선을 이용하는 실리콘 광 검출기의 성능에 크게 미치지 못하는 수준이다.

이러한 단점에도 불구하고 저렴한 방식으로 라이다 모듈을 구성할 수 있어서 상용화 및 응용이 가장 활발한 방식이다. 그러나 실제 응용에서는 검출성능이 낮아서 탐지거리가 줄어드는 것이 일반적인데, 이를 억제하기 위해서는 송광 신호를 크게 하거나, 수광되는 신호를 크게 하려고 송광되는 빔의 퍼지는 정도를 최대한 줄이는 방식이 이용된다. 송광 신호를 키우는 것은 시각안전 문제로 한계가 있어 실제로는 빔 퍼짐 정도를 최대한 줄여서 목표물에 닿는 스팟(spot)을 줄이는 방식을 활용하고, 이 스팟을 하나의 광 검출기로 검출하는 방식을 이용하여 검출거리를 반사율 90%에서 100미터 내외까지 증가시킬 수 있다.

결국 실제 구현은 송광되는 빔의 크기를 일정한 수준으로 유지되는 상태(Collimated Beam)로 다수의 레이저를 수직방향으로 배치하여 송광하고, 이 빛에 쌍을 이루는 다수의 수광 채널을 두어 이를 수평 방향으로 회전함으로써 100미터 내외의 3차원 영상 확보가 가능하다. 기술적으로 가장 간단하지만 이 방식의 기술이 차량용으로 사용되기에는 두 가지 문제점이 있다. 첫째는 자율주행 수준이 높아질수록 중요해지는 수직해상도가 높아야 되는 경우, 송수광부 쌍을 송수광 렌즈 뒷면에 배치하기 때문에 전체 모듈의 부피가 급격하게 커지는 문제점이 있다. 두 번째는 송수광부와 본체 사이의 전기적인 연결을 유지하면서 회전을 해야 하는 방식으로 슬립링 등의 특성에 의하여 수명 및 센서 동작 안정성의 개선이 필요하다.

㉡ 화합물 어레이형 라이다 기술

어레이형 라이다 기술은 수광부 픽셀을 N×M 형태로 세로와 가로로 다수를 배치하는데 이 어레이의 배치가 바로 최종 3차원 영상 해상도의 기준이 되는 방식이다. 또한 광 검출을 위한 수광부가 어레이로 배치되어 있기 때문에 송광부는 빛을 퍼트려서 보내는 방식을 주로 사용한다.

이때 실리콘 광 검출기가 검출할 수 있는 파장 대역의 광 파워보다 1,000배 이상 높은 에너지를 사용하더라도 눈에 안정적인 1,550nm 파장 대역을 사용하는 경우 시각안전 특징이 있어 비교적 넓은 영역의 탐지거리 확보가 가능하다. 하지만 저렴한 실리콘이 아닌 상대적으로 고가의 화합물 광 검출기를 사용해야 하며, 검출신호의 병렬 처리를 위한 Readout IC(ROIC)도 동일하게 2차원 어레이 구조로 제작해야 하는 문제점이 있다. 또한 픽셀 크기로 제한된 영역의 회로에서 픽셀 별로 발생하는 신호를 고속 및 저잡음으로 병렬 처리하여 거리 및 반사 신호의 세기 등을 추출하도록 해야 한다.

이러한 기술상의 제약조건과 높은 비용구도의 화합물 광 검출기 어레이 및 ROIC 제작의 어려움으로 인하여 최종적으로 차량용에 불리한 고가의 솔루션이 될 수밖에 없다. 또한 이 방식은 앞서 언급한 바와 같이 빔을 퍼트리는(Diffuse) 방식으로 인하여 상대적으로 높은 레이저 파워(피크파워 기준 약 1MW)를 필요로 하므로 내구성 및 프레임 레이트 개선 등에 한계를 가지게 된다. 이러한 고출력 광원의 문제를 해결할 수 있는 방법으로 2차원 화합물 광 검출기 어레이를 단일광자 광 검출모드(Geiger-mode)로 활용하는 방법이 있다.

이 방식의 경우 단일 광자 수준의 낮은 광 수신 파워로도 검출이 가능하여 고출력 레이저 광원이 필요하지 않으며, 고출력 레이저로 인하여 발생할 수 있는 단점을 보완할 수 있다. 하지만 단일광자를 검출하기 위한 방법인 가이거모드 자체가 가지는 고유의 노이즈원인 Dark count 및 After pulsing 효과는 획득된 3차원 영상에 심각한 노이즈 발생원으로 작용하여 통계적 데이터 처리와 같은 충분한 신호처리를 해야만 실제 차량용으로 응용할 수 있어 이에 대한 대책이 필요하다.

(a) 선형모드 (b) 가이거모드

그림 2-61 시각안전 파장, 화합물 어레이형 라이다 3차원 영상센서 상용제품

참고 Readout IC(ROIC)

기존 터치스크린은 하단의 유리와 상단의 필름으로 구성되어 있으며, 터치한 순간 정전 용량의 변화나 압력의 변화를 측정하여 좌표값을 인식하게 된다. 이때 터치스크린의 구성품은 유리와 필름, 아날로그 디지털 변환기(ADC, Analog-Digital Converter)와 드라이버 등이다. 그러나 리드아웃 IC를 사용하면 터치한 순간에 TFT-LCD에 비친 그림자나 영상을 리드아웃 IC가 읽어 좌표로 반영하기 때문에 정전 용량이나 압력 변화를 측정해야 하는 별도의 필름이 필요 없다. 또한 리드아웃 IC 자체에서 아날로그 신호를 디지털로 변환하기 때문에 ADC도 사용할 필요가 없다. 즉, 원가 절감은 물론 디스플레이의 두께도 줄일 수 있다는 장점을 가진다. 또한 유리와 필름으로 구성된 터치스크린은 정확성과 응답 속도가 떨어지지만, 필름을 제거할 수 있으므로 터치한 값의 좌표값을 더욱 정확하고 빠르게 인식할 수 있다.

ⓒ 실리콘 어레이형 라이다 기술

PMDVision MESA IFM Electronic Infineon Technologies Panasonic

그림 2-62 실리콘 어레이형 라이다 3차원 영상센서 상용제품

화합물 어레이 방식은 화합물 어레이 및 ROIC로 인하여 저가형 솔루션으로 만들기에는 한계가 있다. 이러한 문제에 대한 해법으로 제시되고 있는 방법 중 하나가 저렴한 실리콘 광 검출기 어레이를 활용하는 것이다. 이 방법은 기존의 ComPlementary Metal-Oxide-Semiconductor(CMOS, 상보성 금속 산화막 반도체) 이미지센서 또는 빛을 전하로 변환시켜 화상을 얻어내는 센서인 CCD(Charge Coupled Device) 비전센서에 존재하는 픽셀을 변형하여 아날로그 또는 디지털 방식으로 변조된 빛을 조사한 후 수광되는 빛의 상대적인 위상을 추출하도록 활용한 방식이다.

이 방식은 실리콘에서 흡수가 가능하도록 하기 위해 응용파장을 830~905nm 대역으로 두어야 하고, 따라서 시각에 안전하지 않은 문제점을 안고 있기 때문에 1,550nm 파장과는 달리 사용이 가능한 최대 광 파워가 매우 제약적인 것이 특징이다. 하지만 기존의 이미지센서 칩들과 같이 다양한 CMOS 회로 기법 및 신호처리

기법을 이용하여 최대한 저잡음 상태에서 검출이 가능하도록 CMOS 픽셀 및 CCD 픽셀 자체를 최적화하여 탐지거리를 늘일 수 있다. 이 방식의 가장 큰 문제점으로 지적되는 부분은 높은 입사 배경광 잡음에 의하여 픽셀이 쉽게 포화(Saturation)된다는 것이다. 실제로 이러한 문제점으로 인하여 전 세계적으로 개발된 모든 CMOS/CCD 실리콘 Time-Of-Flight(TOF)센서는 적절한 광학 필터를 사용하는 조건에서도 야외기준 탐지거리 10m 수준을 넘지 못하는 상황이고, 태양광 아래에서도 최소 20m, 최대 100m 이상의 탐지성능을 확보해야 하는 자율주행차/스마트카에 적용하기에는 성능상의 제약이 많이 따른다.

㉣ 스터드(STUD : Static Unitary Detector) 방식 라이다 기술

한국전자통신연구원은 기존 기술의 문제점을 독자적인 기법을 이용하여 국내 독자 기술인 스터드(STUD, Static Unitary Detector) 방식을 세계 최초로 제안하였다. 이 기술은 고해상도의 3차원 영상품질을 낮은 비용으로 확보하는데 최적인 솔루션으로 평가되고 있는데, 센서 배치 구조에 따라 자율주행차용 3차원 영상센서에 적합하도록 확장 및 응용이 용이하다. 이 중에서 세미눈(SemiNoon)이라 명명된 GEN3 모델은 3세대 연구시제품으로 현재 판매되고 있는 상용 라이다 제품 수준인 100×100×150mm 크기로 소형화를 이룬 모델로 획득이 가능한 검출 성능은 최대 전방 40도, 200미터 범위에 대하여 가로 320픽셀, 세로 240픽셀의 해상도로 3차원 영상 및 일반영상(반사세기영상)의 획득이 가능하며, 이는 3차원 해상도 및 공간 분해능 관점에서 세계 최고 수준이다.

세미눈 모델은 검출되는 3차원 정보(픽셀별 거리 및 반사정보)의 포인트 클라우드를 UDP 패킷 포맷으로 전송하며, 자체 포인트 클라우드 전용 디스플레이 프로그램에 의하여 획득된 3차원 입체영상 및 일반영상을 실시간으로 확인할 수 있다. 기본적으로 스터드 방식은 센서 모듈 구성의 유연성이 기존의 다른 라이다 기술과 비교하여 매우 높아 회전 없이 광각/360도 탐지형태로도 간단하게 구현할 수 있으며, 구동 중에도 해상도의 임의조절이 자유롭고, 센서 모듈의 소형화에도 매우 유리한 특징을 갖고 있다.

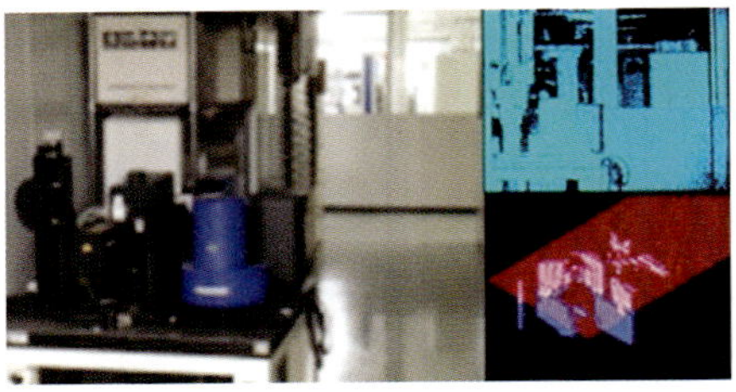

(a) 실내 15m

(b) 야외 50m

그림 2-63 스터드 라이다 기술, 실내외 실시간 장거리 고해상도 3차원 영상

④ 라이다 기술의 가격과 탐지거리 분석

라이다센서를 차량에 적용하기 위해서는 저렴한 가격과 탐지거리가 중요한데 고가의 라이다센서가 무조건 좋은 성능을 갖는 것은 아니며, 방식에 따라서 측정할 수 있는 거리 성능이 눈에 띄게 구별된다. 측정거리 50m 이하의 센서들은 퍼트리는 빔을 사용하는 방식이고, 50m 이상의 센서들은 빔을 모아서 내보내는 방식을 사용하는 센서들이다.

빔을 퍼트리는 방식은 빔을 모아서 보내는 방식보다 높은 가격대를 형성하고 있으며, 가격이 높은 센서라 할지라도 측정할 수 있는 거리가 50m를 넘지 못하는 반면, 빔을 모아서 송신하는 센서들은 최대 200m까지 측정할 수 있다. 이렇게 원거리를 측정할 수 있는 성능과 비교적 저렴한 가격 때문에 현재 자율주행차 개발에 빔을 모아서 보내는 방식으로 개발된 라이다센서들이 주로 사용되고 있다. 하지만 빔을 모아서 보내는 대다수 센서들의 단점은 빔을 퍼트려서 보내는 센서들보다 수직 해상도가 작다는 것이다. 이렇게 해상도와 거리에 대한 문제점을 보완하면서 저가격, 소형화가 가능하고, 고해상도, 원거리 3차원 영상을 획득할 수 있는 센서가 필요한데, 앞서 설명한 스터드 방식의 라이다 기술을 적용하면 가능하다.

6) 자동주차

(1) 주차 보조시스템(PAS : Parking Assist System)

① 개요

후진 시에는 후방의 장애물 존재 여부나 장애물이 있다면 장애물과의 거리판별이 쉽지 않아 운전자가 확인할 수 없는 사각지대가 많다. 그리하여 후진 시 편의성 및 안전성을 확보하기 위하여 운전자가 기어선택 레버를 후진에 넣으면 후방주차보조 장치가 작동하여 장애물이 있다면 초음파센서에서 초음파를 발사하여 장애물에 부딪혀 되돌아오는 초음파를 받아서 컨트롤 유닛에서 차량과 장애물과의 거리를 계산하여 버저의 경고음(장애물과의 거리에 따라 1차, 2차, 3차 경보를 순차적으로 울린다)으로 운전자에게 알려주는 장치이다.

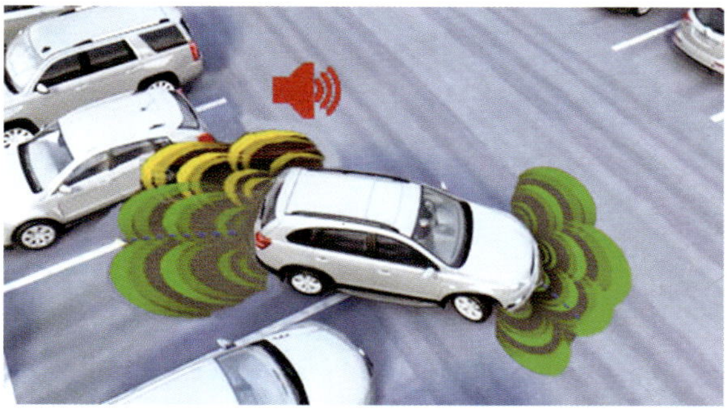

그림 2-64 전후방 주차 보조시스템

② 시스템 구성

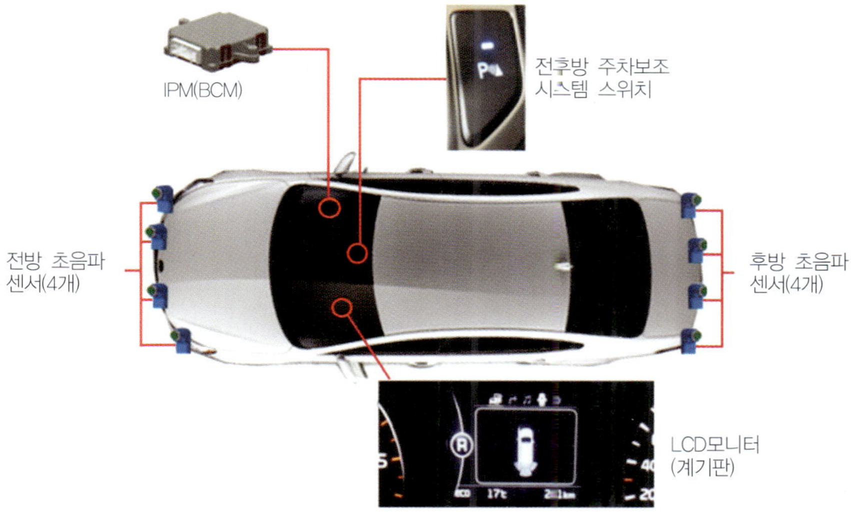

그림 2-65 전후방 주차 보조시스템 구성

전후방 주차 보조시스템은 8개의 센서(전방 4개, 후방 4개)를 통해 물체를 감지하고 그 결과를 거리별로 1차, 2차, 3차 경보로 나누어 LIN 통신을 통해 IPM(BCM)으로 전달한다. IPM(BCM)은 센서에서 받은 통신 메시지를 판단하여 경고 단계를 판단하고, 각 차종별 시스템 구성에 따라 버저를 구동하거나 디스플레이를 위한 데이터를 전송한다.

③ 작동조건

시동 ON 상태에서 주차 보조시스템 작동 버튼을 누르면 버튼 내 표시등이 점등되며, 전 · 후진 및 중립 변속단에서 작동한다. 주차 보조시스템 작동 버튼 OFF상태에서 R(후진) 위치 진입 시 자동으로 ON상태가 되어 주차 보조시스템이 작동된다. 단, 10km/h 초과 속도에서는 장애물에 대해 경보를 하지 않고, 20km/h 이상 주행 시 주차 보조시스템 작동 버튼이 OFF상태가 된다. 다시 20km/h 이하 주행 시에는 주차 보조시스템이 작동하지 않는다. 필요시 주차 보조시스템 작동 버튼을 눌러 사용한다.

동시에 감지되는 부분이 2개 이상일 때 표시등에는 모두 표시되며, 경보음은 더 가까운 영역을 후진시 또는 전 · 후방이 같은 수준의 감지 영역일 때는 후방을 우선 경보한다. 전방 측방센서는 D(주행) 또는 R(후진)에 후방 측방센서는 R(후진) 시에만 경보를 한다.

(2) 주차 조향 보조시스템(SPAS : Smart Parking Assist System)

① 개요

평행 주차의 경우, 운전자는 주차 공간 탐색기능을 작동시킨 후 주차 공간 옆을 지나도록 전진한다. 시스템은 주차 공간 탐색이 완료된 경우, 운전자에게 음성안내, 메시지 디스플레이 등으로 알려준다. 그러면 운전자는 차량을 정지시키고 주차공간을 확인한다.

운전자는 차량을 감속, 정지하여 기어를 후진에 인가한 후, 스티어링 휠에서 손을 떼고, 브레이크 페달을 조작하여 규정된 속도 내에서 후진한다. 운전자가 천천히 후진을 하는 동안에 스티어링 휠은 자동 조작하여 최적의 경로를 따라 주차가 이루어지게 된다. 전후방 장애물이나 타 차량과의 접촉 혹은 충돌 여부는 운전자가 판단해야 하며, 기어변속과 브레이크 및 가속 페달은 운전자가 직접 조작한다. 단, 브레이크를 밟지 않고 후진 속도가 규정된 속도보다 빠를 경우, 시스템은 운전자에게 음성과 디스플레이의 방법으로 경고하고, 기능을 해제한다. 차량이 장애물과 충돌할 위험이 판단되는 경우에는 운전자에게 PAS 경고음을 통해 경고한다.

운전자가 기어를 지시와 다른 위치에 인가하거나 정해진 속도 이상으로 가속할 경우, 스티어링 휠을 강제 조작한 경우, 운전자에게 음성과 디스플레이로 안내하고 기능을 해제한다. 주차유도가 종료되었을 경우에도 운전자에게 음성과 디스플레이로 안내하고 기능을 해제한다.

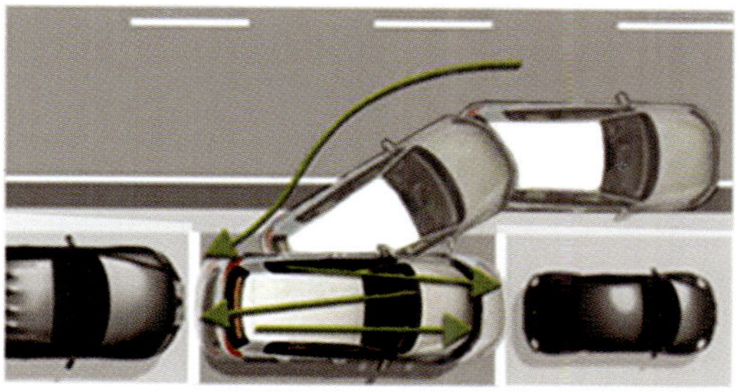

그림 2-66 주차 조향 보조시스템

② 시스템 제약 사항

- 주차공간이 굽어있는 곡선일 경우
- 공간 탐색 시 일직선으로 직진하지 않고 좌우로 스티어링 휠을 크게 돌리면서 직진하는 경우(차량 전진 각도 5도 이상 벗어나는 경우)
- 공간 탐색 시 주차된 차량과의 거리가 먼 경우(50~150cm 이외의 거리)
- 경사진 도로일 경우
- 차량의 길이나 폭보다 길거나 넓은 짐을 적재한 상태일 경우
- 사선 주차일 경우
- 주차공간에 쓰레기나 풀이 자라있거나 쓰레기통 같은 장애물들이 있을 경우
- 눈이나 비가 많이 올 때
- 기둥이 주차선과 가까이 있을 경우
- 둔덕이나 턱이 있는 경우
- 스노우 체인이나 스페어 타이어를 장착한 경우
- 타이어 공기압이 낮을 경우
- 트레일러(또는 별도의 차량)를 연결할 경우
- 노면이 고르지 않거나 미끄러운 경우
- 트럭이나 버스 등 높이가 높거나 큰 차량이 있을 경우
- 센서에 흙이나 눈, 얼음 등과 같은 이물질이 묻어 있을 경우
- 추운 날씨에 센서가 결빙되었을 경우
- 주차공간에 자전거 또는 오토바이가 주차된 경우
- 바람이 심하게 부는 경우

- 스티어링 휠에 강한 힘이 가해지는 경우
- 규격이 다른 휠로 교체한 경우
- 휠 얼라이먼트 이상이 있는 경우

③ 현재 업체들이 장착하고 있는 주차 조향 보조시스템

㉠ 도요타

지능형 주차 보조시스템(Intelligent Parking Assist System)을 개발하여 Prius 차량에 적용하여 양산하고 있으며, 후방 관찰 카메라(Rear View Camera)와 전동 조향(EPS : Electric Power Steering)의 조합에 의해 자동 주차 기능을 수행하고 있다.

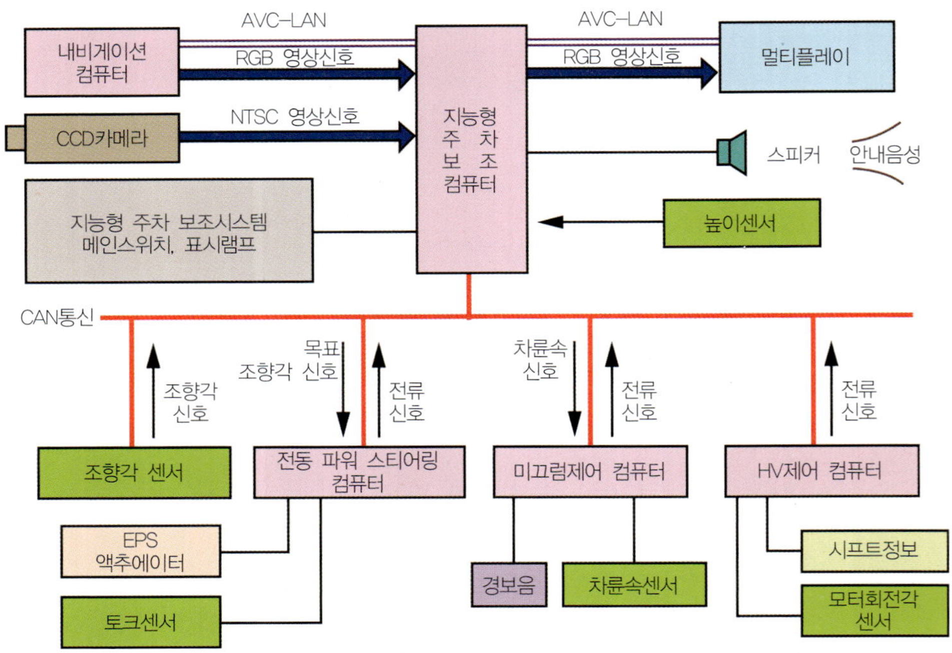

그림 2-67 시스템 개요도

조향제어에 의한 반자동 주차시스템으로서 위치, 장애물 인식 기능 없이 운전자가 수동으로 주차위치를 설정하는 시스템이다. 정확한 주차위치 설정이 다소 어렵고 이동시간이 많이 걸린다. 후방 카메라 외에 초음파센서 등 별도의 센서가 없어 전·후방 충돌 위험이 있다.

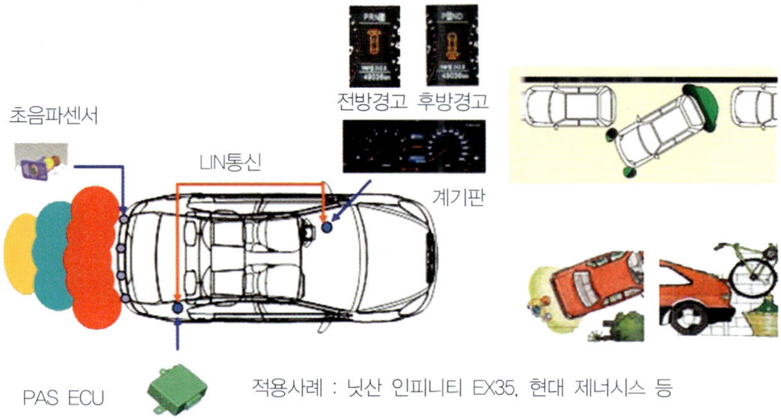

그림 2-68 시스템 구성도

㉡ 보쉬(Bosch)

운전자가 주차 시 쉽게 주차할 수 있도록 도와주는 반자동 주차보조장치인 SPA (Semi-Autonomous Parking Assistant)의 주요 기능은 다음과 같다. 차량 전·후에 설치된 초음파센서(거리 : 3m)로 주차 가능한 공간을 찾아 운전자에게 통보한다. 초음파센서와 차량에 탑재된 소프트웨어를 이용, 핸들을 어떻게 조작해야 하는지 계산해 모니터를 통해 표시한다.

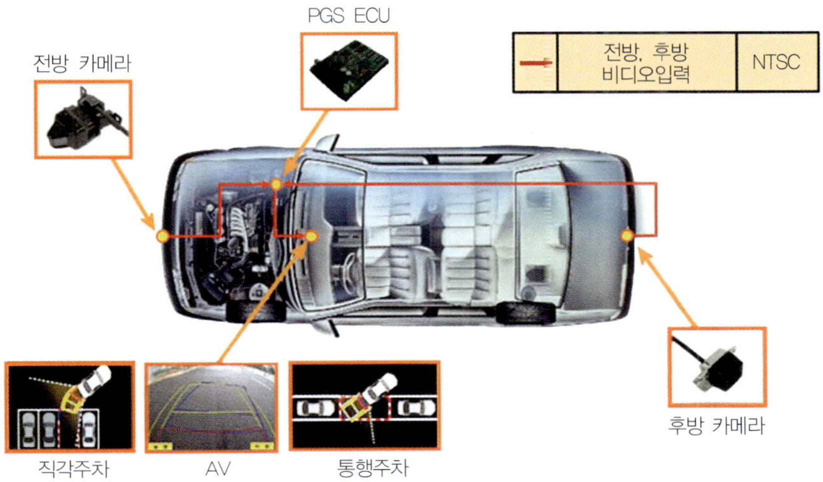

그림 2-69 주차 개요도

핸들조작을 잘못했을 경우, 즉시 오류를 수정하여 필요한 궤도를 재계산한다. 또한 자동 주차시스템(Full Automatic Parking System)은 EPS(Electric Power Steering)의 모터를 계산된 궤도에 따라 직접 자동으로 제어한다. 주차 조정사(Park Pilot)는 초음파센서를 이용한 주차보조시스템이다.

㉠ **주차 보조시스템 :** 후방영상에 예상 경로를 표시하고, 장애물까지 거리를 소리로 경보한다.

㉡ **주차 안내시스템 :** 음성 또는 화면을 통하여 조향조작을 안내한다.

㉢ **반자동 주차 보조시스템 :** 지정한 주차 장소에 주차하도록 조향제어를 자동화한다.

㉣ **전자동 주차 보조시스템 :** 지정한 주차 장소에 주차하도록 조향, 제동제어를 자동화하고 있다.

㉤ **안전 주차시스템 :** 지정한 주차 장소에 전자동으로 주차하면서, 전후 좌우방향의 충돌사고를 방지한다.

㉥ **주차보조 주차장 :** GPS 정보, 감시 영상 등을 제공하는 주차장 관리시스템과 통신으로 전달된 정보를 표시할 수 있는 차량이다.

㉦ **자동 주차장 :** 자동으로 차를 주차시켜 주는 주차장 관리시스템과 통신으로 전달된 조향, 제동명령을 수행할 수 있는 차량이다.

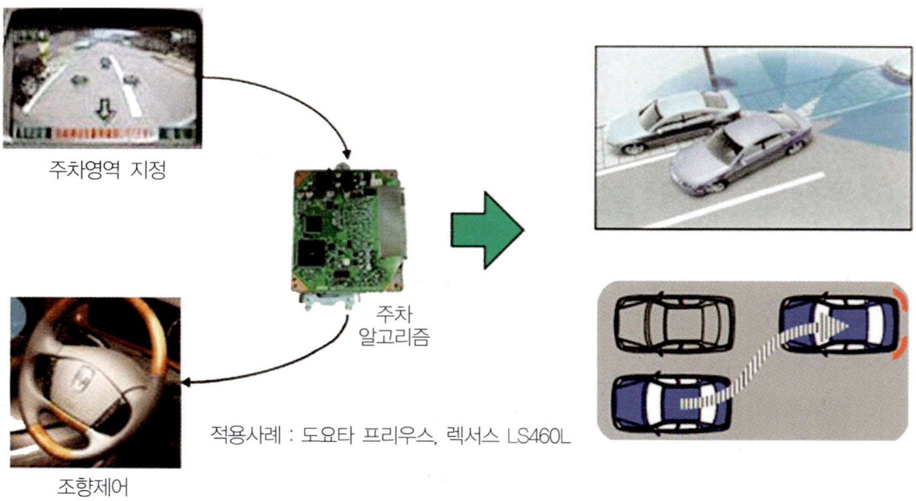

그림 2-70 시스템 구성

부품별 개발이 다음과 같이 진행 중이다.

㉠ HDRC(High Dynamic Range CMOS) : 다양한 빛 조건(주간, 야간, 실내 주차장 등)시 시야를 확보한다.

㉡ 거리감지센서 : 초음파센서, SRR(Short Range Radar) 등의 거리 감지센서를 이용한 주차장 장애물 거리 감지를 통한 주차 신뢰성 확보 및 주차 중 충돌 위험을 방지한다.

㉢ 고속 영상처리, 제어 ECU : 주차 시의 복잡한 주위 환경을 카메라 및 거리감지센서로 인식하고, 인식 정보를 이용한 주차제어를 H/W 고속화를 통해 단일 ECU로 통합한다.

㉣ 능동적 조향시스템 : 능동적 조향시스템의 제어를 통한 주차 경로를 추적 수행한다.

㉤ 능동적 제동시스템 : 능동적 제동시스템의 제어를 통한 전자동 주차기능으로 확대하고 있다.

(3) 주차충돌방지시스템(PCAA : Parking Collision-Avoidance Assist)

주차충돌방지시스템(PCAA)은 저속 후진 시 후방에 위치한 다른 차량, 보행자 또는 장애물과의 충돌이 예상되는 경우에 이를 경고하고, 긴급 제동을 지원하는 주차안전시스템이다. 이 시스템은 후방 카메라와 각종 센서를 이용하여 장애물의 위치를 모니터링하여 충돌 위험 여부를 판단하게 되며, 충돌 위험이 감지되면 시각적 또는 청각적으로 경고하고, 긴급 제동을 작동시킨다. 일반적으로 10km/h 이하의 후진 속도에서 작동한다.

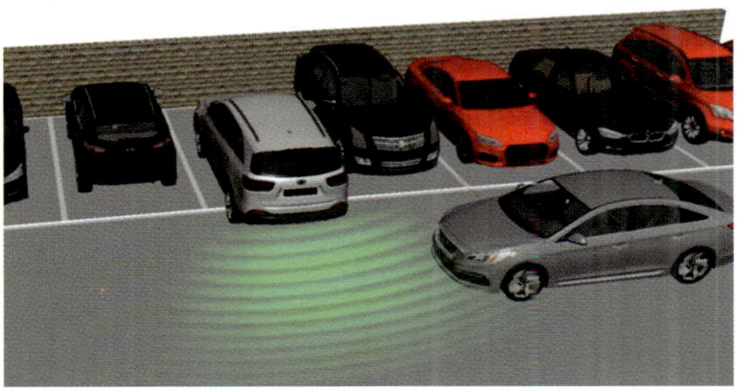

그림 2-71 주차충돌방지시스템

(4) 원격 스마트 주차 보조(RSPA : Remote Smart Parking Assist)

하차 후 스마트키를 이용해 원격으로 전진, 후진, 후진 주차를 가능케 한다.

(5) 안전 하차 보조(SEA : Safety Exit Assist)

주차 후 하차 시 후측방 차량과 충돌 위험이 있는 경우 뒷좌석 문을 잠금 상태로 유지하고 경고하는 기능

7) 고속도로 주행

(1) 고속도로 주행 보조시스템(HDA : Highway Driving Assist)

HDA는 고속도로에 진입하면 HDA가 활성화되어 간격, 속도, 차선, 후측방 경고 등의 고속도로 주행을 복합적으로 지원하는 시스템으로, 고속도로 주행 시 운전자 편의성 증대와 안정성 향상을 위해 적용된 기능이다.

자동차 사이 간격을 유지하는 차간거리제어기능(ASCC)과 차선이탈로 사고 발생이 일어나지 않도록 도와주는 차선유지기능(LKAS), 내비게이션 위치 정보가 상호작용하여 2단계 수준의 자율주행을 수행한다.

그림 2-72 고속도로 주행 보조시스템

고속도로 주행 보조시스템은 차간거리 제어는 물론, 차선유지, 정지 후 재출발, 속도제한 구간별 속도 자동 조절 등의 기능이 포함된 첨단 주행보조 기술이다.

LKAS와 HDA는 비슷해 보이지만 엄연히 다른 시스템이며, LKAS의 기능은 차선을 인지하여 자동차가 차선 밖으로 나가지 않고 차로 중앙 방향으로 이동시키기 위한 차선이탈 경보 시스템인 반면, HDA는 차선을 인지하여 차선 안 중앙의 선을 그려 그 중앙을 따라갈 수 있도록 조향 제어하는 시스템이다. 이러한 차이점으로 인해 시스템 적용의 최적의 속도도 다르다. LKAS는 80km/h 미만 속력의 국도나 도로에 유용한 시스템이며, HDA는 80km/h 이상 110km/h 이하의 속력에 최적화된 시스템이다.

자동으로 차선변경까지 가능한 현대차의 HDA2는 기존 HDA 기반 자율주행 중 방향지시등을 켜면 자동으로 차로를 변경하는 것이 특징이다. 더불어 전 · 측방에 레이더를 추가 장착해 갑자기 끼어드는 타 차량의 위험 요소에도 빠르게 대응할 수 있다.

참고

① 지능형 속도 제한 보조(ISLA : Intelligent Speed Limit Assist) : 주행 시 도로의 제한속도를 초과하지 않도록 도와주는 기능으로 연관 기술로 MSLA(수동 속도 제한 보조)이 있다.

② 고속도로 주행 보조 2(HDA 2 : Highway Driving Assist 2) : 주행 중 옆 차량과 가까워지는 경우 위험하지 않도록 차로 내 편향 주행을 수행하고, 일정 속도 이상으로 주행 시 스티어링 휠을 잡고 방향지시등 스위치를 변경하고자 하는 차로 방향으로 움직이면 자동으로 차로를 변경한다.

(2) 시야 보조시스템

① 장애물 감지시스템(Obstacle Detection System)

운전자가 안전하고 편리하게 주차장이나 도로변의 좁은 공간을 비집고 주차를 할 수 있도록 해주는 것은 자동차의 편의장치를 넘어서 안전 보조장치로 중요하게 인식되고 있다. 후방감지시스템에서는 주차 시에 발생할 수 있는 충돌을 방지하기 위한 장애물 감지시스템을 개발하는 것을 목적으로 하며, 이는 차량 주차 보조용의 초음파센서를 이용한 전 · 후방 장애물 감지장치 개발을 의미한다.

장애물 감지장치 개발은 지능화된 차량의 개발 분야로 사이드 장애물 경보장치에 적용이 가능하고, 이는 차선 변경 중 자기 자동차의 옆쪽에 있는 타 차량과의 잠재적인 충돌 위험에 대해 운전자에게 경보하는 시스템이다. 내 · 외부 백미러를 보조하는 역할을 하며, 충돌 가능성을 제거하기 위한 차량 안전 보조시스템이다.

차선 변경시 OSRVM(Out Side Rear View Mirror)으로 판단할 수 없는 사각지대 내 장애물 인식의 어려움을 해결하기 위하여 센서를 이용하여 차선변경 시 사각지대 장애물을 감지하고 운전자에게 경보(시각/청각)함으로써 충돌을 사전에 예방하는 시스템 개발이 가능하다.

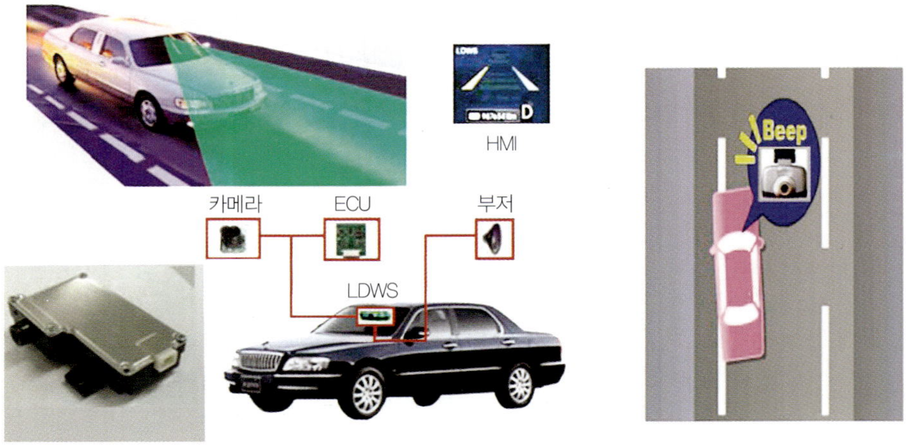

그림 2-73 장애물 감지장치 구성도

사이드 장애물 경보는 차량의 뒤 혹은 옆쪽에 있는 타 차량을 감지하도록 구성되어 있으며, 차량의 운전자가 차선변경 의도를 표시한다면(방향지시등 표시) 본 시스템은 주변 상황을 판단해서 차선변경이 적합하지 않으면 운전자에게 경보를 보낸다.

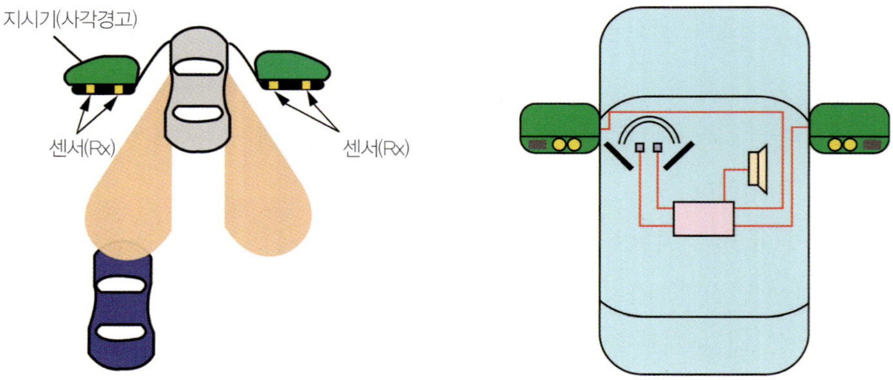

그림 2-74 OSRVM 개념도

② 사각지대 예방

사이드 미러나 룸 미러로 볼 수 없는 사각지대에서 갑자기 나타난 이륜차나 자전거, 사람과 부딪히는 사각지대 사고는 낮보다는 밤에 더 자주 발생한다.

이 같은 사각지대 사고를 예방하는 데 앞장선 자동차메이커는 볼보다. 볼보의 사각지대 사고 예방시스템인 블리스는 사이드미러 양쪽 밑부분에 달린 소형 카메라가 사각지대에 나타난 물체를 감지한 뒤 경고등을 작동시킨다. 사각지대에서 달리는 이륜차나 자전거 등과 부딪힐 위험을 줄여준다. 차선을 바꿀 때도 효과적이다.

혼다 어코드와 크로스투어에 장착된 레인워치시스템은 조수석 쪽 사이드미러 하단에 있는 카메라를 통해 사각지대 상황을 파악한다. 시트로앵 DS4도 주행 중 사각지대에 다른 차가 있으면 램프로 위험을 표시해주는 사각지대 모니터링시스템을 갖췄다. 르노삼성 SM7에도 사각지대 경고시스템(BSW)이 장착됐다. 시속 35km 이상으로 차가 달릴 때 앞뒤 범퍼 사이드에 장착된 감지센서가 좌우 사각지대를 감시하다 물체가 다가오면 LED 경고등으로 운전자에게 주의하라는 신호를 보낸다.

(3) 전후 · 좌우 전천후 감시시스템

전후 · 좌우 전천후 감시시스템도 야간 운전의 위험을 줄여준다. 차의 전후 · 좌우에 장착된 카메라를 통해 차를 위에서 내려다보는 것과 같은 영상을 제공해 사각지대를 없애주고 주차를 손쉽게 할 수 있도록 도와주기 때문이다. 인피니티가 채택한 어라운드 뷰 모니터는 모니터 화면 왼쪽에 진행 방향 영상이 나타난다. 오른쪽에는 4대의 메라가 촬영한 영상을 조합해 전후 · 좌우를 하늘에서 내려다보는 장면이 나온다. 폭스바겐 투아렉에 장착된 탑뷰 기능은 앞 범퍼 밑에 보이지 않는 장애물이나 뒤 범퍼쪽 눈높이 아래에 있는 장애물까지도 보여준다. BMW가 5시리즈에 처음 장착한 서라운드 뷰도 백업 카메라, 센서, 사이드미러 카메라 등을 통해 운전자가 제한된 공간에서도 정확하게 차를 움직일 수 있게 지원한다.

캐딜락은 후방 시야를 넓혀주는 드라이버 어시스트 기술을 개발했다. 캐딜락이 업계 최초로 개발해 특허를 갖고 있는 햅틱 시트는 후 측면 접근 차량 등 충돌 요소를 감지한 뒤 그 위치에 따라 시트 오른쪽 또는 왼쪽에 진동을 줘 운전자에게 경고를 보낸다.

르노삼성 SM7에 장착된 전후방 경보장치는 차량과 장애물 사이의 거리를 측정해 사고를 막아준다. 장애물 위치를 전방과 후방 범퍼 왼쪽 · 중앙 · 오른쪽으로 구분한 그래픽도 계기판에 표시된다. 폭스바겐 티구안에 장착된 파크어시스트시스템은 모퉁이, 도로변 연석, 나무 등 장애물 인식 능력을 갖췄다.

[3] 편의(Comfort) 및 안전(Security)

1) 스마트 전조등

밤길 운전은 초보 운전자는 물론 베테랑 운전자에게도 두려움의 대상이다. 어두우면 어두운 대로, 밝으면 밝은 대로 위험이 상존하기 때문이다. 가로등이 적은 도로나 골목길에서는 어둠에 묻혀 사람이나 물체가 잘 보이지 않는다. 도심에서는 화려한 네온사인이나 맞은편에서 오는 차량 전조등 때문에 눈이 부셔 사물을 식별하기 어렵다. 운전자라면 누구나 어디선가 갑자기 사람이나 자전거가 튀어나와 간담이 서늘해진 경험이 한두 번쯤 있을 정도다. 여기에 밤이 긴 겨울에 눈이나 비가 내린다면 설상가상이다.

야간 공포증을 없애주는 대표적인 장치는 전조등이다. 전조등은 단순히 전구로 빛을 발산하는 단계에서 벗어나 인공지능 기술을 채택해 스마트해졌다. 어댑티브 헤드램프가 대표적이다. 스티어링 휠의 회전 각도와 주행 속도를 계산한 뒤 주행 방향에 따라 빛의 방향을 자동 조절해 시야를 확보해준다.

룸 미러 앞에 탑재된 카메라가 맞은편에서 접근하는 차나 앞차의 위치를 감지한 뒤 하이빔의 차단 범위를 계산해 운전자 시야를 넓혀주면서도 맞은편 운전자에게는 눈부심을 주지 않는 상향등을 작동시킨다.

BMW는 5、6、7시리즈에 눈부심 방지 하이빔 어시스턴트를 장착했다. 시속 50km 미만에서는 길 양쪽과 반대편 차량을 인식할 수 있게 빛을 분포하고 고속도로에서는 빔을 더 멀리 비춰준다. 포르쉐의 바이제논 헤드라이트는 야간 고속도로에서 시속 130km 이상 달릴 때 전조등 도달 거리를 50m 더 길게 조절해주고, 맞은편에서 오는 차가 없을 때는 넓은 폭으로 전조등을 켜준다.

혼다는 투명한 유리처럼 램프 안쪽을 볼 수 있는 클리어 렌즈를 사용해 가시거리를 확보해주고, 눈부심 현상을 줄여주는 조사각도 자동 조절 HID 헤드램프를 채택했다.

(a) 고속도로 (b) 일반국도 (c) 곡선로

(d) 교차로 (e) 악천후 (f) 시가지

그림 2-75 스마트 전조등 조사 각도

(1) 스마트 하이빔 어시스트(SHBA : Smart High Beam Assist)

전면 유리(대부분 룸미러 주변)에 장착된 카메라가 주변의 조명 상황과 다른 차량의 램프 밝기를 자동으로 인식해 전조등의 상향등/하향등 작동을 자동으로 적절하게 조절하는 시스템이다. 스마트 하이빔 어시스트 작동 중, 전조등이 상향 상태에서 하향 상태로 자동 전환되는 상황은 다음과 같다.

① 다가오는 차량의 전조등을 감지할 때
② 앞서가는 차량의 미등을 감지할 때
③ 전조등을 상향하지 않아도 될 만큼 주위가 밝을 때
④ 전방에 가로등이나 기타 조명이 있을 때
⑤ 조명스위치가 AUTO(자동점등) 위치가 아닐 때
⑥ 스마트 하이빔 어시스트 기능이 꺼졌을 때
⑦ 차속이 35km/h 이하로 감속되었을 때

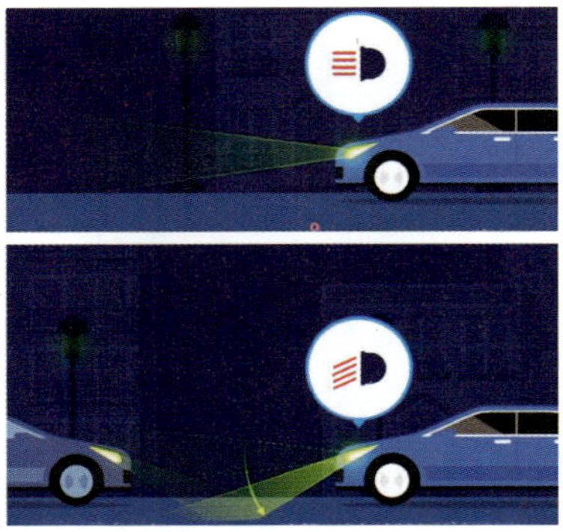

그림 2-76 하이빔 보조시스템

(2) 하향등 제어 보조시스템(LBA : Low Beam Assist)

야간 곡선도로를 주행할 경우 핸들이 돌아가는 방향으로 전조등을 비추도록 하는 안전 편의 기술이다. 야간 운전 시 전조등이 커버할 수 없는 좌우 조도에 대해서 전조등을 그 방향으로 움직여 비춰줌으로써 운전자에게 가시거리를 확보해주어 시야 확보를 도와주는 기술이다.

그림 2-77 하향등 제어 보조시스템

(3) 자동배광 가변형 전조등시스템(AFLS : Adaptive Front Lighting System)

차량의 주행 환경에 따라 전조등의 밝기나 조사 각도 등을 조절해 운전자가 더 안전하게 운전할 수 있도록 스스로 전조등을 제어하는 기능이다. 헤드램프가 스스로 빛을 조절하여 기존의 고정식 헤드램프에서는 비출 수 없던 영역까지 빛을 비추게 된다.

AFLS가 장착되면서 코너에 진입할 때 다이나믹 밴딩 라이트(DBL : Dynamic Bending Light)는 진행방향으로 헤드램프의 각도를 조절한다. 눈동자가 움직이듯 필요한 곳으로 헤드램프를 돌려서 우수한 시야를 확보한다. 일반 헤드램프로는 볼 수 없었던 사각지대를 볼 수 있게 되면서 사고를 예방할 수도 있다. AFLS는 차량어 부착된 각각의 센서인 차량의 속도, 스티어링 휠의 각도, 차고센서 및 변속레버 등으로부터 얻은 데이터는 차량이 현재 몇 km/h의 속도로 어느 정도 각도의 코너에 진입하였는지를 AFLS ECU(제어기)에서 계산하여 헤드램프에 달려있는 LDM(전원), 스위블 스텝핑 모터, 레벨렝 스텝핑 모터, 액추에이터를 조절하여 램프와 각도와 밝기를 조절하여 최적의 라이팅을 구현한다.

일반 모터가 아닌 스텝핑 모터를 사용해 제어하기 때문에 램프의 각도를 세밀하게 조절할 수 있다. AFLS의 기능은 다음과 같다.

① **고속도로 주행 시** : 일반도로보다 더 멀리 비춘다.
② **일반도로 주행 시** : 기본적인 헤드램프와 동일한 영역을 비춘다.
③ **곡선로 주행 시** : 스티어링 휠의 각도에 따라 헤드램프 각도가 변하여 곡선 부분에 따라 비춘다.
④ **교차로 및 시가지 주행 시** : 차량 좌우측면을 더 넓게 비춘다.
⑤ **악천후 시** : 빛을 더 밝게 비춘다.
⑥ 공통적으로 반대편 차선에 대한 눈부심을 방지하기 위해 운전자측 헤드램프의 조사각이 더 낮다.

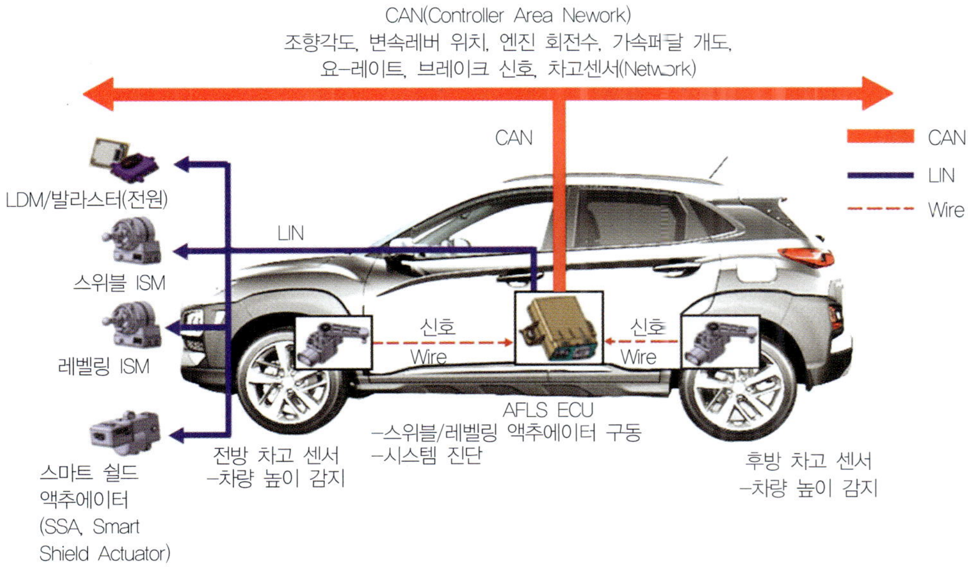

그림 2-78 AFLS 제어 구성도

AFLS의 또 다른 기능은 차체 변화에 따라 일정한 조사각 및 조사 영역을 확보하기 위한 헤드램프의 오토레벨링 기능이다. 차량에 탑승한 사람 및 적재물에 의해 발생하는 차량 전후의 높이차를 감지해 헤드램프의 상·하 각도를 조절한다.

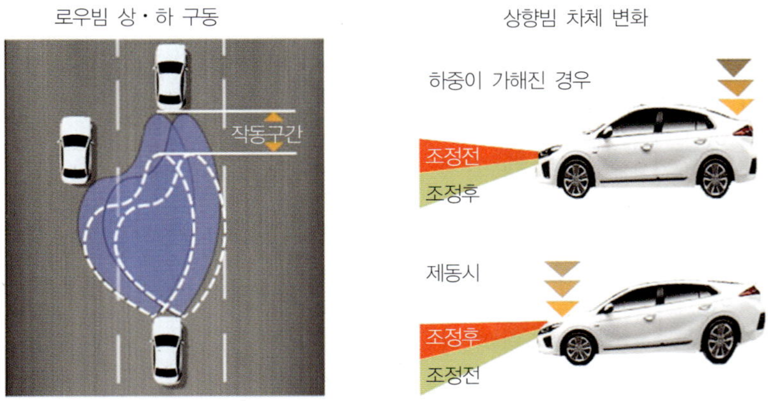

그림 2-79 AFLS 상·하 Auto Leveling 제어

2) 운전자 상태 감시 및 경고

(1) 졸음운전 시 운전자 경고시스템

음주운전만큼 위험한 졸음운전 때 운전자에게 경고해주는 안전장치도 있다. 폭스바겐이 개발한 피로 감지시스템은 운전자의 조향각, 페달 사용 등의 운전 패턴을 분석한 뒤 주행 시작 15분 뒤부터 다른 패턴이 나타나면 운전자의 집중력이 저하됐다고 보고 경고음과 메시지로 휴식을 권고한다.

아우디의 휴식 권장시스템은 가속 및 브레이크 페달의 움직임, 컨트롤 레버 활용 빈도 등을 모니터링한 뒤 평소와 다른 움직임을 보이면 운전자에게 휴식을 권장한다.

BMW 7시리즈에도 운전자의 행동을 모니터링하는 액티브 프로텍션 기능이 있다. 조향 각도, 속도 등을 감지하는 전자장치를 통해 운전자 행동을 분석한 뒤 운전자의 피로도가 증가하는 것으로 나타나면 휴식을 권하는 커피잔 모양의 아이콘 신호를 보낸다.

도요타의 운전자 감시장치도 카메라와 적외선센서가 운전자의 얼굴과 눈꺼풀을 감시하다 고개가 숙여지거나 눈꺼풀이 감기면 경고등과 경보음을 작동한다.

국내에서도 운전자 안전시스템이 서서히 대두되고 있는 가운데 국내 자동차 회사는 졸음운전과 무의식적인 차선이탈을 운전자에게 알려주는 경브시스템을 국내 처음으로 개발해서 곧 실용화하기로 했다. 이 시스템은 운전자의 안면과 전방주행차선을 CCD카메라로 촬영해서 영상의 변화를 감지하면서 작동된다.

CCD(Charge Coupled Device)카메라는 디지털카메라의 하나로, 전하 결합 소자(CCD)를 사용하여 영상을 전기 신호로 변환함으로써 디지털 데이터로 플래시 메모리 등의 기억매체에 저장하는 장치이다. 일반적으로 두 가지 센서로 졸음운전을 모니터하게 되는데, 첫째는 운전자가 잡고 있는 핸들 압력을 모니터하고 압력 저하가 발생하게 되면 1단계로 운전자에게 경고음, 음악, 악취, 에어컨 등을 가동시키서 운전자에게 경고하고, 그렇게 해도 졸음운전을 계속 하고 있을 경우에는 2단계로 운전자 시트 진동을 일으켜서 운전자가 졸음운전을 하지 않도록 유도하는 개념이다.

그리고 운전자 안면감지 카메라는 운전자의 눈을 실시간으로 추적해 운전자의 홍채 크기 변화로 눈의 분당 깜박임 횟수나 홍채 사이즈 변화로 졸음을 감지하는 방식이다. 운전자가 시선을 주는 모든 곳과 눈을 깜박거리는 것까지 일일이 감시해 자동차 사고를 당하기 전에 자동차에 장착된 졸음운전 경고시스템이 경고를 보내게 된다.

이는 운전자의 눈을 깜빡이는 횟수와 홍채 사이즈와 핸들을 잡고 있는 손의 압력을 분석해서 운전자가 졸음을 느끼거나 피로하거나 주의가 산만해지는 것을 파악해 운전자에게 경고를 줄 수 있게 하는 것이다.

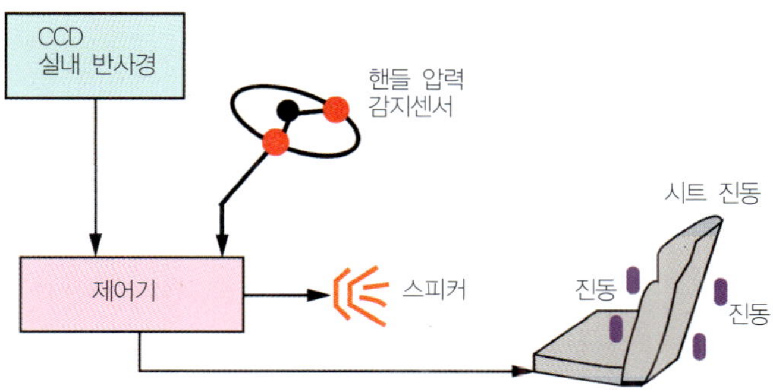

그림 2-80 졸음운전 시 운전자 경고시스템

졸음운전에 대한 경고시스템으로 우선 핸들에 부착된 센서가 운전자의 손바닥 맥박을 점검한다던지, 핸들을 쥐고 있는 손의 압력을 체크해서 자동차에 탑재된 컨트롤러가 심전도를 분석하거나 핸들을 쥐고 있는 압력을 분석해 운전자의 몸 상태를 점검하여 정상적인 상태가 아니라고 판단하면 자동적으로 음악이 나오던지 에어컨을 튼다던지 악취가 흘러나오게 되는데, 흥분상태일 때는 클래식 음악으로 마음을 안정시키는 방법도 있다.

룸 미러에 운전자의 현재 상태를 표시하고 CCD카메라를 부착하여 운전자의 홍채를 계속 모니터하는 방식과 핸들에 압력센서를 달아서 졸음운전 여부를 판단하여 룸 미러에 상태를 표시하고 기타(소리, 악취, 에어컨, 시트진동) 졸음운전을 경고하는 시스템도 있다.

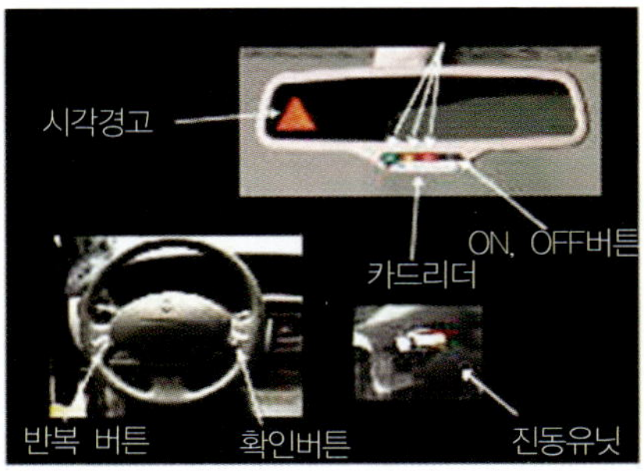

그림 2-81 운전자 경고시스템과 핸들 압력 감지 센서

(2) 똑바로 안 가면 스티어링 휠 경보 및 진동 … 차선이탈 경고

운전자의 졸음운전으로 차선을 벗어나면 요철소리와 함께 경보가 발생하는 차선인식 및 경보시스템은 차선이 바뀌려고 하는 순간 운전자에게 경고음을 작동해 위험한 상황에 대처할 수 있는 시간적 여유를 갖게 한 것이다.

밤에는 차선을 파악하기 어렵다. 빛 때문에 흰색이나 노란색 차선을 구별하기 어려울 때도 많다. 게다가 운전자가 휴대폰으로 통화하거나 옆 사람과 대화를 하는 등 운전과 관계없는 일을 하면 자신도 모르게 차가 옆으로 움직여 차선을 벗어나는 경우가 많다.

차선이탈 방지시스템은 운전자가 방향지시등을 작동하지 않은 채 현재 주행 중인 차선을 벗어나려는 움직임이 감지되면 스티어링 휠에 진동을 주거나 안전벨트를 당겨 운전자에게 경고해 사고를 예방한다.

인피니티 차선이탈 방지시스템은 시속 70km 이상 속도로 차가 달릴 때 방향지시등 조작 없이 주행 차선이 변경되면 경고를 보낸다.

경고 이후에도 운전자가 스티어링 휠을 조작하지 않으면 차체자세제어장치와 연계해 각 바퀴의 브레이크 압력을 조절한 뒤 진행 차선으로 차가 되돌아오게 지원한다. 아우디도 스티어링 휠을 진동해 주의를 환기시키는 차선이탈 경고시스템을 장착했다.

차선이탈 경고시스템은 수입차는 물론 국산차에도 일반화되고 있는 추세다. 현대차, 기아차 등에 장착된 차선이탈 경보장치는 룸 미러 뒤쪽에 달린 적외선 센서가 양쪽 차선을 감지한다. 방향지시등 작동 없이 차선이 바뀌면 클러스터 경고메시지, 경고음, 시트 진동 등을 통해 운전자에게 경고를 보낸다.

(3) 차 미끄러지면 안전벨트 꽉! … 능동형 안전시스템

차가 스스로 멈추고 부상도 줄여주는 능동형 안전장치도 야간 사고 예방에 효과적이다. 벤츠는 주행 상황을 모니터링하다 위험 상황을 감지하면 운전자에게 경고하고, 더 나아가 심각한 부상을 당하지 않도록 예방한다. 운전자가 브레이크를 급하게 밟거나 스티어링 휠을 위태롭게 조작하거나 차가 미끄러지는 상황이 발생하면 안전벨트를 조여 주고 좌석 위치를 에어백이 팽창하기 좋은 상태로 맞춘다.

또한 창문과 선루프를 자동으로 닫아 탑승자의 머리나 팔이 차량 밖으로 노출돼 부상당하는 것을 막아준다.

폭스바겐 긴급 자동 제어시스템도 사고가 예상되는 순간 운전자에게 경고를 보내고, 운전자가 제대로 대응하지 못하면 차를 빠르게 제동한 뒤 안전벨트를 조여 탑승자를 보호해준다. 볼보 시티세이프티는 도심 속에서 자주 발생하는 후방 추돌사고를 막아주는 세계 최초의 저속추돌 방지시스템이다. 시속 50km 이하로 주행할 때 앞차가 급정거했는데도 운전자가 브레이크를 밟지 않으면 차 스스로 브레이크를 작동한다.

3) 지능형 시트(Seat)

고급 자동차를 대상으로 지능형 seat 개발에 있어서 다음과 같은 기능을 달성하여야 한다.

① 시트 제어(Seat Control)

㉠ 슬라이드 모터 제어(Slide Motor Control : 전, 후)

㉡ 틸트 모터 제어(Tilt Motor Control : 상, 하)

㉢ 하이트 모터 제어(Height Motor Control : 상, 하)

㉣ 백레스트 모터 제어(Backrest Motor Control : 전, 후)

㉤ 헤드리스트 업다운 모터 제어(Headrest Up/Down Motor Control Up, Down)

㉥ 헤드리스트 틸트 모터 제어(Headrest Lilt Motor Control : 전, 후)

② 졸음방지 제어 : 운전자가 졸음이 발생하여 미리 세팅된 평소의 운전 습관 자세에서 이탈했을 경우 시트에서 안마 기능을 담당하는 진동 모터가 작동하여 운전자에게 미리 경고를 줌과 동시에 운전자에게 안마 동작으로 졸음을 없애준다.

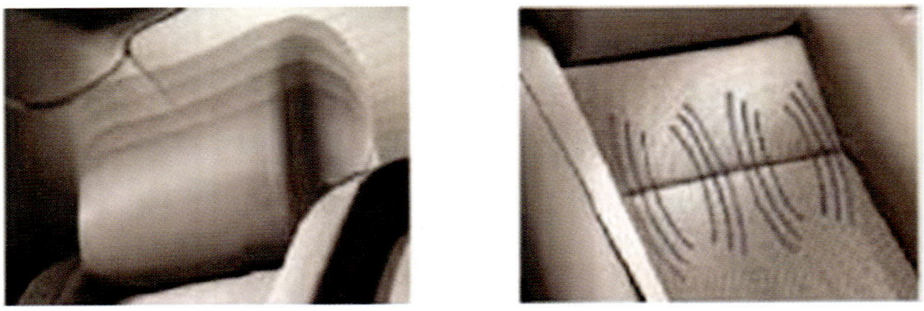

그림 2-82 졸음방지 제어

③ 능동형 헤드리스트 기능(Active Headrest Function) : 후방 추돌 시 탑승자의 머리가 젖혀지는 것을 최소화시켜 치명적인 목 부상을 예방한다.

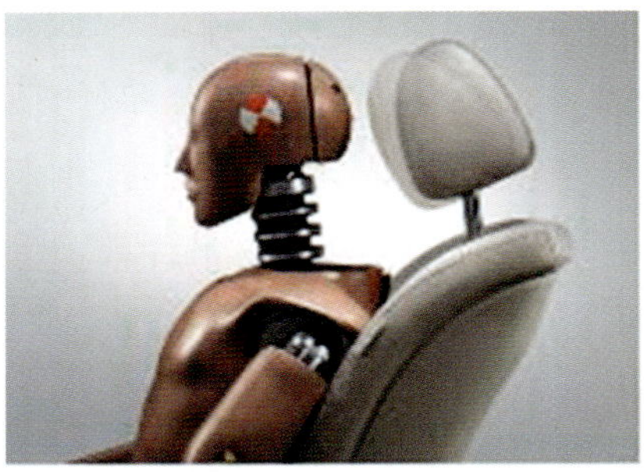

그림 2-83 능동형 헤드리스트 기능

④ 룸미러 제어(Inside mirror control) : 미리 설정된 운전자의 메모리 시트(Memory Deat)와 룸미러(Inside Mirror)의 세팅값으로 운전자가 탑승했을 경우 그 위치를 자동으로 찾아 운전자가 원할 때 룸미러(Inside Mirror)를 제어할 수 있도록 한다.

⑤ 히팅시트 제어(Heating Seat Control) : 시트 내부의 열선 온도를 제어하여 승객이 원하는 적정한 온도가 유지되도록 제어한다.

그림 2-84 Seat Heating

⑥ 다리받침 제어(Leg Support Control) : 시트 하단에 장착된 모터를 이용하여 승객의 다리를 받쳐주는 지지대의 위치를 제어한다.

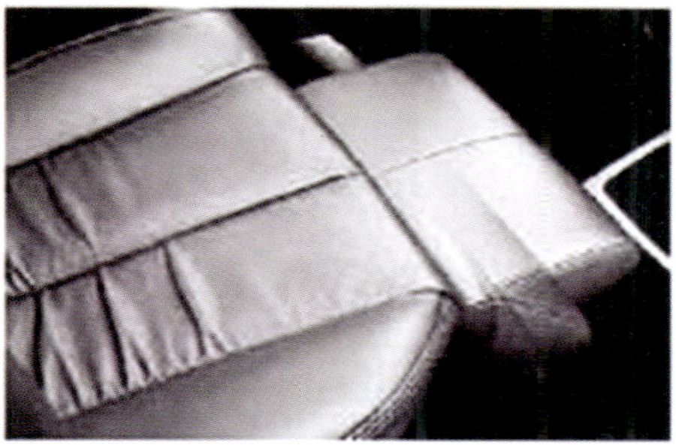

그림 2-85 다리받침 제어

⑦ 이지 엔트리(Easy Entry : Eat, Steering Inside Mirror Control) : 운전석 이지 엔트리(easy entry) 기능은 운전석 시트, 조향핸들, 룸 미러가 연동해서 움직여 운전자가 쉽게 착석하도록 하는 기능이다.

그림 2-86 구동 이지 언트리

⑧ VIP 이지 엔트리(VIP Seat Easy Entry) : VIP 이지 엔트리(Sat Easy Entry)는 뒷자석의 슬라이드, 레그 서포트(Leg Support), 승객시트(Passenger Seat)가 움직여 사람(VIP)이 쉽게 승 · 하차하도록 하는 기능이다.

그림 2-87 VIP 이지 엔트리

⑨ 냉난방 통풍시트 : Seat 내부에 장착된 FAN에 의해 냉난방 동작을 한다.

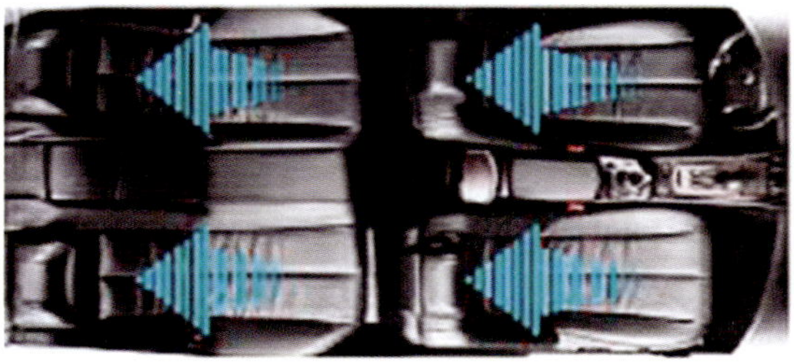

그림 2-88 통풍 시트

⑩ 시트 안마 기능 : 내부의 롤에 의해 운전자 및 VIP를 위한 안락함을 제공한다.

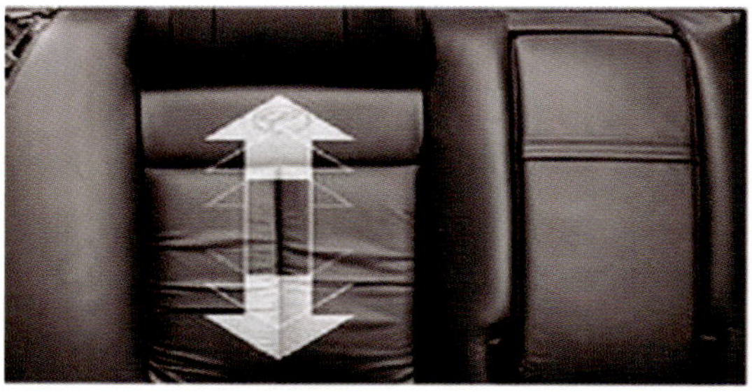

그림 2-89 시트 안마

⑪ 시트모듈 모니터링(Seat Module Monitoring) 기능 : 기능 Error 및 시스템 불량에 대한 실시간 모니터링(Monitoring)

⑫ 차량 시스템에 따른 통신 적용 : CAN(Communicated Area Network) 적용

4) 차량 보안시스템

(1) 지능형 접속보안 제어(Intelligent Access & Security Control, PKE System)

기존의 RKE(Remote Keyless Entry) 송신기 또는 일반 키를 사용하여 차량 도어를 록(Lock), 언록(Unlock)하고, 트렁크를 오픈하던 것을 운전자의 편의성을 높이기 위해 운전자의 위치 및 탑승위치를 파악하여 도어록, 언록, 트렁크를 오픈시킨다. 엔진 시동(Engine Start) 등의 작동을 위해 별도의 조작이 필요 없이 지능적으로 작동하며 보완을 강화시킨 시스템이다.

그림 2-90 스마트폰을 이용한 스마트키

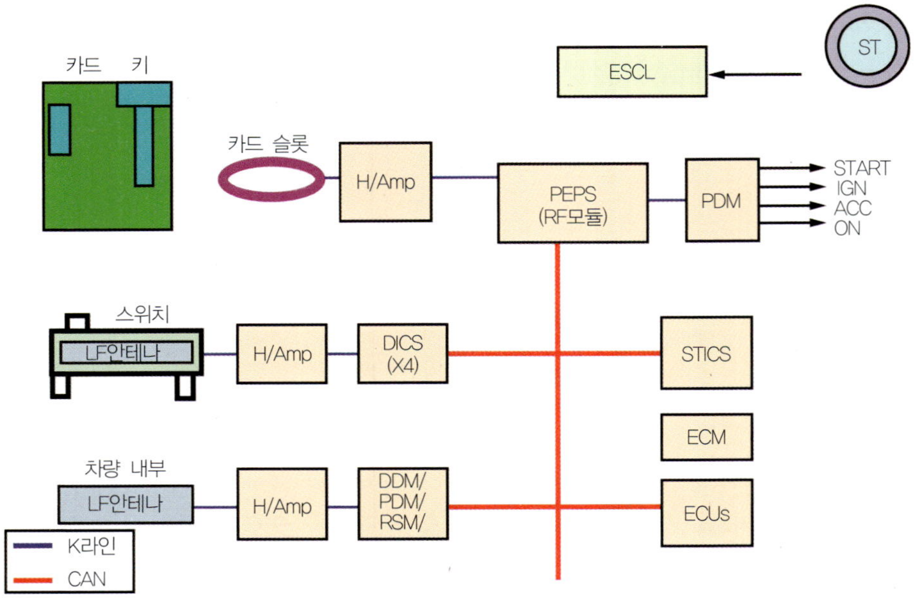

그림 2-91 지능형 접속보안 제어(Intelligent Access & Security Control)의 구성도

(2) 소프트웨어(Software) 요구 사양

ECU의 입출력 단자에 대한 상태를 차량진단기를 통해서 확인한다. ECU의 중요한 정보(VIN Code, Key Fob ID 등)를 차량진단기를 통해서 확인한다. ECU가 정지되었을 경우 차량 운전자 및 차량에 영향을 최소화하는 상태로 돌아간다.

통신라인(K-Line 혹은 CAN Bus)을 통해서 프로그램 수정이 가능해야 한다.

(4) 기타 편의시설

1) BMW 뉴 7시리즈, '시어터 스크린'

뒷좌석에 달린 모니터로 차량 내 엔터테인먼트를 즐기는 시대는 끝났다. BMW 뉴 7시리즈는 전 모델에 뒷좌석 BMW 시어터 스크린을 기본 탑재했다.

천장에서 펼쳐져 내려오는 이 시어터 스크린은 32:9의 비율을 지녔으며, 31.3인치 파노라믹 디스플레이로 구성된 전 세계 최초의 차량용 엔터테인먼트 시스템이다.

넷플릭스나 유튜브 등의 OTT 플랫폼을 내장해 별도의 기기 연결 없이 직접 구동할 수 있으며, 최대 8K 해상도를 지원한다. 또한 HDMI 연결을 통한 외부기기 콘텐츠 재생도 가능해 움직이는 회의실로 활용할 수 있다.

최상의 멀티미디어 감상 환경을 조성할 수 있는 '시어터 모드(Theatre Mode)' 기능도 탑재되어 있다. 이 기능을 활성화하면 모든 뒷좌석 블라인드가 자동으로 펼쳐지며 실내 조명 조도를 조절해 멀티미디어 감상에 최적화된 환경을 조성한다.

그림 2-92 시어터 스크린

2) 메르세데스-벤츠 11세대 E클래스, '3세대 MBUX의 인공지능'

11세대 E클래스는 3세대로 진화한 차량 내 엔터테인먼트 시스템(3세대 MBUX)이 탑재되어 있다. 특히 인공지능(AI)을 활용해 자동차가 운전자가 반복적으로 사용하는 편의 기능을 학습하는 기능을 새롭게 담았다. 벤츠는 이 혁신 기능을 '루틴(routine)'이라고 정의했다.

이를 통해 탑승객은 마치 자동차와 대화를 나누는 것처럼 자신만의 루틴을 설정할 수 있다. 예를 들면, "실내 온도가 10도 미만이면 시트 히터를 틀고, 앰비언트 라이트(간접 조명)는 붉은색으로 설정하라"라는 식으로 자신만의 루틴을 간드는 것이 가능하다.

이 인공지능은 조수석에 승객이 탑승해 있는지 아닌지를 구분할 수 있으며, 카메라로 운전자의 눈동자 움직임도 기록한다. 운전자가 조수석 디스플레이를 바라보는 것을 감지하면, 조수석 디스플레이의 밝기를 줄여 운전자의 주의 분산 위험도를 줄여준다. 또한 대시보드 상단에 탑재된 셀프카메라와 비디오카메라로 차량이 정지한 상태일 때 온라인 화상 회의에 참여하거나, 개인적인 사진과 비디오를 촬영할 수 있는 기능도 담았다.

3) 기아 EV9, '레벨3 조건부 자율주행'

기아의 대형 전기 SUV EV9에서 가장 주목할 만한 기능은 '고속도로 자율주행(HDP)'이다. 최상위 모델인 EV9 GT 라인에만 적용되는 레벨3 조건부 자율주행 기술(주행 환경, 차량과 운전자의 상태 등의 작동 환경이 적합할 시 작동)이다.

고속도로나 자동차 전용도로 등에서는 운전자가 운전대를 잡지 않아도 앞차와의 안전거리를 유지하고 차로를 벗어나지 않으면서 최고 속도 80km/h로 주행할 수 있다. 2개의 라이다와 15개의 센서, 통합 제어기 등을 통해 도로 곡선구간 및 전방으로 갑자기 끼어드는 차량에도 효과적으로 대응하며 안전속도와 거리를 유지할 수 있다.

차량 전면부에 장착된 라이팅그릴의 이미지를 바꾸는 방식으로 자동차의 얼굴을 내 취향대로 바꿀 수 있는 기능도 있다. 기아 커넥트 스토어를 통해 스마트폰 앱을 다운받듯이 '라이팅패턴'을 다운로드받아 적용하는 일종의 유료 구독 시스템이다.

4) 폴스타 폴스타 4, '슈퍼비전 첨단 운전자 보조시스템'

전기차 브랜드 폴스타의 쿠페형 SUV 전기차인 폴스타 4에는 자율주행 기업 모빌아이(Mobileye)와 협업해 만든 슈퍼비전 첨단 운전자 보조시스템(Supervision Advanced Driver Assistance System)이 장착되어 있다. 총 12개의 카메라, 1개의 레이더, 12개의 초음파센서가 기본 탑재된다.

실내에는 데이터 전송은 되지만 녹화는 되지 않아 프라이버시를 보호할 수 있는 운전자 모니터링 카메라가 장착되어 있다. 운전자의 눈과 머리 움직임을 관찰해 운전자의 피로 또는 부주의, 무력함 등으로 인한 사고를 방지할 수 있다. 이 운전자 모니터링시스템은 필요시 적극적으로 개입해 안전운전을 돕는 것이 특징이다.

03

CHAPER

자동차 IT

1. 자동차 IT산업의 특성
2. 자동차 IT기술

CHAPTER 03

자동차 IT

01 자동차 IT산업의 특성

요즘 자동차는 정보통신기술(ICT)인 인포테먼트(Infotainment)나 자동차와 무선통신을 결합한 새로운 개념의 차량 무선인터넷 서비스인 텔레매틱스(Telematics) 기술이 접목된 경우가 많다. 스마트폰으로 자동차 상태를 살피는 것은 물론 스마트기기 등을 통해 외부와 정보를 양방향으로 주고받으며, 실시간 내비게이션이나 원격 차량 제어도 가능하다. 무선 통신 기능 탑재로 웹서핑이나 멀티미디어 콘텐츠 등 인터넷과 모바일 서비스를 사용할 수 있는 것이 특징이다. 이처럼 스마트카 시대를 가능하게 만드는 가장 핵심적인 요소는 네트워크다. 인포테이먼트와 텔레매틱스 기능을 갖추고 고도화된 네트워크 접근성을 가진 자동차를 "커넥티드카(Connected Car)"라고 부른다.

또한 자동차 In-vehicle Network 기술이 보편화되고 있으며 향후에는 정보전자 기술을 접목한 자동차 무선통신 및 지능제어 기술로 발전될 것으로 예측된다.

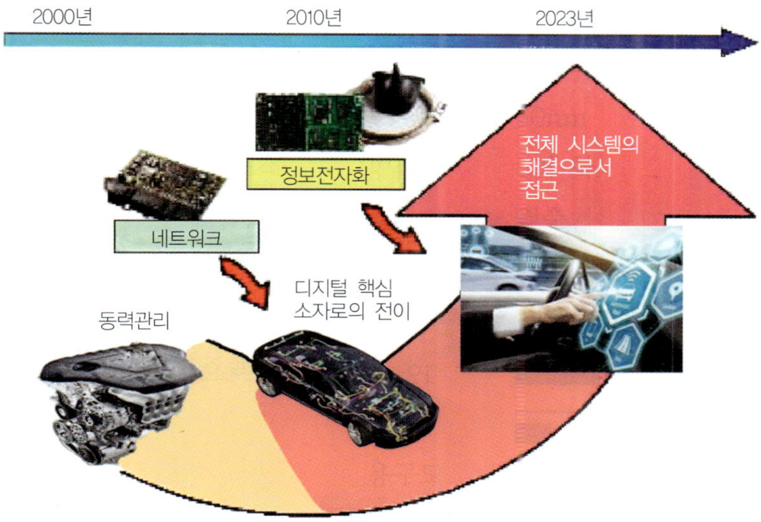

그림 3-1 자동차 융합기술 로드맵

(1) 유무선 통신시스템 부품

자동차와 IT에 직접적인 연계성을 갖고 있는 분야는 우선통신에 기반을 둔 운전자정보시스템(DIS : Driver Information System)과 차량간 통신시스템(Car to Car)을 들 수 있다.

운전자정보시스템(DIS : Driver Information System)은 차 안에서 하나의 모니터만으로 각종 멀티미디어 기기는 물론 스티어링 휠 · 도어 · 윈도우 · 미러 등 각종 장치를 완벽하게 제어하고, 각각의 동작 상태도 확인할 수 있는 시스템을 말한다. 차량용 네트워크 기술을 집약한 것으로 오디오와 내비게이션, DVD 플레이어 등 멀티미디어 기기는 물론 윈도우, 시트, 도어 등을 네트워크로 연결해 모니터 하나로 모든 기능을 통제할 수 있도록 해주는 시스템이다. 또한 자동차의 실내온도를 자동으로 조절하고, 시트 및 핸들 높이 등을 운전자 체형에 맞게 자동 조절한다. 휴대폰이나 PDA를 이용하여 자동차 밖에서도 자동차 도어나 윈도우의 개폐 여부를 확인할 수 있고, 도난당했을 경우 DIS에 연결된 내비게이션의 GPS를 이용하여 차량의 위치를 정확하게 파악할 수 있다.

그림 3-2 자동차와 정보통신기술의 연결고리

GPS는 인공위성을 이용한 측위 기술로 정확한 위치를 알고 있는 위성에서 발사한 전파를 받아 그 전파의 도달 시간차를 계산하여 위치를 측정하게 된다. GPS 위성이 지구 위를 돌고 있는데, 이 중 4개 이상을 이용하여 3차원적인 위치를 측정할 수 있다. 현재 이 기술은 국가적 업무뿐만 아니라 경제, 산업, 과학기술 등 다양한 분야에서 사용되고 있으며 오차범위는 현재 3미터 이내이지만, 앞으로 GPS, 레이더, 각종 센서들이 융합적으로 정보를 수집한다면 그 오차범위는 아주 작아질 것으로 예상된다.

디지털맵 기술은 상용화 중에 있으며 전자지도의 도로지도, 바탕지도, 시설물지도들의 데이터들이 3D화된다면 운전하는 혹은 디지털맵을 이용하는 이용자들은 실제로 해당 지역에 들어온 듯한 느낌을 받을 수 있을 것이며, 이는 운전자에게 많은 편의성을 제공할 것으로 예측된다.

향후 가장 각광받을 수 있는 자동차 관련 사업 분야는 도로-차량을 포함한 차량간 통신(Car to Car Communication)을 들 수 있다. 현재 지능형 자동차사업에서 추진 중인 차량 탑재 스마트센서 기술은 능동 통신기술을 이용한 기능 향상과 서비스 영역이 확대될 것으로 예상된다. 일본은 국내 지능형자동차사업과 유사한 ASV사업에서 3단계 최종 기술 분야로서 통신기술을 이용한 지능형자동차기술을 개발하고 있다.

자동차용 온보드(On-Board) 단말기에 대한 기능이 휴먼 인터페이스(Human-Inter Face) 안전 측면에서 매우 중요하며, ITS 정보기술인 교통상황 검지 등의 인프라와의 연계성이 중요하다. 인프라 정보표준화와 연계하여 차량을 중심으로 이루어지는 서비스(충돌방지 등의 안전에 관련 서비스)에 대한 기술개발이 이루어지고 있다.

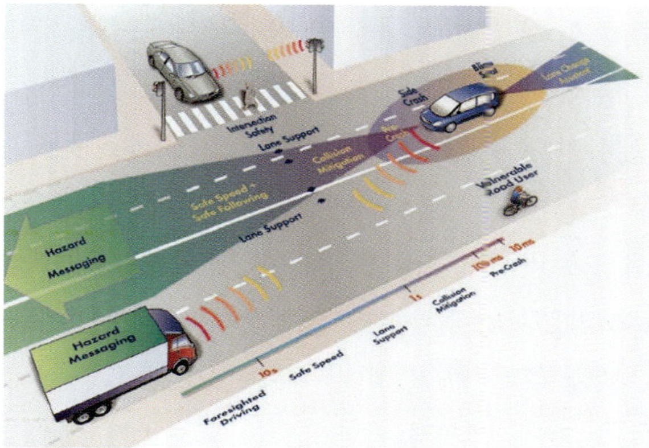

그림 3-3 도심에서의 차량 안전 관련 통신 시나리오 예시

자동차용 시스템에서는 차량의 지능화에 따라 각종 시스템에 데이터통신을 통한 추가 정보를 활용하고자 한다. 이러한 통신시스템은 차량 통신용으로 사용되는 프로토콜과 차량용 안테나를 사용하며, 응용시스템들은 향후 차량에 추가적인 센서를 적용하여 센서 데이터를 상호 활용할 것으로 예상된다.

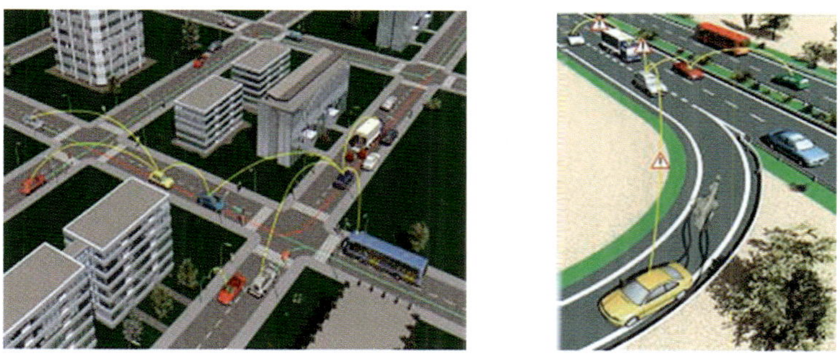

그림 3-4 차량간 무선통신을 이용한 자동차 안전시스템 사례

(2) 센서 기반 정보화 부품(충돌방지시스템 부품)

운전자의 운행 상태를 체크해 주는 시스템인 ADAS(Advanced Driving Assistant

System)를 위해서 사용되는 센서 및 센서 융합 기술이다. 다양한 기술에 고성능의 센서가 필요하다고 하는데, 과연 센서 기술은 무슨 장점이 있기에 ADAS를 위해서 사용되는 것일까? 센서 기술은 차량이 스스로 주변 상황을 인지하는 데 도움을 준다. 센서 기술에는 레이더/라이더 기반 센서와 영상 센서가 있다.

레이더/라이더 기반 센서는 운전 중 다양한 대상 물체(또는 장애물)의 거리 및 부피를 측정하여 대상 물체의 정확한 거리와 공간 정보를 인식하는 인식 및 검출 기술이다. 예를 들어, 10미터 앞에 빨간색 오토바이와 파란색 자동차가 있을 때 레이더/라이더 기반 센서는 10미터 전방에 어떤 물체 2개가 있다는 것을 알려준다. 하지만 이 물체가 빨간 오토바이인지, 파란 자동차인지 구분할 수는 없다. 이런 문제를 보완하기 위해서는 영상센서 기술이 필요하다. 영상센서 기술은 쉽게 말해서 카메라를 이용해 영상을 녹화하고 이 영상 정보를 가지고 좀 더 완벽하게 주행 상황을 인식하는 기술이다. 근래에 정보화 부품은 능동적 센서(Active Sensors) 위주의 부품을 개발하고 적용되고 있으며, 그 종류로는 마이프로웨이브를 이용하는 레이더(Radio Detection and Ranging)와 적외선 레이저를 이용하는 레이더(Laser Radar)가 있으며, 전자파의 왕복시간(Time of Flight)을 이용하여 장애물까지의 거리를 측정하기도 한다.

센서 융합(Sensor Fusion) 기술은 동일 대상에 대한 여러 개의 센서 정보를 이용하여 정밀도와 신뢰도를 향상하거나, 겹치지 않는 영역에 대한 정보의 통합을 통한 감지영역을 확대시킨다.

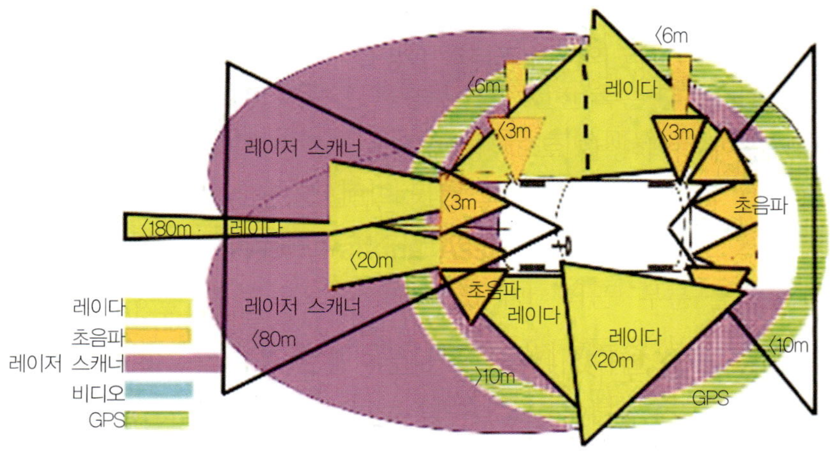

그림 3-5 자동차용 주위 모니터링 센서 도식도

다른 종류의 센서를 통합하여 주변 환경에 대한 강인성 향상과 새로운 정보 생성, 서로 다른 추상화 계층에서의 데이터 처리로 신속한 정보 검출 불안정한 센서들의 종합을 통하여 안정된 결과 도출을 위하여 사용될 것으로 예상된다.

(3) 차량용 임베디드시스템(Embedded System, 내장형 시스템)

현재 자동차는 단순 이동수단에서 편리성과 안정성 등의 응용 서비스로 변화하며, 산업의 경쟁 구조도 하드웨어에서 소프트웨어로 전환되는 추세이다.

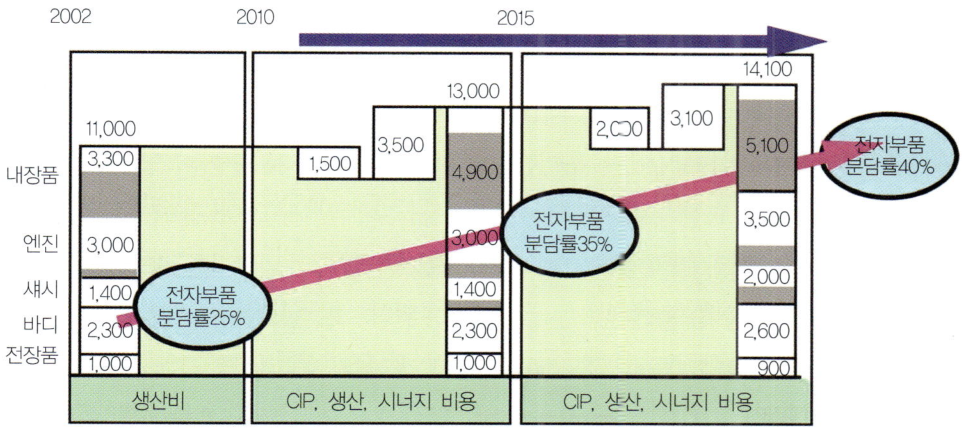

그림 3-6 자동차 전장부품의 비중 증대 예상

임베디드시스템(Embedded System)은 기계나 기타 제어가 필요한 시스템에 대해 제어를 위한 특정 기능을 수행하는 컴퓨터 시스템으로, 장치 내에 존재하는 전자 시스템이다. 전체 장치의 일부분으로 구성되며 제어가 필요한 시스템을 위한 두뇌 역할을 하는 특정 목적의 컴퓨터 시스템이다. 특정 목적을 수행하는 컴퓨터 시스템이므로 목적을 설정하고 이를 수행하는 프로그램 코드를 작성하여 메모리에 기록하고 이를 읽어 동작시키는 방법이 일반적이다.

전자 하드웨어와 기계 부분을 포함하는 전체 장치의 일부로 내장되었다는 의미에서 임베디드 단어가 사용되었다. 임베디드시스템은 오늘날 일상생활에 쓰이는 많은 장치들을 제어하고 있다. 전자시스템을 통해 특정 기능을 수행하는 컴퓨터 시스템이며, 종종 실시간

(Real-Time Computing) 계산을 행하는 데 있어 제약을 갖는다.

임베디드시스템에는 마이크로 컨트롤러(Micro Controller)나 DSP(Digital Signal Processor) 등의 프로세서 코어가 장착될 수 있다. 마이크로 컨트롤러는 규모가 작은 시스템에 사용하므로 보통 운영체제를 포함하지 않는 경향이 있다면, 임베디드는 좀 더 규모가 크기 때문에 운영체제(윈도우 CE, 또는 리눅스 커널)가 시스템에 포함된다. 이 운영체제 위에 특수한 기능만을 수행하도록 응용 프로그램이 장착되어 동작하는 경향이 있다. 예를 들어, 같은 ARM이라도 마이크로컨트롤러는 한 칩에 메모리(플래시, RAM)를 포함하고 기타 하드웨어(타이머, UART, SPI, ADC 등 필요에 따라 장착)를 포함한다.

여기서 메모리는 용량이 크지 않기 때문에 운영체제를 포함하기에는 한계가 있다. 그러나 임베디드시스템에서는 하드웨어는 한 칩 내에 장착하지만, 칩 밖에 많은 용량의 메모리를 장착하고 PCB에서 연결하는 것이 일반적이다. 이것은 시스템이 크기 때문에 용량이 큰 메모리를 시스템에 장착할 필요성이 있기 때문이다.

일반적으로 "임베디드시스템"이란 용어는 엄밀하게 정의된 것은 아니지만 대부분의 시스템은 어느 정도의 확장성 또는 재프로그램 능력을 갖추고 있다. 예를 들어, 수첩형 컴퓨터는 임베디드시스템과 유사한 운영체제와 마이컴을 사용할 수 있지만, 다른 응용 프로그램을 읽어 들이거나 다른 주변 장치를 연결하는 것이 허용된다. 더 나아가서 재프로그램성을 주요 기능으로 드러내지 않는 시스템도 보통 소프트웨어 갱신을 지원할 필요가 있다. 범용과 임베디드 사이의 연속체 속에서 대형 응용시스템은 한두 가지 기능 전용으로 설계되었다 하더라도 부품 수준에서 범용 요소를 대부분 가지고 있다.

개인용 컴퓨터는 하드 디스크와 같은 대용량 저장장치에 운영체제를 내장하고 있다. 그에 반해 임베디드시스템은 운영체제와 응용 프로그램들이 롬(플래시)에 이미지 형태로 저장되어 있다가 시동과 동시에 램 디스크를 만든 다음, 램 디스크 위에 운영체제와 응용 프로그램들이 구성되고 구동되는 시스템도 있다.

차량용 임베디드 소프트웨어가 탑재되는 비중은 마이크로프로세서와 매우 밀접한 관계를 가지고 있으며, 관련 반도체들은 높은 가격 비중을 보일 것으로 예상되고 있다.

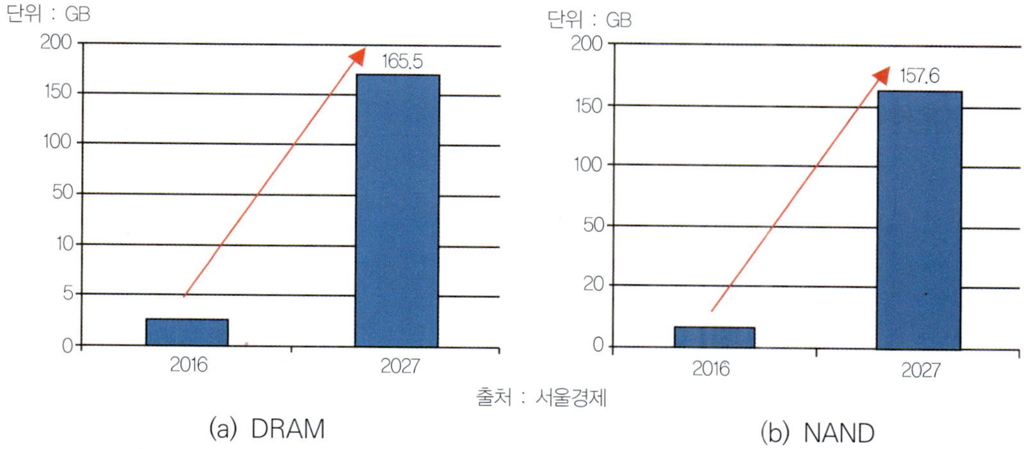

그림 3-7 차량용 DRAM, NAND 탑재 용량(대당)

근래 들어 자동차 전자부품의 모듈화, 재사용화를 위한 스위치 플랫폼의 국제 표준화를 추진하고 있으며, 자동차 산업체를 중심으로 자동차 전자모듈 스위치 국제표준 AUTOSAR를 결성하여 텔레매틱스, 섀시, 바디, 파워트레인, 안전, HMI(Human Machine Interface) 등의 분야 표준화가 추진 중이다.

(4) 품질인증을 위한 소프트웨어 공학 실행 표준화

유럽 및 일본 자동차 업계에서 프로세스 능력심사를 위한 자동차-SPICE를 도입하고 있는 실정이다. QCD(quality, cost, delivery)를 목표로 하여 1단계, 2단계 및 3단계 간에 글로벌한 협력 체계를 모색하고 있다.

(5) IT산업의 기술 경제적 위치

오늘날의 자동차시스템에서는 높은 수준의 보안과 편리성뿐만 아니라 오염 물질 배출량의 감소를 위해 자동차 기능의 상당 비율을 IT 분야에 할당한다. 따라서 이를 위한 더 많은 전기 및 전자 부품 비중이 증대되고 있다. 더불어 글로벌 시장 또한 확대되고 있다.

2022년 세계 자동차 시장 규모는 4,540억 5,091만 달러였으며, 2031년까지 8,038.3억 달러에 도달할 것으로 예측된다.

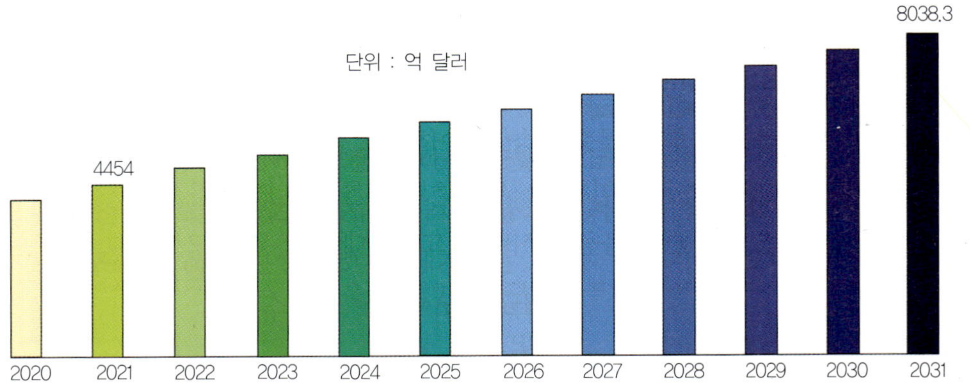

출처 : Business Research Insights

그림 3-8 세계 자동차 시장 규모

02 자동차 IT기술

(1) 산업 환경분석

1) 시장 환경 분석-차량 내 정보시스템 및 엔터테인먼트 수요 증가

운전 편의성 증대 및 안락하고 고급스러운 차량이라는 소비자의 요구, 모바일 오피스화, 생활 공간화라는 차량에 대한 개념 변화, ITS의 급속한 발전이 전망되는 현재 추세를 고려할 때, 향후 자동차의 진화 방향은 HMI(Human Machine Interface) 및 기능의 첨단 및 고급화, 차량의 네트워크화, 부품의 표준화 등이 예상된다.

운전자 정보시스템은 이러한 향후 자동차 진화 방향의 핵심요소들을 모두 포함하고 있는 시스템으로 많은 신기술 및 기존 기술이 종합된 고부가가치의 기술집약적 시스템이다.

차량 정보화로 휴대폰, 내비게이션, 무선 인터넷, 인포테인먼트(Infotainment), 나이트 비전 등 다양한 정보 서비스가 제공되면서 각종 정보단말기로 인한 운전자 전방주의 분산(Driver Distraction)을 초래하여 운전자에게 위험을 초래할 수 있다.

그래서 정보단말기의 적용에 앞서 운전자-자동차 인터페이스(Driver-Vehicle Interface)에 대한 연구가 선행되어야 한다. 향후 다양한 차량 정보서비스를 위한

DIS(Driver Information System)의 경우 효과적인 HMI기술을 확보한 회사가 시장을 주도해 나갈 것으로 판단된다.

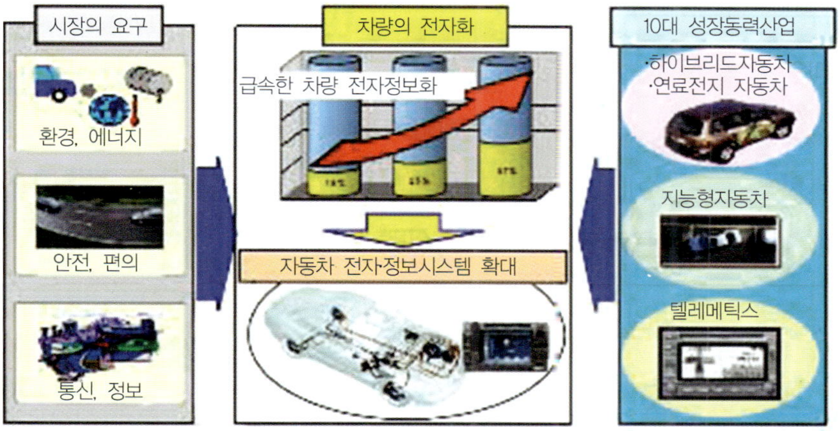

그림 3-9 자동차의 개념 변화

과거 차량은 단순한 이동수단에 불과하였으나 수요의 증대로 많은 종류의 차량이 생산되었고, 그에 따라 편의성이 지속적으로 강조되고 있다.

그림 3-10 사용자의 요구사항

교통시스템, 텔레매틱스, 유비쿼터스 등의 영향으로 자동차는 축소형 사무실 같은 정보화의 집약공간으로 변화되고 있다. 그리고 점차 많은 편의성 제품들이 장착됨에 따라 제품을 제어할 수 있는 방법 연구가 계속 진행되고 있다.

차량용 HMI 연구는 기존의 버튼방식이 대부분이었으나, 많은 편의 제품들이 장착되면서 버튼 수가 급격이 늘어나게 되어 그 보완책으로 터치방식으로 제어방법을 집중화하고 있다.

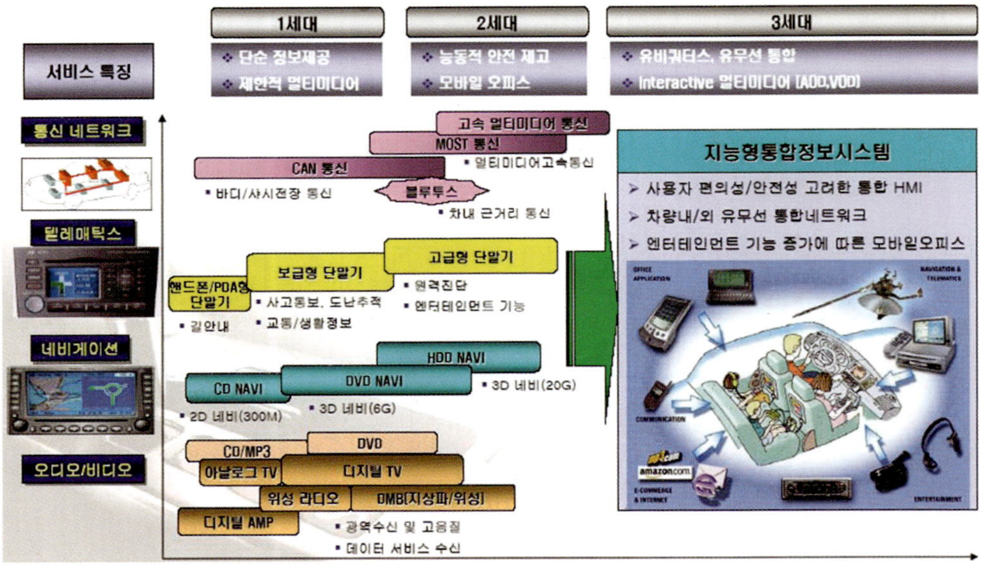

그림 3-11 사용자 관점의 자동차 정보시스템의 변화

현재 국내 자동차업계에서는 대부분이 제어의 수가 늘어나면 터치방식으로 정보를 채택하고 있으나, 나머지 부분은 버튼 방식으로 채택하고 있다.

많은 버튼과 다양한 터치입력을 운전자가 운행을 하면서 직접 비주얼(Visual)로 확인 후 입력하는 방법은 운전자의 주의를 산만하게 하고 위험성이 높다. 따라서 운전자는 전방을 주시하고 핸들을 잡고 있으면서 음성인식으로 차량의 주변기기를 제어하게 하는 연구가 계속되고 있다. 차량용 프로토콜의 적용과 함께 차량 네트워크 간의 중개를 위한 게이트웨이에 대한 연구가 진행되고 있다. CAN 이외의 다양한 프로토콜에 사용됨에 따라 서로 다른 종류의 네트워크를 연결해주는 게이트웨이의 필요성이 대두되고 있다.

대표적인 차량 네트워크인 CAN을 비롯한 LIN 등의 프로토콜 게이트웨이에 대한 연구는 제품화가 완료되었다. CAN 이외의 다양한 프로토콜에 사용됨에 따라 서로 다른 종류의 네트워크를 연결해주는 게이트웨이의 필요성이 대두되고 있다.

국내 IT 산업의 활성화와 자동차의 전장화 추세에 힘입어 차량 정보화는 가속화될 것이며,

이에 따라 차량용 게이트웨이의 시장도 크게 형성될 것으르 기대된다. 무선 통신을 기반으로 한 차량 네트워크의 확대로 이종 무선 네트워크의 차량 인터페이스를 위해 무선 게이트웨이 플랫폼에 대한 시장이 형성되고 있다. 이미 해외 선진업체를 중심으로 이러한 개념이 적용된 차량이 출시되고 있고, 적용 차종의 확대 및 지속적인 기술개발에 박차를 가하고 있다. 이러한 상황을 고려할 때 운전자 정보시스템의 수요는 향후 지속적으로 증가할 것으로 전망된다.

도로 혼잡 및 차량 탑승시간 증가(세계 최고 연평균 752시간)로 인한 차량 탑승자의 엔터테인먼트에 대한 수요도 증대되고 있다.

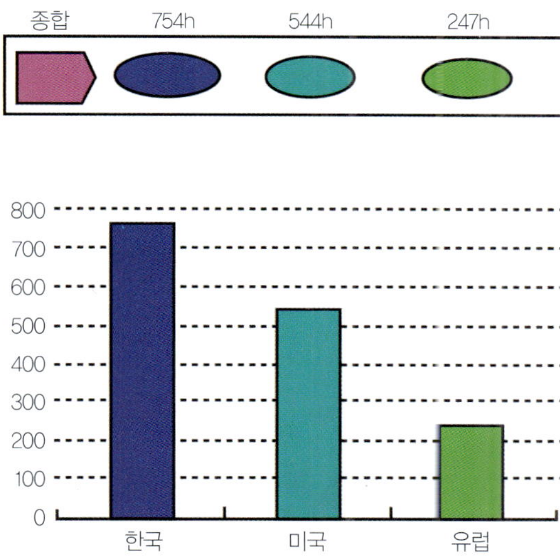

〈자료출처 : Arthur D. Little Korea〉

그림 3-12 연간 차량 탑승 시간

2) 차량 정보화를 통한 자동차산업의 경쟁력 확보

차량 탑재 네트워크를 기반으로 한 운전자 정보시스템은 BMW, 포르쉐, 아우디 등 유럽의 여러 선진업체를 중심으로 확산되고 있으며 미국, 일본 등의 업계에서도 네트워크 기반의 운전자 정보시스템의 적용을 검토하고 있다. 국내에서도 자동차 산업의 경쟁력 확보 및 수출 증대를 위해 완성차업체 및 부품업체간 협력을 통해 활발한 연구가 진행 중에 있다.

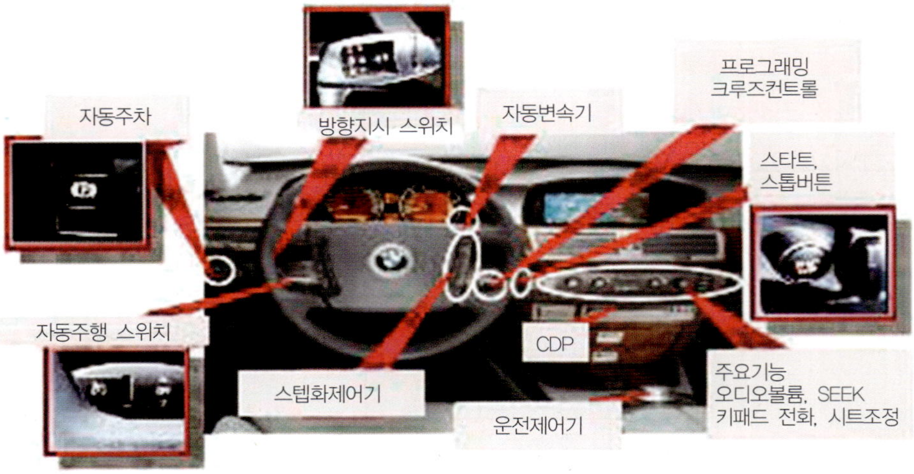

그림 3-13 운전자 정보시스템의 예(1) : BMW 7 Series

그림 3-14 BMW의 7시리즈의 i-Drive

그림 3-15 AUDI의 A8 시리즈

그림 3-16 운전자 정보시스템의 예(2) : AUDI A8

그림 3-17 운전자 정보시스템의 예(3) : 현대 오토넷의 DIS

3) 자동차 IT화 내비게이션

차량의 IT화는 차량과 무선통신망이 연결돼 운전자에게 교통정보, 긴급구조, 인터넷 서비스를 제공해 편리함과 안전성을 증대시키는 서비스 기술이다. 텔레매틱스는 차량과 IT 통신 기술이 융합된 대표적인 기술이다. 차량 중심으로 유무선 네트워크 측면에서 볼 때, 차량 내부망과 외부망으로 구분할 수 있다.

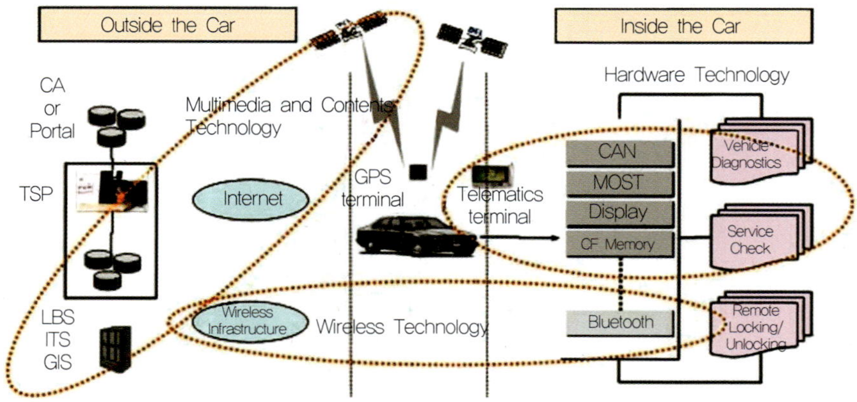

그림 3-18 텔레매틱스 기술 구성도

차량 내부망은 내부 네트워크(IVN : In-Vehicle Network)로 구성되어 있으며, 차량 외부망은 차량 간 통신 네트워크(V2V : Vehicle to Vehicle Communication Network)와 차량과 인프라 간 통신 네트워크(V2 : Vehicle to Infrastructure Cation Network)로 분류한다. 차량 통신 서비스 역시 차량 내부에서 제공하는 IVN 서비스, V2V 서비스 그리고 V2I 서비스로 구분할 수 있다. IVN에는 차량의 바디나 섀시 부분을 연결 제어하는 CAN(Controller Area Network), 오디오 등 멀티미디어 기기 접속을 위한 MOST(Media Oriented System Transport) 그리고 브레이크나 조향장치를 연결하고 제어하는 X-by-wire(FlexRay)가 있다.

V2V는 차량 간 통신을 기반으로 통신망을 구성하고 정보를 전달하며 인프라 도움 없이 구성할 수 있는 차량 통신망이다. 차량간 통신을 기반으로 차량 추돌경고 서비스와 그룹 통신을 제공한다. V2I는 차량과 유무선 통신 인프라망이 접속되어 단말과 서버간 통신을 지원할 수 있는 통신망을 제공한다. V2V는 차량에 IP 기반의 교통정보 및 안전 지원 다운로드 서비스를 제공한다. 운전자의 정보 활용능력을 증대시키기 위해서 운전자가 핸들을 조작하지 않고 달리는 자율주행이 가능한 지능형 자동차 연계 기술 개발을 목표로 발전하고 있다. 이와 같은 첨단 지능형 자동차 실현에는 센싱 및 제어기술과 함께 안전성이 확보된 통신의 역할이 매우 중요하다.

자동차 메이커들은 차량 통신을 이용한 차량안전 서비스를 제공하기 위해 2003년 BMW, 다임러크라이슬러, 포드, GM, 닛산, 폭스바겐 등이 중심이 돼 VSCC(Vehicle Safety

Communications Consortium)를 구성했다. VSCC는 드로에서의 차량충돌 감소를 위한 차량안전 서비스 요구사항을 정의하고, WAVE 기술을 적용해 성능을 평가하는 한편, 통신 프로토콜 표준화를 추진하고 있다. 차량안전 서비스에서 우선순위가 높은 서비스는 통신 인프라 기반의 급커브 경고, 좌회전 지원, 신호위반 경고 등이 있다.

V2V 기반으로는 전방충돌 경고, 긴급 전자 브레이크, 차선변경 경고, 사전충돌 감지 등이 있다. V2V와 V2I는 차량의 안전뿐만 아니라 편의, 관리에도 관련이 있어 정부, 자동차 업체 그리고 통신업체가 상호 협력하여 기술개발을 추진하고 있다. 향후 개발 목표로서는 단위 시간 내에 많은 차량을 안전하게 이동할 수 있도록 정보제어 최적화를 목표로 한다.

차량 간 통행이 빈번히 발생하는 도심지 교차로 경우에는 유시티 센서 노드셀(U- City Sensor Node-Cell)을 이용한 방향별 순차적 통행권 신호제어 방식 등이 추진되고 있다. 또한 최근에는 무선통신 기술을 적용한 접근 차량과 주행 상황에 따른 감응제어 방식 시스템의 연구개발을 추진하고 있다. 자동차와 도로 개념이 변화하고 첨단화되면서 AVHS 실현을 위한 목표는 차량 도로 간 연계시스템(CVHS : Cooperative Vehicle-Highway System) 개념으로 바뀌고 있다.

지능화된 첨단 안전차량이 정보화 도로를 주행하면서 단거리 전용 통신, 광대역 통신 등의 무선 통신기술과 DMB 등 디지털 방송기술을 통해 차량과 도로, 차량과 차량 간 정보를 상호 유기적으로 연계해 목적지까지 안전하게 최적 경로로 도착할 수 있도록 하는 인프라를 제공한다.

내비게이션시스템은 CVHS를 위하여 활용될 수 있다. 예를 들어, 고속도로에 설치돼 보급이 시작된 전자통행료 지불시스템인 하이패스(Hi-Pass)도 CVHS의 첫 사례로 꼽을 수 있다. 이처럼 차량과 도로 인프라 연계를 구현되어 CVHS를 실현하는 핵심 단말장치를 이동 디바이스(Nomadic Device)라고 한다. 대표적인 사례로서 애플 3G iPhone이 있으며 휴대전화, WiMAX, HC-SDMA 혹은 WiFi 등 광대역 무선망 등의 연결을 지원한다. 차내 통신망의 경우 블루투스나 지그비 등 단거리 통신망을 통해 다양한 서비스를 제공한다. 미국, 일본, 유럽은 향후 ITS 및 텔레매틱스 시장에서 차량 단말기기를 통한 서비스, CVHS 시대 도래를 예측하고 ISO/TC204의 국제 전문가 리더 그룹을 통해 논의해 오고 있다.

특히 일본 전문가 그룹에서 ISO/TC204에 새로운 워킹그룹(Work Group)을 제안하였고, TC204 본회의가 받아들이면서 지난 2007년 가을 중국의 청도 회의에서 WG17 ITS 서비스를 위한 이동 디바이스(Nomadic and Portable Devices for ITS Services)가 만들어졌다.

WG17에서 다루게 될 ITS 서비스를 위한 이동 디바이스(Nomadic & Portable Device)의 표준을 추진하고 있다.

차량 내 ITS 서비스 제공과 차량 정보, 운전자 지원 및 경고시스템, 엔터테인먼트시스템 등 텔레매틱스 및 멀티미디어 서비스를 위한 이동 디바이스(Nomadic Device)의 표준이 개발되었다. 이동 디바이스(Nomadic Device)는 휴대전화, WiMAX, WiFi 등 모바일 광대역 등 무선 통신시스템을 제공하고, 차량 통신 네트워크와의 연결을 위해 지그비(Zigbee), 블루투스(Bluetooth) 등 근거리 링크를 포함하고 있다. 차량 통신 네트워크 고유의 방화벽 제어나 액서스(Access) 프로토콜 관련 ISO/TC22 및 AMIC 관련 표준은 제외되고 있다. 그리고 ITS서비스 및 멀티미디어 이용에 적합한 이동 디바이스(Nomadic Device)를 규정하고 있다.

ISO/TC22, AMIC 등은 이동 디바이스(Nomadic Device) 및 차량 통신 네트워크 관련 표준 확인 검토 및 새로운 표준 항목 개발을 제안하고 있다. ITS 서비스 및 멀티미디어 이용에 대한 규명 가능한 항목의 요구사항 등을 분석하고 있다.

자동차 IT화는 첨단자동차 및 첨단도로가 연계된 CVHS시스템으로 진화해가고, 여기에 이동 디바이스(Nomadic Device)를 통한 유비쿼터스(Ubiquitous) 서비스가 가능해지면서 u-ITS 서비스로 발전해 가고 있다. 기존에 추진된 ITS시스템 구현 및 관련 제공 서비스는 공공부문 인프라 구축에 초점을 두고 추진되었으나, 향후에는 개별적인 특정 이용자를 대상으로 하는 유비쿼터스 환경과 언제 어디서 누구나 어떤 기기에 상관없이 원하는 정보를 제공받을 수 있는 서비스를 제공하는 형태로 발전하게 될 것으로 예상된다. 따라서 원하는 정보를 시간과 공간상 제약 없이 이용자 혹은 차량을 대상으로 이동 디바이스(Nomadic Device)를 통한 맞춤형 서비스를 제공하는 것이 가능할 것으로 기대된다.

자동차 IT화는 교통정보를 수집하고 제공한다. 이것은 이용자 혹은 차량 중심 이동 디바이스(Nomadic Device)에 의해 도로상에서 실시간 탐색 정보를 수집해 이를 네트워크 단위의 센터에서 가공한 후 다시 이용자들에게 시간과 공간 제약 없이 이동 디바이스(Nomadic Device)의 맞춤형 정보로 제공하는 것이다.

자동차 IT화는 교통운영을 하고 관리하는 것이다. 이것은 이용자 혹은 차량 중심 이동 디바이스(Nomadic Device)에 의해 도로상에서 획득한 실시간 탐색 정보를 통해 특정 구간 혹은 네트워크상의 정확한 차량의 이동흐름을 파악하고, 최적 교통 흐름을 유지하기 위한 동적인 교통운영 및 관리체계를 제공하는 것이다. 자동차 IT화는 교통을 안전하게 제어하는 것이다.

이것은 이용자 혹은 차량 중심의 이동 디바이스(Nomacic Device)에 의해 도로상에서 이동하는 차량이 다른 차량과의 관계 및 도로 인프라와의 관계를 차량과 차량 사이 혹은 도로와 차량 사이의 무선 통신을 통해 전방차량 충돌방지, 차코이탈방지 등 안전운전을 위한 운전자 지원시스템을 이동 디바이스(Nomadic Device)에 지공하고, 필요시 이를 차량과 연계해 차량의 정지 및 속도 등을 제어할 수 있도록 교통안전 및 제어체계를 제공하는 것이다.

향후 고유가 시장으로서의 위험성이 내재되어 있으므로 고효율 소형 차량 위주로 자동차 시장 전개가 예상되며, 미국 및 일본 자동차 시장의 위축에 따라 전체적인 세계 시장은 위축될 것으로 판단된다. 그럼에도 불구하고 안전에 관한 법률 시행과 효율 향상을 위한 첨단 전기장치의 비중은 증대될 것으로 전망된다.

자동차 시장에서의 첨단 전장 부품들은 모두 내비게이션 기능과 직간접적으로 연계되어 있다. 자동차 운전에 대해 현재 위치와 목적지까지의 경르 안내를 할 수 있는 내비게이션은 GPS(Global Positioning System), 자이로, 차속센서 등을 이용하여 자기 위치를 파악한다. 경로 안내 시, 정체 정보, 교통 규제 등 실시간 정보를 도입할 수 있는 고급 기능이 있는 제품이 있다. 해외에서도 관련 기능 제품이 있으며 특히 유럽국가에서는 실시간 정보를 제공하는 TMC(Traffic Message Channel)도 있다. 최근에는 휴대용 카 내비게이션에도 CD, DVD, HDD와 같은 저장장치를 사용할 수 있는 제품도 출시되고 있다.

차량 제어 기술이 내비게이션 기술과 기능적으로 연동되고, 융합됨으로써 지능형 시스템으로 개발되고 향후에는 내비게이션이 차량 공조시스템뿐만 아니라 자동차의 모든 기능을 제어하는 메인 프로세서의 역할을 할 것으로 예상된다.

내비게이션에 텔레매틱스 기능을 추가시킨 하드웨어 전반에 대한 관심은 매우 높다. 해외에서는 먼저 PND(Personal Navigation Device)의 수요 증가로 이어지고 있어 온보드(On-Board) 형태의 텔레매틱스 결합 제품에 대한 수요 증가는 어려운 상황이 되고 있다. 내비게이션에 텔레매틱스 기능이 복합된 제품에 대해 자동차 운전자들이 고도의 활용성에 관심도를 높인다면 세계적인 시장 확대로 이어질 수 있겠지만, 현재는 고가격이라는 점이 문제가 되어 고가 차량과 자동차기기에 대한 관심이 높은 운전자를 중심으로만 판매가 예상되고 있다.

추가적인 시장 확대를 위해서는 도난 방지에 대한 대책 강화와 다양한 가격대의 제품 라인업 구축, 사용자에 대한 해당 제품의 편의성을 인식시키기 위한 방법의 검토가 요구된다.

국내외를 불문하고 텔레매틱스 제품의 수요를 장기적이고 안정적으로 하기 위해서는 해당 제품과 차량 제어를 하나로 묶어 통제함으로써 차량에서 없어서는 안 되는 필수적인 기기로서의 인식이 필수적이다. GPS를 이용한 카 내비게이션 시장은 편의성을 높이기 위한 노력이 꾸준히 확대되고 있다.

해당 제품은 유통 형태에 따라 비포 마켓(Before-Market)과 에프터 마켓(After-Market)의 두 가지로 분류된다. 비포 마켓은 자동차회사에서 제작 시에 장착되어 나오는 제품이며, 에프터 마켓은 자동차 용품점이나 인터넷 홈페이지, 전자 제품 할인점 등에서 판매되는 제품이다. 또한 제조사 계열 자동차 판매점에서 시판 제품을 판매 · 설치하는 경우도 있다. 그림 3-19는 이 두 시장을 합계한 메이커 출하 기반의 시장으로 예상하여 파악하였다.

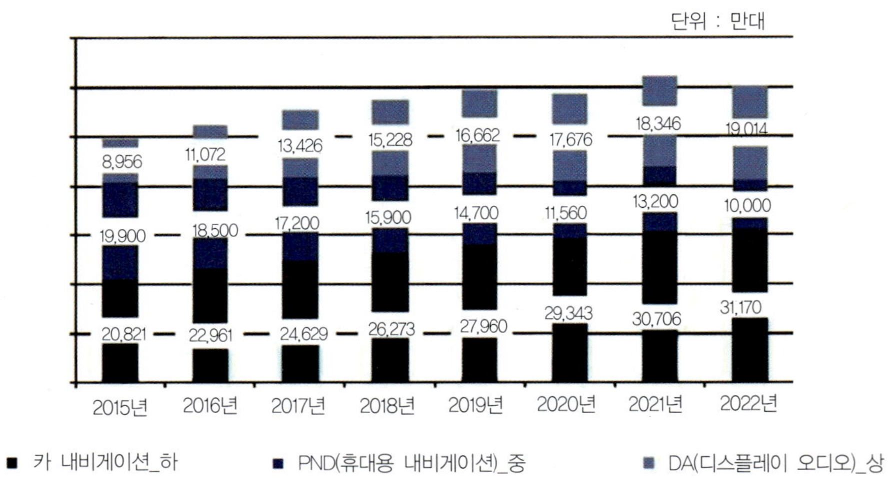

※ 2017년은 전망치, 2018년 이후는 예측치

출처 : 야노경제연구소

그림 3-19 카 내비게이션/PND/DA 세계시장 추이

2016년 카 내비게이션 세계 시장규모는 2,296만 1,000대로 전년 대비 110.3%로 순조롭게 확대했다. 세계 카 내비게이션 시장은 자동차 판매대수 확대에 따라 신장하고 있다. 자동차의 매력 향상에 음악 · 영상 배포 등 인포테인먼트(정보 · 오락)시스템이 하는 역할이 커지고 있는데, 대표적인 존재가 카 내비게이션이다. 자동차에 대한 소비자의 평가에서 향후 더욱 카 내비게이션을 포함한 인포테인먼트시스템의 중요성이 높아질 것으로 예상된다.

2022년 현재 카 내비게이션 세계 시장규모는 3,117만 대로 확대할 것으로 예측한다. 소형차의 침투와 함께 고급차에서는 순정화와 e콕피트에의 통합이 진전할 것으로 본다. 한편, 카 내비게이션의 대체후보인 PND는 스마트폰 내비게이션에 침식되어 크게 축소할 전망이지만, 스마트폰 보급 확대는 카 내비게이션과 DA의 스마트폰 제휴와 같은 새로운 수요 분야로서도 성장이 기대된다. 추가적인 사업 확장을 위해서는 경차에 대한 통합을 추진하는 것이 요구되고 있으며, 지금까지는 경차 적용 사례가 적었다.

이는 가격이 비싼 온보드 형태에 비해 가격이 싼 PND가 경차 사용자에게 매력적이어서 내비게이션 적용이 더욱 어려운 상황이었다. 특히 유럽에서는 가격이 상대적으로 저렴하고 휴대가 가능한 PND가 선행적으로 보급되고 있으며, 역시 고기능, 고가격의 제품 보급은 힘들다. 단지 PND에서도 더 강력한 기능을 가진 제품을 찾아 해당 제품을 구입하는 사례도 나오고 있어 사용자층은 점차 확대되는 경향을 보이고 있다.

4) V2X 통신시스템 시장의 형성

국내에서는 차량 대 차량 시야의 통신(V2V : Vehicle to Vehicle)시스템 시장이 아직 형성되어 있지 않은 상태이다. 차량 대 차량 통신시스템이 지능형 차량 안전시스템과 연계할 경우 도로의 안전성과 교통 흐름을 개선할 수 있다는 인식이 확대되고 있고, 통신 인프라 구축, 표준화 작업 및 실차 환경 검증 등 시스템 개발의 필요성을 인식하고 있다.

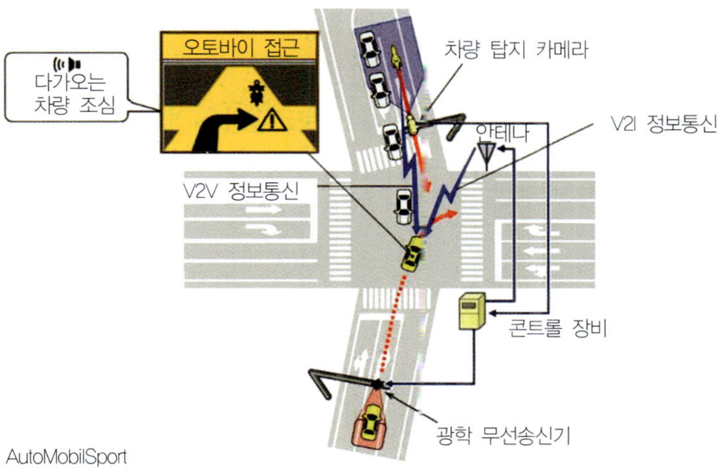

출처 : AutoMobilSport

그림 3-20 ASV시스템

세계 시장에서도 아직 차량 대 차량(Vehicle to Vehicle) 통신을 이용한 상품화된 시스템이 없는 상황이나 유럽, 일본, 미국을 중심으로 차량 대 차량 통신시스템에 대한 실차환경에서의 평가가 활발히 진행되고 있다.

차량시스템에 전자 편의장치가 늘어가고 지능화됨에 따라 사회는 더욱 높은 수준의 안전을 보장하는 자동차를 요구하기 시작하였다. 그중 하나가 차량 대 차량 통신시스템을 이용한 능동 안전기술이다. 기존의 사고에 대한 관리는 사고 발생 이후에 일어나는 피해를 줄이는데 있었지만, 능동 안전 기술은 사고의 가능성을 미리 파악하고 초기 단계에서 안내 및 경고를 통하여 발생 자체를 줄인다는 개념이다.

이를 실현시킨 것이 사고가 나지 않는 첨단 안전 차량 ASV(Advanced Safety Vehicle)인데, 이는 주변 차량들과 통신하여 주변 차량 및 환경 정보를 받아 사고의 가능성을 예측하고 사전에 방지하는 시스템이다. 이러한 시스템을 구현하기 위해서는 차량 주변의 환경 정보, 특히 주변에 있는 차량의 위치, 상태 등을 파악할 수 있어야 하는데 이를 위해서는 차량 간에 데이터 통신이 필수적으로 이루어져야 한다.

이러한 차량 간 통신을 통한 정보의 운전자 인터페이스를 위해서는 차량 내부 네트워크와 차량 외부 무선망 게이트웨이가 요구되며, 이 게이트웨이 플랫폼(Platform)에 대한 표준화가 진행 중이다.

차량 대 차량(Vehicle to Vehicle) 통신시스템은 능동 안전 기술과 접목하여 사고의 가능성을 미리 파악하고, 초기 단계에서 운전자에게 안내 및 경고하여 사고발생 자체를 줄이는 개념으로 유럽, 미국, 일본 중심으로 시스템 개발을 연구 중이다.

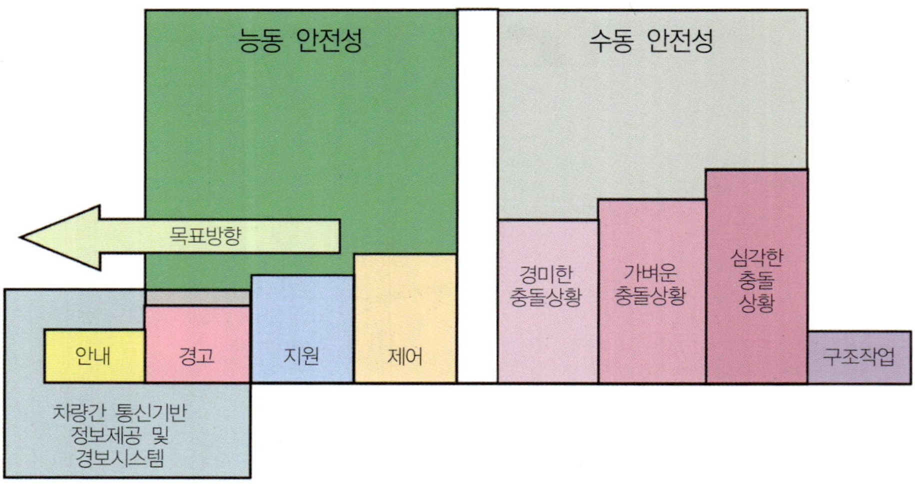

그림 3-21 차량 대 차량 통신시스템과 능동 안전기술 관계

일본에서의 교통사고 분석에 따르면 차량과 차량 사이의 사고 비율이 가장 높았다. 사고의 원인을 보면 운전자가 위험요소를 발견하는데 늦어진 경우와 조작 실수에 의한 경우 두 가지가 가장 높았다.

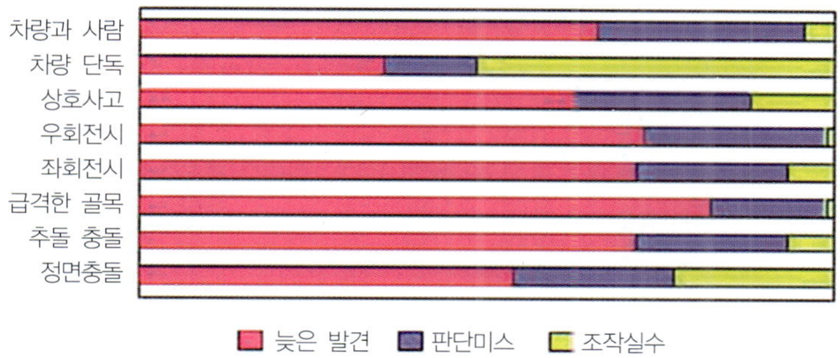

출처 : 일본 국토교통청 자동차 교통국

그림 3-22 사고 유형별 인적요인

또한 인명피해의 정도에 따른 사고유형을 보면 사망사고에서는 차량 대 차량의 비중이 가장 높으며, 그 가운데 급격한 골목, 정면충돌, 추돌 순의 사고 유형을 보여 주고 있다. 이는 차량 상호간에 육안으로 인식하지 못하는 구간에서 서로의 위치나 속도 정보를 알 수 없기 때문에 발생된 경우로 차량 대 차량(Vehicle to Vehicle) 통신시스템이 적용된 능동 안전시스템의 개발이 필요함을 알 수 있다.

차량 대 차량(Vehicle to Vehicle) 통신시스템은 앞서 언급된 교통사고와 인명 피해를 줄이기 위한 수단으로서 반드시 필요하며, 이런 교통사고 및 인명피해에 대한 일본, 미국, 유럽 지역의 통계 결과이다.

우리나라의 경우 2013년 이후 교통사고 사망자 수는 지속적으로 감소함을 알 수 있다. 이는 차량의 능동 안전시스템과 지능형 차량 정보를 통한 사전 안전시스템의 보급 결과로 판단된다.

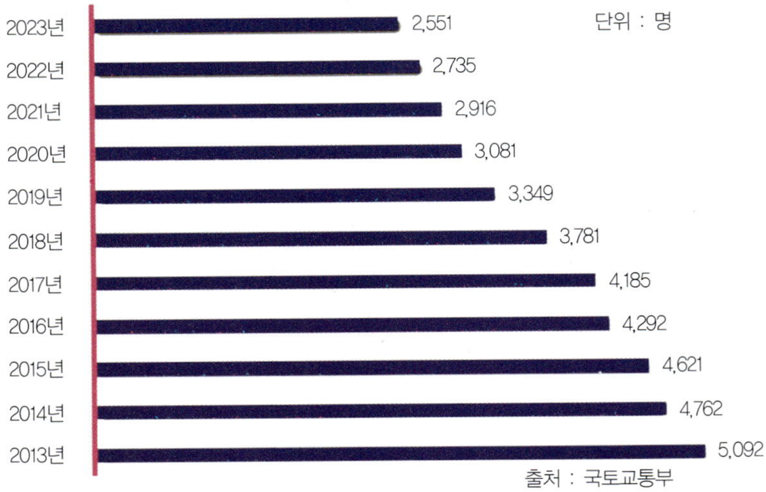

그림 3-23 연도별 교통사고 사망자 현황

차량 대 차량(Vehicle to Vehicle) 통신시스템을 이용한 첨단 능동 안전시스템의 경우 교통사고 건수를 50% 정도 줄일 것으로 예상하고 있고, 자동차 업체를 중심으로 차량 대 차량(Vehicle to Vehicle) 통신시스템의 표준화와 상품화를 추진하고 있다.

Future Market이 최근 발표한 연구에 따르면 전 세계 ADAS 보정 장비 시장은 2033년 9억 1,120만 달러의 가치를 창출할 것으로 예상되며, 매출은 2023년부터 2033년까지 연평균 복합 성장률(CAGR) 12.6%로 크게 성장할 것으로 전망된다. 목표 시장의 가치는 2023년 2억 7,780만 달러로 평가됐으며 차량의 첨단 안전 조치에 대한 수요 증가로 인해 형성됐다. 또 기술에 대한 인식 부족으로 인해 시장 성장이 저해될 수 있지만, 첨단 기술의 통합과 카메라 기반 시스템의 도입으로 시장 전망이 강화될 것으로 예상된다.

미국은 2023년에 22.9%의 점유율로 북미 ADAS 보정시스템 시장을 장악할 것으로 보이며, 2023년 영국의 ADAS 교정시스템 시장은 전 세계 시장의 3.4%를 차지할 것으로 예측되고 있다. 차량 유형별로는 승용차 부문이 시장 판매의 70%를 차지할 것으로 전망되며, 최종 사용자를 기반으로 자동차 OEM 부문은 시장에서 높은 수요를 창출할 것으로 예상된다.

현재 정부는 2030년까지 친환경차 450만 대 보급을 목표로 하고 있다. 2018년 2%였던 친환경차 비중은 2019년 2.5%, 2020년 3.4%, 2021년 4.7%, 2022년 5.8%로 상승곡선을 이어가고 있어 친환경차의 비중은 점점 늘어나는 추세다.

국내 부품 업체의 경우 최소 6%대의 시장을 차지할 것으로 예상되며 이러한 경우에 최대

9.6억불 규모의 시장이 형성되고 첨단 안전 자동차에 필수적인 차량 대 차량(Vehicle to Vehicle) 통신시스템의 보급률이 10% 정도로 예상할 때 국내의 경우 16억불 규모의 시장이 형성될 것으로 예상되며, 첨단 안전 자동차 시장의 성장에 따른 차량 대 차량(Vehicle to Vehicle) 통신시스템 관련 시장도 비례하여 성장할 것으로 예상된다.

전 세계적으로 차량 대 차량(Vehicle to Vehicle) 통신시스템을 적용한 첨단 안전 자동차 개발에 큰 관심을 갖고 있으며 짧은 시간 내에 상품화된 자동차의 출시가 예상된다. 구체적으로 사각지대의 차량에 대한 표시와 앞선 차량의 브레이크 작동 상태를 알려 주는 기능이 있는 차량 대 차량(Vehicle to Vehicle) 통신단말기 개발이 가능하며, 차선 변경, 도로 상태 및 교통사고에 대한 경고 기능이 있는 단말기가 있을 수 있다.

차량 대 차량(Vehicle to Vehicle) 통신 전용단말기에서 제공 가능한 정보표시 및 경고장치뿐만 아니라 차량 내 섀시 제어시스템과 연계하여 운전자에게 사전 충돌 방지 경보를 위해 핸들에 진동을 발생시키는 기능이 있는 시스템을 상품화할 수 있다. 향후 보다 신뢰성 있는 차량 대 차량(Vehicle to Vehicle)통신이 확보될 경우 사전에 충돌 방지를 위한 섀시 제어시스템 작동과 연결되어 운전자에게 편의와 안전이 확보된 제품출시가 예상된다. 차량 대 차량(Vehicle to Vehicle) 통신시스템 관련 기술은 특허 자료 분석 결과(출처 : 지능형 차량정보시스템 분야 특허 동향, 특허정보연구원) 12%(55건) 수준이며, 지능형 차량 정보시스템 관련 타 기술분야(차량 인포테인먼트, HMI)에 비해 상대적으로 약하나 성장 가능성이 있는 분야로 나타나고 있다.

(1) 세계시장을 선도하는 주요생산 업체

[주요생산 업체]

업체명(국적)	생산품목과 주요 특징
General Motors(미국)	- 바디 및 파워트레인 및 진단, 배기계에 SAE J1850 적용 - 안전용 네트워크는 point-to-point wiring solutions 적용
Mitsubishi Electic Co.(일본)	- 차세대 차량을 위한 실시간 제어시스템 연구
Delpi/IBM/Netscape/Sun Microsystems(미국)	- 차량 네트워크 프로젝트 연구개발
WindRiver(미국)	- OSEK-OS 기반의 제어 프로그래밍 연구

[운전자 정보시스템 시장의 주요업체]

업체명(국적)	생산품목과 주요 특징
하먼/베커(독일)	- MOST 기반의 차량 정보 네트워크 시스템 개발 - MOST 기반의 차량 정보 네트워크 모듈 개발
지멘스(독일)	- 차량 오디오와 내비게이션 통합시스템 개발 - 오픈 플랫폼을 제공하는 인포테인먼트 기술인 TLA(Top Level Architecture) 개발
오아시스(독일)	- MOST 통신 드라이버 개발 - MOST 관련 통신 IC 개발 - MOST 개발 및 시험 장비 개발
벡터(독일)	- 차량용 CAN 네트워크 통신 드라이버 개발 - CAN 네트워크 시험 장비 개발
BMW, 아우디, 벤츠(독일)	- MOST, CAN, LIN으로 구성되는 차량 통합 네트워크 시스템 양산 - BMW 7 Series, Audi A8, Benz
다임러크라이슬러(독일)	- 바디 및 파워트레인 네트워크에 CAN 및 LIN 시스템 적용 - 진단, 배기계에서는 High Speed CAN 적용 - 안전용 네트워크는 Point-To-Point Wiring Solutions 적용

[V2X 통신시스템 시장의 주요업체]

업체명(국적)	생산품목과 주요 특징	비 고
다임러크라이슬러(미국) 도요타, 혼다(일본) BMW(독일)	VII 차량기반시설 통합((Vehicle Infrastructure Integration) ASVIII 고급안전차량(Advanced Safety Vehicle) VANETS 차량 특별네트워크(Vehicular Ad-Hoc Networks)	V2V 통신시스템 관련 프로젝트이다.

(2) 국내 주요 생산업체

[국내 주요 생산업체]

업체명	주생산품목과 특징	비 고
현대 오토넷	- MOST 기반의 차량내 멀티미디어 통합 네트워크시스템 선행 개발 - AV 및 내비게이션시스템 양산 개발 - 섀시 바디 전장 제어기 양산 개발	차량 인포테인먼트 시스템 연구/개발/생산 전문업체
한국단자공업 주식회사	- MOST 적용 광케이블 및 기타 광통신 장비개발 및 생산	
LG전자	- 텔레매틱스 단말기를 현대, 기아자동차에 보급 - 현재 MOST/CAN 기반 차량 네트워크에 대해서는 고려되지 않음	휴대폰 및 텔레매틱스 단말기 생산업체
삼성전자	- 르노삼성, KTF 이동전화형 텔레매틱스 단말기 공급	휴대폰 및 텔레매틱스 단말기 생산업체

5) V2X 통신시스템

국내에서는 초기에 해외의 검증된 우수 제품이 고급차 중심으로 적용이 예상되며, 능동안전장치 보급률이 세계적으로 급성장할 것으로 예상된다.

이후 수년 내에 차량 대 차량(Vehicle to Vehicle) 통신시스템이 적용된 첨단 능동 안전 자동차 시장이 형성될 것으로 예상된다.

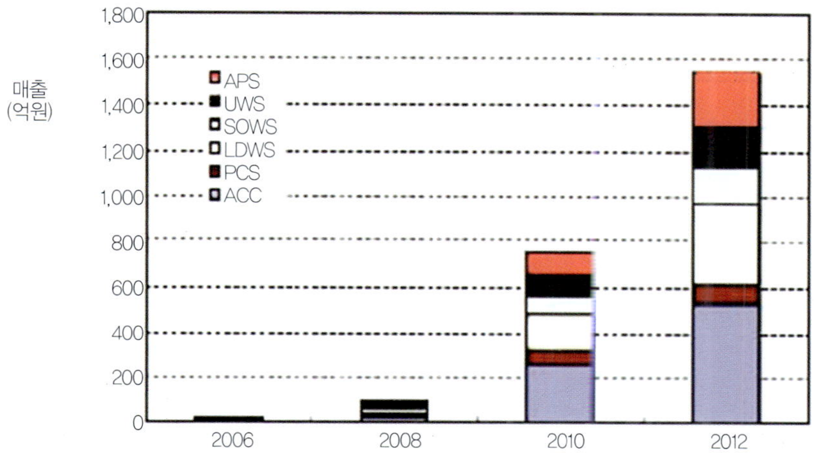

출처 : 미래형 자동차 기술 ASV(Mobis)

그림 3-24 국내 첨단 안전 자동차 보급 전망

세계적으로 차량 대 차량(Vehicle to Vehicle) 통신시스템의 구현이 가시화되고 있어 통신협회의 표준화작업과 자동차업체의 상품화 진행이 가속될 것으로 예상되며, 차량 대 차량(Vehicle to Vehicle) 통신시스템과 융합된 첨단안전 자동차시장은 예측치를 상회할 것으로 예상된다.

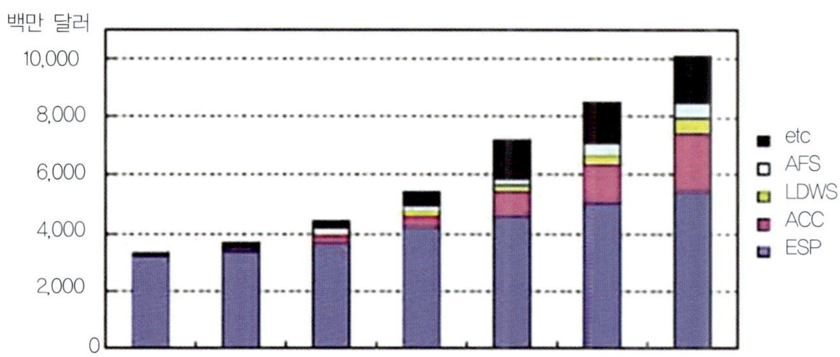

그림 3-25 첨단 안전 자동차 관련 시장 예측(ABI Research)

차량 대 차량(Vehicle to Vehicle) 통신시스템의 시장은 앞선 첨단 안전 자동차의 시장 확대와 연동되며, 교통흐름, 안전, 편의성 등과 같은 부가가치를 운전자에게 제공해야 하는 요인과 정부 차원의 법제화 및 차량 대 차량(Vehicle to Vehicle) 통신기반 첨단 능동 안전 장치의 경제성 확보가 필요하다. 그림 3-26은 차량 대 차량(Vehicle to Vehicle) 통신 관련 여러 인자들의 상관관계를 나타내고 있다.

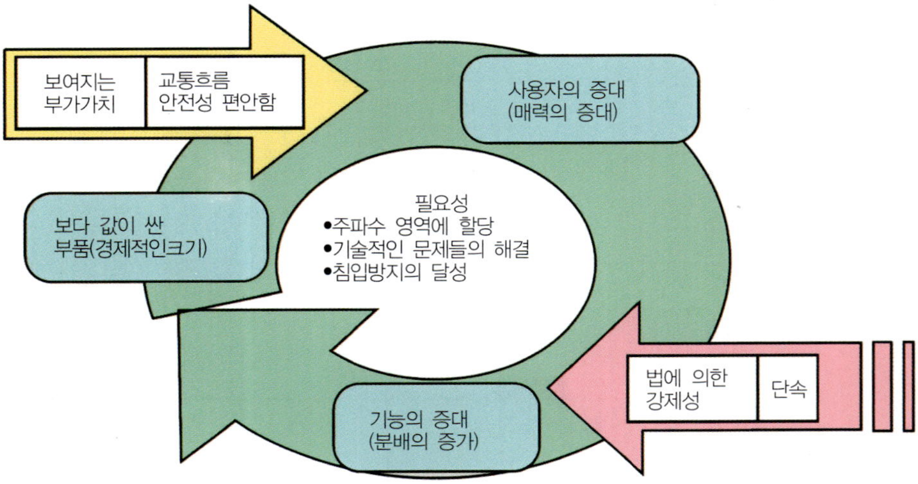

그림 3-26 차량 대 차량 통신 관련 시장 상관관계

차량 대 차량(Vehicle to Vehicle) 통신시스템의 보급률이 일정 수준 이상이 되어야 차량 간 통신시스템이 사용자에게 많은 편의를 제공하게 된다. 이러한 편의성은 무선장치의 보급률이 높아야 가능하며, 근거리 통신을 이용할 경우 더욱 많은 노드를 필요로 하게 된다. 현재 검토되고 있는 차량 무선 통신의 거리가 100~400m 정도임을 감안한다면 낮은 보급상황에서 장착자에게는 별 효용이 없어, 차량 대 차량 통신환경은 정착되기 힘든 시스템으로 평가되기도 한다.

그러나 먼저 무선장치에 차량 간 통신 이외의 기능(무선 차량 점검, 전자 결재 시스템, 미디어 서비스 등)을 부여할 경우 그 장치 자체만으로도 효용성이 높아져 보급을 촉진시킬 수 있을 것이다. 원활한 시스템의 구현을 위해서는 10~20% 이상의 장착률이 진행되어야 하는데, PReVENT의 보고서에 따르면 다음과 같이 사람들이 매년 8%의 구형차를 신차로 바꾸고, 신차에 무선 장치의 장착률을 10%부터 매년 5%씩 증가시킬 경우, 6년 만에 누적 보급률 10%를 넘길 수 있다고 한다.

[차량 대 차량 통신시스템 장착률 예상]

연간차량 교체비율	8%					
	1	2	3	4	5	6년
신차 장착률(%)	10	14	20	25	30	35
누적 보급률(%)	0.8	2.0	3.6	5.6	8.0	10.8

정부의 텔레매틱스 사업 및 미래형 자동차에 대한 관심이 높아짐에 따라 그와 관련된 텔레매틱스 시장 및 미래형 자동차 관련 산업은 보다 탄력을 받을 것으로 예상된다. 동북아경제중심추진위는 교통정보 제공 및 통합운영관리체계 등 인프라 구축, 수요 진작을 위한 제도개선, 원천기술 개발 및 인력양성, 텔레매틱스 클러스터 육성, 전략적 투자유치 등을 촉구함에 따라 향후 지능형 차량 정보시스템 산업에 대한 육성이 예상된다.

현재 국내 차량 인포테인먼트시스템 개발을 위한 차량 네트워크 시장은 유럽지역에 비해 상대적으로 초기 단계에 불과하나, 중장기적으로 차량 네트워크 적용 차량의 급속한 증가와 함께 고도로 성장할 것으로 예상된다.

차량 전장품에 대한 수요가 증가됨에 따라 차량 내 탑재되어야 할 많은 엔터테인먼트시스템(라디오시스템, TV시스템, CD플레이어 체인지시스템, DVD플레이어 체인지시스템, DMB시스템, 내비게이션시스템, 텔레메틱스시스템 외부기기인 IPOD, USB메모리 및 MP3 시스템 등) 개발 산업들이 성장함에 따라 이들에 대한 통합화를 위한 차량 네트워크시스템 적용 산업의 발전이 예상된다.

차량 엔터테인먼트시스템 및 지능형 차량 기술 개발 산업의 성장은 차량 내 탑재되어 운전자의 안전성에 영향을 주고 인간과 자동차간의 사용자 인터페이스의 지능화를 요구함에 따라 자동차 전반의 인간과 기계 상호작용인(HMI : Human Machine Interface) 산업에 대한 중요성을 부각시킬 것으로 예상된다.

국내 이동통신 기술과 디스플레이, 안테나, GPS모듈, 자동차 공학기술 등 인프라가 선진국과 대등한 수준으로 판단, 세계 최고 수준인 유무선 통신망을 기반으로 산업간 협력을 성공적으로 끌어낼 경우 세계 시장도 주도할 가능성이 있을 것으로 전망된다.

그림 3-27 자동차 네트워크의 구성도

차량 인포테인먼트 기술의 도입은 개별 엔터테인먼트시스템뿐 아니라 차량 네트워크 통합 기술, 네트워크장비 개발 기술, 보안 관련 새로운 서비스 도입을 촉진하고, 차량 내 · 외부통신기술에 기반을 둔 첨단 자동차 제어기술, 디지털 방송기술, 음성인식기술 및 HMI기술 등의 결합도 가속화될 것으로 전망하고 있으며, 사용자가 네트워크나 컴퓨터를 의식하지 않고 장소에 상관없이 자유롭게 네트워크에 접속할 수 있는 정보통신 환경인 유비쿼터스(Ubiquitous) 사회를 지향하는 세계적인 추세와 함께 성장할 것으로 예측된다.

독일에서 2002년 한 해 동안 발생한 교통사고 약 450,000건 중 차량 간 통신을 이용한 도로 안전 개선이 될 경우 50% 정도를 감소시킬 확률이 있다고 NOW(Network on Wheels)는 주장하고 있다. 또한 유럽 공동체 참가국은 향후 10년 이내에 도로 사망자수를 50% 줄일 것으로 기대하고 있다. 차량의 제어와 상태 모니터링을 위한 네트워크와 운전자 정보시스템을 위한 게이트웨이의 필요성이 대두되고 있다. 이러한 시장의 주도권을 장악하기 위해서 운전자 정보시스템의 통합을 위한 게이트웨이 기술이 필요하다.

차량 대 차량(Vehicle to Vehicle) 통신시스템을 이용한 차량 안전과 교통 흐름 개선의 효과를 얻기 위해서는 최소 10%의 보급률을 가져야 한다고 예상하고 있다. 만약 모든 신규 차량이 차량 대 차량(Vehicle to Vehicle) 통신시스템을 장착할 경우 1년 반 만에 10%의 보급률을 가지게 되며, BMW, DC, VW 또는 중형급 차량 이상의 50%가 차량 대 차량(Vehicle to Vehicle) 통신시스템을 장착한다면 3년 만에 10%의 보급률을 갖게 되고, 전체 내비게이션 장착 차량의 25%가 차량 대 차량(Vehicle to Vehicle) 통신시스템을 갖출 경우 3년이면 보급률이 5%가 될 것이다.

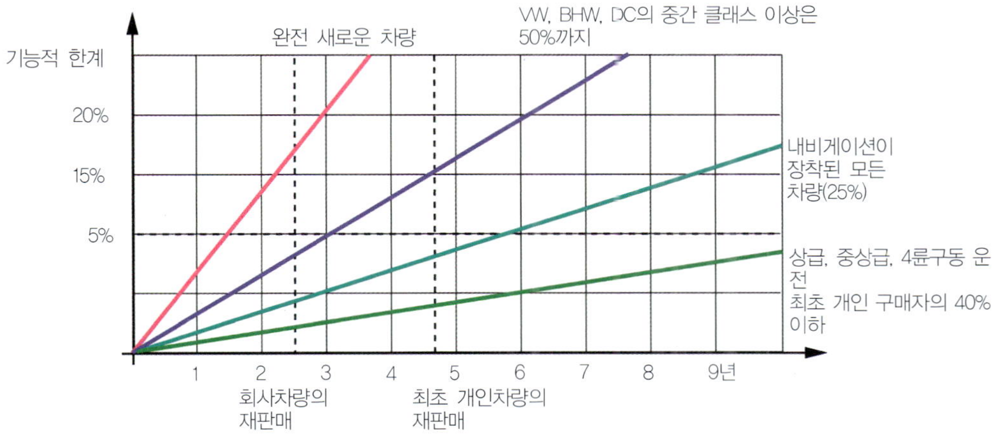

그림 3-28 차량 대 차량 통신시스템 구현에 필요한 시간과 장치비율

유럽의 경우 1980년에서 2000년까지 교통사고 8%, 사강자 수가 39% 감소되었으나(출처 : IRTAD-OCSE) 아직도 매년 2만 명의 사망자가 발생하고 있다. 유럽 공동체에서는 현재 안전시스템(레이더, 레이저, 초음파, 비전기술 이용)의 단점(센서의 감지 거리가 짧다, 보이지 않는 곳은 검출이 안 된다, 고가격)을 보완하고, 운전자에게 더 먼 거리까지 볼 수 있고, 정보 수집이 빠르며, 적절하고 정확한 정보 제공이 가능한 차량 대 차량(Vehicle to Vehicle) 통신시스템을 이용한 능동 안전시스템 개발을 추진하고 있다.

단순한 센서만을 장착한 기존 차량의 경우는 운전자보다도 전방 도로 환경에 대해 열악하며, 복잡한 센서를 포함한 차량의 경우 운전자만큼의 전방 도로 환경에 대한 정보를 운전자에게 줄 수 있다. 차량 대 차량(Vehicle to Vehicle) 통신의 경우에 음영지역 등 전방 도로 상황에 대하여 미리 운전자에게 정보를 제공하며 안전운전에 도움을 줄 수 있다.

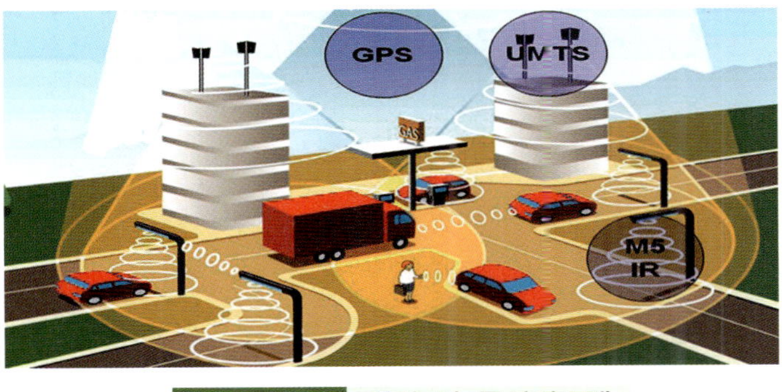

그림 3-29 차량 간 통신시스템

[2] 지능형 시스템

1) 개요

(1) 정의 및 필요성

차량용 지능형시스템은 운전자에게 고도의 안전성과 편의성을 제공하기 위한 시스템이다. 기계 중심의 기존 차량에 센서 및 액추에이터 등을 설치하여 전기 · 전자, 정보통신, 인포테인먼트 기술, 하드웨어뿐만 아니라 소프트웨어 기술을 융합하여 운전자에게 안전한 성능을 제공하기 위한 것으로, 지능형 자동차 및 첨단 안전 자동차(ASV : Advanced Safety Vehicle) 등을 구현해내는 시스템이다.

첨단 안전운전 보조지원시스템(ADAS : Advanced Driver Assistant Systems) 등과 같은 모듈 단위의 복잡한 시스템으로 구성되어 있으며, 지능형 시스템의 기술 분야는 각종 센서에 의한 차량 내 · 외부상황 감지기술, 주행안전 향상 기술, 지능형 라이팅기술, HMI(Human Machine Interface) 및 편의장치기술, 차량통신기술 등 해당 기술 분야가 확대되고 있는 추세이다. HMI 기술은 탑승자의 감성지표와 직접적인 연관이 되기 때문에 선택적 소음진동 신호처리 기술을 활용하여 Sound Clinic 기술 개발을 추진하고 도로, 인프라, 외부 차량, 보행자 등을 비롯한 차량 외부 환경과 소통하는 커넥티트 자동차(Connected Car/Vehicle) 형태 및 부분적 자율주행(Partially Automated Driving)을 위한 기술로 발전하고 있으며, 궁극적으로 "완전한 자율주행(Fully Automated Driving)"을 위한 기술로 진화하고 있다.

(2) 주요 제품

① 지능형 시스템 제품분류 관점의 범위

제품	종류	세부 제품 및 기술
지능형 시스템 제품	차량 내·외부 상황 감지기술	차선이탈경보장치(LDWS), 측 후방사각지대감지(BSD), 교통표지판 인식, 이동체/장애물감지(MOD), 나이트 비전, 어라운드 뷰 모니터(AVM), 주차 지원 시스템(PAS), 차량/보행자/이륜차/도로상황 감지 전방카메라/레이더, 스테레오 비전, 운전자상태감지(DSM), 알코올 인터락, 블랙박스 및 운행기록계 등
	주행안전 향상기술	차선유지 지원장치(LKAS), 적응순항제어(ACC), 자동긴급제동(AEB), 충돌피해경감(CDM), Stop&Go, 전자식 주차브레이크(EPB), 전자식 자세 제어(ESC), 전동식 파워스티어링(MDPS), 전자식 페달, 전자식 쉬프트레버, 타이어공기압감지장치(TPMS), 보행자 보호용 액티브 후드 등
	지능형 라이팅기술	AFLS(Adaptive Front-Light System), HBA(High Beam Assist), ADB(Adaptive Driving Beam), Matrix LED 전조등, 레이저 전조등, OLED 후미등, 긴급 제동 후미등 등
	편의장치 및 HMI기술	스마트시트, 자동공조장치, 디지털계기판, 헤드업디스플레이(HUD), 운전자 정보 제공장치(DIS), 햅틱 인터페이스장치, 내비게이션, 고정밀 디지털지도, 차량용 OS 플렛폼, 제스처 인식기술, 음성 인식기술, 증강 현실기술, 스마트기기 헤드유닛간 미러링기술, 스마트키 무선충전장치, 정밀측위기술, 긴급구난서비스(e-Call), 자가진단 기능 등
	차량통신기술 (IVN 및 V2X)	IVN*, V2X** 등이 적용된 각종 ECU, 통신 게이트웨이, 스마트 정션 박스(Smart Junction Box), V2X 단말기(OBU) 등

② 지능형 시스템 공급망 관점의 범위

제품	종류	세부 제품 및 기술
지능형 시스템 부품	차량 내·외부 상황 감지기술	[하위부품] 비접촉 센서류(이미지/레이더/초음파/적외선 등), 접촉 센서류(가속도/충격 등), 반도체(DSP/FP GA/MCU, 메모리 등), 기타(렌즈, 레이돔 등)
		[상위부품] 소프트웨어(장애물/차량/보행자 감지, 장애물 위치/거리계산, 화질개선/노이즈 제거) 포함된 센서 모듈(카메라 모듈, 레이더 모듈 등), 자이로센서(+신호처리 모듈)
		[완성품] 차선이탈경보장치(LDWS), 측 후방사각지대감지(BSD), 교통 표지판인식(TSR), 이동체/장애물감지(MOD), 나이트 비전(Night Vision), 어라운드뷰 모니터(AVM), 주차지원시스템(PAS), 차량/보행자 /이륜차/도로상황 감지 전방카메라/레이더, 스테레오 비전, 운전자 상태감지(DSM), 알코올 인터락, 블랙박스 및 운행기록계 등
	주행안전 향상기술	[하위부품] 반도체(MCU/DSP/FPGA, 메모리 등), 모터/액추에이터 센서류 등
		[상위부품] 제어알고리즘, ECU 등이 포함된 모듈/시스템, 액추에이터와 결합된 작동 모듈(액추에이터+기구부)
		[완성품] 전자식 페달, 충돌피해경감(CDM), 차선유지 지원장치(LKAS), 전자식 주차브레이크(EPB), 적응순항제어(ACC), 자동긴급제동(AEB), 타이어공기압자동감지장치(TPMS), Stop&Go, 전자식 자세제어(ESC), 전동식 파워스티어링(MDPS), 보행자 보호용 액티브 후드, 전자식 쉬프트레버
	지능형 라이팅기술	[하위부품] 광원, 렌즈, 방열장치, 액추에이터/모터 등
		[상위부품] 제어알고리즘, ECU 등이 포함된 헤드램프 모듈
		[완성품] AFLS, HBA, ADB, Matrix LED 전조등, 레이저 전조등, OLED 후미등 등
	편의장치 및 HMI기술	[하위부품] 반도체(MCU/DSP/FPGA, 메모리 등), 액추에이터/모터, 디스플레이, 센서(가속도/마이크로폰) 등
		[상위부품] 소프트웨어, ECU, 계기판, 헤드유닛, HUD, 인포테인먼트장치, 액추에이터와 결합된 작동 모듈(액추에이터+기구부) 등
		[완성품] 스마트시트, 자동공조장치, 디지털계기판, 헤드업디스플레이(HUD), 운전자 정보제공장치(DIS), 햅틱 인터페이스장치, 내비게이션, 고정밀 디지털 지도, 차량용 OS 플랫폼, 제스처인식기술, 음성인식기술, 증강현실기술, 스마트기기 헤드유닛간 미러링 기술, 스마트키 무선충전장치, 정밀측위기술, 긴급구난서비스(e-Call), 자가진단 기능 등
	차량통신기술 (IVN 및 V2X)	[하위부품] 통신 트랜시버, 통신 컨트롤러 내장형 MCU/DSP 등
		[상위부품/완성품] IVN, V2X 등이 적용된 ECU, 게이트웨이, 스마트 정션박스, V2X 단말기(OBU) 등

2) 기술로드맵

최종목표		자동차 안전성과 편의성 향상을 위한 지능형 시스템 핵심 자동차부품 국산화 개발		
Time Span		2016	2017	2018
환경/시장 니즈	중분류	안전규제 강화 및 첨단 안전장치의 의무장착 확대에 따른 지능형 시스템 요구 증대		
		안전, 편의에 대한 관심 증대 및 개인 스마트기기와 차량과의 연결성 요구 증대		
		차량 전장화에 따른 표준화 적용에 대한 요구 증대		
연도별 목표		지능형 시스템 핵심부품 설계	지능형 시스템 시제품 제작	신뢰성 검증을 통한 양산제품 개발
핵심기술 / 첨단제동시스템을 위한 비접촉식 스위치 기술	자동차 안전 기술	비접촉 방식 브레이크센서 설계	센서 시제품 개발 및 보정, 브레이크 일체형 평가환경 구축	센서 성능 및 신뢰성 평가, 센서 전자파 적합성 시험
핵심기술 / 보행자 충돌 감지용 고감도 센서 기술	자동차 안전 기술	센서 모듈설계 보행자 충돌 감지용 센서 벤치마킹	충돌 감지용 센서 시제품 제작 센서 시제품 평가환경 구축	충돌 감지용 센서 신뢰성 평가, 실차 충돌 반응시험
핵심기술 / 스마트기기 융합형 자동차용 다목적모듈식 적외선 카메라 기술	자동차 안전 기술	유효 장애물 식별 알고리즘 스마트기기 콘텐츠 개발	융합기능 적용 적외선 시제품 제작, 센서 시제품 평가환경 구축	실차 주행 시험 검증, 스마트기기 서비스 사용 피드백
핵심기술 / 무선전송방식의 AVM(Around View Monitor) 기술	자동차 편의 기술	차량용 다채널 영상 무선 전송 모듈설계, 상황별 평가 시나리오 개발	무선영상 데이터 기반 고속영상 정합 기술개발, 실차 기반 평가환경 구축	시스템 통합 및 시나리오별 성능평가, 내환경성 포함한 신뢰성 평가
핵심기술 / 차량 내 스마트기기 무선 충전 기술	자동차 편의 기술	무선충전모듈 시제품 설계, 충전모듈 센터 콘솔간 제어 알고리즘 개발	무선충전 모듈 및 센터 콘솔 모듈 제작, 충전 모듈제어 알고리즘	시스템 통합 및 충전성능평가, 전자파 적합성 시험 및 신뢰성 평가
핵심기술 / 보급형 Head Up Display 기술	자동차 편의 기술	내비게이션과 연계 서비스 콘텐츠 개발	주행 시나리오 조건에 따른 작동환경 GUI	실차 주행 시험평가 및 사용자 수용성 평가
핵심기술 / 탑승객 편의를 위한 스마트시트 기술	자동차 편의 기술	스마트시트용 게이트웨어 설계, 탑승객용 서비스 개발	게이트웨이, 시트 통합 통신 기능 구현, 게이트웨이 및 시트 통합 평가환경 구축	게이트웨이 통신 성능 및 시트 성능평가, 탑승객용 서비스, 사용자 수용성 평가
핵심기술 / 차량용 복합형 이벤트 저장장치 기술	자동차 편의 기술	주행이벤트 데이터 선정, 저장안정성 높은 블랙박스 하드웨어 설계	주요 이벤트와 저장장치 인터페이스 블랙박스 SW 개발	실차 시험을 통한 복합 이벤트 검증, 블랙박스 운전자 수용성 평가

그림 3-30 지능형 시스템 부품의 중소기업형 로드맵

3) 시장현황 및 전망

지능형 시스템과 관련 있는 안전 및 편의 부품에 대한 해외 시장 전망을 보면 2012년 약 784억 달러 규모로 형성되었으며, 연평균 성장률 약 6.3% 수준으로 2017년 1,065억 달러 수준이다. 지능형 운전자 지원장치는 영상카메라/TOF기반 센서 모듈을 기반으로 센서 융합/SW, 융합을 통한 차량 제어 모듈, 첨단디스플레이 융합 내장부품, 인포테인먼트 모듈, 운전 안전 지원 모듈, 주행 및 주차 모듈 등 지능화 및 편의장치를 포함하는 품목으로 기존 부품에 대한 저비용/소형화/고기능성에 기술개발이 주력을 이룬다.

차량통신시스템은 자동차에 IT기술을 접목하여 차량 간 혹은 차량과 노면 간의 상태를 통신으로 주고받아 도로 상황에 따른 차량의 능동적 대응으로 사고를 미연에 예방하는 기술과 섀시제어기는 자동차의 동특성에 가장 큰 영향을 주는 서스펜션, 플랫폼 및 차량주행안전과 관련된 조향/제동시스템 등의 부품 모듈을 의미하여 안전성과 편의성, CO_2 저감을 목적으로 자동제어시스템, 전자주차 브레이크 시스템, 배기계 전자밸브 등을 포괄한다.

전력효율향상 모듈은 전기자동차에서 제한적인 배터리 동력의 효율적 분배를 위한 동력전달부품과 배터리 메니지먼트 부품을 포함하며, 그 외의 구동/제어장치에 대한 최적 전력 제어 등 에너지 고효율화를 위한 동력계 통합제어기술과 고효율 전기에너지 저장관리 시스템 등을 포괄하고, "Euro NCAP 2016~2020 안전성 강화 로드맵"에 맞춰 지능형 시스템 시장이 대폭 성장할 것으로 예상됨에 따라, 관련 제품인 사각지대감지(BSD), 차선감지 및 유지시스템(LKAS), 속도경고시스템, 교통 표지판감지시스템, 자동긴급제동(AEB), 운전자상태감지(DSM), 긴급구난, 충돌 보호시스템, 적응형 전조등(AFLS) 등의 수요가 증가할 것으로 예상된다. 지능형 시스템과 관련한 전문가들은 향후 10년간 자율주행 레벨 1~2에 해당하는 세계 ADAS 시장규모는 2013년 6,700만 개에서 연평균 15% 이상 성장하며, 2020년에는 1억 8,100만 개까지 증가할 것으로 예상된다.

ADAS 센서 시장규모는 2013년 2억 개에서 2020년 4억 개까지 연평균 10% 이상의 성장세로 2016년 160억 달러에서 2021년 370억 달러까지 성장할 것으로 전망했다. ADAS 솔루션이 진화하면서 보다 엄격한 차량 안전기준을 맞추려면 강력한 기능의 센서가 필요하다. 자율주행차는 주행 환경을 인식하는 카메라, 레이더, 라이더, 초음파 센서 등 여러 종류 센서를 사용한다. 최근에는 센서 간 부족 부분을 보완하고 가격도 저렴한 통합센서가 개발되고 있다. 센서는 전체 ADAS 시장에서 차지하는 비중이 2016년 46%인 74억 달러로 가장 높고, 2021년에는 56%로 208억 달러에 이르며 연평균 성장률 23%의 빠른 성장이 전망된다.

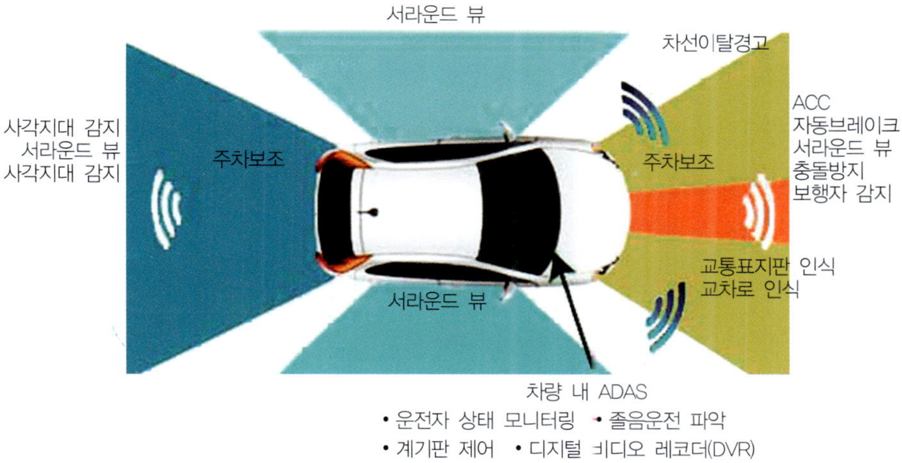

그림 3-31 첨단운전자 지원시스템

ECU, 소프트웨어를 비롯하여 차량 내 전자부품이 차지하는 원가비중이 꾸준히 증가하여 2015년 40% 수준, 2020년에는 50% 수준을 차지할 것으로 전망(Strategy Analytics)하며, 구글, 애플, MS 등의 소프트웨어 업체들이 글로벌 자동차 업체들과 손잡고 스마트 자동차 관련 신기술을 발표하는 등 관련 분야 협력체계가 지속적으로 이루어지고 있다. 이러한 소프트웨어 업체들이 스마트기기와 차량과의 연결성 확대 등으로 인해 자동차 산업에서 영향력이 더욱 강화되고, 주요 완성차업체 및 부품업체들이 자율주행차 상용화를 위해 제반기술이라 할 수 있는 지능형 시스템과 관련된 ADAS 기술 개발을 강화하고 있다.

국내 의무 장착이 확정된 ABS, TPMS, ESC, 최고속도제한장치, 제동력지원장치(BAS) 등을 비롯, 첨단안전장치의 국내 의무 장착이 더욱 확대되고, 충돌경보시스템과 e-Call 시스템과 같은 안전시스템 분야 시장도 크게 성장할 것으르 예상되며, 시장에서의 100만화소급 이상의 고해상도 카메라에 대한 요구 증대 및 미국 후방카메라의 의무 장착 등의 이유로 국내 전장카메라 업체들의 성장과 국내 차량용 디스플레이 중에서는 K9에 적용된 HUD 시장이 점차 확대될 것으로 전망된다. 내비게이션, 인포테인먼트 등 고령화 사회 진입에 따른 운전이 미숙하고 반응속도가 느린 교통약자를 위한 고안전, 고편의 관련 기술이 적용된 자동차 시장이 성장할 것으로 예상된다.

4) 지능형 시스템 기술 분석

(1) 기술동향 분석

① 세계동향

지능형 시스템의 대상특허 6,801건에 대한 각 국가의 연도별 출원동향을 살펴보면, 전반적으로 최근까지 꾸준한 출원이 이루어지고 있으며, 일정 수준을 유지하고 있는 양상을 보이고 있다. 미국이 가장 많은 특허를 보유하고 출원규모에 있어서는 미국이 2,255건(33%)로 가장 높은 점유율을 나타내며, 이어서 일본이 2,249건(33%), 한국 1,924건(28%), 유럽 373건(6%)의 특허점유율을 나타내는 것으로 분석되었다.

② 국내동향

지능형 시스템의 국내특허 출원동향을 살펴보면, 출원건수는 2012년까지 매년 증가 추세를 나타낸 이후 감소 추세를 보이고 있다. 내국인 출원비율에 있어서는 매년 90% 이상으로 매우 높은 비중을 차지하고, 국내 전체 특허의 내외국인 비율은 한국인이 93%, 외국인 7%로 한국인의 특허출원비율이 매우 높아 기술자립도가 높다. 출원인을 구분하면 대기업의 특허비율이 36%로 가장 높았고, 중소기업의 특허비율이 31%로 그 뒤를 이었으며, 대학/연구소/공공기관이 15% 그리고 개인과 해외출원인이 각각 11%, 7%로 분석되어 지능형 시스템 분야는 대기업에 의한 특허출원이 많은 분야로 중소기업이 시장 진출하기 쉽지 않은 분야이다.

[3] 기술 분석

1) 운전자 정보시스템 기술동향

자동차 IT화 시스템은 각종 차량 멀티미디어(AV, 내비게이션, 텔레매틱스) 및 바디, 섀시 전장품이 차량 네트워크로 연결된 차내 정보시스템과 CDMA 통신망, 무선랜망, 무선 인터넷망 등을 통한 차외 통신 네트워크가 통합된 매우 방대한 시스템으로 시스템 체계종합기술, 전기 · 전자 기술, 소프트웨어 기술, 차량 네트워크 기술, 통신 및 정보 기술, HMI 기술 등을 기초로 하며, 이들의 고른 발전이 선행되어야 하는 기술 집약적 성격이 강하다.

운전자 정보시스템은 단기적으로는 차량 내외의 각종 정보를 운전자 및 탑승자에게 최적의 조건으로 제공함으로써 안락하고 편안한 자동차, 자동차의 달리는 사무실화라는 자동차 개념 변화의 주역이 될 것이다. 또한 장기적으로는 지능형 새시 통합제어 시스템, 지능형 안전시스템, 지능형 예방 안전시스템과 통합되면 항공기 운항개념의 자율주행 차량의 중추가 될 것이다.

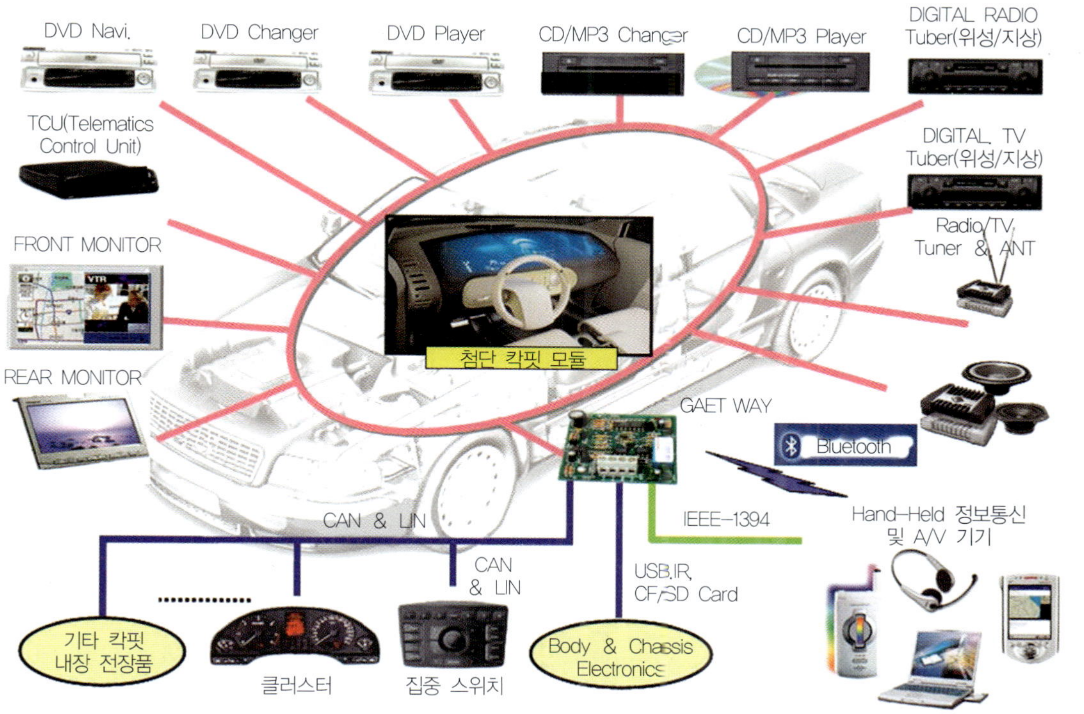

그림 3-32 운전자 정보시스템의 통합 네트워크 환경

운전자는 하나의 통합 디스플레이장치 및 헤드유닛을 통해 TV, 라디오, CD 플레이어, DVD 플레이어, 내비게이션, 전화, 후방 엔터테인먼트 장치 등의 각종 멀티미디어 기기들은 물론 시트, 스티어링 휠, 도어, 윈도우, 공조장치, 아웃사이드 미러 등을 제어하는 등 정보단말기뿐 아니라 차량 내 모든 정보를 운전자에게 통합 제공하는 시스템으로 진화할 것이다.

1970년대에는 차량에 단순히 라디오와 앰프만 장착했으나 시대가 발전하면서 카세트 플레이어, CD 플레이어 등이 추가되었고, 최근에는 내비게이션시스템, DVD 플레이어 등 다수의 멀티미디어 기기들이 장착되고 있는 추세이다. 나아가 차량이 차량 외부로부터 텔레매틱스 및 인포메이션 서비스를 이용하기에 이르렀다. 이처럼 사용하는 장치의 수가 증가하고 전자기술이 발달함에 따라 과거의 기계장치들이 전자장치로 대체되면서 장치 사이의 상호연결이 기하급수적으로 증가하고, 이에 따른 와이어하니스(Wire Harness)의 중량과 복잡성은 새로운 해결 과제가 되었다. 따라서 증가된 장치들의 상호연결을 통하여 사용자에게 더 편리하고 효율적인 기능을 제공하기 위해 차량의 네트워크화가 대두되었으며, 이를 배경으로 개발된 것이 운전자 정보시스템이다.

[차량용 네트워크 분류 및 적용 현황]

구분		속도	통신방식	적용 OEM
바디 네트워크	유럽	10kbps 이하	CAN-A, B 클래스	벤츠, BMW, 폭스바겐
	미국		SAEJ1860. Low speed	GM, 포드
	일본		독자 프로토콜. CAN, LIN	도요타, 닛산, 혼다
파워트레인 & 섀시 네트워크	유럽	126kbps ~1Mbps	CAN-A,B 클래스. byte Flight	벤츠, BMW, 폭스바겐
	미국		SAEJ1860. Hi speed	GM, FORD
	일본		독자 프로토콜. CAN, LIN	도요타, 닛산, 혼다
멀티미디어 네트워크	유럽	10Mbps 이상	D2B, MOST	벤츠, BMW, 폭스바겐
	미국		IDS-M IEEE1394 (검토중)	GM, 캐딜락
	일본		독자 프로토콜, CAN, LIN	도요타, 혼다

향후 지능형자동차(Intelligent Vehicle) 차량 정보시스템에서 사용하게 될 차량용 네트워크는 정보계 네트워크와 제어계 네트워크의 통합으로 중앙에서 통합관리할 수 있는 방향으로 발전할 전망이다.

각각의 네트워크에 속한 ECU에 접근하기 위해서는 장비에 대한 연결 기술이 필요하게 되는데, 이때 좀 더 섬세한 조절과 장비간의 상호작용을 원활히 하기 위해서는 게이트웨이가 필요하다.

특히 제어계와 정보계 같은 통신 속도가 상이한 네트워크 간의 통신을 통해 차량의 전장 부품화의 가속화에 따른 차량 전장 부품의 통합 관리와 제어를 위한 네트워크 통합관리 기술이 필수적이다.

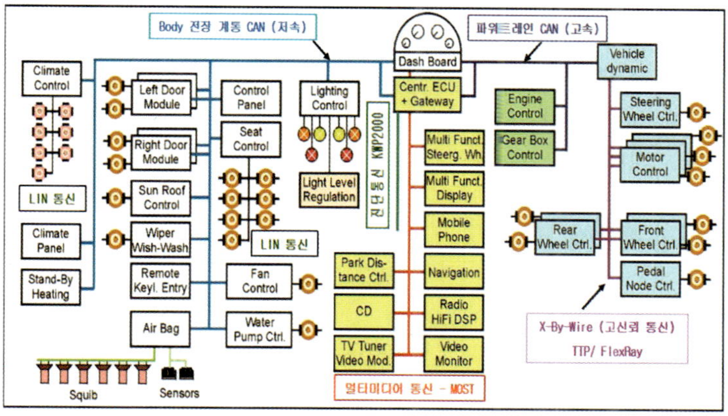

그림 3-33 게이트웨이를 통한 네트워크 간 통합

차량 네트워크 표준화 동향으로는 해외 선진 완성차 업체와 부품업체 중심으로 컨소시엄(AMI-C, IDB-C, MOST 컨소시엄, FlexRay-컨소시엄 등)을 구성하여 네트워크 프로토콜의 제정 및 표준화에 전력을 기울이고 있다. 또한 표준화된 차량의 전기 · 전자시스템의 개발, 상용화를 위한 컨소시엄에서 기본 시스템 기능 및 인터페이스의 표준화를 진행 중에 있다.

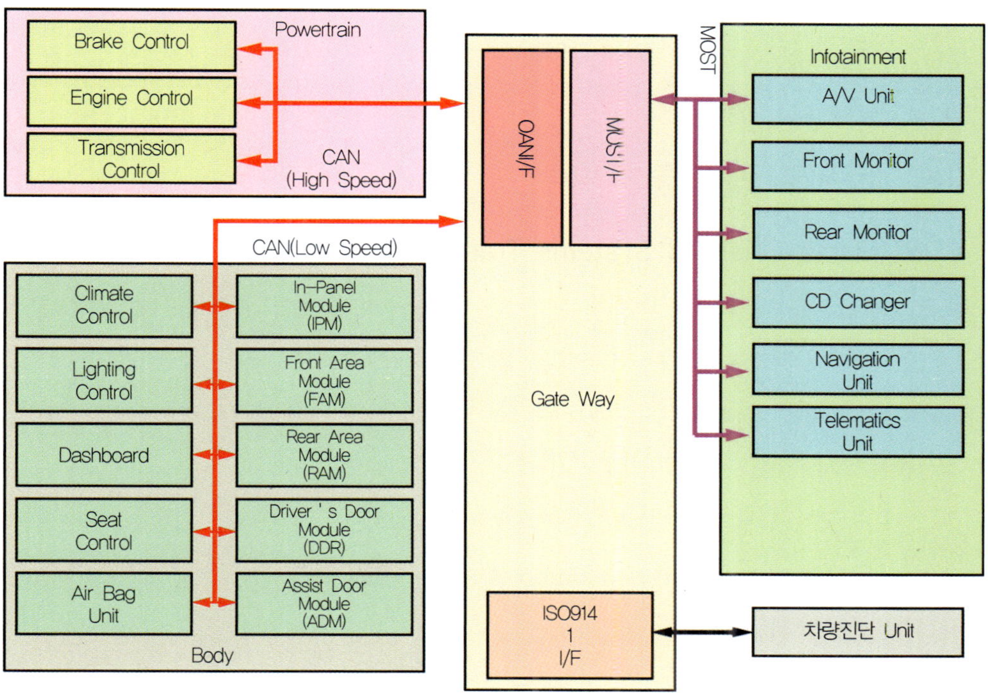

그림 3-34 CAN/MOST gateway 블록도

차량 내 네트워크화에 대한 추진 방향은 1단계로 차량 내 센서 및 액추에이터까지 모듈화하여 이를 네트워크 부품화한다. 2단계로 각 기능별(바디, 섀시, 파워트레인, 인포테인먼트), 장착 부위별 모듈화 및 네트워크화를 한다. 마지막 3단계로 2단계의 각 기능별, 부위별 네트워크를 게이트웨이를 통하여 통합하는 방향으로 전개된다.

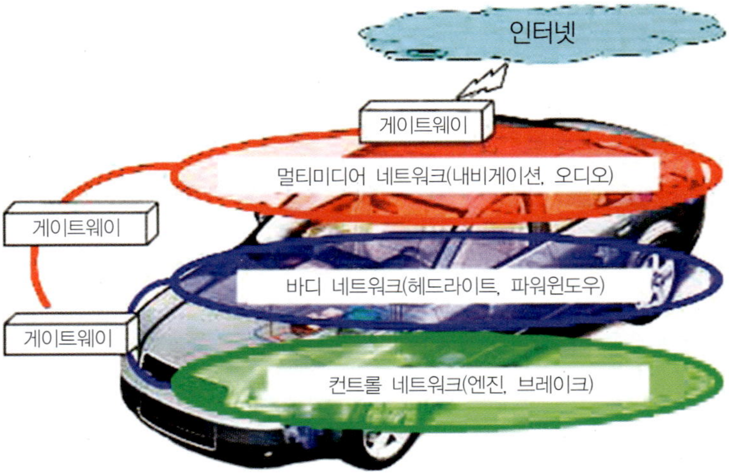

그림 3-35 차량 네트워크화 방향

2) 차량 네트워크 프로토콜의 종류

(1) MOST(Media Oriented Systems Transport) 네트워크

차량 내 멀티미디어 시스템 복잡성 및 기능 증가에 따라 넓은 대역폭 및 디지털 데이터 전송의 필요성이 대두되고 있다. MOST는 환경에 강하면서도 비용 대 효과의 네트워크가 필요로 되는 자동차의 멀티미디어 네트워크용으로 1998년 다임러크라이슬러, 하먼/벡커, BMW, 오아이스에 의해 개발되었다.

[MOST 특징 : 네트워크 계층]

구분		현재	차세대	비고
전체 데이터 전송속도		22Mbps	150Mbps	토플로지 : 링형, 성형, 트리형
Net 데이터속도		21.2Mbps	-	
동기 전송	최대 데이터 전송속도	21.2Mbps	-	동기전송을 위한 범퍼 및 샘플링 변환 불필요
	최대 수용 채널 수	15개	80개	스테레오 CD 수준
비동기 전송	최대 데이터 전송속도	12.7Mbps	-	
컨트롤 전송	최대 데이터 전송속도	-700Mbps	-	-2700messages/s
	Net데이터 속도	-420Mbps	-	

현재 25Mbps의 전송 속도와 64개의 노드를 지원하고 버퍼링이 필요 없으며, 현재 150Mbps까지 확장 중이다.

MOST 네트워크를 이용한 차량 네트워크의 장점은 차량에는 많은 멀티미디어 기기들이 각각의 입·출력신호를 가지고 있기 때문에 많은 가닥의 와이어가 설치되고 있는 실정이다. 여기에 MOST 인터페이스 모듈이 적용된 차량 A/V기기들은 MOST 네트워크를 한 가닥의 광케이블과 적은 양의 와이어로 연결되어 차량의 중량 및 연비 개선에 효과적이다. 또한 광통신에 의한 영상과 음향 전송이므로 EMS 등과 같은 전자기적 영향을 받지 않아 노이즈에 강하며, 차량용 멀티미디어 기기도 플러그 앤 프레이(Plug & Play), 자가 통신 고장진단, 기능 업그레이드 등의 기능이 MOST 네트워크를 통해 가능하게 된다.

주로 유럽의 유명 자동차 회사에서 최고급 차종에 MOST/CAN 네트워크를 기반으로 하는 시스템이 개발되어 상용화 중이다.

[네트워크 적용 자동차 회사]

자동차 업체	적용 프로토콜
BMW AG	FlexRay, FT-CAN, HS-CAN, LIN, MOST
다임러크라이슬러	FlexRay, FT-CAN, HS-CAN, LIN, MOST
피아트	FlexRay, FT-CAN, HS-CAN, LIN, MOST
포드	FlexRay, HS-CAN, LIN, MOST
GM	FlexRay, HS-CAN, LIN, MOST, SW-CAN
혼다	LIN, MOST, SW-CAN
현대	FT-CAN, HS-CAN
닛산	HS-CAN, FT-CAN, LIN, MOST
푸조-시트로엥	HS-CAN, FT-CAN, LIN, MOST, TTP
르노	FT-CAN, HS-CAN, IDB-1394, LIN, TTP
도요타	HS-CAN, LIN, MOST
폭스바겐	FT-CAN, HS-CAN, LIN, MOST, TTP

(2) Data Bus Use by Automaker(source : Allied Business Intelligence Inc) IDB1394

AMI-C는 가전 메이커를 중심으로 적용되어 오던 IEEE1394를 베이스로 한 IDB 1394를 추진하고 있는 단체로, GM, 포드, 도요타, PSA, 혼다, 닛산, 피아트, 르노가 주요 구성원이다. 이 중 미국과 일본 메이커들은 POF(Plastic Optical Fiber)를 사용하는 IDB1394의 적용을 검토하고 있다.

IDB1394는 가정용으로 사용 중인 IEEE1394를 베이스로 하고 있기 때문에, 디지털카메라나 게임기 같은 가전제품과 연결하여 사용할 수 있는 장점이 있다. IDB1394의 제품화는 DVD나 게임 등 차량탑재용 엔터테인먼트의 보급이 본격화할 단계에 들어서야 가능할 것으로 보인다.

(3) FlexRay

[FlexRay 프로토콜 특징]

Protocol 특성	비고
❏ Flexray Frame Structure 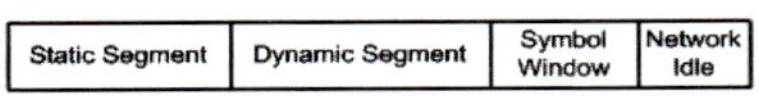 	• CAN은 Dynamic Segment 만 있음
❏ 고속 Real Time 통신 지원 • 최대 10Mbps 지원 • TDMA 원리를 이용한 통신 지연 및 Jitter 문제 해결  	• CAN: 125kbps • CAN에서는 실시간 통신 지원 불가
❏ Event 성 신호 전송 대역 제공 • Dynamic Segment 영역 활용(모든 Node가 필요한 시간에 전송 가능) • 우선 순위에 의한 중요 Data 우선 전송 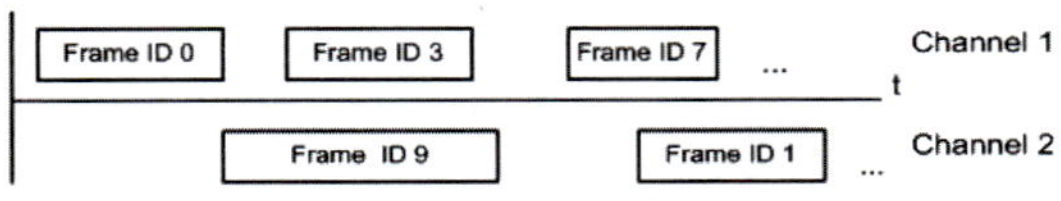 	• CAN과 동일한 방식 • CAN은 2개 Channel 방식 지원 안함

FlexRay 컨소시엄은 핸들, 브레이크, 윈도우 등 운전자의 조작이 필요한 자동차 기능들을 기존 유압식 제어장치에서 전자식 표준 네트워크인 "X-by-wire" 기반으로 바꾸기 위한 기술을 개발하고 있다. 컨소시엄에는 필립스, 모토로라 등 반도체업체들이 참여하여 제어용 프로토콜 및 기기 간 커뮤니케이션을 위한 CPU 및 트랜시버를 개발 중이다.

FlexRay에는 BMW, 다임러크라이슬러, 포드, GM, 모토로라, 필립스, TI, 보쉬 등이 참여하고 있다

(4) CAN(Controller Area Network)

CAN은 ECU(Electronic Control Unit) 같은 각종 자동차 내의 제어장치들을 디지털 직렬통신을 이용해 연결하기 위해 자동차 부품 메이커인 보쉬에서 1991년 개발된 차량 LAN 시스템으로, 1993년에 ISO에서 국제 표준 규격으로 제정되었다.

[FlexRay와 바디 CAN 비교]

구분	Flexray	바디 CAN
설계사양	고속통신의 실시간 제어	중속의 Fault Tolerant 제어
통신 속도	최대 10Mbps	최대 125kbps
BUS 구조	Passive 방식(와이어 결선) Active Star(반도체 결선)	Passive 방식(와이어 결선)
목표 응용분야	드라이브 바이 와이어	바디 전장 제어
통신라인	2선(1채널), 4선(2채널)	2선
전송매체	일반 와이어 광케이블	일반 와이어
Fault Tolerant	2개의 채널을 이용 1개의 채널 고장 시에도 통신 가능	1개 라인 단선 시에도 통신가능
데이터 전송특성	실시간 전송보장, 신호 충돌 가능성 배제(TDMA 방식)	우선순위에 의한 주요 데이터 우선 전송
지향점	Byteflight를 대처하는 고속 제어 분야 통신 표준 지향	J1850 등을 대처하는 바디 전장제어 통신 표준 지향

CAN용 칩은 이미 인텔, 모토롤라, 필립스, NEC, 히타치, 지멘스 등의 회사에서 개발되었다. CAN은 다른 통신 네트워크들에 비하여 가격 대비 성능비가 우수하며, 지난 수년간 성공적으로 운영되어 신뢰도가 검증되었다. 낮은 통신 속도가 허용되는 바디계와 보다 높은 통신 속도가 요구되는 제어계에도 CAN을 모두 적용할 수 있다.

(5) TTP(Time Triggered Protocol)

실시간 분산시스템(Real-time Distributed System)을 위해 개발된 TTP은 25Mbps의

데이터 전송률을 제공하며 "X-by-wire"를 지원하기 위해 개발되고 있다. TTP group에는 아우디, PSA, 르노, NEC, TTChip, 델파이, 비스테온 등의 기업이 참여하고 있다.

(6) TTCAN(Time Triggered CAN)

CAN 프로토콜의 확장형인 TTCAN은 Drive-By-Wire시스템의 요구에 부응하기 위해 개발된다.

TTCAN은 TDMA(time division multiple access) schedule 방식으로 "X- By-Wire" 응용을 통해 엔진 관리시스템과 새시 제어에 사용되며, 히타치, 보쉬 등의 기업에서 개발 중이다.

3) 차량 네트워크(MOST) 검증 기술

차량 내 MOST 네트워크 기반의 광 통신시스템의 적용이 많아짐에 따라 MOST 협회에서는 MOST 네트워크를 이용하는 제품에 대해서는 MOST 추종성능 검증을 받는 것을 의무화하고 있는 실정이다.

구분			시험평가 방안
시스템	6	차량으로서 완벽한 시스템	T-car 검증
	5	테스트벤치에서 완벽한 시스템	실험실 테스트 (테스트벤치)
단품	4	기본 테스트 (ON/OGG, 진단)	실험실 테스트 (테스트벤치)
	3	MOST 기능 카달로그	실럼실 테스트(테스트벤치) 핵심기능 추종 테스트
	2	네트워크 단계	핵심기술 추종 테스트
	1	물리적 단계	제한된 물리적 단계 추종성 테스트

그림 3-36 MOST 기반 시스템의 단계별 평가 방안

MOST 추종성 검증프로그램 요구문서(MOST Compliance Verification Program Requirement Document)는 MOST 추종성 검증프로그램의 주 참고문서로서 프로그램의 요구사양, 조직, 기능 및 정책에 대해 정의하고 있다.

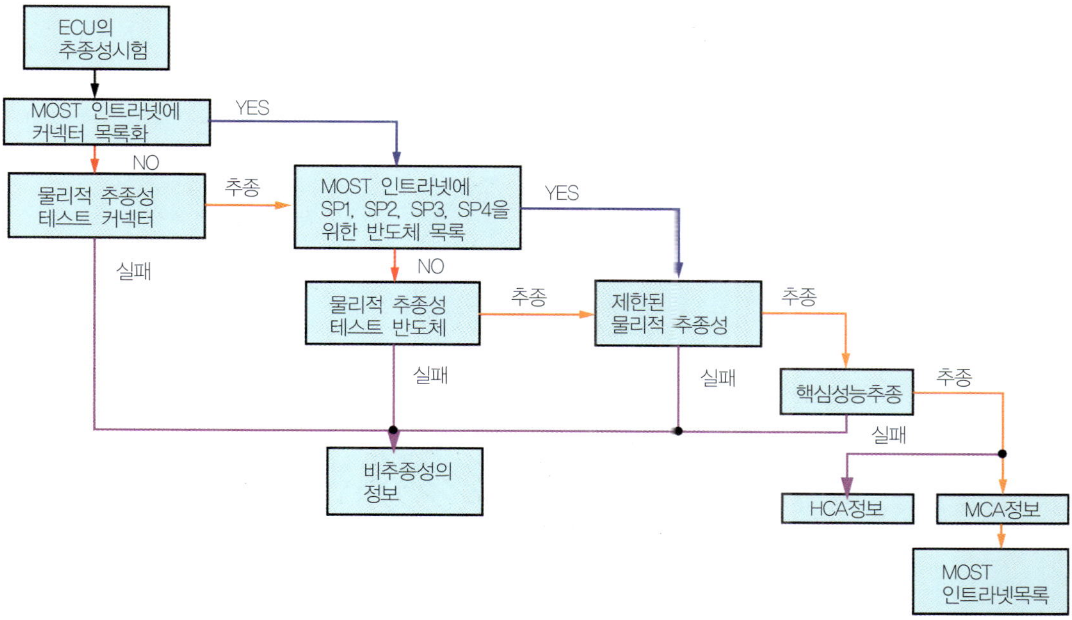

그림 3-37 MOST Compliance Test 절차

또한 MOST 추정성요구(Compliance Requirement)는 MOST 사양에 준하며, MOST 추종관리 보드(Compliance Supervisory Board : MCSB)에서 관리된다. 라이센스 취득은 MOSTCO 멤버만 가능하며, MOST 추종성 시험사양(Compliance Test Specification)의 적용가능한 모든 테스트를 통과 후 MOST 추종성 생산자목록(Compliant Product List : MCPL)에 등재되며, MCPL에 등재되는 날부터 라이센스가 유효하다.

MCPL 등재 최소 요구 조건은 MOST 핵심 추종성시험 사양(Core Compliance Test Specification : MOST1, MOST2…) 중 하나의 적용 가능한 모든 테스트 항목을 통과하고, MOST 물리적 단계 시험 사양(Physical Layer Test Specification, Optical, Electrical…) 중 하나의 적용 가능한 모든 테스트 항목을 통과해야 한다.

[MCTH(MOST Compliance Test Houses)]

MCTH	위치	테스트 항목
RMCTech	독일, Sindelfingen	-Optical Full/Limited Physical Layer
GADV	독일, Boeblingen	-핵심 추종성
Ruetz	독일, Munich	-Optical Limited Physical Layer -핵심 추종성

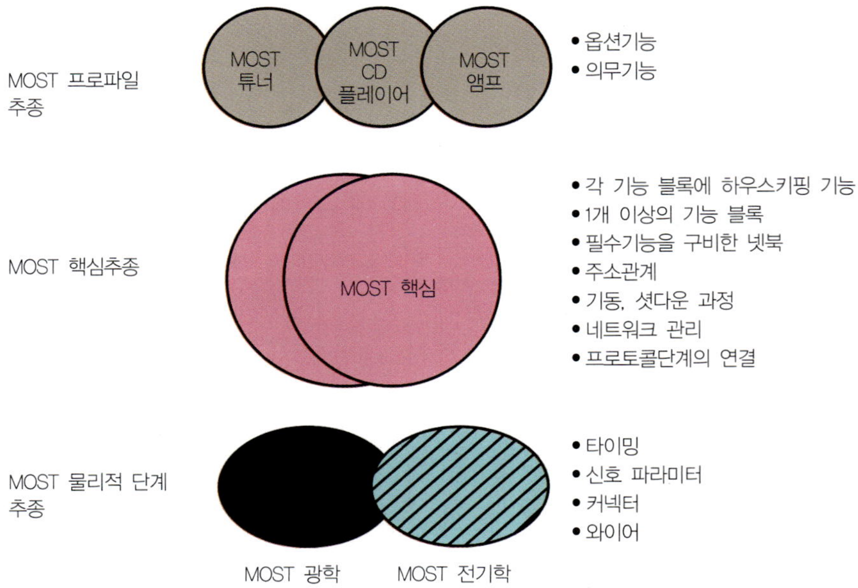

그림 3-38 Levels of MOST Compliance

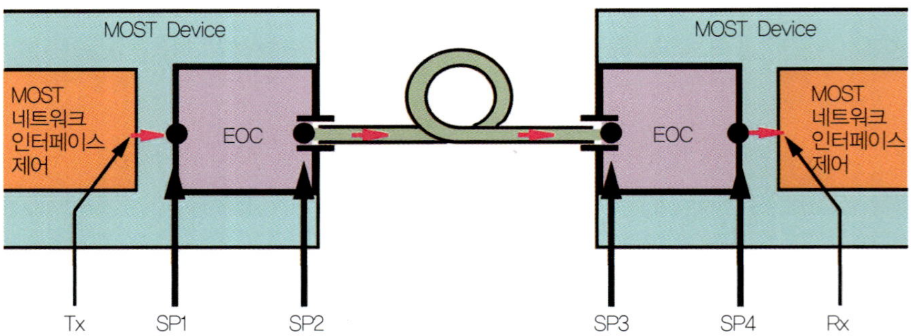

	SP의 신호	SP의 위치
SP1	전기적 입력신호	EOC의 데이터 입력핀
SP2	반사광학 출력신호	EOC의 광학접촉
SP3	연결된 광학 입력신호	OEC광학 접속선의 광 입력
SP4	전기적 출력신호	OEC의 데이터 출력핀

그림 3-39 MOST Physical Test Points

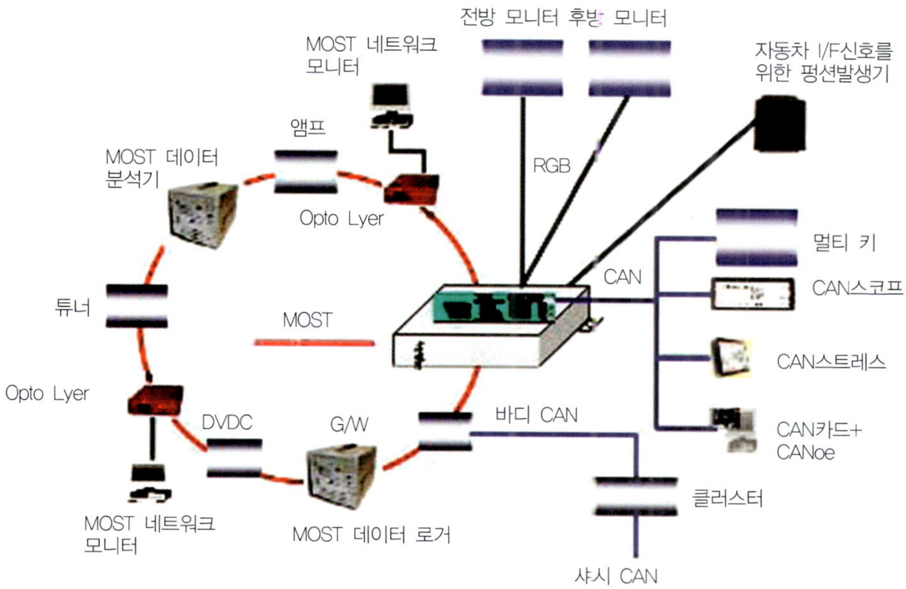

그림 3-40 MOST/CAN 네트워크 기반 차량 내 멀티미디어 통합 시스템의 Test 환경구축 예

MOST/CAN 네트워크 기반 차량 내 멀티미디어 통합 시스템에 대한 기술 및 그에 대한 테스트 검증 기술은 현재 유럽의 선진 기술을 보유한 몇몇 업체를 제외하고는 국내에서는 아직까지 미흡한 실정이다. 따라서 MOST 추종성 시험 및 시스템(Compliance Test 및 System) 통합 테스트에 대한 선진기술에 대한 도입이 필요하다.

그림 3-41 정보통신 네트워크 이미지

4) 통합형 내비게이션 관련 기술

자동차 안전장치 개발의 목표인 교통사고율 저감방법으로서 일본에서는 연간 교통사고 사망자 수를 5천 명 이하로 낮추기 위해 완성차 업체들에게 내비게이션과 통신기술의 연계를 지원하고 있다. 기존 내비게이션에 장착되어 있는 도로통행 요금 지불기(ETC : Elec Tronic Toll Collection), 교통정보 취득기(VICS : Vehicle Infomation and Com Munication System) 등에 추가하여 도로에 설치되어 있는 기기와 통신할 수 있는 정보기기를 장착함으로써 차량 안전성을 높이는 융합기술 개발이다.

그림 3-42 내비게이션을 이용한 응용시스템

해당 제품의 기능을 운전자의 안전도 향상에 활용하기 위한 시도가 여러 업체에 의해 이루어지고 있다. 특히 해당 제품의 지도 데이터와 차량 안팎에 설치된 각종 센서와 카메라 정보를 사용해서 운전자에 대해 음성 및 이미지를 사용하여 각종 주의(노상 장애물이나 보행자의 존재에 대한 경고, 일단 중지하거나 일방통행 등 교통규칙 공지)를 수행하는 기능의 시험적 탑재를 그 예로 들 수 있다.

데이터의 고정밀화와 각종 센서, 카메라의 고성능화에 따라 각 도로의 제한 속도 자동 준수, 위험을 감지했을 때 자동 브레이크 기능 등의 시스템 등이며, 궁극적으로는 해당 제품을 사용하여 완전 자동 운전기능의 개발도 생각할 수 있다. 또한 실시간 특성이 높은 교통 정보에 대한 요구도 커지고 있다.

앞으로 이와 유사한 기능을 사용할 수 있는 해당 제품이 증가될 것으로 예상되지만, 보다 효율성이 높은 프로브 정보 수집과 활용을 위해서는 탑재 차량과 해당 제품의 제작사 등에 구속되지 않고, 다양한 차량 정보를 수집할 수 있는 시스템 구축이 필요하다.

일본 닛산자동차의 스카이 프로젝트는 좁은 샛길에서 나오는 자동차와 충돌할 가능성이

클 경우 교차로에 설치되어 있는 차량감지기가 자동차 운전자에게 주의 및 경고할 수 있는 영상 데이터와 음성을 해당 차량에 전달하는 시스템이다.

전방에 정지 또는 저속주행 차량이 있을 경우 해당 차량에서 자기 자동차 위치 등 차량정보를 송신함으로써 자동차와 자동차간 통신에서 보이지 않는 전방의 정지차나 저속 주행차량의 정보를 입수하여 전방에 정지차나 저속 주행차가 있는 것을 운전자에게 정보제공, 주의, 경보를 하거나 또는 제동제어 등의 시스템과 연계한다.

ITS 사업응용(Business Application) 시스템은 고속도로 요금 결재에 사용되는 ETC와 비슷한 시스템으로 주차장, 주유소 등 다양한 장소에서 사용 가능한 자동 요금징수시스템이다. 자동차 운전 기능에 추가로 정보 교환 및 경제 기능이 추가되는 것을 의미한다, 주유소, 주차장 등의 방문 시 요금을 지갑에서 꺼낸 신용카드로 결제하는 것이 아니라 자동차에 장착된 블루투스 등 무선 통신을 활용하여 사전에 지정된 신용카드로 결제함으로써 이용 편의성을 높일 수 있는 시스템이다.

이러한 무선 통신 기능이 추가됨으로써 주유 후 생수나 휴지를 받는 것뿐만 아니라, MP3, 영화파일 등을 서비스로 제공받을 수 있다. 물론 개인적인 프라이버시에 대한 보안의 문제는 항상 존재한다.

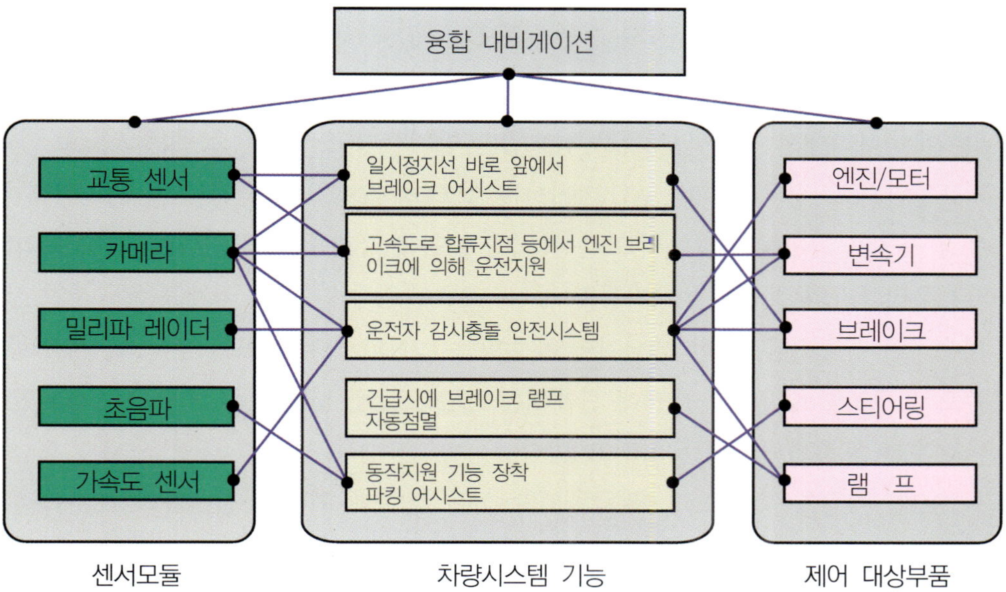

그림 3-43 융합 내비게이션의 연계성

미국 고속도로교통안전관리국(NHTSA : National Highway Traffic Safety Administrat Ion)에서도 교차로의 자동차 사고를 방지하기 위해서 신호등 위에 차량 감지기를 설치해 갑자기 진입하는 차량에 대한 정보를 다른 차량에 제공하는 기술에 대하여 개발 중이다.

(1) ISO/TC204 표준

텔래매틱스와 밀접한 관련이 있는 ITS 분야의 국제표준화는 아시아와 유럽의 지원을 받아 미국에 의해 설립이 제안됐다. 국제표준화기구(International Standard Organization : ISO)의 설립 승인을 받아 ISO/TC204(Transport Information and Control Systems, TICS, 지금은 ITS로 변경) 위원회가 설치돼 현재까지 진행해 오고 있다.

ISO/TC204 회의는 미국 워싱턴 DC에서 처음 개최되어 한국을 포함한 18개 참여 회원국(Participating-Members), 28개의 참관 회원국(Observing-Members)으로 구성됐으며, 위원회 산하 의사결정에 참여하는 정회원국 대표로 구성된 총회와 표준(안)작업을 하는 16개 워킹그룹을 두고 있다.

현재는 14개 그룹만이 가동 중이며 시스템 아키텍처, 도로, 차량 안전문제, 교통관리, 여행자 정보, 교통량관리, 대중교통, 응급서비스 등 교통정보 및 제어시스템(TICS)분야 표준화를 수행하고 있다. 이 중 ASV에 관한 국제표준은 WG14인 도로 주행 차량의 경고 및 제어(Vehicle, Roadway Warning and Control System)에서 개발하고 있다.

그동안 WG14에서는 ACC와 FVCWS, LDWS, LCDAS 등을 국제표준으로 개발해 상정했고, 최근에는 우리나라에서 제안한 교차로 신호위반 방지장치(ISIVWS) 등 차량, 도로 연계 시스템을 표준안으로 다루고 있다. WG14에서는 ACC 등 ASV의 첨단기능 개발을 위해 전 세계의 유명 자동차 회사들이 앞다퉈 표준 작업에 참여해 국제표준(IS) 지정을 서두르고 있다.

그러나 우리나라의 경우엔 현대자동차 등이 ASV 관련 첨단 기능 국제표준화 작업 참여에 다소 미온적인 상황이다. 차량 통신기술 표준화는 IVN과 연계된 표준과 V2V, V2I 통신기술 표준으로 구분할 수 있다. IVN에 관계되는 CAN, LIN, MOST, AMIC-1394와 WPAN 기술은 대부분 표준화되어 상용화되고 있다.

최근 ISO와 ITU를 중심으로 이슈가 되고 있는 IVN과 외부 통신망과의 표준화는 ISO TC22 WG1에서는 차량 전자장치와 관련된 통신을 다루고 있으며, IP 네트워크를 이용해 차량 진단 기술표준을 논의하고 있다.

ISO TC 204 WG17에서는 개인이 휴대하는 노매딕(Normadic)장치와 IVN을 접속해 사용자에게 차량정보, 차량안전, 인포테인먼트를 제공하는 기술표준을 논의하고 있다. ITU-T SG16에서는 차량 IVN과 외부 통신망을 접속하는 차량 게이트웨이 기술 표준을 논의하고 있다. 이러한 표준 추진은 IVN과 외부 통신망을 효율적으로 연결해 새로운 응용서비스를 제공할 수 있다.

V2V와 V2I 차량 통신기술 표준화는 미국의 WAVE 표준과 ISO CALM 표준으로 진행되고 있다. 미국의 WAVE 기술표준은 물리계층과 MAC계층을 정의하는 IEEE 802.11p와 자원관리를 정의하는 IEEE 1609.1, 보안을 다루는 IEEE 1609.2, 네트워킹 프로토콜을 다루는 IEEE 1609.3 그리고 멀티채널 운용을 다루는 IEEE 1609.4로 나뉘어 진행되고 있다. IEEE 802.11p는 2008년 현재 문서로 발의하는(Letter Ballot) 단계로서 표준화를 마무리하고 있는 상황이다.

WAVE 규격은 차량안전 메시지를 신속하게 보낼 수 있는 Non-IP 응용 서비스와 IPv6 기반의 IP 응용 서비스를 제공하는 특징을 지녔다. ISO CALM WG16에서는 다양한 무선 접속을 통합해 ITS와 텔레매틱스 서비스에 응용할 수 있는 기술 표준화를 추진하고 있다. 이러한 표준화 접근은 현재 유용한 무선 접속기술을 단말 플랫폼에 접속할 수 있도록 하며, IPv6 프로토콜 상에서 통합이 되어 서비스를 중단 없이 제공하는 표준을 마련하고 있다.

국제 표준화 추세에 부응해 국내에서도 차량 통신기술 표준화가 추진되고 있다. TTA PG310텔레매틱스, ITS 연구반에서는 차량 내부 통신 인터페이스 표준과 차량 간 통신규격 표준을 개발하고 있어 차량과 통신이 결합된 통신기술 서비스 기반이 조성될 전망이다.

5) 국내 기술발전 동향

(1) 자동차 IT화 모듈

① 단말기 기술

현재 국내에서는 차량 내 멀티미디어 통합 네트워크가 적용된 운전자 정보시스템용 단말기에 대한 기술은 조사되고 있으며, 완성차 업체와의 협력을 통해 양산 · 적용 중에 있다. 그러나 텔레매틱스시스템, 내비게이션시스템, PDA, 스마트폰 및 기타 유 · 무선 통신 단말기 개발 기술과 같이 운전자 정보시스템용 단말기 개발에 필요한 요소기술들에 대해서는 선진 업체들과 동등한 수준이다.

예를 들어, 국내 텔레매틱스 단말기에 대한 유형, 업체별 단말기 기술 현황을 분류하면 크게 Phone형, AV 통합형, Safety형으로 분류할 수 있는데, 국내 단말기의 경우 각 업체마다 지금까지의 사업 분야나 경험 등에 따라 서로 다른 장·단점을 가지고 있으며, 주력 단말기의 형태 역시 이에 따라 좌우되는 경향이 있다.

[국내 유형, 업체별 단말기 기술 현황]

구 분	AV 통합형			Phone형		Safety형	
	현대 오토넷	SK e-navi	카맨아이	드림넷	SK v-navi	SK s-navi	오토 스마트
제조업체	현대 오토넷	모빌콤	네스테크	대우통신	삼성전자	텔레스타	모음기술
CDMA 모듈	IS-95C (본체내장)	IS-95C (본체내장)	IS-95B (휴대폰 활용)	IS-95B (본체내장)	IS-95C (휴대폰 활용)	IS-95C (본체내장)	IS-95B (본체내장)
GPS수신기	○	○	○	○	○	○	○
진단 모듈	○	○	○	△	×	○	○
원격제어 모듈	○	○	○	○	×	○	○
음성인식 모듈	○	△ (음성합성만)	○	×	△ (음성합성만)	×	○
CPU	○	○	○	×	×	×	○
저장장치	○ DVD롬	○ Flash Memory	○ Flash Memory	×	×	×	○
AV재생기	○	○	○	×	×	×	×

② CDMA 모듈

CDMA 모듈은 기존의 공중망(PCS, Cellular, GSM)을 이용한 고속 DATA 송수신에 의해 무선인터넷을 가능하게 하는 통신용 모듈이다. 자동차의 각종 정보를 관제센터에 송신하거나 관제센터에서 정보를 운전자에게 송신하는 용도로도 이용된다. 텔레매틱스에 적용되는 무선모뎀은 주로 ISP(Internet Service Provider)의 서비스에 크게 의존하는데, 현재 CDMA 무선모뎀 모듈은 IS95C, GSM에서는 WAP이 주류를 이루고 있다.

IS95A : 64Kbps(실제 30Kbps), IS95C : 144Kbps(실제 100Kbps)

최근 CDMA2000 1X나 GPRS의 경우 휴대폰형 서비스는 가능하나 무선데이터 서비스는 지원하지 않고 있는 상태이다.

③ GPS 수신기

GPS는 기존의 항법시스템에 비해 정확성이 높으며, 사용이 간편하고, 시간과 장소 그리고 기상 상황과 관계없이 사용할 수 있다는 장점이 있다. 국내에서도 무선데이터통신망, GIS, 수치지도 등 관련 기간시설들이 구축되고 있기 때문에 GPS, 통신망, 지도 데이터 등을 이용한 다양한 응용시스템들이 개발되고 있다.

현재 우리나라에서도 국토교통부에 의해 추진 중인 ITS와 연계되어 보다 효과적으로 사용될 수 있다. 국내에서 GPS 수신기용 RF 및 신호처리 칩의 개발이 현재 전자통신연구소 등에서 진행되고 있다.

향후 GPS는 휴대통신(PCS), PDA(Personal Data Assistance), 휴대형PC(Handheld PC) 등과 같은 소형 휴대형 정보통신장비와 같이 연계하여 사용될 전망이므로 GPS수신기의 소형화 경량화는 더욱 가속될 것이다.

자동차 관련 기업들에 의해서는 GPS와 최근 공공연구기관에 의해 개발된 항법용 수치도로지도를 이용한 차량항법장치들이 개발되고 있다. 이밖에 GPS를 이용한 CDMA통신망의 시각동기에 관한 연구가 현대전자, LG통신, 이동통신들에 의해 활발히 진행되고 있다.

④ DMB

국내 DMB는 단방향 통보형의 콘텐츠는 물론, 컴퓨터의 인터넷 홈페이지나 전자우편 서비스와 같이 방송국 스튜디오의 진행자와 시청자 간의 실시간 대화를 통한 주문과 시청 소감의 발표가 가능하도록 양방향 대화형의 콘텐츠를 전달하는 기술로서 발전하고 있다.

정보통신방송 융합서비스의 개념은 소비자들이 원하는 정보통신방송 콘텐츠 서비스가 때에 따라서는 가정의 인터넷 TV 또는 차량의 텔레매틱스 TV를 통하여 양방향으로 원할 때마다 언제든지 시청할 수 있도록 하는 것이다.

1997년 3월에 구성된 지상파디지털방송 추진협의회에서 논의가 본격화되었고, 99년 8월에 "DAB 도입 연구반"을 구성하여 경제성, 타당성, 주파수할당 가능성 등을 논의하였다. 2000년 4월에 디지털 라디오 방송 추진 전담반을 구성, 운영하여 그해 12월에 Eureca-147을 국내 잠정표준을 제안하였다.

정보통신부가 2002년 지상파 DMB 관련하여 표준방식을 결정하였으나, 위성DMB방식은 결정하지 않아 KT는 Eureca-147의 변조방식(OFDM)을 사용한 시스템A를 제안하였으며, SKT는 일본의 MBCo와 공동으로 시스템E를 제안하였다.

⑤ 지상파 DMB

서울, 수도권은 VFH-TV 12번 채널 6MHz 대역(204MHz~210MHz)으로 추진하고 있으며, 이를 다시 3개의 멀티플렉서(멀티플렉서당 1.54Mbps의 대역폭을 할당)로 구분할 수 있다. 1개 사업자의 대역폭은 약 1.5MHz 정도로 1~2개의 동영상과 3~4개의 오디오, 데이터 방송의 구현이 가능하며, 7" 이하의 TV, 휴대폰, PDA 등에 적합한 전송방식은 많은 수의 반송파에 신호를 실어 보내는 직교 주파수 분할 다중화(OFDM : Orthogonal Frequency Division Multiplex ing)를 적용하며, 다중경로 전파에 강인함을 내재하고 있어 이동 수신에 유리하다.

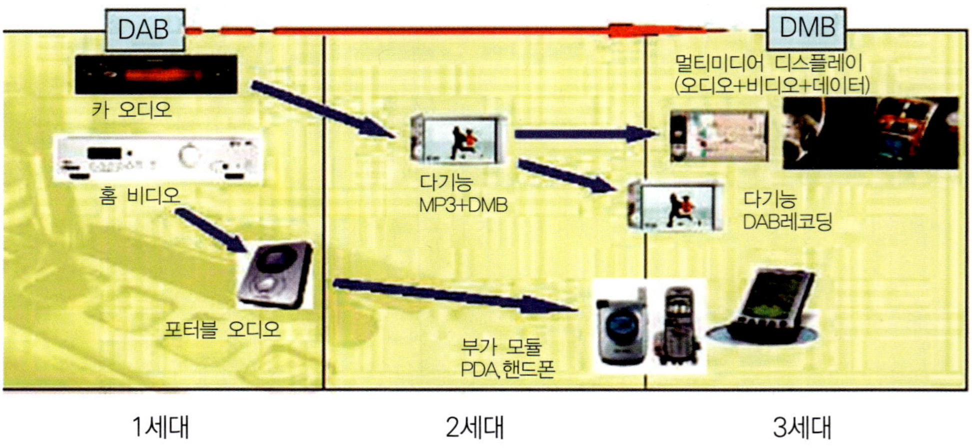

그림 3-44 DMB의 진화

⑥ 위성 DMB

SKT가 제안한 시스템 E방식이 표준화 측면에서 유리하나 KT는 시스템 A방식으로 할 경우 지상파 DMB와의 연계서비스가 가능하다는 장점을 내세우고 있다. KT는 25MHz(2,605~2,630MHz)를 2002년 4월에 정보통신부로부터 승인을 받았다.

SKT는 2004년 3월에 DMB위성 발사에 성공했으며, 2004년 7월부터 상용 서비스를 하고 있다.

위성 DMB폰은 삼성전자와 LG전자가 2004년 7월 위성 DMB폰을 출시하는 것을 시작으로 12월엔 펜택 & 큐리텔이, 2005년 1분기에는 SK텔레텍이 제품을 선보였다.

⑦ DSRC

DSRC 무선방식으로 적외선, beacon, RF 등이 있으나, 현재 국제적으로 5.8Hz의 RF방식을 채택하고 있다. DSRC는 수동형과 능동형으로 구분되는데, 유럽은 시스템 구현의 경제성을 우선으로 고려하여 수동형을 표준으로 채택하고 있는 반면, 우리나라를 비롯하여 일본, 미국 등은 능동형 방식을 채택하고 있다. 능동형 DSRC는 1999년 말 한국전자통신연구원과 일본에서 각각 독자 개발이 완료되었다.

1998년~1999년에 한국전자통신연구원의 주도로 DSRC 규격 및 시제품 개발 과제가 수행되었고, 한국통신에서도 같은 기간에 독자적인 DSRC 규격과 시제품을 개발하였다. 1998년 10월의 ISO TC204 WG15 서울 회의에서 DSRC를 이용한 인터넷 서비스 프로토콜 구조를 제안하였다.

1999년 ITU-R SG8의 WP8A 제네바 회의에서 DSRC를 이용한 인터넷 서비스를 제안하여 ITU-R SG8의 차량정보와 제어시스템의 기능(TICS : Transport Information and Control System : Functionalities) 권고안에 반영되었다. 2000년 초부터 차세대 DSRC 시스템에 대한 본격적인 연구개발을 착수하여 상용화되었다.

⑧ XM 위성 라디오(Satellite Radio)

XM은 2001년 9월 25일 샌디에이고, 달라스, 포트워스 등을 중심으로 서비스를 시작하였다. XM은 Rock, Roll이라는 두 개의 통신위성으로 구성된다. 상향(Upling)은 7,050~7,075MHz, 하향(Downling)은 2,332.5~2,336.5MHz, 2,341~2,345MHz이다. GM, 혼다, 현대, 스즈키, 아메리칸 이스즈 등에서 차량에 탑재장치를 이용하여 서비스 제공하였다.

시리어스 위성라디오(Sirius Satellite Radio)는 2002년 2월 14일에 서비스 시작하였다. XM에 대응하여 비상업용인 60개의 음악채널과 40개의 뉴스, 스포츠 등을 제공하며 XM과 달리 3개의 Local 위성으로 구성된다.

상향(Uplink은) 7,060~7,072.5MHz, 하향(Downlink)은 2,320~2,324, 2, 328.5~2,332.5MHz이다. 크라이슬러, 메르세데스, 아우디/폭스바겐, 포드, 마쯔다, 닛산/인피니티, 재규어, 포르쉐, 볼보 등이 차량탑재장치를 이용하여 시리어스(Sirus) 서비스를 제공한다.

⑨ 음성 인식

운전 중 휴대전화 사용금지가 법제화됨에 따라 차량 내에서의 운전자 편의장치들의 조작에 따른 사고 위험 방지를 위한 음성 인식 기술이 부각되고 있다. 현재 사용자가 미리 입력한 음성명령어 처리 수준이 사용되고 있으나 인공지능화되면 자연어의 인식도 가능해질 것이다. 현대자동차에서는 고급차를 중심으로 내장형 음성작동시스템이 장착되는 등 보편화되고 있다.

⑩ 운영체제

차내 플랫폼으로서는 MS의 윈도우 CE for automotive와 Sun의 Java 2개 진영으로 대별되고 있으며, 그중에서 MS는 Auto PC를, Sun은 개방형 구조(Open Architecture)를 기반으로 발전하고 있다. MS는 Car.NET의 핵심 프레임워크인 윈도우 CE for Automotive를 발표하여 차내 운영체제로 자리 잡기 위해 주력하고 있다.

SUN사의 텔레매틱스 솔루션은 소프트웨어 제품 자체를 판매하기보다는 안정적인 네트워크 등의 각종 소프트웨어 솔루션들을 이용하여 텔레매틱스 관련 회사와의 파트너십을 통한 컨설팅 및 각종 도움을 주는데 초점을 맞추고 있다. 따라서 차량 인포테인먼트 시스템에 대한 지원 또한 동일한 형태로 진행할 것으로 판단된다. SUN사에서는 자동차 제조사의 각종 정보 포털 콘텐츠, 자동차 딜러 간 정보교환, 고객 관리에 이르기까지 자동차 유통과정에 존재할 수 있는 콘텐츠에 대한 각각의 세부 솔루션을 제공한다.

μITRON(Micro Industrial TRON)은 TRON협회에 의해 제정된 표준 중의 하나이다. μITRON은 자동차, 홈 전자제품, 핸드폰, 디지털카메라 등의 디바이스에 적용되는 실시간 시스템을 위한 응용 인터페이스를 제공한다. μITRON은 현재 일본 산업계에서 자동차 응용 제품을 위한 가장 적합한 시스템으로 판단하여 다방면으로 사용되고 있다.

QNX Neutrino는 java, 음성인식(Voice recognition), 합성(synthesis) 그리고 MOST, IDB1394, 블루투스, 802.11과 같은 네트워킹 프로토콜을 위한 응용업체들과 제휴하고 있다. QNX는 확장성, 업그레이드의 용이성과 함께 서로 다른 프로그램과 드라이버와 연계되는 메모리의 보호기능을 포함한 신뢰성을 제공하고 있으며, 현재 국내외 차량 네트워크 시스템의 대다수 운영체제에 채택되고 있는 실정이다.

리눅스(Linux)는 오픈소스(Open Source)라는 장점을 기반으로 많은 개발자들이 사용함에 따라 고성장세를 보이고 있다. 리눅스(Linux)는 현재 국내 차량업체 중 한 업체에 장착된 텔레매틱스 단말기의 운영체제로 채택되어 시판되고 있다. 국내 차량업체들은 기존 QNX, WinCE를 비롯한 현재 양산차량에 적용되고 있는 여러 운영체제들의 로열티로 인한 비용 증가와 국외 기술의존도를 줄이기 위해 리눅스(Linux) 운영체제에 대한 관심이 증가하고 있는 실정이다.

⑪ 저장장치

최근 멀티미디어화의 진전과 시스템의 고속화에 따라 고속, 고기능, 저전력화된 차세대 고속 메모리에 대한 요구가 급증한다. 이러한 기능을 수행하기 위한 Rambus DRAM, DDR SDRAM, SDRAM 등과 같은 다양한 차세대 메모리 기술 간의 주도권 경쟁이 치열하다.

현재 휴대용 디지털 음향 재생기 부분에서 지배적인 저장 매체로 Diamond Rio에 적용된 고체 플래시 메모리(Solid-State Flash Memory) 등과 자기 매체 또는 광 매체 등도 사용되고 있다.

압축기술, 저장기술, 보안기술, 콘텐츠 배포기술 등의 기술이 있고, 저장 용량이 디지털 오디오 플레이어의 가치 측정에 가장 중요한 요인으로 작용한다.

(2) 차량용 네트워크 기술

국내 수입 차량의 경우 현재 BMW 745i, 아우디 A8 등은 MOST/CAN 네트워크 기반의 제품을 장착하여 우수한 기능으로, 국내시장 점유율을 높여가고 있는 실정이다. 국내 완성차 업체들도 MOST/CAN 네트워크 기반의 시스템을 채택하여 이를 통해 차량 정보시스템의 원할한 국내 시장 공급이 예측된다.

국내업체 중 현대 오토넷은 2002년부터 이미 MOST 협회에 정회원으로 활동하고 있으며, MOST/CAN 네트워크 기술을 이용하여 차량 내 멀티미디어 통합 시스템에 대한 선행 개발 및 T-Car 개발을 완료하였다. 현재 MOST 네트워크를 이용하여 제어 신호를 비롯하여 오디오, 비디오제어 신호를 동시에 전송할 수 있는 기술을 보유하였다.

① MOST TV

MOST Type의 TV로 4ch 다양 안테나(Diversity Antenna)에 VHF 2~13ch, UHF 14~69ch의 성능을 갖춘 튜너(Tuner)에서 출력되는 영상과 음향소스를 MIM4AV(MOST Interface Module for AV)에서 DSP 처리 후에 MPEG2 엔코딩하여 MOST 네트워크로 전송한다.

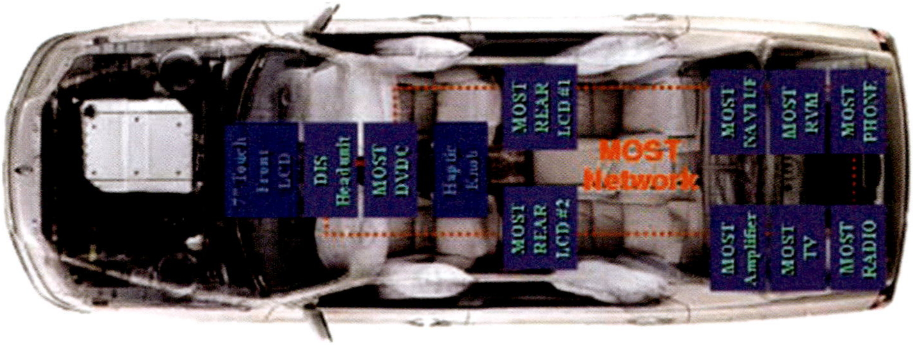

그림 3-45 현대오토넷의 DIS시스템 예

② MOST RADIO

MOST Type RADIO로서, FM은 87.5MHz~108.0MHz, AM은 531MHz~1602MHz에 해당하는 범위의 주파수를 지원하는 튜너(Tuner)에서 출력되는 음향소스를 MIM4AV에서 DSP처리하여 MOST 네트워크로 전송한다.

그림 3-46 MOST 기반 AV 기기

③ MOST CD CHANGER

MOST Type의 CD체인지로 1din 사이즈이며, CD를 6매까지 한꺼번에 넣을 수 있는 계기판 내부형으로 CD데크에서 출력되는 음향소스를 MIM4AV에서 DSP 처리 후에 MOST 네트워크로 전송한다.

④ MOST DVD CHANGER

MOST Type의 DVD체인지로 1din 사이즈이며, DVD를 6매까지 한꺼번에 넣을 수 있는 계기판 내부형이다. DVD 5.1채널 지원 및 오디오 CD와 MP3 기능도 지원하는 DVD데크에서 출력되는 영상과 음향소스를 MIM4AV에서 DSP 처리 후에 MOST 네트워크로 전송한다.

⑤ MOST AMPLIFIER

MOST Type 앰프(Amplifier)로 DSP가 내장되어 있으며, 110dB의 다이나믹 영역(Dynamic Range)과 40w×8ch/2Ω 스피커 출력의 음량을 갖고 있다. 그래픽, 파라미터 EQ(Parametric EQ), 볼륨, 밸런스, 페이드, 베이스(Bass), 트러블제어(Treble Control) 기능을 지원하며, MOST 네트워크에서 전송된 음향 데이터를 MIM4AV를 통해 디코딩해서 스피커로 출력한다.

⑥ MOST REAR VIEW CAMERA

MOST Type 후방 조망 모듈(Rear View Module)로 CCD 카메라를 사용하여 후진 시 카메라가 작동되어 영상을 MIM4AV에서 DSP 처리 후에 MOST 네트워크로 전송한다.

⑦ MOST REAR MONITOR

MOST Type의 뒷좌석 전용 모니터로 10.4″ 또는 7″wide TFT LCD와 640×480 고해상도를 지원한다. MOST 네트워크에서 MPEG2로 엔코딩된 데이터를 수신하여 영상과 음성으로 디코딩하여 영상은 LCD판넬로 디스플레이하고, 음향은 헤드폰 등으로 출력하게 설계되어 있다.

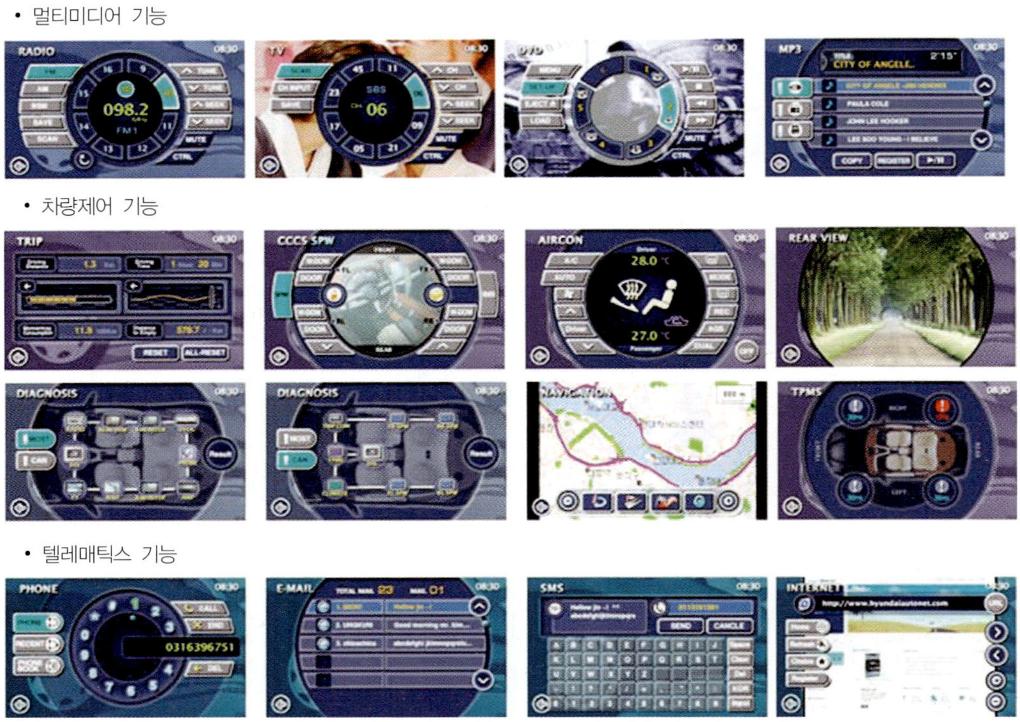

그림 3-47 운전자 정보시스템의 통합 GUI 예

(3) 이종간 네트워크 연계를 위한 Gateway Platform 기술

독일의 LINEAS는 차량 이종 네트워크 간의 인터페이스를 위해 Flexray-CAN-MOST 게이트웨이를 개발하여 Flexray-CAN 인터페이스와 CAN-MOST 인터페이스를 구성하여 Flexray-CAN-MOST의 통합 네트워크 시스템을 구성하고 있다.

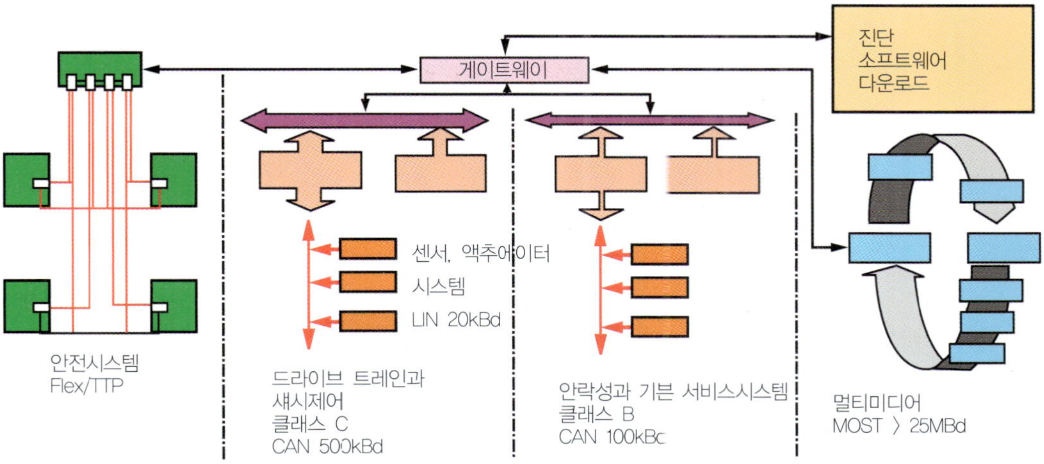

그림 3-48 자동차 통합 네트워크 구성도

(4) HMI기술

차량 내에 다양한 형태의 멀티미디어 기기가 장착됨에 다라 운전자가 차량 운행 중 멀티미디어 기기에 대한 조작 등으로 차량 운행에 대한 집중도가 떨어지게 되어 발생될 수 있는 운전자의 위험성을 극복하기 위해 감성 공학적이며, 인간공학적인 사용자 인터페이스(HMI : Human Machine Interface)에 대한 연구가 활발히 진행되고 있다

아우디 멀티미디어 인터페이스

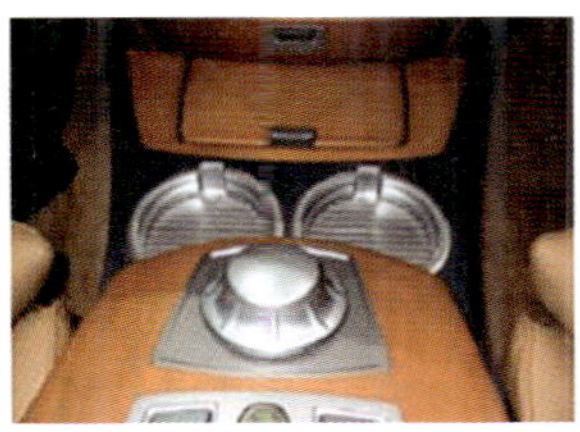

BMW i드라이브

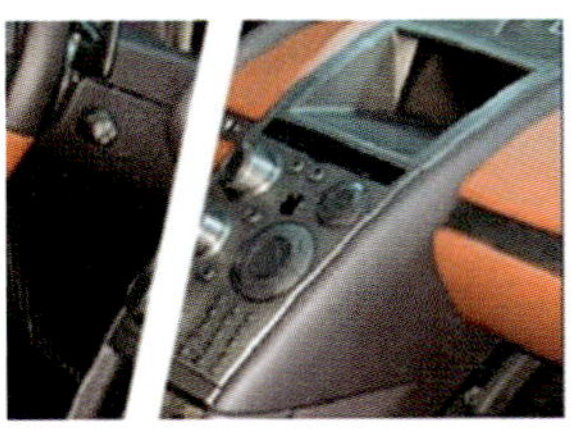

캐딜락 Cien

볼마우스(트랙 볼)

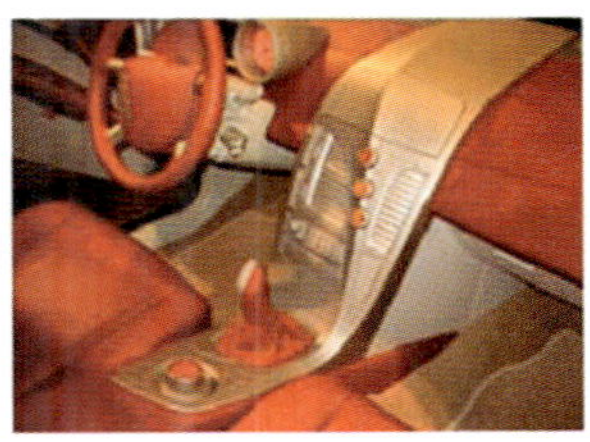

존슨 콘트럴-콘셉트

그림 3-49 다양한 차량 내 조작기의 예

닛산 휴먼 Net자동차

오펠 Sihnum2

메르세데스 뒤시트 컴퓨터

GM-일본(e-Cruze)

그림 3-50 미래의 운전자 & 자동차간의 인터페이스의 예

HMI에 관한 국내 기술연구는 대학, 연구소와 기업에서 다양하게 이루어지고 있다. 대학에서는 사용자 편의성 분석 및 조정석 인터페이스에 관한 연구가 진행되고 있고 음성인식기반 HMI연구는 자동차 음성 전처리기술, 내장형 음성기술, 음성 미들웨어 및 음성인식 엔진을 진행하고 있다.

자동차 관련 기업에서는 대학에서 연구한 결과를 기반으로 상용화를 추진하고 있는데, 차량의 심각한 소음환경을 극복하여야만 하는 문제점을 갖고 있다. 이 외에도 자동차 조작 성능을 향상시키기 위한 사람의 인자(Human Factor)에 대한 연구, 정보 단말기 정보제공을 위한 특화된 연구가 진행되고 있다.

음성인식기술 분야에서는 첨단의 국내 IT기술 융합을 통하여 일부 성과도 있었으나, 차량 전체 관점에서 음성인식, 운전자경고시스템, 영상기반 정보제공 등을 포함한 운전자 정보제공시스템에 대한 연구는 지속적으로 보완되어야 할 사항들이 존재하고 있다. 음성인식 구현에 가장 적합한 하드웨어 인터페이스인 전화기를 이용하는 방식은 ABS시스템에 음성인식을 접목시키는 계기를 마련하여 국내에서는 이미 아시아나항공에서 예약시스템에 음성인식 인터페이스를 도입하였고, 여러 증권회사에서 음성인식을 이용한 매매 서비스를 제공하고 있다.

KFT에서 제공하는 차량 텔레매틱스 시스템인 에버웨이의 경우에도 차량에 장착된 CDMA 모듈을 통해 에버웨이 센터에서 ARS를 통해 음성인식 처리 서비스 제공한다. 공공연구기관에서 기본이 되는 음성 데이터를 만들어 보급하고 많은 음성인식 관련 연구를 하고 있으며, 민간 기업에서 음성인식 매체의 사업화를 적극적으로 꾀하고 있다.

그림 3-51 Example : Haptic integrated in A/C Panel

국내 완성차 업체에서는 일부 차종에 음성인식 기능을 내장한 자동차 내비게이션을 선택사양으로 판매하고 있다. 최근 국내에서는 자동차에 텔레매틱스 및 내비게이션시스템의 보급이 늘어남에 따라 음성인식 기술의 필요성이 크게 대두된다. 따라서 자동차 환경에서의 음성 인식 엔진에 대한 인식률을 높이기 위한 다양한 시도가 이르어지고 있다. 또한 사용자 시선을 조작키로부터 독립시킴으로써 운전자의 안전을 보장하려는 사용자 감응 조작 장치인 햅틱(Haptic) 기능에 대한 연구가 진행 중이며, 초점 조절 및 시선 이동에 따른 돌발사고의 위험을 감소시켜 주는 전방시현장치(HUD : Haed Up Display)에 대한 연구가 진행 중에 있다.

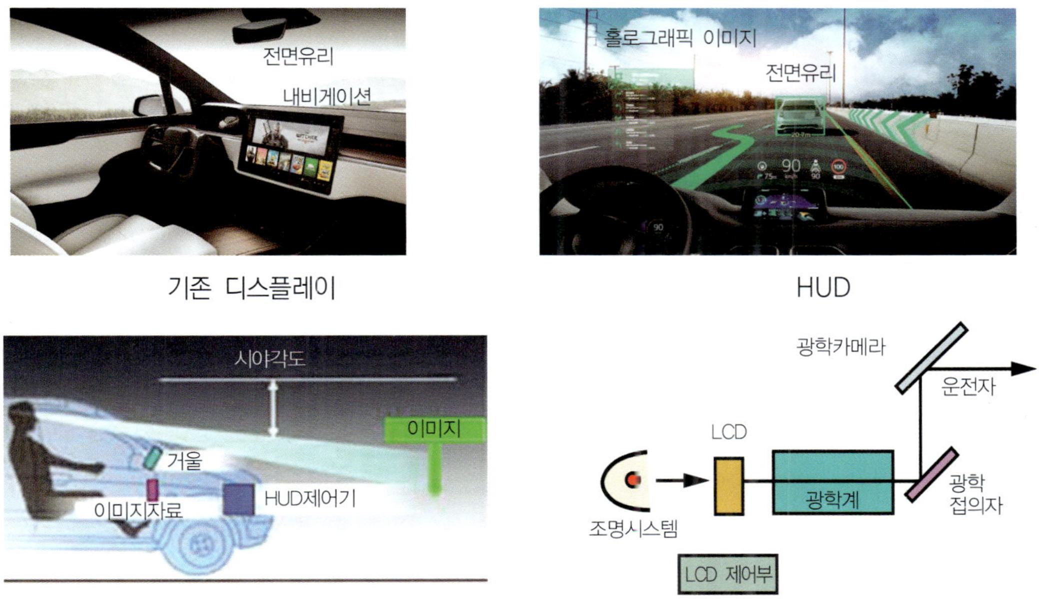

그림 3-52 전방시현장치(HUD)

그림 3-53 Night Vision System

최근 핸드폰의 보급이 일반화됨에 따라 최근 국내 출시 차량에는 유선 핸즈프리에 대한 보급이 일반화되었으며, 차량에 블루투스 핸즈프리장치에 대한 양산 적용이 진행되고 있다.

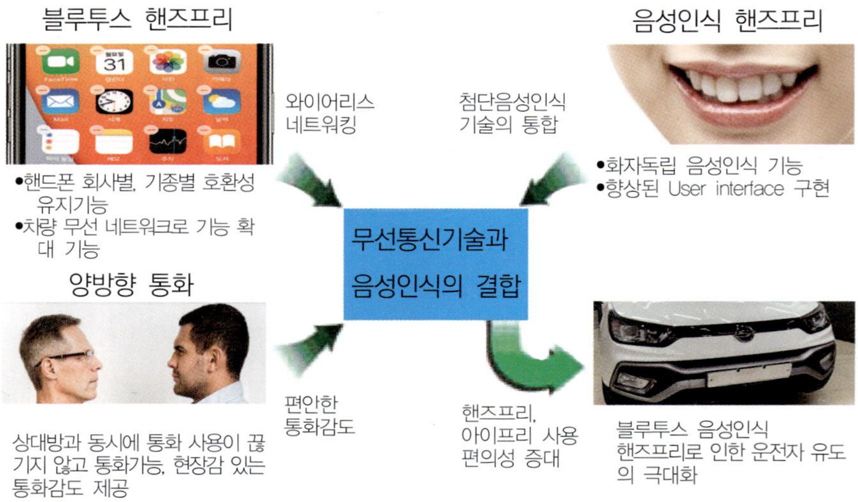

그림 3-54 핸즈프리 기술

(5) 무선통신 기술

차량 내 장치 간 무선통신 기술로는 현재 RFID 기술을 이용한 TPMS(Tire Pressure Monitoring System) 기술이 적용되고 있으며, 블루투스 기술은 블루투스 핸즈프리 및 RSE(Rear Seat Entertainment)의 블루투스 헤드셋에 적용되고 있다. 운전자 정보시스템은 MOST, CAN, LIN 기반 차량 내 유선 네트워크들에 대한 통합과 더불어 차량 외부 네트워크와의 통합을 시도하고 있다.

따라서 텔레매틱스 단말기는 차량 내 · 외부를 연결하는 게이트웨이 역할을 담당하는 장치로서의 역할을 수행한다. 운전자 정보시스템에서의 무선통신 기술은 텔레매틱스 단말기와 텔레매틱스 서비스 사업자간 정보를 전달하기 위한 무선채널을 제공하며, 현재 2세대 CDMA 셀룰러 시스템이 활용되고 있으나, 다양한 텔레매틱스 서비스를 제공하기 위해서는 DSRC시스템, 무선랜시스템, 방송시스템이 활용되어야 한다.

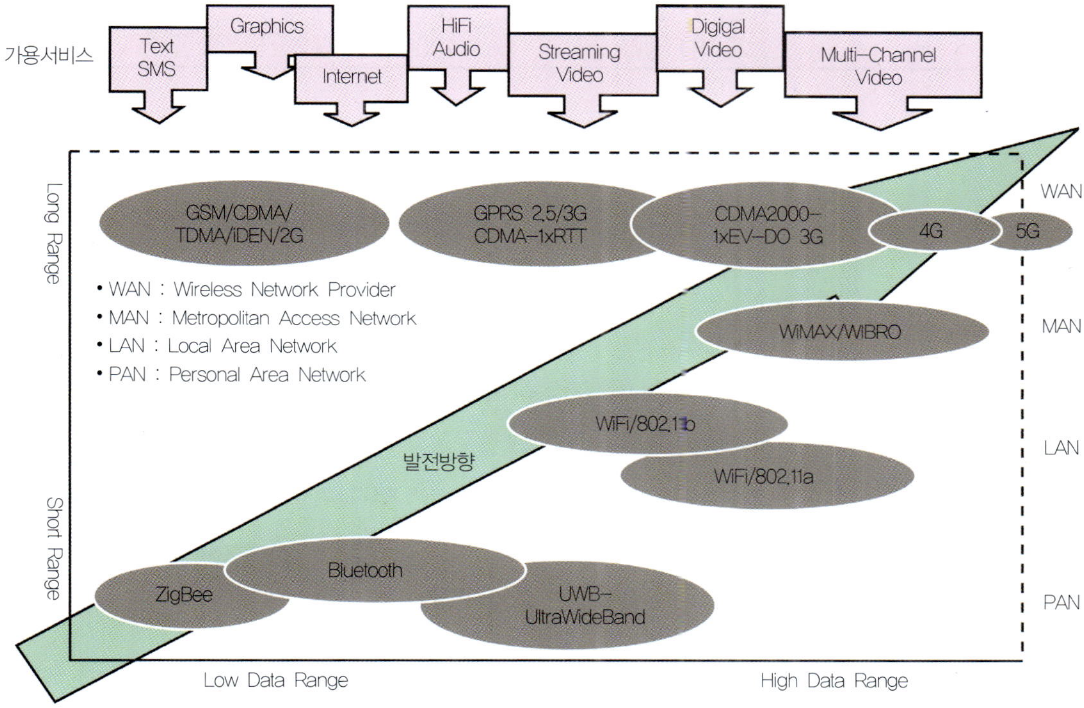

그림 3-55 유선 통신망 및 가용 서비스-1

셀룰러시스템은 다음 표와 같이 2세대 셀룰러, CDMA2000 1x EvDo시스템, 3세대 셀룰러, HPi(High-Speed Portable Internet)시스템, 4세대 셀룰러시스템으로 구분되며, 데이터 전송속도 향상을 위한 광대역화와 주파수 효율을 개선하는 방향으로 발전하고 있다.

[무선통신 주파수 대역별 서비스 현황]

구분	서비스	Bandwidth	최대 전송속도
2G CDMA	음성	1.25MHz	10kbps
1x EvDo	영상, 데이터	1.25MHz	2.4Mbps
3G WCDMA	영상, 데이터	5MHz	2Mbps
HPi	영상, 데이터	10MHz	50Mbps
4G	멀티미디어	20MHz	100Mbps
5G	초다시점 디지털 사이니지 및 초고화질 실감 영상	100MHz(저대역) 400MHz(고대역)	20Gbps

DSRC와 무선랜 기술은 셀룰러와 병행하여 텔레매틱스 서비스에 필요한 기술이다. DSRC 기술은 고속이동 시에 차량 간, 기지국 간 근거리 통신 영역 내에서 무선접속이 되어 다양한 ITS 서비스를 제공하고 교통정보 수집에 활용이 가능한 장점이 있다.

향후 차량 간 특별(Ad-hoc) 통신기능을 추가하면 차량 안전에도 활용이 될 수 있다. 무선랜 기술은 DSRC 주파수 대역과 근접한 5GHz 대역을 사용하며, 급격한 증가(Hot Spot)지역에서 고속 데이터통신이 가능하므로 저렴한 요금으로 정보제공(Info-station) 서비스를 제공할 수 있다. 방송망 기술은 100km 정도의 광역에 실시간으로 전송할 수 있는 특징을 가지고 있으며, FM-Darc 기술과 DMB(Digital Multimedia Broadcasting)를 활용할 수 있다.

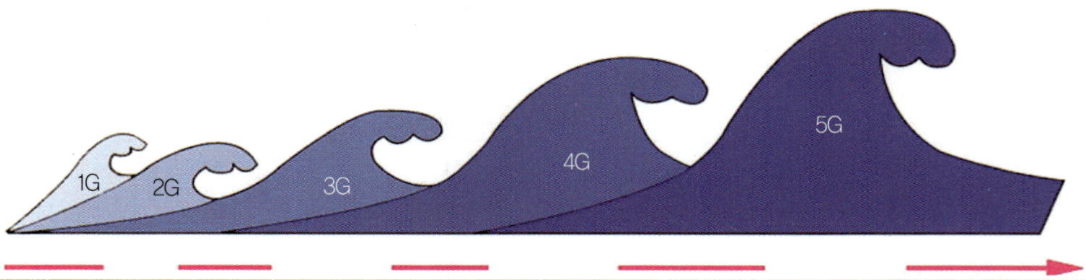

세대	1G	2G	3G	4G	5G
전송 속도	14.4~64kbps	144kbps	2~2.4kbps	20~100kbps	20Gbps
주요 서비스	•음성전화/메일/SMS •Text 게임/오락 •인터넷 접속(Text 브라우징)	•음성전화/메일/SMS •게임/오락 •인터넷 접속(브라우징) •전자상거래(지불/결제/화폐) •모바일 뱅킹/거래 •위치기반 Test 정보	•이미지 메일 •온라인 DB 검색 •인터넷 방송 •음악/VOD/게임 •인터넷 접속(WWW) •위치기반 그래픽 정보	•동영상 메일 •온라인 영상 DB 검색 •고화질 인터넷 방송 •고품질 음악/VOD/게임 •원격진료/교육 •ITS	•VR · AR •AI비서 •자율주행 •스마트시티 •재난대응 •원격의료 •로봇 서비스 •사물 인터넷 •홀로그램

그림 3-56 유선 통신망 및 가용 서비스-2

① DSRC와 무선랜, 방송망기술의 특징

셀룰러, DSRC와 무선랜, 방송기술은 상호 보완적인 특성을 가지고 있으므로, 텔레매틱스 단말기는 셀룰러, DSRC, 무선랜과 DMB를 동시에 수용하는 무선망 통합기술 개발이 필요하다.

[DSRC 주파수 대역별 서비스 현황]

구분	서비스	Bandwidth	최대 전송속도
DSRC	데이터	10MHz	1Mbps
무선랜(802.11a)	데이터	20MHz	54Mbps
위성 DMB	멀티미디어	25MHz	384Kbps

② DSRC를 이용한 첨단 교통 정보시스템(ATIS, Advanced Travel Information System)의 예

ATIS는 공공기관 및 편의시설의 위치, 도로의 상태, 경로안내에 관한 주행 전 사전정보 혹은 실시간 교통정보를 차량 운전자 및 여행자들에게 제공함으로써, 도로의 안전 및 도로이용 효율의 극대화를 도모한 시스템이다.

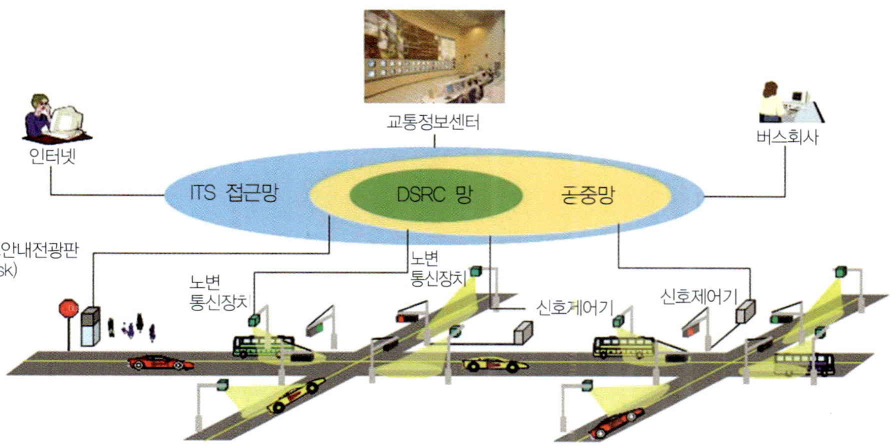

그림 3-57 DSRC 기반 ATIS 콘셉트

③ DSRC 기반 ETCS(Electronic Toll Collection System)t

ETCS는 첨단교통체계(ITS)의 실현을 가능케 하는 기본구성요소로, 스마트카드를 내장한 OBU를 이용하여 무선통신을 통해 고속도로 톨게이트에서 무정차 주행 중에 통행료를 징수

함으로써 톨게이트에서의 정체 완화를 통한 물류비 절감 및 환경오염 개선, 요금징수 전산화를 통한 운영 유지비 절감 및 이용자에게 서비스를 개선하는 효과를 갖는 시스템이다.

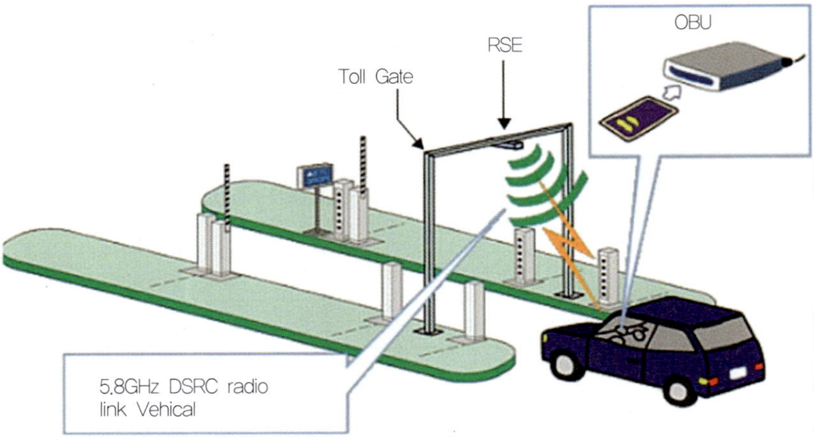

그림 3-58 DSRC 기반 ETCS 콘셉트

(6) 교통정보처리 기술

교통정보 데이터는 크게 공공부분과 민간부분으로 구분할 수 있는데, 공공부분의 경우 VDS, AVI, CCTV 등을 활용하여 데이터를 수집하고, 민간부분은 공공부분을 통해 데이터를 수집하고 있다. 이렇게 수집된 데이터들은 다음의 데이터 가공, 처리과정을 거쳐 제공된다.

[교통정보처리 기술 현황]

구분	공공부분	민간부분
데이터 수집	VDS(차량검지시스템), AVI(자동차량번호인식장치), CCTV	도로교통안전관리공단, 한국도로공사, 로티스의 인프라 시설 이용
데이터 가공・처리	전용통신망, 지역처리장치	DARC 전송서버로 수신하여 가공하고, 가공된 정보를 디지털 신호로 음성신호 다중화 처리
데이터 제공	도로전광판표지, 인터넷 ARS/FAX 등	인터넷, ARS

[국내 주요 연구기관의 기술보유 및 개발현황]

기관명	기술 보유 및 개발 현황
현대오토넷	- MOST 멤버로 활동 중 - MOST/CAN/LIN 기반 차량용 네트워크 시스템 개발 완료 및 오피러스 차량에 CAN/LIN System 양산화 개발 완료 - CAN 기반의 차량용 네트워크 시스템 양산화 개발 완료 - MOST 기반 멀티미디어용 영상, 음성, 제어 데이터를 동시에 보낼 수 있는 시스템 시제품 개발 완료 - 차량 네트워크 시스템 기반 제어 시스템 설계 기술 연구 - 제어시스템 개발을 위한 표준화 작업
자동차부품연구원	- 자동차 산업 관련 부품 개발 및 실험 - 차세대 자동차 개발 관련 연구 - Body 네트워크에 대한 설계 및 응용기술 개발 연구
전자통신연구원	- 차량 정보 관련 서버, 단말 등 관련 기술 및 서비스 개발 - 위치기반서비스를 위한 표준화 및 기반 기술 연구 개발 - 공간정보 처리기술 개발, 위성영상정보 통합 관리, 멀티센서 융합처리 기술 개발 - 차량 정보 단말 S/W 및 서비스 응용 프로토콜 처리 기술 개발 - 차량 정보 무선 통신 통합 기술 연구
전자부품연구원	- 무선이동통신에 소요되는 핵심부품 및 모듈의 개발 - 단말기용 Retractable 안테나 개발 - 단말기에 적용 가능한 디스플레이 모듈 개발 - 정보 단말 및 통신시스템 개발 - 통신기술 연구와 DMB 수신기 및 복합단말기 개발
교통개발연구원	- 국가 ITS 정책 및 구축계획 수립 - ITS 연구개발(R&D) 및 관리 - 국가교통기술을 위한 계획수립 및 사업관리

(7) V2X 통신시스템

차량 대 차량(Vehicle to Vehicle) 통신시스템을 위한 프로젝트 진행은 초기 단계이나 차량 대 차량(Vehicle to Vehicle) 통신시스템의 필요성에 대한 인식은 갖고 있으며, 차량 내 통신과 이동 통신을 이용한 텔레매틱스에 중점을 두고 있으나, 능동 안전시스템 개발을 진행하기 위해서는 차량 대 차량(Vehicle to Vehicle) 통신시스템 개발이 필수적이므로 능동 안전시스템 개발과 함께 병행하여 진행될 것으로 예상된다.

6) 국외 기술발전 동향

(1) 자동차 IT화 시스템

① 일본 업계

㉠ 단말기 기술

일본은 기존 내비게이션 업체와 정부가 주도하는 VICS(Vehicle Information & Communication System)라는 교통정보센터를 활용한 교통정보와 POI(Point of Interest) 정보 위주의 서비스가 제공되며, 이 분야에 있어서 선두 국가이다. 이에 따라 단말기도 CNS(Car Navigation System)용 단말기가 주를 이뤘지만, 최근 들어 안전 및 보안 서비스도 제공함에 따라 CNS 단말기를 벗어나 텔레매틱스 단말기에 근접하고 있다.

㉡ 임베디드 플랫폼 기술

OS는 RTOS와 윈도우 CE 계열을 사용하고 있으며, 점차 윈도우 계열의 시장 점유율이 높아지고 있는 실정이다.

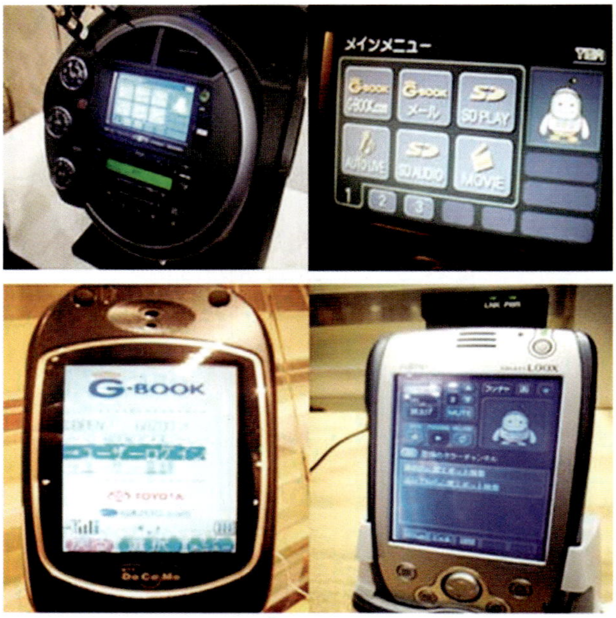

그림 3-59 도요타의 G-Book 예

[일본 제조업체별 Embedded platform 기술 현황]

구분	G-Book	CARWINGS	Internavi
제조업체	Toyota	Nissan	Honda
OS	Window CE for Automotive	VxWorks RTOS	Window CE for Automotive

그림 3-60 닛산의 Carwings의 예

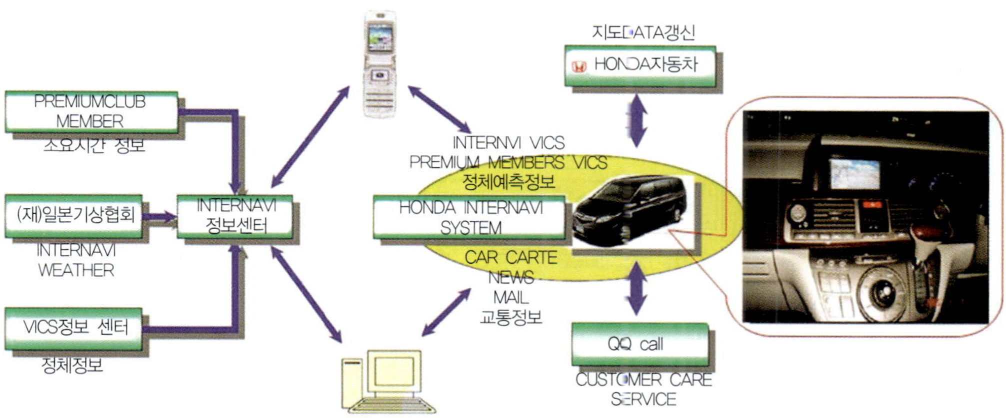

그림 3-61 혼다의 Internavi의 예

ⓒ 차량용 네트워크 기술

다음 표와 같이 자동차용 LAN은 크게 정보계, 제어계, 바디계 3종류로 분류할 수 있으며, 요구되는 성능도 각기 다르다. 정보계의 경우, 일본은 AMI-C(Automotive Multimedia Interface Collaboration)가 제안하는 IDB-1394와 MOST(Media Oriented System Transport)에서 제안하는 MOST를 모두 인정하고 있지만, 현재는 IDB1394를 따르고 있다.

[일본 차량용 네트워크 기술 현황]

구분	제어계	정보계	바디계
프로토콜	FlexRay	IDB-1394	CAN
응용조건	실시간 처리의 신뢰성 요구	고속처리성능 요구	속도보다는 경제성이 요구

㉣ 무선통신 기술

2000년 6월, NTT-DoCoMo, 제팬 텔레콤(Japan Telecom), KDDI의 기존 3개 사업자를 선정함으로써 IMT-2000 사업자 선정 작업을 완료하였다.

이어 일본의 NTT-DoCoMo는 2001년 5월 30일, 세계 최초로 비동기식 W-CDMA (Wideband-Code Division Multiple Access) 시범서비스를 개시하였다.

[일본 이동통신 업체 현황]

구분	G-Book	Carwings	Internavi Premium Club
제조업체	도요타	닛산	혼다
통신수단	CDMA2000 1x	PDC, cdmaOne	PDC, cdmaOne
통신사업자	KDDI	NTT DoCoMo, J-Phone, TU-KA, KDDI	NTT DoCoMo, J-Phone, TU-KA, KDDI

㉤ DMB(Digital Multimedia Broadcasting) 기술

일본의 ISDB-TSB 방식이 있으며, 이 또한 대내외(Out-of-Band) 방식이다.

지상파 DMB는 동경과 오사카 2개 지역에서 서비스를 시작하였고, 위성파 DMB는 국내 SK텔레콤과 일본 MBCo가 공동으로 DMB 위성을 발사하여 상용서비스를 제공한다.

㉥ 단거리 전용 통신(DSRC : Dedicated Short Range Communication) 기술

일본 우정성은 1997년 3월 ETC의 근거리 통신을 위해 5.8MHz 주파수 대역을 사용할 것을 보고하였으며, 결국 1997년 9월 관련 통신법(Wireless Telegraphy Act enforcement Regulations)을 개정하여 5.8GHz DSRC를 ETC의 표준으로 채택하였다.

건설성, 통산성, 경찰청, 운수성, 우정성의 5개 부처가 공동협력 체제를 구축하고 경쟁적으로 활동하고 있다. DSRC용으로 5.8GHz 대역의 국내 주파수가 할당되어 40MHz 2채널을 Down-link에, 5.790~8.810MHz, Up-link에 5.830~5.850MHz

를 사용하고 있다. 1998년 3월 ARIB에서 DSRC 규격이 제정되어 국내 표준화가 완료된 상태이며, 능동방식을 사용하는 ETC 시스템을 NEC, Hitachi, Oki 등 업체에서 개발하여 시험 서비스도 완료한 바 있다.

② 유럽 업계

㉠ 단말기 기술

유럽은 지역 및 도로 사정이 국가별로 달라 시장 보급에 어려움이 있으나 자동차 메이커를 중심으로 통신사업자, 통신 S/W업체, 콘텐츠 업체가 다양한 방식으로 결합되어 서비스를 제공하고 있다. 최근의 단말기는 차체 내에 소형PC가 내장된 오토PC 형태를 띄고 있다.

[유럽 제조업체별 기술현황]

<table>
<tr><th>구분</th><th>OnStar</th><th>Tegaron</th><th>TeleAid</th><th>iDrive</th></tr>
<tr><td>제조업체</td><td>모토로라-GM</td><td>DT-다임러크라이슬러</td><td>메르세데스 벤츠</td><td>BMW</td></tr>
<tr><td>GPS수신기</td><td colspan="4">○</td></tr>
<tr><td>원격제어 모듈</td><td colspan="4">○</td></tr>
<tr><td>음성인식 모듈</td><td colspan="4">○</td></tr>
<tr><td>CPU</td><td colspan="4">○</td></tr>
<tr><td>저장장치</td><td colspan="4">○</td></tr>
<tr><td>AV재생기</td><td colspan="4">○</td></tr>
</table>

㉮ 사브 9-3 : MOST를 이용하여 무선 서비스 통합

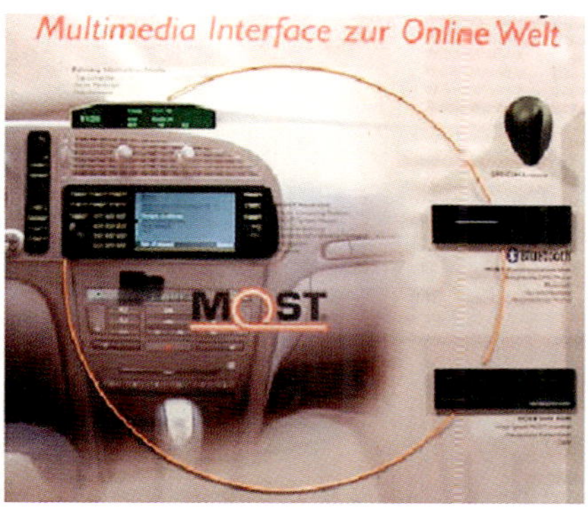

그림 3-62 사브 9-3의 예

㉯ 메르세데스 벤츠 OnLine : PDA에 다양한 기능을 부가, 차량에 따라서 MB 포탈(Portal)은 Compaq iPAQ, COMAND APS 내비게이션 혹은 Navi Radio를 지원, 길 찾기, 주변 시설 예약, 최적 경로 찾기 기능을 갖고 있다.

그림 3-63 메르세데스 벤츠 OnLine의 예

㉰ 지멘스 VDO

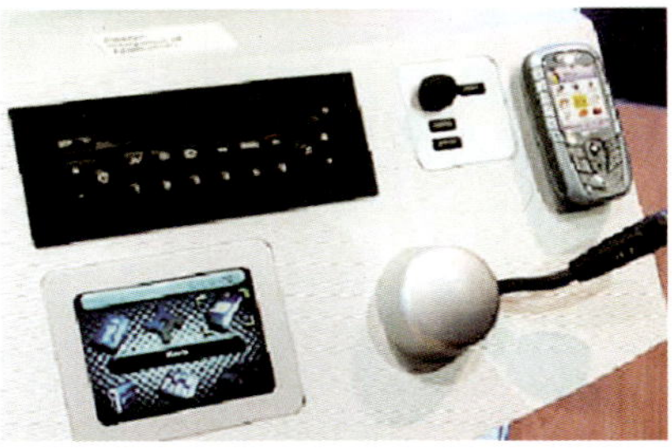

그림 3-64 지멘스 VDO의 단말기 예

㉱ 아우디 Navigation System Plus

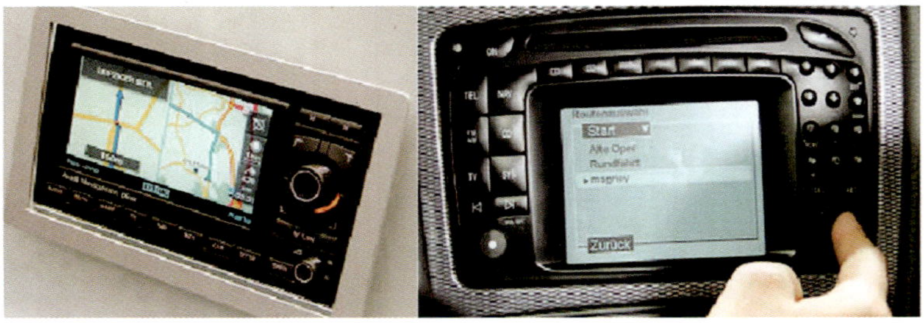

그림 3-65 아우디 Navigation System Plus의 예

㉮ BMW OnLine : 길 찾기, 주차장 찾기에 부가적으로 주차 가능여부와 가격을 나타낸다.

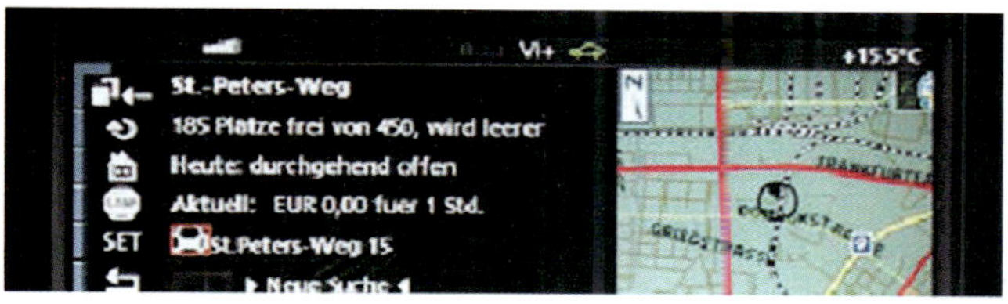

그림 3-66 BMW OnLine의 예

㉯ 재규어 ASSIST

그림 3-67 재규어 ASSIST의 예

㉡ 차량용 네트워크 기술

자동차용 통신네트워크는 크게 정보계, 제어계, 바디계의 3종류로 분류할 수 있다. 요구되는 성능도 정보계는 고속처리 성능, 제어계는 실시간 처리의 신뢰성, 바디계는 경제성 등으로 각기 다르다.

다음 표에서 정보계의 경우 IDB1394와 MOST가 경합하여 표준화에 이르지 못하고 유럽 메이커를 중심으로 MOST를 채택하였다. 제어계의 경우는 TTA 그룹이 추진하는 TTP/C와 업계 표준을 놓고 경합을 하고 있으나, 후원 단체의 규모 등에서 현재는 FlexRay가 앞서가고 있다.

[유럽 차량용 네트워크 기술 현황]

구분	제어계	정보계	바디계
프로토콜	FlexRay(5Mbps)	MOST(2.5Mbps)	CAN(1Mbps)
제조업체	BMW, 아우디, 시트로엥, 피아트, 란치아, 메르세데스-벤츠, 푸조, 포르쉐, 사브, 볼보 등		

ⓒ 무선 통신 기술

GSM은 범유럽에서 사용 가능한 900MHz 대역에서 운용되는 셀룰러시스템으로 국내의 CDMA 기술과 디지털 이동전화 사항을 놓고 치열한 경쟁을 하였던 이동통신 기술이다. 최근까지 핀란드, 스페인, 영국, 네덜란드, 독일, 이탈리아, 스위스, 오스트리아, 노르웨이, 폴란드, 스웨덴, 포르투갈 등 12개국이 3G 사업권을 교부한 상태이다. 2000년에 주파수 경매를 추진한 영국과 독일은 엄청난 자금을 모았으나, 최근에 사업권을 결정한 네덜란드, 이탈리아, 오스트리아, 폴란드의 경우는 주파수 경매 과정에서 발생한 여러 가지 문제점 때문에 신청자 수가 줄어 경매대금이 기대에 미치지 못하였다. 이에 따라 스웨덴과 포르투갈은 경매방식 대신 서류심사 방식으로 사업권을 결정하였다.

ⓓ DMB(Digital Multimedia Broadcasting) 기술

기존의 아날로그 라디오 방송 대역과는 별도의 새로운 주파수 대역을 사용하여 멀티미디어 서비스를 가능하게 하는 대역 외(Out-of-Band) 방식인 Eureka-147을 표준화로 채택하고 있다.

[유럽 DMB 기술현황]

구분	지상파 DMB
특 징	높은 음성 품질
	저렴한 서비스 비용
	International Roaming 지원
	주파수 대역 사용 효율 향상
	ISDN 호환

ⓔ 단거리 전용 통신(DSRC) 기술

유럽은 시스템 구현의 경제성을 우선적으로 고려하여 수동형을 표준으로 채택하고 있다. CEN TC278/WG9에서 92년 표준화 작업 시작하여 96년 ISO에 표준안 상정하였으며, 97년 CEN 표준승인(1, 2, 7계층 규격)을 받은 상태이다.

ETSI에서 유럽 표준의 DSRC 규격을 제정하였지만, 이탈리아 등이 독자적인 DSRC시스템을 개발하여 ETC 서비스용으로 사용 중에 있다. 유럽에서는 DSRC가 주로 ETC 서비스 용도로 국한되어 사용되고, 영국에서 시험적으로 도로변에 설치되어 교통정보 수집용으로 사용된 경우가 있다. 단말기 시장은 보급 초기 단계이나 5.8GHz 수동방식 구현 및 표준 제정에 전력하

고 있다. 약 80만대의 단말기를 보급한 이탈리아는 별도 시스템을 설치하여 운용 중이다.

ⓑ HMI 기술

유럽연합(EU)은 IT 분야에서 "연구개발 전략 프로그램(ESPRIT)"을 진행시켰는데, ESPRIT에서는 IVORY · OVID · AUDIS · EUTRANS · MELISSA 등 수많은 음성 관련 연구가 진행되었다.

유럽에서는 2004년 3월부터 VTEC, BMW, Bosch, CRF, ICCS, JRC, PSA, TNO 등을 중심으로 AIDE(Adaptive Integrated Driver-Vehicle Interface) 컨소시엄을 구성하여 ADAS(Advanced Driver Assistance System) 및 IVIS(In-Vehicle Information System)에 관한 HMI설계를 위해 ADAS(예, Collision Avoidance, Safe Following, Vision Enhancement)에서의 경고와 운전자 반응과의 자연적 연계, 행동적 적응, 운전자 수용에 관한 부분에 대해서 연구를 수행하였고, IVIS(예, 휴대전화, 텔레매틱스 서비스, 인포테인먼트)에서의 인지적, 시각적 측면의 Distraction 및 Workload에 대한 분석과 휴대 정보기기의 통합에 관한 연구를 수행하였다.

멀티미디어 HMI device(Head-Up Display, Speech Input/Output, Seat Vibrator, Hatic Input Devices)의 다양한 ADAS와 IVIS에 공유되었다. 정보의 우선순위와 스케줄링을 통하여 시스템 간 충돌을 방지하는 집중화된 정보 제공시스템이다. 휴대 정보기기의 운전자 인터페이스로 제공하고 있다.

실시간 운전자-차량 간 인터페이스 시스템의 도니터링을 통하여 각각의 운전자에 특화된 정보시스템을 운영한다.

[유럽 HMI 기술 현황]

구분	기술 개발 내용
IVORY(integrated voice recognition system)	비디오게임용 음성인식 및 음성처리 하드웨어 소프트웨어의 개발
OVID	전화나 직접 금융거래 등 금융부문에서 음성처리 소프트웨어의 유용성 향상
AUDIS	3차원 듣기 애플리케이션등 다중목적의 음성 디스플레이 개발
EUTRANS (example-based understanding and translation system)	비록 문자 · 음성인식으로 제한되지만 실제 사례를 기반으로 한 기술들의 활용을 통해 기계번역 및 언어이해시스템을 개발
MELISSA(method and tool for natural lan guage interfacing to standard software applications)	엔드유저들이 컴퓨터 애플리케이션 시스템에서 자연어를 사용하는 기술을 개발해 툴을 제공

AIDE 프로젝트는 3개의 세부 프로젝트로 나뉘는데, 세부 1프로젝트는 행동적 영향과 운전자-차량-환경(DVE)간 모델링으로 운전자, 차량과 환경과의 작용에 대한 기본적인 이해를 바탕으로 DVE의 모델링과 시뮬레이션을 통해 DVE의 핵심 파라미터를 도출하고 안전에 민간하게 작용하는 행동적 요소를 찾는데 있다. 세부 2프로젝트는 평가 및 검증 방법에 대한 것으로 다양한 HMI 솔루션에 대한 안전도를 평가하는 것이고, 세부 3프로젝트는 AIDE의 설계 및 개발로 기술 벤치마킹 및 사용 예정인 AIDE의 open system 구조, HMI 설계를 포함하고 있어 전체적으로 체계적이고 종합적인 차량 정보시스템에 대한 HMI 연구를 진행하고 있다.

영국의 HUSAT 연구소에서는 내비게이션시스템 적용을 위한 HMI적 요소 분석으로 Voice Interface, Visual Interface, Control Interface의 입장에서 접근하여 음성기반 안내에 따른 효율성 및 안내 체계, 운전자 시선 분포 및 그에 따른 디스플레이 정보의 제공, 음성 및 조이스틱을 이용한 사용자 입력 방안에 대한 연구를 진행하고 있다.

③ 미국 업계

㉠ 단말기 기술

미국의 서비스 기술은 단말기 제공 업체별로 상이하며, 크게 GPS 기술, 무선통신, 인터넷 접속가능 여부, 차량 지원서비스 및 각종 편의 서비스로 구분된다. 다음 표와 같이 간략히 나타낼 수 있다.

[미국 제조업체별 단말기 기술현황]

구분	GM/OnStar	Ford/RESCU	Mercedes Benz/TELEAID	AAA
GPS 기술	O	O	O	O
무선 통신	optional	*	*	*
인터넷 접속	optional	*	*	*
도로 측면지원	O	O	O	O
비상 서비스	O	O	O	O
편리성 서비스	optional	*	X	X
심부름 서비스	optional	*	X	X

㉮ OnStar : 에어백이 작동 가능한지를 살피고 문제가 있을 시에는 긴급조치를 받을 수 있도록 알려주는 기능, 차량 내장형 무선 전화기능, 버튼(White Dot Button)을 누르는 것만으로 실시간 교통상황, 주식시세, 날씨, 최신뉴스 등의 정보, 이메일 기능, 긴급 상황이 발생했을 때 긴급 서비스를 받을 수 있는 기능, 차량을 도난당했을 경우 행방을 경찰에 알려주는 기능, 차문 원격 조정, 차 시스템을 스스로 체크해 이상 정도를 가늠, 개인정보관리를 통해 스케줄 관리를 해주는 기능, 최신 전자 지도를 통해 목적지까지의 길을 안내하는 기능 등을 제공한다.

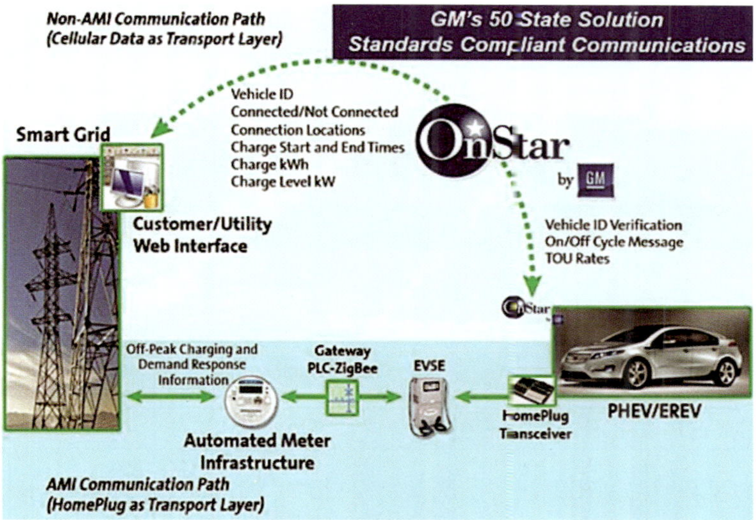

그림 3-68 OnStar

㉯ 델파이(Delphi)

그림 3-69 델파이 단말기의 적용 예

㉰ 비스티온

그림 3-70 비스티온의 ICES 단말기

㉡ 차량용 네트워크 기술

차량 내의 네트워크 기술은 각 용도에 여러 가지 기술이 함께 쓰이고 있다.

[미국 차량용 네트워크 기술 현황표]

용도	정보계		제어계			바디계
응용조건	고속통신, 대용량 양방향 통신		실시간 통신, 신뢰성 확보			저속 통신, 낮은 비용
응용예	차량용 DVD, 엔터테인먼트시스템		X by Wire, ABS, TCS			빠른 응답속도를 요구하지 않는 곳(도어, 윈도우)
프로토콜	MOST	IDB1394	FlexRay	TTP/C	TT-CAN	CAN
통신속도 (Mbps)	24.5	100	5	2~25	1	1

㉢ HMI 기술

HMI 기술은 음성인식 기술의 발전과 함께 음성인식을 위주로 하게 되었다. GM의 OnStar의 경우 입력(Input)과 출력(Output)이 모두 음성으로 이루어지도록 되어 있으며, 포드의 경우는 스크린을 통하여 출력(Output)을 제공하고 있다.

[미국 HMI 기술 특징]

구분	기술, 특징
GM	- 3개의 버튼으로 서비스 선택 - 완벽한 기능의 음성인식 차량 컴퓨팅시스템 - 화상 안내를 위한 스크린은 없다.
Ford	- 6개국 언어 음성인식 - 차가 움직이면 화면 꺼짐 등의 특징적 기능 제공

미국의 NHTSA(National Highway Traffic Safety Administration)는 운전방해(Driver Distraction)로 인한 사고 발생 정도를 파악하고자 휴대전화 사용에 따른 위험도, 내비게이션 사용에 따른 운전자 부하에 대한 연구를 진행하였다.

음성인식 적용에 따른 운전자 부하 감소에 대한 분석을 통하여 향후 적용될 다양한 정보서비스와 운전자 간의 상호작용을 기반으로 운전자를 중심으로 한 기술의 발전을 추구하여 정보 서비스에 의한 운전방해(Driver Distraction) 요소에 대한 정량적인 분석을 진행하고, 사고를 유발할 수 있는 위험요소와 이에 대한 운전자-차량 인터페이스(Driver-Vehicle Interface)에 대한 다양한 연구가 진행 중이다.

운전방해(Driver Distraction)에 관한 전문가 그룹을 구성하여 방해(Distract-Ion)에 대한 문제 이해를 통하여 운전 중이다. 방해에 의한 위험도에 관한 인지과학적 접근을 통한 사람요인(Human Factor) 연구를 수행하여 이를 기반으로 방해(Distraction)를 감소할 수 있는 정보 제공 및 운전자 인터페이스 방법을 제안하였다.

미시건대학교의 교통연구소인 UMTRI는 운전자와 자동차 그리고 주행환경에 대한 분석과 주행 중 운전자의 행동 모델을 통하여 더 안전하고 편안하고 즐거운 운전 환경을 제공하기 위한 인간공학적 연구를 진행하였고, 이를 바탕으로 차량 제어, 디스플레이, 정보시스템에 대한 설계를 위한 HMI요소에 대한 연구를 진행하고 있다.

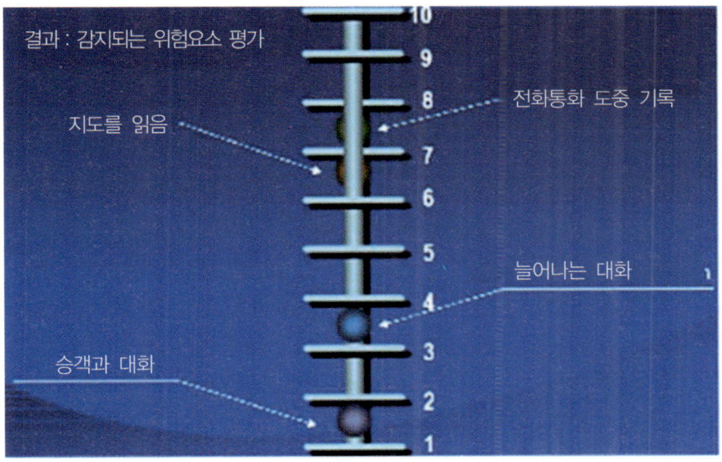

그림 3-71 주행 중 운전자 위험도

㉣ 무선 통신 기술

현재 이동통신 사업자들이 보유하고 있는 인프라가 아직도 절반 이상이 아날로그 방식인 AMPS이며, 여기에 추가로 도입한 디지털 인프라도 TDMA, GSM, cdmaOne 등으로 혼재되어 있다.

과거 아날로그 시절부터 패킷모드의 무선데이터 통신 서비스를 제공하기 위해 도입한 인프라의 유산이 무선인터넷의 확산에 오히려 걸림돌로 작용하고 있다. 당초의 인프라는 전용단말기에 의한 폐쇄적 망 운용으로 운송사업자나 일부 기업체의 업무용으로만 보급되었으며, 그나마도 대도시 지역을 제외하면 지역의 약점 때문에 크게 확산되지 못하고 있는 실정이다.

이러한 실패 사례가 단일사업자에 의한 전국지역 미비라는 약점을 안고 있는 대부분의 사업자들이 무선 인터넷이라는 새로운 서비스의 도입에 적극적으로 나올 수가 없도록 하고 있다.

㉤ DMB(Digital Multimedia Broadcasting) 기술

CD 수준의 음질과 데이터 또는 영상서비스 등이 가능하고 우수한 고정 및 이동수신 품질을 제공하는 디지털방식의 멀티미디어 방송으로, 전송수단(지상파, 위성)에 따라 지상파 DMB와 위성 DMB로 구분된다.

㉥ 단거리 전용 통신(DSRC) 기술

DSRC에 대해서 1996년 902~928MHz의 대역을 ETC용으로 이미 할당하였지만, 이 대역이 매우 밀집하여 있고 너무 협소하여 다양한 DSRC서비스 요구를 발휘할 수 없기에 1997년에 ITS America의 요구에 의해 5.9GHz 대역에서 75MHz의 대역폭을 할당하였다.

1999년 10월에 FCC는 DSRC에 대한 5.9GHz 대역에서의 주파수를 할당하면서 DSRC에 대한 기본적인 기술기준도 고시하였다. 미국에서의 DSRC 개발 방향은 미국 내의 시스템 호환성(Compatibility)이나 멀티모델(Multimodal), 즉 육상에서 도로(Road), 철도(Rail), 항공기(Aircraft), 해상에서 운하(Canal), 항만(Port) 등에도 적용되어야 하는 점에 역점을 두고 있다.

현재 ASTM에서 5.9GHz 대역에서 유선 LAN(예 : Ethernet)과 같은 통신품질로 10Mbps 이상의 전송속도의 무선 패킷통신이 가능한 차세대 DSRC 규격이 개발 중에 있다.

(2) 컨소시엄별 주요 현황

① 미국

미국 교통성(U.S Department Of Transportation, DOT)에서는 VII(Vehicle Infrastructure Integration) 프로젝트를 추진해 국가 차원의 교통정보와 차량안전 서비스 제공을 추진하고 있다. VII 프로젝트는 V2V, V2I 통신을 지원하는 통신시스템 구조, 시스템 엔지니어링, 단말 플랫폼, 위치정보, 네트워크 보안시스템 등의 개발과 시험을 수행하며, 여기에는 BMW, DCX, 포드, 혼다, 닛산, 텔코디아 등이 참여하고 있다.

DOT는 5.9GHz 대역에서 V2V와 V2I 통신을 모두 지원하는 WAVE(Wireless Access For Vehicle Environments)기술을 개발했다.

WAVE 통신기술은 기본적으로 IEEE 802.11 무선랜 기술을 차량 환경과 차량안전 서비스에 적합하도록 규격을 변형한 기술이다.

DOT는 5.9GHz 대역 WAVE 기술을 개발하고 서비스 적합성을 검증할 목적으로 DIC(DSRC Industry) 컨소시엄을 구성했으며, 여기에는 Mark IV, 레이시온(Raytheon), 시릿(Sirit Technologies), 트랜스코어(Trans Core), 도요타, 혼다자동차 등이 참여하고 있다.

미국은 DOT에서 5.9GHz 대역의 WAVE(Wireless Access For Vehicular Environment) 기술을 V2V 통신과 V2I에 적용해 차량 관련 공공 서비스와 일반 서비스에 사용할 계획으로 기술개발을 추진하고 있다. DOT는 우선적으로 V2I와 단일 홉 V2V(Point to Point and Broadcasting) 기술 개발에 관심을 두고 있으며, WAVE기술을 국가 인프라로 구축하기에 앞서 DIC(DSRC Industry Consortium)를 중심으로 기술개발 및 상용화하고 있다.

차량안전에 관련된 안전통신 컨소시엄(Safety Communication Consortium)에는 2003년부터 고도화된 차량안전 애플리케이션을 제공하기 위해 외부 통신 요구사항을 결정하고, 5.9GHz DSRC 통신기술을 평가하는 프로그램을 추진하였다. 이 프로젝트의 주요 범위는 통신 시스템을 이용해 차량안전 서비스를 제공하는 것이 가능한지를 검증하는 것이 포함되었다.

DOT와 공동으로 BMW, 다임러크라이슬러, 포드, GM, 닛산, 토요타, 폭스바겐 등 7개 자동차 메이커가 참여하였다. 차량 안전 애플리케이션을 지원하기 위해 제안된 5.9GHz DSRC(Dedicated Short Range Communications)기술을 평가하였다. 여기서 WAVE시스템의 현장 시험을 실시했으며, V2V 통신과 V2I 통신 성능을 확인하였다. 최근의 WAVE시스템 실험에서는 사용 중인 주파수 중에 인접 주파수 간의 간섭이 성능에 영향을 줄 만큼 큰 것으로 보고되었다.

② 유럽

EU는 2005년부터 i2020 지능형 자동차(Intelligent Car Initiative)뿐이라는 슬로건 하에 보다 안전하고 지능화된 고품질의 이동성을 제공하겠다는 비전을 제시하고 있다.

i2020 비전을 실현하기 위해 e-Safety 포럼을 구성했는데, 여기에는 150여 개 업체가 참여해 7개의 워킹그룹으로 나뉘어 도로맵, 통신기술, 국제협력, 서비스 등의 연구 활동에 나서고 있다.

EU의 프레임워크 프로젝트를 통해 연구되고 있는 대표적인 프로젝트는 PReVENT, AIDE(Adaptive Integrated Driver vehicle Interface), EASIS(Electronic Architecture and System Engineering for Integrated Safety Systems), GST(Global System for Telematics Integrated Project, Cooperative System and Synergies), CVIS(Cooperative Vehicle Infrastructure Systems), SAFESPOT, COOPERS(CO-OPerative systEms for intelligent Road Safety) 등이 있다.

2007년부터 시작된 7차 프레임워크 프로젝트에서는 지능형 자동차시스템과 고속 이동 환경에서 차량안전시스템, 교통 관리 및 안전시스템과 Cooperative시스템을 연구하고 있다.

SAFESPOT 프로젝트는 2006년부터 4년간 3,700만 유로가 투입된 사업으로, 스마트 도로를 위한 스마트 자동차(Smart Vehicles for Smart Roads)라는 비전을 목표로 차량이 주행 중 실시간으로 주위 차량을 모니터링하는 cooperative 통신기술과 차량안전 서비스 기술을 연구하고 있다. SAFESPOT 프로젝트에서는 이동하는 차량이 센서를 기반으로 실시간으로 차량의 주변 상황을 인식해 차량이 위험상황을 인식할 경우 차량 간 통신으로 안전 서비스를 제공하거나 노변에 설치된 기지국이 안전 관련 메시지를 차량에 제공해 안전운행을 지원하는 기술을 연구 중이다.

Cooperative통신의 주요 기술은 동적 특별 네트워킹(Dynamic Adhoc Networ-King), 정밀한 위치지정(Accurate Relative Localization, Dynamic Local Map)이 있으며, 이 중 위치지정(Localization)기술은 GPS, DGPS와 지형지물(Landmark) 등을 복합적으로 이용하는 방식이 연구되고 있다.

SAFESPOT 통합 프로젝트는 스마트 도로를 위한 스마트 자동차(Smart Vehicles on

Smart Roads)라는 이름으로 안전운전 지원을 위한 것이다. 이 프로젝트는 차량안전에 대한 프로젝트로서 다른 프로젝트와의 연계를 중시해 지능형 차량과 지능형 도로의 장점을 통합해 안전을 증대시키는 것을 목표로 하고 있다. V2V, V2I 통신기술을 광범위하게 사용해 안전 관련 정보의 정확도와 신뢰성을 향상시킨 전송을 추구한다.

EU 12개국 51개 파트너가 참여하고 있다. 주요 개발 목표는 동적 특별 네트워킹, 정확한 위치지정, 동적 지역지도 등이다. INTERSTATE 프로젝트는 교차로에서의 안전기술을 연구할 목적으로 2006년부터 폭스바겐, 르노, 인리아(Inria) 등 유럽 자동차 업체가 참여한 컨소시엄 형태로 추진되고 있다.

교차로에서의 차량안전 서비스 연구는 교차로 안전 시뮬레이션, 차량 센서(레이더, 레이저스캐너, 비디오카메라)를 이용해 도로 노변표시와 차량 위치, 이동 방향을 실시간으로 모니터링하고 무선통신기술을 사용해 안전 관련 패킷 메시지를 전달하는 기술을 포함하고 있다. 이 기술은 자동차의 위치와 방향을 실시간으로 계산하고 교차로에서 추돌방지를 위한 신호 등 변화를 예측하는 기술인데, 운전자에게 경고음이나 메시지를 주는 형태로 패킷 대기시간(Packet Latency)을 100msec 이내로 제공돼야 한다.

CVIS는 차량과 노변 간 통신시스템 개발을 목표로 총 사업비 4,100만 유로, 4년간 12개국 63개 업체가 참여하고 있는 대규모 프로젝트다. 다양한 텔레매틱스 서비스 적용을 고려해 통합망 관리, 종착점 기반 제어, 망 기반 가속, 감속, 동적 버스차로 운영, 운전자 인식, 망 기반 운전자 지원 서비스, 화물 및 차량관리, 위치관리, 위험물관리, 주차예약 등을 개발하고 있다. 또 IEEE 802.11 표준과 연계해 OSGi(Open Services Gateway Initiative) 기반 단말 플랫폼을 추진하고 있다.

C2C-CC(Car-to-Car Communication Consortium) 프로젝트는 유럽에서 추진했던 Cartalk 2000 프로젝트에 참여한 대부분의 자동차 업체가 중심이 돼 추진하고 있는 V2V 통신기술 개발 컨소시엄이다. 이 컨소시엄에는 아우디, BMW, 폭스바겐, 메르세데스-벤츠, 르노, 피아트 등의 메이커들이 참여하고 있다. Cartalk 2000은 5GHz 무선랜 기술과 위치정보 기반 라우팅 프로토콜을 이용해 차량에 위험경고 정보 제공이나 안전운행 지원 서비스를 목표로 하였다.

C2C-CC 컨소시엄은 미국의 IEEE802.11p 적용에 큰 관심을 두고, 도로 교통안전과 효율 증대를 목표로 차량 통신기술을 이용해 차량안전과 트래픽 정보 서비스 활용 기술개발을 추진하고 있다. 또 이 프로젝트는 차량 통신기술의 유럽 표준 제정을 추진하며 세부과제를

추진하고 있다.

㉠ 능동 안전 응용서비스 개발
㉡ 차량 통신용 독점적 범유럽 주파수 할당
㉢ 전 세계 차량 통신 표준들의 통합(Harmonization)
㉣ 차량간 상호운용 보장
㉤ 시장 확산 전략과 비즈니스 모델 개발 등

C2C-CC에서 물리 계층과 MAC 계층은 IEEE 802.11p, IEEE802.11a/b/g/n, 기타(GPRS, UMTS 등을 통합하고 네트워크 계층은 위치기반 주소검색(Geographical Addressing)과 라우팅 기반 멀티홉 통신을 고려하고 있다.

혼잡(Congestion)제어와 데이터 전파(Dissemination) 수행도 다루고 있다. C2C-CC에서 고려 중인 시스템 구조는 안전 관련 응용과 교통정보 제공 등의 일반적인 ITS 응용을 네트워크 계층에서 통합해 제공하는 것이다. C2C-CC에서 인포테인먼트 응용은 기존의 TCP나 UDP를 이용해 전송하고 능동형 안전 응용은 C2C 트랜스포트 및 네트워크 계층을 통해 전송하는 것을 특징으로 한다. C2C-CC에서 C2C-CC의 시나리오는 이동 중인 차량에 적용하는 VANET을 기본으로 하는데, 이는 특별한 종류의 MANET으로서 IEEE802.11p와 무선랜 및 기타 이동통신기술을 포괄적으로 검토하고 있다.

현재까지 표준화가 진행중인 CALM(Communication Access For Land Mobiles)시스템과 WAVE시스템 표준과 협력 관계를 유지하고 있으며, 향후 구체적인 요구 규격을 발표할 예정이다. 일반적인 특성은 고속의 이동성, 많은 노드, 광범위한 설치가 가능한 적정 비용, 인터넷 기반 응용 서비스 제공 등이다. 네트워크 계층은 GPS 정보를 이용한 위치기반 특별(Ad-hoc) 라우팅 프로토콜로 구현될 예정이다.

PReVENT 프로젝트는 EU의 i2010 intelligent car initiative의 세부 과제로서 ICT기술을 기반으로 더 똑똑하고 안전한 자동차 주행 환경을 만들기 위한 내용이다. PReVENT는 차량안전기술을 개발하고 검증해 지능형 운전자 지원 시스템에 대한 인식을 확산시키는 것을 목표로 4년간 추진하는 프로젝트이다.

기본 목표는 사고를 예방해 운전자를 지원하는 시스템, 즉 도로의 안전성을 증진시키는 지능형 운전자시스템(Advanced Driver Assis-Tance System, ADAS) 개발 시험과 개념 확산이다. 센서정보와 통신, 위치측정기술을 통합해 잠재적 위험을 운전자에게 알려줌으로써, 반응이 없는 경우에는 운전자에게 경고한다. 궁극적으로는 운전에 개입해 운전자가 사고를 피하도록 도와주는 것이다. 이 애플리케이션은 동승자뿐만 아니라 보행자 및 자전거 이용자에게도 사고를 예방하도록 설계되고 있다.

PReVENT 프로젝트에는 50여 개의 참여기관이 있으며 특별한 도로교통 및 사고 상황을 대상으로 세부과제를 추진하고 있다. 프로젝트의 진행기관(Coordinator)은 다임러크라이슬러이고, 프로젝트 관리는 ERTICO와 아이리온(Irion Management Consulting)이 맡고 있다. 핵심 참여기관으로는 다임러크라이슬러 외에 BMW, 보쉬, 피아트, 델파이 델코 일렉트로닉스 유럽(Delphi Delco Electronics Europe), 포드 리서치, PSA, SAGEM Defense Securite, 지멘스, 볼보 및 프랑스 교통안전연구소(INRETS) 등이 있다.

산업계 파트너는 아우디, 블라우풍트, BMW, FCS Simulator Systems, Ibeo Automobile Sensor, 나비곤(Navigon), 나브텍, 필립스, 텔레아틀라스, TRL, TRW, 폭스바겐, 볼보 등이 참여하고 있다. 이밖에 CERTHHIT(The Centre For Research and Technology Hellas/Hellenic Institute of Transport), 프랑스 국립연구소인 CNRS와 INRIA와 켐니츠(Chemnitz), 하노버대학 등이 참여하고 있다.

③ 일본

일본에서는 DSRC 통신을 이용한 ETC(Electronic Toll Collection)서비스가 전국적으로 확산돼 있어 DSRC 통신 인프라를 기반으로 교통정보와 차량안전 서비스를 지원하는 연구가 추진되고 있다.

2007년도에 일본에서 시연한 스마트 웨이(Smart Way) 프로젝트에서는 DSRC 통신을 이용해 ETC, 교통정보, 차량 간 충돌경고 서비스를 제공하는 기술을 선보였다. 또 DSRC 통신이 통달거리가 제한돼 있으므로 셀룰러, 무선랜과 연동해 차량에서 인터넷 서비스를 제공하는 인터넷 ITS기술을 개발했다. 인터넷 ITS기술은 다양한 무선접속 기술이 단말에 접속되고 IP 프로토콜 상에서 통합되는 특징을 지니고 있다.

도요타, 혼다, 닛산 등 자동차 메이커와 히다찌, OKI 등 통신업체들은 5.8GHz ITS 대역, 2.4GHz ISM 대역 그리고 200MHz 대역을 이용한 차량 간 통신기술을 연구하고 있다. 5.8GHz ITS 대역은 미국에서 추진하고 있는 WAVE 기술, 2.4GHz ISM 대역은 무선랜 기술 그리고 200MHz 대역은 기존 아날로그 방송 주파수를 새로운 기술로 다각적인 접근을 시도하고 있다.

④ 한국

국내에서는 ETRI가 중심이 돼 2007년도부터 VMC(Vehicle Multihop Communication) 기술을 연구하고 있다. VMC 기술은 WAVE 규격을 준용해 차량 간 통신과 차량과 인프라 통신을 지원하는 핵심기술 확보를 목표하고 있다. 핵심기술은 고속이동 환경에서의 OFDM(Orthogonal Frequency Division Multiplexing)모뎀 기술과 Low Latency, 다수 사용자 환경을 지원하는 CSMA/TDMA Hybrid MAC기술, 차량 간 멀티홉을 지원하는 멀티홉 라우팅기술, 차량 단말 플랫폼기술, 차량안전 서비스 컨버전스 서비스기술 등이 있다.

VMC기술은 V2V통신에서는 Non_IP 프로토콜을 지원하고 V2I 통신에서는 IP 프로토콜을 지원하는 구조를 가지고 있다.

국내 VANET 기술로서 국내 차량 간 통신을 위한 모바일 특별 네트워크에 대한 연구는 대부분 시뮬레이션이나 간단한 테스트베드 상에서의 기능 및 성능확인 정도가 주를 이루고 있고, 실험실 수준의 연구개발이 추진되고 있어 상용화는 이뤄지지 않고 있다.

전자부품연구원(KETI) 및 한국전자통신연구원(ETRI)은 무선통신 통합기술개발을 수행해 텔레매틱스 서비스를 저렴하게 제공하기 위한 셀룰러, 무선랜, DMB를 지원하는 단말기에서의 무선통합 프로토콜 구조 및 차량 간 통신기술을 연구했다. 차량 간 통신은 기존의 2.4GHz 무선랜 기술의 RF와 모뎀기술을 사용해 차량 간 통신을 위한 MAC기술을 연구했다. 2.4GHz 무선랜을 차량 간 통신에 적용했을 때 성능 분석을 위해 차량 간 통신시스템을 제작해 이동하는 차량환경에서의 필드시험을 실시했으며, 이동 시에 2Mbps 정도의 패킷 전송이 가능함을 확인했다.

7) V2X 통신 시스템

(1) 유럽

유럽에서는 2003년부터 ISO TC204 WG16에서 CALM(Continuous Air Interface for Long and Medium Distance)에 관한 아키텍쳐와 네트워크, 셀룰러의 이용에 대한 논제가 진행되어 왔다.

또한 5GHz대(CALM M5)에서는 북미의 WAVE와의 협력으로 6~54Mbps, 전송거리 300m 이상의 시스템을 목표하고 있다. ITS에 DSRC를 적용시킨 AIDA 시스템을 개발하였고, 이를 이용한 서비스로는 사고, 작업지역 등의 교통정보 제공, 목적지까지의 도착 예상시간, 기상 예보, 여행정보의 제공 등이 있다. 또한 차량 간 네트워크에 의한 정보 전달로서

IVHW(Inter-Vehicle Hazard Warning)가 있으며, 한 예로 사고 발생지역에 있는 차부터 정체 지역 끝단까지에 상황을 전달해주는 기능이 있다. IVHW와 CarTALK2000는 2004년 이후 EU/eSafty Initive에 의한 PReVENT WILLWARN(2004~2007) 대과제로 통합되었다.

이와 별도로 FleetNet, NOW(Network on Wheels)와 같이 차량 주행 중에도 정보서비스를(인터넷)을 이용하기 위한 연구도 진행되고 있다. 유럽의 6대 자동차 메이커(크라이슬러, BMW, 피아트, 르노, 폭스바겐, 아우디)는 2004년 12월, Car to Car Communication Consortium(C2CCC)라는 차량 간 통신 컨소시엄을 구성하였다.

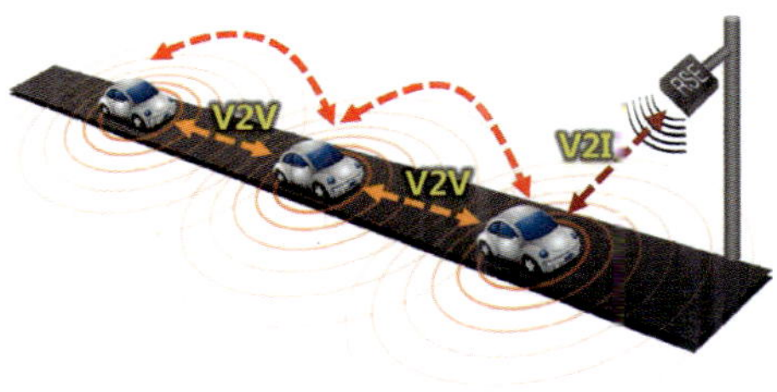

그림 3-72 V2V(차량 대 차량) 통신

BMW는 전방 충돌 방지, 특정 위험 지역에서의 Rear end 충돌 방지, 위험지역 경고등을 하기 위하여 차량 대 차량통신(Vehicle to Vehicle Communication)에 대한 모델을 제시하였다.

도로 상황을 인근 차량에 통신을 통하여 전달하고 미리 정보를 입수한 차량은 경로를 변경하여 진행하며, 전방 도로의 미끄럼을 감지한 차량이 주변 차량에 통신으로 알려 줌으로써 사전에 운전자와 능동 안전시스템으로 하여금 준비할 수 있도록 한다.

(2) 미국

미국에서는 교통사고 사망자를 50%로 줄이기 위한 10년 계획을 잡고 정부(DOT)와 업체 간에 활발한 연구가 이루어지고 있다. 2004년까지 일단 표준화를 하고, 2005년 3월까지 프로토타입에 대한 평가를 하려 한다. 또한 북미 DSRC 표준의 호칭을 WAVE(Wireless Access in Vehicular Environment)로 변경하였다.

현재 미국의 DSRC는 1,000m 반경에 25Mbps의 전송 속도를 지원하는 규격으로, 5.850GHz~5.925GHz 구간에 제어용, 서비스용, 차간용으로 분류하고 있다. 사고의 발생을 미연에 방지하고자 차량 주변의 상황 및 이상을 빨리 감지하는 것이 목적으로, 센싱과 신뢰성 있는 고속통신(차량 간, 차로 간)이 요구되며, DSRC는 광범위, 고속 데이터, 짧은 액세스타이다. 우선순위관리 등의 특성들을 만족시키고 있다.

LANET(A Look Ahead Network)은 현재 INTRASS(Intelligent Traffic safety System)에서 프로토타입으로 개발 중인 네트워크로, 미국의 5.9GHz DSRC에서 차량간 통신으로 충돌을 방지하는 시스템이다. LANET은 DSRC를 이용하여 10개의 노드 이하의 직선모양의 네트워크(체인)를 형성하고, 정기적으로 8bytes 이내의 작은 패킷을 전송하여 이벤트 경보와 상황 정보를 전달한다. 체인 내의 차량들은 거의 동시에 정보를 받게 되며, 한 레인 내에서 6번째 차량이 체인에서의 리더 역할을 한다. 즉, 후방 5대 차량은 다음번 체인에 속하게 된다. LANET은 MANET과 상호 연동되도록 설계되어 향후 3년 내에 실용화를 목표하고 있다.

안전 주행을 목적으로 1998년 미국 교통부에서 IVI(Intelligent Vehicle Initiative) 프로젝트가 시작되었지만 자동차 생산 업체(BMW, 다임러크라이슬러 포드, GM, 닛산, 토요다, VW)와 미국 교통부에서 VSCC(Vehicle Safety Communication Consortium)를 구성하여 통신 기술 기반 차량 안전 개선에 주력하고 있다.

2004년부터 미국 교통부에서는 Ⅶ(Vehicle Infrastructure Integration)프로그램을 자동차 생산업체와 공동으로 진행하고 있다. Ⅶ는 차량간 통신과 노변과 차량 간 통신을 이용하여 능동 안전, 교통관리, 여행자 정보제공을 고려하고 있다.

GM은 V2V(Vehicle to Vehicle) 시현을 통해서 사각 지역의 차량을 사이드 미러에 표시하고, 전방 차량의 갑작스런 제동에 대하여 통신을 통하여 인근 차량에 알려 줌으로써 운전자로 하여금 사고를 예방할 수 있도록 하는 시스템을 소개하였다.

그림 3-73 GM의 V2V 시현 장면

(3) 일본

1999년부터 ITS Forum에서는 차량 간 통신을 이용한 ACC(Stop & Go 포함)를 제안하였다. 여기에는 군집 내 차량 간 밀리파와 마이크로파를 이용한 통신으로 위험요소 경고, 차선 변경 경고, 교차로 및 곡선도로 충돌 경고의 기능이 있다. 일본 국토 교통청에서는 차량 간 또는 차량과 이륜차 간 통신으로 능동 안전에 중점을 둔 ASV(Advanced Safety Vehicle) 프로젝트를 진행하고 있다.

ASV는 운전자의 시야 확보가 되지 않는 곳의 상황을 차량 간 통신을 이용하여 사전에 감지하고, 위험성을 파악하여 사고가 발생할 확률이 높다고 여겨질 경우 운전자에게 경고 메시지를 전달하거나 직접 섀시를 제어하여 위험을 회피하는 시스템이다.

예를 들어, 앞차가 커브 길을 지나서 급정거를 한 경우나 맞은편 언덕 아래쪽부터 차가 달려오는데 추월하려는 경우 또는 급커브가 있는 산길 같은 경우 운전자의 시각과 감각에만 의존하여 운전하면 사고가 발생할 확률이 높은 환경에서 ASV 차량들은 무선 통신을 통하여 서로 간에 자신의 위치와 속도를 교환하고, GPS 정보와 전자 지도의 정보를 분석하여 위험요소를 도출한다.

그림 3-74 ASV시험 차량 및 시현 장면

신호등이 없는 교차로에서 내비게이션 스크린 상에 상대방 차량의 위치 정보를 차량 대 차량(Vehicle to Vehicle) 통신을 통해서 나타내 줌으로써 차량 대 차량 간 교통사고의 가장 큰 원인인 교차로에서의 사고를 회피할 수 있다.

야간에 곡선도로를 주행할 경우 각자의 정확한 위치정보를 차량 대 차량(Vehicle to Vehicle) 통신을 통해 상대 차량에 알려 줌으로써 차량이 서로 마주치기 전에 전조등을 하향 조정하여 운전자의 눈부심으로 인한 충돌 사고를 막아준다.

그림 3-75 앞차 충돌 회피 보조시스템

운전자에게 정보전달의 효과를 높이고 운전방해(Driver Distraction)를 방지하기 위한 HMI기술에 대한 연구는 90년대부터 자동차의 인간친화형 인터페이스를 위해 편의성 및 조작성을 고려한 감성 공학적 측면 및 인지 과학적 측면에서 많은 기초연구가 진행되었다.

이를 바탕으로 정보단말기의 효과적인 인터페이스를 위한 음성인식시스템, 조작성을 고려한 메뉴 구성 및 입력장치에 대한 HMI 설계에 관한 연구가 수행중이다. 로보틱스 산업의 발달로 인공지능, 음성인식, 화상인식 등의 기초 연구 분야에 대한 많은 연구가 이루어져 이를 이용한 자동차에의 적용을 위한 연구가 활발히 진행되고 있다.

그림 3-76 교차로 충돌

그림 3-77 눈부심 회피 보조 완화 브레이크 시스템

(4) 한국

국토교통부는 지난 2012년 6월 도로교통 분야 ITS의 개발 및 보급 촉진을 통한 저비용·고효율의 미래형 스마트 교통 SOC 구축을 위해 "자동차·도로교통 분야 ITS 계획 2020"을 수립했다. 이의 일환으로 주행환경, 도로환경 등을 자동 인식하여 운전자에게 제공하는 등 승용차 자동제어 및 안전운행을 지원하는 V2X 기술 기반 지능형 자동차 및 도로의 개발과 구축을 확대할 계획이다.

한편, 국토교통부는 천후, 야간, 안개, 터널 내 화재, 대형사고 상황 등 실시간 돌발 상황 관리에 한계를 갖고 있는 기존 CCTV 등을 보완하고 대처하기 위해 도로상의 장애물, 낙하물, 결빙 상태를 실시간으로 운전자에게 전달해 사고를 예방할 수 있는 레이더 시스템을 개발해 왔는데, 이를 위한 실험국용 주파수를 미래창조과학부로부터 4차례 공급받아 성능시험을 완료하였고, 2013년 12월 상용화를 위한 주파수 분배를 미래부에 요청하였다.

미래창조과학부는 국토부의 "도로정보감지 레이더 구축 사업"에 필요한 주파수 공급을 위해 미래부, 국토부, 학계, 연구계, 산업계 등 전문가들로 구성된 연구반을 구성하여 34GHz 대역의 도로면 레이더용 주파수 공급 방안을 상반기까지 마련하기로 했다. 현재 다양한 레이더 기술방식 적용이 가능하고, 국제적 공통 주파수대역인 34.275~34.875GHz의 600MHz 폭을 후보 대역으로 검토되고 있다.

8) 자동차 IT화 로드맵

2009 — 2012 — 2015 — 2020

구분	분야	2009	2012	2015
부품 및 시스템	자동차 무선통신 부품	단일대역 프론트엔드(및 안테나) / MCP 기반 RF 부품	다중대역 프론트엔드(및 안테나) / SoC 및 SIP 기반 RF 부품	적응형 프론트엔드 / S/W define기반 융합부품
		5.8GHz 통신 모듈/WiMax 통신	63GHz 통신 모듈/실시간 통신	메쉬/다중 네트워크 통신모듈
		차량간/노차간 통신모듈 단일통신 정보처리부품/3G 기반	차량과 센서 노드간 다중통신 모듈 다중 통신 및 정보처리 부품/4G 기반	고신뢰성 심리스 통신모듈 5G 기반 통신 부품
		무선통신부품과 센서 융합 부품	유시티 연계형 융함센서 통합모듈	인지형 복합센서와 무선네트워크 융합부품
	멀티미디어 네트워크 부품	In-Vehicle 이종 네트워크 정보처리용 게이트웨이 부품	In-vehicle 통합 네트워크 부품	차내외 멀티미디어 통합 네트워크 부품
		차내 네트워크 싱글 태스킹 시스템	차내 네트워크 멀티 태스킹 시스템	개인형 정보 지원을 위한 멀티 태스킹 시스템
	네비게이션 시스템	다이나믹 교통정보 제공 시스템 단일경로 탐색/루트 가이드 프로세서	다이나믹 다중 경로 제공 시스템 다중경로 탐색/루트 가이드 프로세서	실시간 교통정보 처리 및 예측 시스템
		고정밀 GPS/Galileo 복합 측위부품	고정밀 유시티 연계 측위 부품	양방향 통신 융합 트래킹 예측 시스템 연계 부품
		맵데이터 업데이트 부품 정보화 기기 통합 멀티미디어 시스템	능동형 맵데이터 업데이트 부품 상황인지형 통합 멀티미디어 시스템	위치 인지형 관련 정보 업데이트 멀티미디어 시스템
	자동차 시스템 연계부품	텔레매틱스 연계 자동 주행 지원 시스템	차내외 네트워크 통합기술과 연계된 자동주행 지원 부품	텔레매틱스 연계 차량 통합 제어 시스템
		운전자 및 탑승자 모니터링	운전자 및 탑승자 인증	상황 적응형 탑승자 인터페이스 시스템
	자동차 임베디드 S/W	응용분야별 차량 제어 미들웨어	다중 네트워크 및 이종 통신망 연계 차량 제어 미들웨어	텔래매틱스 연계 자동차 통합 제어 미들웨어
		임베디드 OS 이종 네트워크 S/W 드라이버	자가진단형 임베디드 OS 다중 네트워크 S/W 플랫폼	결함허용 임베디드 OS 차량제어 연계 S/W 플랫폼
핵심기술	자동차 무선통신 기술	5.8GHz 통신 모듈 신뢰성 확보 기술	63GHz 통신 모듈/실시간 통신 기술	메쉬/다중 네트워크 통신 기술
		차량간/노차간 통신 기술	차량과 센서 노드간 다중통신 기술	고신뢰성 심리스 통신 기술
		무선통신부품과 센서 융합 기술 에러레이트 : 10^{-5}	유시티 연계형 융함센서 통합 기술 에러레이트 : 10^{-7}	인지형 복합센서와 무선네트워크 융합 기술
	멀티미디어 네트워크 기술	In-Vehicle 이종 네트워크 정보처리용 게이트웨이 최적화 기술	In-vehicle 통합 네트워크의 최적화 기술	차내외 멀티미디어 통합 네트워크 최적화 기술
	네비게이션 시스템 기술	다이나믹 교통정보 제공 기술	다이나믹 다중 경로 제공 시스템 다중경로 탐색/루트 가이드기술	실시간 교통정보 처리 및 예측 시스템 기술
		맵데이터 업데이트 기술 정보화 기기 통합 멀티미디어 기술	능동형 맵데이터 업데이트 기술 상황인지형 통합 멀티미디어 기술	위치 인지형 관련 정보 업데이트 멀티미디어 시스템 기술
	자동차 시스템 연계 기술	텔레매틱스 연계 자동 주행 지원 시스템 기술	차내외 네트워크 통합기술과 연계된 자동주행 지원 기술	텔레매틱스 연계 차량 통합 제어 시스템 기술
		운전자 및 탑승자 모니터링 기술	운전자 및 탑승자 인증 기술	상황 적응형 탑승자 인터페이스 시스템 기술
	자동차 임베디드 S/W 기술	S/W 신뢰성 확보 기술	자가진단형 S/W 플랫폼 기술	차량제어 연계 플랫폼 기술

04

CHAPER

텔레매틱스

CHAPTER

04 텔레매틱스

01 서론

(1) 텔레매틱스(Telematics)란?

1) 텔레매틱스는 자동차와 IT산업이 융합된 신산업

텔레커뮤니케이션(통신, Telecommunication)과 인포매틱스(정보과학, Informatics)의 합성어로, 자동차 안에서 이메일을 주고받고, 인터넷을 통해 각종 정보도 검색할 수 있는 오토(Auto) PC를 이용한다는 점에서 "오토모티브 텔레매틱스"라고도 부른다.

텔레매틱스는 또한 전 세계적으로 차량과 IT 기술이 융합되는 차량 통신 네트워크 기술과 차량 통신 기술을 활용한 텔레매틱스, ITS, 차량 안전 서비스자동차 기술에 IT 기술을 접목하여 자동차, 운전자 및 탑승자에게 안전성 및 편의성을 제공하는 신산업이다. 텔레매틱스 서비스는 차량 탑재서비스 모듈에 의한 정보제공 및 경고서비스와 이동통신을 포함한 외부 정보교환 수단을 이용한 센터 중심의 서비스가 제공된다.

그림 4-1 텔레매틱스의 개념도 및 텔레매틱스 서비스

차량탑재 서비스는 차량의 주행안전 위주의 서비스로서 차량상태, 주행상태 및 위치정보를 기반으로 차량 및 탑승자의 안전이 우선된 원격 고객관리, 위험경고, 보안 및 안전서비스, 교통안내서비스로 구성된다. 센터중심의 서비스는 통신을 이용한 탑재서비스 단말기와 정보교환을 통하여 실시간 교통정보, 생활정보, 인포테인먼트 등 통합 DB를 이용한 이용자 요구에 따른 정보제공서비스로 구성된다. 텔레매틱스 서비스는 IT와 연계한 사무실 및 생활 주거환경을 확장한 통합된 고객서비스가 될 것이다.

2) 텔레매틱스는 자동차, 통신, 전자, 컴퓨터, 서비스 등의 융합산업

텔레매틱스는 위치정보와 무선통신망을 이용해 사용자(운전자)에게 교통안내, 긴급구난, 방송 및 오락, 인터넷 등을 제공하여 궁극적으로 모바일 오피스 환경을 제공하는 자동차 산업을 포함한 고부가가치 융합산업이다.

텔레매틱스 산업의 구성은 차량 탑재 장치 구현을 위한 자동차 제어 및 센서 응용기술, 차량 네트워크기술, 실시간 정보제공을 위한 위치정보기술 및 무선 통신기술로 구성된다.

관련 기술은 차세대 신성장 동력 산업분야인 미래형 자동차기술, 차량 네트워크기술, 교통정보기술, 디지털 콘텐츠기술, 차세대 이동통신기술 등이다. 또한 기존 산업 분야인 ITS(지능형 교통시스템, Intelligent Transport System), LBS(위치기반서비스, Location Based Service), GIS(지리정보시스템, Geographic Information System) , 통신기술, 서비스기술 등이 연관된다. 따라서 텔레매틱스기술은 신기술에 기초한 시장 창출은 물론 기존 산업에 부가성을 증진시켜 수출 및 내수시장의 활성화 기여가 기대된다.

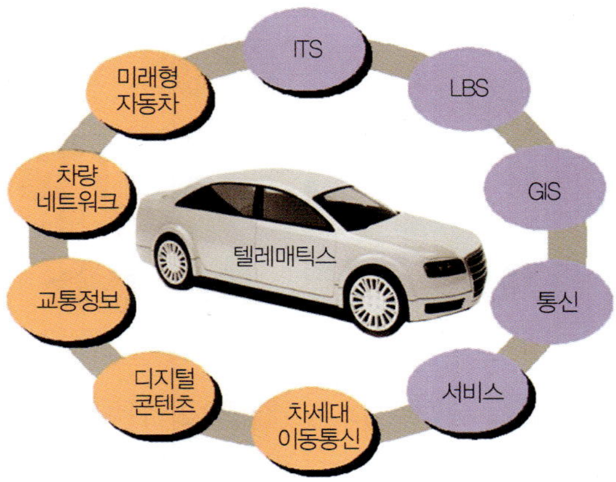

그림 4-2 텔레매틱스와 차세대 신 성장 동력 산업

(1) 텔레매틱스 산업은 고부가가치의 융합산업

텔레매틱스는 자동차, 무선통신 및 차량단말기 등의 다양한 사업범위를 포괄함으로써, 자동차 산업, 이동통신 산업, 콘텐츠 산업, 단말기 산업 등에 사업 다각화의 기회를 제공하고 새로운 시장을 창출할 수 있는 산업이다.

(2) 텔레매틱스 서비스 산업의 기존 산업 확대와 신산업 창출 유도

텔레매틱스 서비스는 차량 내 정보제공, 경고 및 제어 서비스, 멀티미디어, 콘텐츠 제공, 보험서비스, 교통정보 제공서비스, 원격고객관리 등 차량에 통신을 이용한 다양한 신산업의 창출과 기존 서비스 산업의 부가서비스 확대 기회를 제공한다.

(3) 텔레매틱스 관련 산업의 높은 동반 성장 가능성

텔레매틱스는 이업종간 파급효과가 높으며 관련 산업의 동반 성장을 이끌어낼 수 있는 아이템으로, 최근 이동통신 업체와 자동차업체 등 대기업들의 시장 참여가 잇따르고 있어 관련 소프트웨어와 단말기, 콘텐츠 업체들의 관심이 고조되고 있다.

(4) 정보통신과 자동차 산업이 융합된 텔레매틱스 산업

텔레매틱스는 무선통신 등을 이용하여 인공위성을 이용해 대상물의 위치, 고도, 속도 등을 계산하는 글로벌 항법 위성시스템을 지칭하는 GNSS(Global Navigation Stellite System)를 기반으로 한 실시간 위치정보 및 엔터테인먼트 등 다양한 서비스를 제공한다.

텔레매틱스 기능은 단순 길 찾기 내비게이션 기능이 진화하면서 VRM(Vehicle Relationship Management) 및 TPEG(Transport Protocol Expert Group) 기술 등을 기반으로 하는 다양한 2세대 기능으로 진화하고 있다.

초기 시장은 고가의 단말기 비용과 서비스 이용료 등으로 성장이 정체되었으나, 다양한 서비스 제공과 단말기 가격인하 등으로 시장이 활성화되기 시작하여 최근 다양한 텔레매틱스 서비스를 개발하여 사용자에게 제공해주는 서비스 제공자를 의미하는 TSP(Telematics Service Provider)가 제공하는 콘텐츠나 서비스가 원격차량진단, 요금자동결제, 안전 등 다양화되고 있다.

(5) 세계시장 전망

세계 차량 텔레매틱스 시장 규모는 2022년 640억 2천만 달러, 2023년 791억 7천만 달러로 평가되었다. 시장은 2024년 859억 5천만 달러에서 성장해 2030년에는 2,708억 6천만 달러로 성장하여 예측 기간 동안 CAGR(복합 연간 성장률) 19.76%를 나타낼 것으로 예상된다.

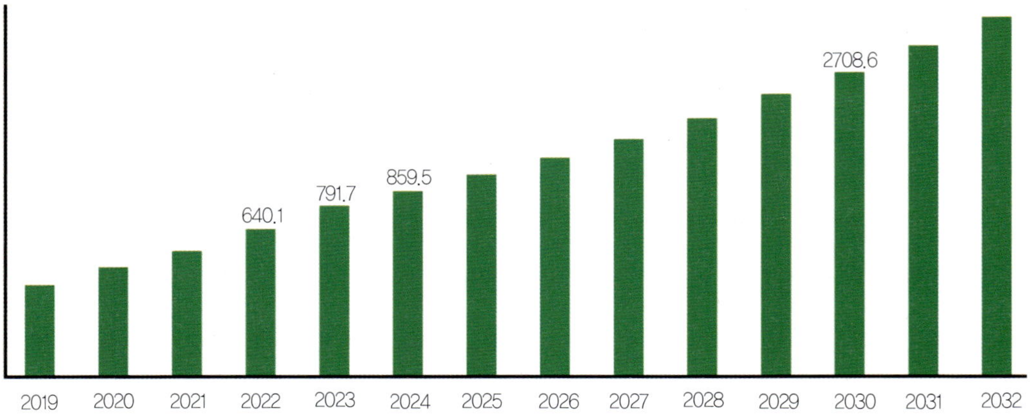

그림 4-3 텔레매틱스 세계시장 규모

자동차와 IT 기술이 융합된 지능형 자동차와 텔레매틱스 시장을 포함하여 전체적으로 성장하는 경향을 갖고 있다. 이러한 성장의 배경에는 자동차의 전자장치 비율이 1980년대에는 1%에 불과했으나 2005년도에는 20%로 증가했으며, 기존 차량의 기계장치에 ECU 제어뿐만 아니라 X-by-Wire와 같은 차량 내부망인 IVN(In-Vehicle Networking) 장치와 차량 외부망인 차량간 통신망(V2V Communication Network)과 차량과 인프라 통신망(V2I Communication Network) 차량 단말과 통신 모듈 그리고 다양한 서비스가 창출되어 자동차 IT 융합 시장은 2013년에는 1905억 달러로 성장하며, 2018년에는 2,419억 달러의 세계 시장을 형성할 것이라 예상된다.

[지역별 시장 특성]

구분	미국	유럽	일본	한국
사업주도	자동차업계	자동차업계	자동차업계	이동통신 자동차업계
중심서비스	보안, 안전서비스	교통정보, 안전서비스	교통정보, 내비게이션	교통정보, 내비게이션
시장특성	거대 단일시장	국가별 다양성 존재	지역적인 집중	지역적인 집중
장점	-자동차문화 발달 -안전서비스 수요 -플랫폼 솔루션 관련	-단인 이동통신망 -자동차 기술발전	-정부의 적극적인 지원 -교통 관련 인프라 수준이 높음 -자동차 기술발전	-무선 인프라 세계 최고 수준 -Early Adopter의 소비자 성향 -콘텍츠 개발력 우수

구분	미국	유럽	일본	한국
단점	-다양한 이동통신 표준 -지리, 교통정보 통합 수준이 저조함	다수 사업자 진입에 따른 경쟁 심화	플랫폼 표준화 등에 대한 국제 협력상 열위	-플랫폼 표준화 등에 대한 국제 협력상 열위 -자동차 부품 기술 열위
대표서비스	OnStar(GM)	-NaviTech(Volvo) -Assist(BMW Jaguar)	-G-Book(Toyota) -Intemavi(Honda)	-Natedrive(SKT) -Mozen(HMC) -K-Ways(KTF)

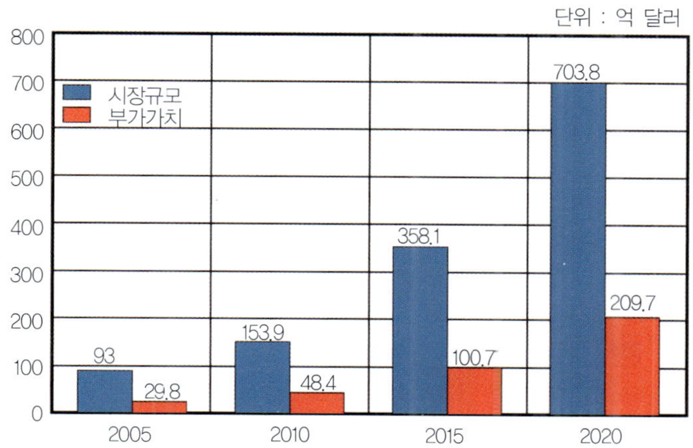

그림 4-4 텔레매틱스 세계시장 전망

(6) 국내시장 전망

2010년까지 국내 텔레매틱스 시장규모는 연평균 약 13.1%의 성장률을, 관련 인프라 구축 완료시점인 2020년에는 17.6%의 성장을 하였다. 인프라시설, 복잡한 도로상황, 단말기 분야의 경쟁력, 자동차개발과 생산기술력이 발판이 되어 동시기에 세계시장보다 성장률이 높아진다. 국내 텔레매틱스 산업의 시장범위는 시스템, 단말기, 서비스를 모두 포괄하는 것으로 추정되었고, 자동차 차체부문은 시장범위 규모에서 제외되었다.

텔레매틱스 산업의 국내 시장은 2005년 4.8억 달러에서 2020년까지는 44.0억 달러 시장규모로 매우 확대될 전망이고, 부가가치는 2005년 1.5억 달러에서 2020년 19.1억 달러가 될 것이며, 고용 인력은 2005년 0.4만 명에서 2020년 1.8만 명으로 꾸준히 증가할 예정이다. 고용의 연평균성장률은 2005~2010년까지는 30.3%의 성장률을, 2020년까지는 3.6%로 감소될 것으로 예상된다.

[텔레매틱스 산업의 국내시장 전망]

(단위 : 억 달러)

	2005	2010	2015	2020	연평균 증가율(%)	
					2005~10	2010~20
국내시장규모	4.8	8.9	25.7	44.0	13.1	17.6
부가가치	1.5	2.6	8.1	19.1	10.7	17.5
고용(만명)	0.4	1.5	1.7	1.8	30.3	3.6
수출	3.4	5.7	7.7	13.6	11.3	9.5
수입	1.4	2.2	10.3	15.7	9	10.1

자동차부품산업의 매출 규모는 2005년도를 기준하여 매년 141% 성장세를 띠고 있으며, 국내의 자동차-IT 융합시장은 2008년도에 40억 달러 규모이고, 2018년에는 158억 달러의 시장을 형성할 것이라 전망하고 있다.

3) 텔레매틱스와 관련된 자동차 기술 분야

(1) 전자제어장치

차량 주행 제어 및 엔진 제어용 전자제어장치 등은 감지된 운전 상태에 대한 정보를 판단하여 차량의 상태를 인식하고, 진단이 가능하도록 하는 기능을 수행하는 등 텔레매틱스 차량에 필수적인 요소이다.

(2) 산업전자

차량 내 설치가 가능한 자동차 내비게이션시스템(CNS, Car Navigation System), A/V 시스템, MP3, DVD, GPS, DTV 등은 텔레매틱스시스템에서는 필수적인 기기이며, 기술을 발전시켜야 할 분야이다.

(3) SoC(System on a Chip)

텔레매틱스 관련 응용시스템의 보급이 확대되면서 핵심요소 부품인 SoC(System on a Chip : 전체 시스템을 칩 하나에 담은 반도체)의 사용으로 전력소모가 적고 안전성이 뛰어나며, 설계비용을 저감시키고, 휴대전화기, 노트북PC, PDA 등을 포함한 모바일 기기는 물론 다양한 제품에 적용함으로써 텔레매틱스시스템 상용화 촉진에 기여할 것이다.

(4) 디스플레이

현대 정보통신 시대의 문자 및 화상정보의 전달에 있어서 필수적인 구성부품 모듈로 자리 잡고 있는 디스플레이는 DTV, 내비게이션 및 핸드폰, PDA, 노트북 등에 사용되어 텔레매틱스 단말에 제공하는 첨단 기술 산업이다.

(2) 텔레매틱스 기술 동향

텔레매틱스 산업은 이동통신, 자동차 산업과 같은 다양한 기술들의 통합이 이루어지는 기술적 특성을 가진다. 자동차 텔레매틱스의 기본적인 요소기술의 종류는 서버기술, 통신기술, 단말기기술, 차량네트워크/제어기술로 구분되고, 서버기술은 교통정보수집, 처리, 통합기술, 지리정보관리기술, 교통정보 유통기술, 응용서비스제공기술, 교통정보응용기술, GIS/LBS 등과의 연계기술, 서버DB 기술, 관련 기술의 표준화로 구성되어 있다.

① **통신기술** : 노변-서버 간, 차량간통신기술, 위치측위기술이다.

② **단말기기술** : 단말기플랫폼기술, 인터페이스기술, 단말기 부품기술, 개인정보 기반기술, On Board DB 기술, 단말기응용 S/W기술이 포함된다.

③ **차량네트워크/제어기술** : 차량내 유무선통신기술, 센서네트워크기술, 차량 블랙박스 및 인터페이스기술이 있다.

1) 차량용 블랙박스

차량용 블랙박스 기술은 운전자를 법률적으로 보호해주는 새로운 안전장비 및 서비스이므로 점차 대중화되어 차량장비로 부각되고 있다. 차량용 블랙박스는 차량 운행기록계에 비해 훨씬 다양한 종류의 데이터를 저장하고, 사고 검출 및 분석기능을 포함한 기술이다. 최근 차량 블랙박스는 일정 기간의 차량운행기록, 사고 전후 일정 시간의 영상, 음성데이터 및 속도, 자이로센서를 이용한 궤도데이터, 조향각도, 브레이크 가속페달, 엔진RPM, 전조등 작동 여부 등을 저장해주고 기대효과로는 입력된 저장 정보를 통해, 사고 발생 후 사고 해석 및 사고 원인분석, 통신망 기반의 사고 자동통보 기능을 수행할 수 있다. 차량용 블랙박스의 구현을 위한 핵심 기술은 사고 검지기술, 데이터 저장기술, 데이터 분석기술 등이 있다.

그림 4-5 차량용 블랙박스

2) 텔레매틱스 관련 기술 분류

구분		세부 기술
서비스 응용기술	통합교통정보 응용기술	단말기에서 통합교통정보 검색/가공, 실시간 교통정보 활용 기술
	지도정보응용기술	단말기에서 텔레매틱스 기반 지도정보 통합기술
	모바일오피스 및 엔터테인먼트 기술	정보단절 없는 모바일오피스, 연속적 엔터테인먼트, 차량위치기반 전자상거래(V-Commerce)
	CRM 및 안전기술	차량위치기반 CRM, 응급/구난, 도난방지/추적기술
첨단차량 기술	전장장치	차세대 전자적 제어장치 개발, e-Car기술
	차량용 단말기	안전, 보안지원을 위한 지능형 차량장치 개발
이용환경 기술	음성분야기술	차량용 HMI(Human-Machine Interface), 차량잡음에 강한 음성인식, 핸즈프리 음성합성
	화면분야기술	멀티미디어 GUI, 앞 유리창을 통한 HUD(Head Up Display)기술
단말플랫폼 기술	S/W표준플랫폼	표준플랫폼 API, 차내 기기 제어, Virtual Machine
	H/W표준플랫폼	Diskless 메인모듈, 핫플러그인/Fast-Boot 지원, 고장 감내
	단말용 임베디드 OS	텔레매틱스 환경 고려한 운영체제, 개방형 LBS 플랫폼 연계기술

구분		세부 기술
서버기술	개방형 정보공유 기술	개방형 지도/교통정보 제공기술, 개방형 LBS 플랫폼 연계기술
	표준 서비스기술	표준 CNS/멀티미디어/CRM/안전서비스기술
무선액세스 기술	접속기술	2G/3G/WiBro/DMB/60GPico-Cell/무선랜 통합기술
	프로토콜기술	셀룰러/무선랜/DMB 무선통합프로토콜기술
	차내무선망기술	Bluetooth, UWB 무선망기술
	통합안테나	다중대역 안테나 및 RF, 충돌방지 레이더
방송망 기술	방송수신기술	DMB, 미니 FM 방송수신 및 처리기술
ITS기술	교통정보수집기술	비콘, 속도 카메라, 경상 등 사용 교통정보 수집기술
	교통정보제공기술	공사중 및 폐쇄 도로정보 제공, 실시간 교통정보 수집기술
GIS기술	공간데이터 관리	단말기용 GIS엔진, 공간데이터 서비스기술
	공간정보연계기술	개방형 GIS컴포넌트 S/W, 공간정보(4S) 연계기술
LBS기술	실시간위치관리기술	다중사용자의 위치정보 수집/관리/검색기술
	위치이력관리기술	사용자의 과거위치 이력저장/검색기술
측위기술	이동통신기반 측위기술	이동통신 기지국 기반의 위치측위기술
	GPS기술	저가형 GPS, 정밀 DGPS, 중앙관제 iD(inverted Digital) GPS기술
	고정밀 측위기술	FRID를 활용한 고정밀 측위기술
원천기술	센서 및 레이다	고정밀 센서 및 레이더기술
	시뮬레이션 및 알고리즘	교통상황, 사고분석 등을 위한 시뮬레이션 및 알고리즘 기술

텔레매틱스 서비스를 위한 무선통신기술은 2.5G CDMA 셀룰러, CDMA1x EV/DO, GPRS와 3G인 HSDPA, WiBro, DSRC 기술 등이 있고, 단말 기술로는 임베디드 단말 제조기술, 차량용 블랙박스기술, 원격차량 진단의 단말 고도화기술, 운전자 Eye-Tracking, HUD(Head-Up Display)의 텔레매틱스 HMI기술 등이 있다.

3) 텔레매틱스 기술적인 문제 해결을 위한 필수요소

무선 광대역 확보문제, 정확한 위치정보 확보문제, 사용자의 안전한 접속문제 등이 있으며, 무선 광대역 기술 분야에서는 CDMA 이동통신을 기본으로 하고, 정보 스테이션에서 무선랜을 활용하는 방안이 제시되고 있다. CDMA는 고가의 통신요금에 비해 데이터 전송 속도가 상대적으로 낮기 때문에 텔레매틱스의 대중화에 어려운 점이 있으며, 무선랜의 적극적인 활용과 휴대인터넷, DMB 등을 텔레매틱스에 활용하는 방법이 고려되고 있다.

4) 위치 확보기술 분야

현재 GPS(Global Positioning System)를 활용하고 있는데, GPS는 글로벌 위성 항법시스템(GNSS, Global Navigation Satellite System, 위성측위시스템) 서비스의 일종으로 우주궤도 상에 수십 개의 위성군을 일정한 형상으로 배치하여, 항상 전 지구를 커버할 수 있도록 하여 위성에서 발신한 전파를 이용하여 지구상의 물체의 위치 · 고도 · 속도에 관한 정보를 제공하는 시스템이다.

작게는 1m 이하 해상도의 정밀한 위치 정보까지 파악할 수 있으며, 군사적 용도뿐 아니라 항공기 · 선박 · 자동차 등 교통수단의 위치 안내나 측지 · 긴급구조 · 통신 등 민간 분야에서도 폭넓게 응용되고 있지만, 초기 기동 시간이 느리고, 고층 빌딩이 많은 곳에서는 동작하지 않는 단점이 있으므로, 이 점을 보완하는 센서기반의 측위기술이 보강되어야 한다. 안전한 사용자 접속기술 측면에서는 기기의 조작을 음성으로 하고, 서비스도 음성으로 받을 수 있도록 해야 하지만 음성인식이나 합성을 컴퓨팅 능력이 작은 단말에서 만족할 만한 수준으로 하기 어려우므로 인식률을 높이기 위해 서버에서 인식하는 분산 인식기술의 개발이 필요하다. 또한 음성채널과 데이터채널의 동시 지원이 되지 않는 특성으로 음성을 단말에서 데이터로 변환해서 서버에서 인식하는 방안이 요구된다.

GPS(Global Positioning System)는 자율주행 자동차 · 드론 · 지상 이동 로봇 등에서 꼭 필요한 기술로 자신의 위치를 정확하게 파악하고 새로운 곳으로 이동하기 위해선 위성에서 전송하는 GPS 정보가 정확해야 하지만, GPS 오차는 Noise, Bias 그리고 Blunders들이 주원인으로 발생한다. Noise에 따른 오차들은 PRN Code(약 1m)와 Receiver의 Noise(약 1m) 때문에 발생하고 Selective Availability(SA)와 다른 원인들이 주된 요인이 되는 Bias Error도 Error의 원인이 된다. 현재 미국에서 운영하는 GPS 위성 데이터는 10m의 오차가 발생한다.

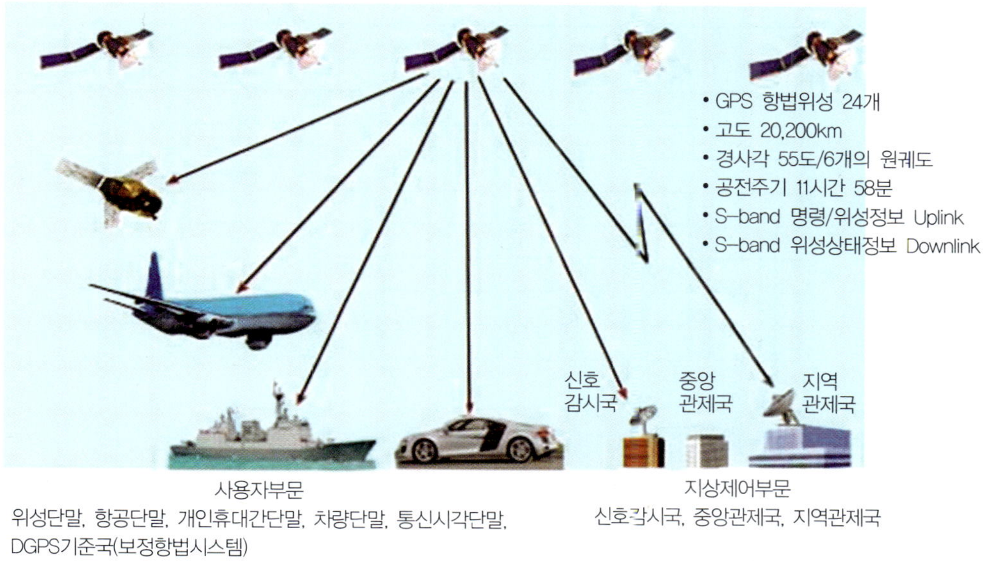

그림 4-6 GNSS 구성

(1) GNSS(Global Navigation Satellite System)

① GNSS의 활용

응용분야	활용 분야
정보통신	이동통신기지국 시각동기, 컴퓨터 데이터의 실시간 연계처리, 이동통신망 가입자 위치추적, 긴급구조, 서비스, 우편물 및 택배관리
육상통신	ITS(지능형교통시스템), 차량추적, 배차계획 등 물류관리, 철도운행관리 및 선로유지 보수
항공우주	비행항로관리, 전천후 정밀착륙, 위성자세 및 궤도 결정
해양	수로항만안내, 정밀접안, 컨테이너 위치추적, 어장 및 수역관리
환경토목	환경 관련 시설물관리, 사회기간시설의 설치, 관리 및 유지보수, GIS(측량/측치)
과학분야	지진예방 등을 위한 지각변위 관찰, 자원탐사 위치 확인
군사분야	미사일 유도항법, 군사훈련, 포대위치 및 목표물 위치 파악
문화/복지	문화재관리, 묘지관리, 미아 · 노약자 위치 추적
농업분야	정밀경작(파종, 이앙, 추수, 농약 및 비료살포), 무인경작
레저/스포츠	등산, 캠핑, 낚시, 개인용 보트/요트 여행, 골프, 운동경로 기록

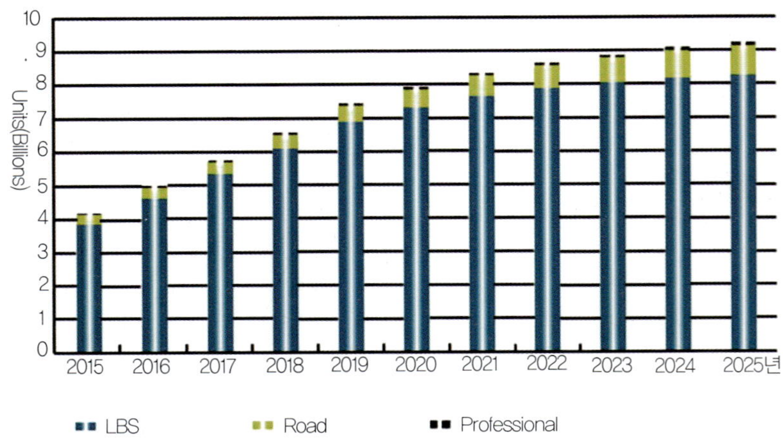

그림 4-7 전문 분야별 GNSS 현황

② 도로 인프라에서의 GNSS

GNSS가 가장 대중화된 사례는 내비게이션일 것이다. 자동차 내에 내장하거나 스마트폰을 활용한 내비게이션장치는 운전자에게 교통 혼잡을 피해서 원하는 목적지까지 가장 잘 안내해주는 제품으로 자리 잡았다. 하지만 GNSS의 모습은 여기에서 그치지 않고 지속해서 발전하고 있다. 특히 미래의 자동차 관련 분야에서 중요한 역할을 수행할 것으로 전망되고 있어 전 세계적으로 전통적인 자동차 제조사뿐만 아니라 OEM 업체, 애플이나 구글과 같은 IT 기업 등이 대규모로 투자하고 있다.

자율주행 프로세스에 필요한 데이터의 가용성을 보장하기 위해서는 자동차 내 센서가 중요하다. LiDAR, 레이더, 카메라와 같은 기술과 함께 GNSS는 자율주행의 원동력이 되고 있으며, 현재 GNSS는 디지털 지도를 사용해 탐색이 가능한 반자율 주행 자동차에 활용되고 있는 중이다.

자율주행 자동차 개발을 위한 기술 발전이 지속되고 있는 상태에서 GNSS의 사용 방법에 대한 의견은 이해 관계자마다 다르겠지만, 자율주행 기술이 매우 정확한 위치와 탐색을 보장해야 한다는 점은 공통된 요구사항이다. 또한 언제 어디서나 어떤 조건에서도 데시미터(10분의 1미터) 수준 이하에서 100% 정확도의 가용성을 요구하고, 이러한 도전과제를 극복하기 위해 센서 융합은 완전 자율주행 기술의 개발을 위한 솔루션으로 간주되고 있다.

장기적으로는 5G 네트워크를 통해 클라우드에서 HD 지도를 사용할 수 있게 되면 LiDAR 및 카메라가 완전 자율 내비게이션을 위한 주요 지원요소가 될 것이며, GNSS는 지도 내에 차량의 위치를 배치하기 위한 핵심요소로 자리매김할 것이다.

③ GNSS 요구사항

GNSS 기술은 대규모 시장이면서 전문적이고 안전을 중시하는 애플리케이션에 활용되고 있다. 다양한 애플리케이션에 활용되고 있는 GNSS에 대한 요구사항은 다음과 같다.

㉠ 가용성(Availability) : 충분한 수의 위성이 시간 백분율에 따라 정해진 시간 간격에 사용자의 시야 내에서 사용가능한 범위 신호(Ranging Signal)를 전송할 것

㉡ 정확도(Accuracy) : 실제 위치와 계산된 위치의 차이(절대 위치)

㉢ 연속성(Continuity) : 작동이 시작된 후 중단 없이 필요한 성능을 제공할 수 있는 기능

㉣ 무결성(Integrity) : 수신기에 의해 제공된 위치나 예측 시간에 정확하게 일치할 수 있는 신뢰의 척도

㉤ TTFF(Time To First Fix) : 요구되는 정확도 범위 내에서 수신기가 위성 신호 및 내비게이션 데이터를 수집하고, 위치 솔루션을 계산하는 데 필요한 시간의 측정

㉥ 견고성(Robustness) : 수신기가 완화시킬 수 있는 공격이나 간섭 유형에 따른 질적 매개변수

㉦ 인증(Authentication) : 신뢰할 수 있는 소스로부터 신호나 데이터를 사용하고 스푸핑(Spoofing) 위협으로부터 민감한 애플리케이션을 보호함으로써 사용자가 확신할 수 있는 시스템의 능력

이 외에 직접적인 관련이 없는 매개변수도 GNSS 기반 기술에 중요하다.

④ 각국의 위성측위시스템(GNSS)

㉠ 미국

미국은 1973년에 군사 목적으로 GPS(Global Positioning System)를 개발해 1983년부터 민간용으로 활용하고 있다. 24개의 GPS용 위성이 지구를 돌고 이 위성의 이름은 "나브스타(NAVSTAR)"로 6개 궤도에 각 4기의 위성이 도는 것이 기본 설계다. 많은 수의 위성이 서로 다른 궤도로 지구 대기권을 지나기 때문에 각기 다른 시간과 위치에서 4개 이상의 신호를 지상에서 받을 수 있으며, 이론적으로는 수신기가 3개의 위성 신호만 받으면 삼각법을 통해 위치를 알아낼 수 있다. 단순히 평면 좌표가 아니라 입체적으로 보기 때문에 높이까지 읽어낼 수 있고, GPS 수신기의 경우 이렇

게 최소 4개 이상의 위성에서 신호를 받기 때문에 4채널, 8채널 등으로 구분된다.

ⓛ 러시아

GPS가 자동차 길안내는 물론이고, 선박과 항공기의 운항에도 적극적으로 쓰이기 시작하면서 그 의존도는 세계적으로 매우 높아지고 있다. 그러나 미국 이외의 국가가 GPS를 군사 용도로 사용할 때에는 문제가 있을 수 있다. GPS는 미국이 주도권을 갖고 있기 때문이다. 이 때문에 러시아, 유럽, 중국 등 각 국가들은 GPS에 대응하는 위성항법시스템을 직접 갖고자 했다.

현재 쓸 수 있는 대안 기술이자 요즘 새로 뜨고 있는 위성항법시스템은 바로 러시아의 글로나스(GLONASS : Global Navigation Satellite System)로 정확하게 이야기하면 소비에트연방, 즉 소련이 쏘아 올린 위성이다. 미국의 GPS가 1978년부터 위성을 쏘아 올렸는데 글로나스는 이보다 조금 늦은 1982년부터 1995년까지 위성을 쐈다. 하지만 이 역시 초기에는 군사 용도로 쓰였지만, 이 위성들은 길어야 10년 정도 밖에 쓰지 못하기 때문에 냉전 시대가 저물고 러시아가 경제적으로 어려워지면서 활용 자체가 흐지부지되었다.

러시아는 2000년대 들어 인도와 다시 이 프로젝트를 살려 2001년부터 위성을 손보기 시작하여 2009년엔 상용 서비스를 할 수 있는 수준에 이르렀다. 하지만 이미 세상의 모든 서비스들이 GPS 기반으로 갖춰졌기 때문에 기기에 도입되는 시기는 조금 늦었다.

GLONASS(Global Navigation Satellite System)는 러시아가 미국의 GPS를 견제해서 독자적으로 개발한 시스템으로, 최근 미국과 민간 위성항법, 시각동기, 부가가치 서비스의 상호 협력에 전략적으로 합의한 상태이다.

근래에는 GPS 수신과 블루투스, 무선랜 등이 하나의 칩에 담기는 추세로 GPS의 신호를 더 잘 잡고 정확도를 높이기 위해 GPS와 글로나스를 함께 잡는 방법이 쓰이고 있다. 근래 나오는 스마트폰은 대부분 2가지 위성 신호를 복합적으로 잡는다. 스마트폰 앱 장터에서 GNSS 수신 체크 앱을 내려 받으면 어떤 위성이 잡히는지 확인할 수 있다. 러시아는 2015년부터 러시아 지역에 판매되는 차량에는 반드시 글로나스를 이용해 위치를 파악하고, 차량 사고 등 긴급 상황에서 글로나스를 통해 위치를 신고하는 장비를 넣도록 의무화하기도 했다.

또한 글로나스는 GPS와 달리 군사용 신호를 따로 운용하진 않는다. 러시아는 정확도를 1m 이내로 줄여 GPS를 따라잡겠다고 밝히기도 했다. 하지만 글로나스 역시 군사 목적이 분명히 있고, 운영도 러시아 우주군이 맡고 있다.

ⓒ 유럽

유럽 GNSS 기구(European Global Navigation Satellite Systems Agency)는 2017년에 GNSS를 사용하는 기기의 수가 58억 개에 달하고, 이 숫자는 2020년이면 거의 80억 개로 증가해 인구 1인당 2개 이상의 GNSS 기술이 적용된 기기를 사용하게 될 것으로 예측하였다.

핸드헬드(Handheld) 기기의 가격 하락과 개발도상국 주요 지역에서의 구매력 증가로, 모바일 위치 기반 서비스를 지원하는 가장 인기 있는 플랫폼으로 남아 있는 스마트폰은 2017년 54억 개의 GNSS가 탑재돼 전 세계에 GNSS가 설치되는 기기 중 가장 큰 시장을 형성하고 있다. 유럽 GNSS 기구는 GNSS 전체 시장 중 스마트폰이 차지하는 비중은 2020년까지 현재의 기조를 유지할 것으로 내다봤다.

유닛 수에서 스마트폰에 비해 많은 차이를 보이는 도로 분야에서 사용되는 위치기반 서비스(LBS, Location based Service)의 유닛 수는 2017년에 3억 8,000만 개에 이를 것으로 보인다. 한편 IVS(In-Vehicle System) 시장의 성장과 eCall에 대한 EU 규제에 힘입어 도로 분야에 사용되는 GNSS를 탑재한 기기는 2017년부터 2020년까지 11.4%의 연평균 성장률을 보일 것으로 예상된다.

비록 전문 시장에서 사용되는 GNSS 기기의 수는 적지만, 지속가능하고 비용 효율적인 농업 생산에 사용되는 것, 교통 네트워크 조성 효과에 사용되는 것 또는 전기통신 네트워크에 동기화된 GNSS의 활용되는 것과는 관계없이 전 세계적으로 수십억 명의 사람들이 혜택을 볼 것이다. 성숙한 규제 환경에 의해 조성된 GNSS가 적용된 드론 시장은 급성장할 것으로 기대되고 있는데, 특히 2025년에 이르면 전문 분야의 GNSS 점유율이 70% 이상을 차지할 것으로 예상되고 있다.

유럽의 GALILEO(Europian Satellite Navigation System) 역시 미국과 협의해 GPS와의 호환을 기본 전제로 기존의 다른 시스템보다 우수한 성능의 시스템을 개발하고 있다. 유럽의 갈릴레오(Galileo)시스템은 현재 목표한 24개의 위성 가운데 18개가 지구 궤도를 돌고 있으며, 2020년까지 30개로 숫자를 늘려 전 세계에 GNSS 서비스를 제공할 계획이다. 정확도는 1m 수준이다. 하지만 1m의 오차도 자율주행 자동차나 지상 이동 로봇에는 치명적인 사고를 유발할 수 있다.

"전 세계 위성항법시스템(GNSS : Global Navigation Satellite System)"의 정밀도를 기존의 1m에서 cm 수준으로 높이려는 계획이 독일 보쉬(Bosch)와 지오(Geo)++, 스위스 유-블록스(U-blox), 일본 미쓰비시전기 등 4개사는 공동으로 "샙코다 서비스(Sapcorda Services GMBH)"를 설립하여 cm 수준의 정확도를 갖고 있는 위성항법시스템을 도입하겠다는 목표이다.

㉣ 아시아

인도는 미국과 러시아와 위성항법 공동 협력에 합의해 WAAS, MSAS, EGNOS와 유사 개념인 위성기반보정시스템 GAGAN(GPS Aided Geo Augmented Navigation)를 개발하고 있다. 중국은 "베이더우"라는 이름의 위성항법시스템을 갖고 있으며, 베이더우 위성항법시스템은 5개의 정지궤도 위성과 30개의 비정지 위성으로 구성된다. 2가지 서비스 방식, 즉 개방 서비스와 권한 위임 서비스 방식으로 서비스를 제공하고, 개방 서비스는 서비스 구역 내에서 무료로 위치를 결정할 수 있는 서비스로, 속도측정 및 시간전달 서비스를 제공한다. 위치결정 정확도는 10m, 시간전달 정확도는 50Ns, 속도측정 정확도는 0.2m/s이다.

중국은 2000년부터 위성을 쏘아 올리기 시작했고 현재는 중국 지역만 위치를 파악할 수 있도록 하고 있다. 아직은 정밀한 위치 파악도 되지 않지만 중국은 차츰 이를 GPS 수준으로 끌어올릴 계획을 세우고 "컴파스(Compass)" 프로젝트를 실행 중이다. 2020년까지 35개의 위성을 배치해 위치 추적, 기상 관측, 자원 탐사 등에 적극적으로 활용할 계획이다. 중국의 BEIDOU는 미국의 GPS보다 시작은 늦었지만 자금력을 앞세워 2018년 일대일로(육상 및 해상 실크로드) 주변국에 이어 2020년에는 전 세계에 위성 정보를 제공할 계획이다.

㉤ 일본

일본은 2007년부터 공식적으로 국토교통성에 의해 운영되고 있는 다목적교통위성기반 확장시스템(MSAS, Multi-functional Satellite Augmentation System)으로, 위성의 추가발사 계획과 지역적 정지궤도 위성항법보정시스템인 준천시스템(QZSS : Quasi-Zenith Satellite System)을 추진하고 있다.

미국의 GPS 위성의 고도인 20,200km보다 훨씬 높은 고도인 준천정 궤도라고 불리는 3만 2,000km~4만km대에서 지구의 자전에 동기화된 타원형 경사궤도에 위치해 있으며, 2010년 9월 11일에 기술실증 및 오차보정 시험기 및 예비기인 "미치비키-1"

이 발사되었고, 2017년 3기가 추가로 발사되었다. 처음에는 이 4기만으로 미국의 GPS를 보완해 상호 운용할 계획이었으나, 2018년 이후에도 추가로 3기의 위성을 발사해 2023년까지 7기의 항법 위성으로 자체적인 위성항법시스템을 구축할 예정이다. GPS나 GLONASS처럼 전 세계적인 위성항법시스템이 아니라, 동아시아와 하와이, 인도네시아를 포함한 동남아와 인도, 오스트레일리아와 뉴질랜드 등 오세아니아 지역 정도를 커버하는 국지적인 항법시스템(RNS : Regional Navigation System)이다. 따라서 전 세계 커버는 힘들지만 일본지역을 비롯하여 주변 국가 정도는 커버가 가능하며, 한국과 호주에 무상으로 공개하기로 하였다. 기타 인공위성들과 동일하게 지구 전체를 돌지만 지구의 자전을 따라 주회하기 때문에 지상의 관측자 입장에서는 마치 8자를 그리는 것 같이 보여진다. 일본에 위치할 때는 매우 높은 상공에서 0을 그리기 때문에 고층건물이나 산지 지형에 상관없이 미국 등 다른 국가의 GPS 위성들보다 훨씬 정확한 위치정보를 전송할 수 있으며, 일본 상공에 상당히 오랫동안 머문다는 이점이 있다.

ⓑ 한국

우리나라는 "갈릴레오"프로젝트에 참여하고 있다. 갈릴레오는 유럽연합이 주도하는 기술이지만 다른 국가들의 참여를 받고 있다. 역시 군사용 목적의 위치 파악을 미국에만 의존할 수 없다는 데서 출발했다. 현재 갈릴레오는 유럽연합 외에 한국과 중국, 이스라엘, 인도, 사우디아라비아, 우크라이나 등이 참여하고 있다.

[갈릴레오와 GPS 시스템 비교]

구분	갈릴레오	GPS
위성의 고도	23,616km	20,200km
위성의 수	30기	24기
궤도수	3개 궤도면	6개 궤도면
궤도주기	14.4시간	12시간
사용주파수	1.1/1.2/1.2GHz	1.2/1.5GHz
무결성정보 제공여부	제공	미제공
서비스 시기	2012년	제공중, 2014년 현대화
정확도	수평 4m, 수직 8m	수평 13m(군용 8m) 수직 22m(군용 10m)
용도	민간용	민간 및 군용

(2) SBAS(Satellite-Based Augmentation System)

① SBAS의 개념

유럽은 정지궤도위성(EGNOS, Geostationary Navigation Overlay Service)을 통해서 유럽지역을 커버한다. 미국은 미국의 넓은 지역 보강시스템(WAAS, Wide Area Augmentation System), 일본은 다목적 위성 보강장치(MSAS, Multi-functional Satellite Augmentation), 인도는 인도 대륙을 커버하기 위해 GPS와 GEO 보강 항법(GAGAN, GPS and GEO Augmented Navigation)으로 명명된 그들의 SBAS를 발사했다. 한국(2013년)과 중국(2014년)은 자신의 SBAS 구현을 시작하는 계획을 발표했으며, 모든 시스템은 공통의 국제 표준을 준수하고, 상호 호환 및 상호 운용을 보장받아야 한다.

위성기반 오차보정시스템(SBAS, Satellite-Based Augmentation System)은 GNSS의 위치 오차를 보정한 정보를 위성을 통해 사용자에게 전달하는 광역(wide-area)의 초정밀 위성항법장치 보정시스템으로, GNSS 자체가 지니는 시간지연 및 오차를 정밀하게 보정하여 최종 사용자에게 전달하는 위성기반보정시스템이다.

SBAS 방식은 GPS 상시 관측소에서 작성한 보정 데이터를 통신위성(정지위성)으로 보낸 후 다시 통신위성에서 지상의 각 GPS 수신기로 보정 데이터를 전파에 실어 보내는 방식이다. 이는 별도의 안테나가 필요하지 않으며 SBAS를 지원하는 GPS 수신기 칩만 내장되어 있으면 사용이 가능하다.

② SBAS의 효과

크고 무거운 안테나가 필요하지 않고, 기존 안테나에 공급하던 많은 전력도 필요 없으며, 보정 데이터를 넓은 지역에 발송할 수 있고 보정 데이터가 도달하지 않는 음영 지역이 크게 줄어들며, 정밀도(Accuracy), 신뢰성(Reliability), 가용성(Availability), 무결성(Integrity) 측면에서 정밀하다.

㉠ 기본적으로 위성을 사용하기에 광역 서비스가 가능하다.

㉡ 최단 경로 설정이 가능해 연료가 절감된다.

㉢ 교통 수용 능력을 높이는 데도 기여한다.

㉣ 드론, 자동차, 선박, 철도, 항공 등 교통수단과 정보통신, 물류, 응급구조 등 다양한 분야에서도 활용이 가능하다.

㉤ 항공기 등 위치파악 오류로 발생 가능한 사고 감소 및 항공기 지연, 결항 등을 감소

시킨다.

ⓑ GPS 교란 발생 시 시스템에 의한 6~10초 이내 자동경보 제공으로 즉시 대응체계를 확보한다.

ⓢ 시설 대체비를 절감한다.

ⓞ 시각 표준으로 정확한 시각 정보가 제공되므로 항공장비 및 각종 정보통신 장비의 시각 동기화가 가능하다.

ⓙ 한 가지 유형의 보정 데이터를 넓은 지역에서 공유하기에 전리층의 국지적 특성이 덜 반영되는 단점이 있다.

③ 작동원리

㉠ **기준국** : GPS 신호 수신, 이를 기반으로 항법 데이터 생성해서 중앙처리국에 전달

㉡ **중앙처리국** : 보정신호(무결성 정보) 생성, 위성통신국 전달(SBAS 메시지)

㉢ **위성통신국** : 정지궤도 위성에 전달(SBAS 신호)

㉣ **정지궤도 위성** : SBAS 신호를 드론, 자동차, 선박, 철도, 항공 등 교통수단과 정보통신, 물류, 응급구조 등 다양한 분야에 전달

㉤ **사용자** : SBAS 신호를 이용하여 정확한 위치 계산

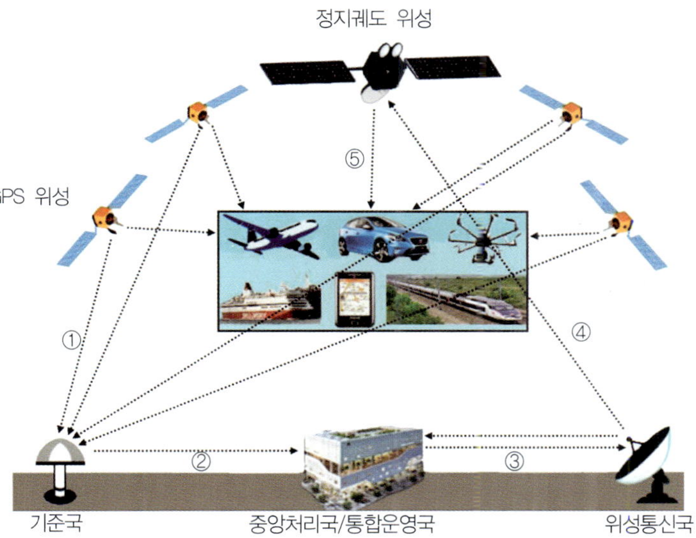

그림 4-8 SBAS의 동작원리

④ 각국의 SBAS(Satellite Based Augmentation System)

㉠ 미국

미국연방항공국(FAA : Federal Aviation Administration)의 주관으로 제작한 WAAS(Wide Area Augmentation System)는 미국에서 2003년부터 공식적으로 운영하고 있는 초정밀 GPS 보정시스템(SBAS : Satellite Based Augmentation System)을 말하며 2014년까지 총 3단계로 개발하여 2044년까지는 이중 주파수 시스템 WAAS를 개발 예정에 있다. 2014년 말까지 WAAS 수신 장치가 장착된 중대형 항공기는 약 79,105대로 추정되며, 현재 미국 및 캐나다 총 4,000여개 활주로에 적용되어 활용되고 있다. WAAS 기술을 통해 항공부분에서 4,600만 달러의 비용 절감이 가능하다는 분석이 있고 교통/안전 분야에선 자동충돌인식(Automatic Collision Notification) 시스템이 활용되고 있다.

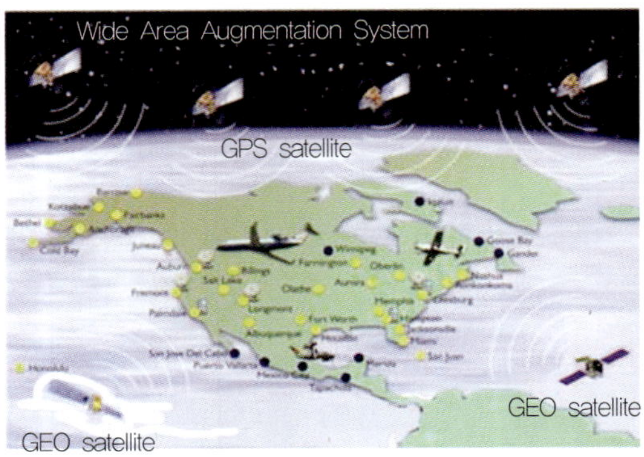

그림 4-9 미국의 SBAS(WAAS)

㉡ 유럽

유럽 우주 기관과 유럽연합 집행위원회(유럽공동체)의 주 계약업체인 탈레스 알레니아 스페이스가 개발한 EGNOS(European Geostationary Navigation Overlay Service)가 추진하는 GALILEO의 첨단 방식에 자극받은 GPS측은 종전의 인위적 오류정보, 즉 S/A(Selective Availability) 요소를 2001년부터 제거하였다. 향후 WADGPS 범국제적 운영체제를 위한 GPS-GALILEO dual chip이 이미 개발되고 있는 실정이다. 07~13년 유럽연합(EU)에서 예산 지원된 EGNOS 활용 프로젝트는 약 86개, 45개의 상업 서비스 및 기기개발 80개, 프로토타입 13개의 특허를 등록하였다.

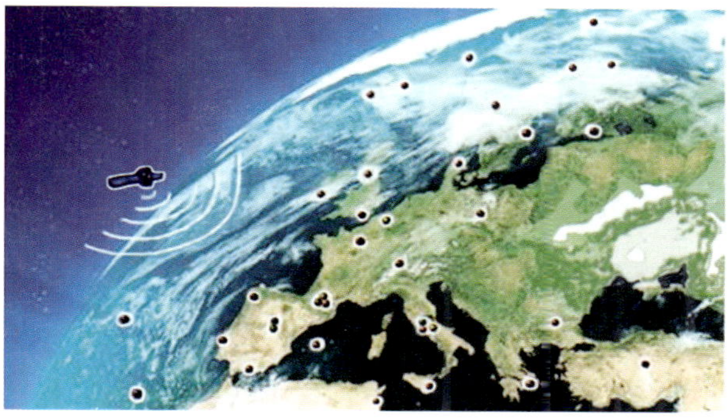

그림 4-10 유럽의 SBAS, EGNOS

ⓒ 아시아

일본은 2007년부터 공식적으로 국토교통성에 의해 자체적으로 운용되고 있는 MSAS(Multi-functional Satellite Augmentation System, 다목적교통위성 기반 확장시스템)으로 기준국 8개소, 중앙처리국 2개소, 위성통신국 2개소, 통합 운영국 2개소로 2007년부터 RNP 0.3급 NPA 초기 운영성능(IOC) 서비스를 개시하였다. 인도는 인도대륙을 커버하기 위해 GPS와 GEO 보강 항법(GAGAN, GPS and GEO Augmented Navigation)으로 명명된 그들의 SBAS를 발사했고, 러시아는 SDCMSDCM(System for Differential Correction and Monitoring)을, 중국은 SNAS를 발사했다.

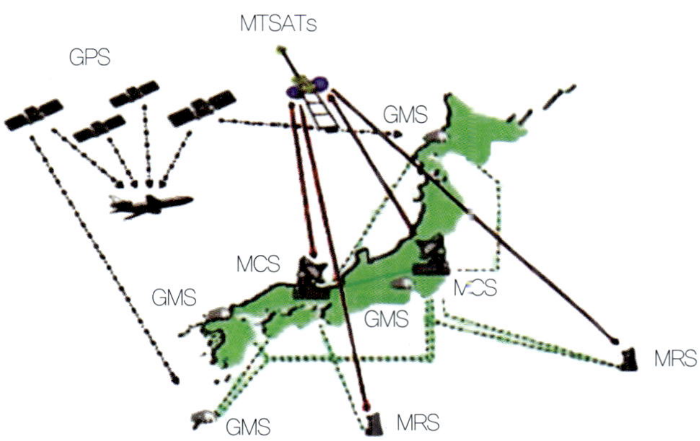

그림 4-11 일본의 SBAS, MSAS

ⓡ 한국

국토교통부 주관, 국토교통과학기술진흥원이 지원하여 2014년부터 2022년까지 SBAS사업단을 출범하여 정지궤도 위성을 통해 실시간 1m급의 GPS위치 정보를 전국토에 제공하여 이용자의 위치 정확성 및 안전성 강화를 비전으로, APV-I급 상용 서비스 제공을 위한 SBAS를 개발하여 CAT-I급 시험 운영을 위한 기술 개발을 목표로 하고 있다.

한국항공우주연구원은 공동개발 파트너로 프랑스 탈레스 사를 선정, 유럽 항공안전청(EASA)과도 신뢰성 검증 등 기술을 교류하고, 2019년에 시범운영, 2020년에는 공개 서비스를 하여 2022년에는 항공용으로 정식 운용을 목표로 하고 있다.

개발 사업이 완료되면 운송용 항공기는 물론 드론(무인항공기), 자동차 등 다양한 교통수단과 응급구조의 위치기반 시설에 활용돼 삶의 질과 안전을 향상시키는데 기여할 것이다. 또한 실내 위치추적, 빠른 길 찾기, 응급 구조 등 고부가가치 산업 창출로 연간 172억 원의 편익이 발생하고, 항공기 · 자동차 · 철도 · 선박 등 안전도 향상 및 수용능력이 증대된다.

그림 4-12 한국 초정밀 GPS 보정시스템(SBAS) 구성 개념

[3] ITS(Intelligent Transport Systems)

1) ITS의 정의

지능형교통체계(ITS : Intelligent Transport Systems)는 도로와 차량 등 기존 교통의 구성요소에 첨단의 전자 · 정보 · 통신기술 및 제어기술 등 첨단 기술을 활용하여 실시간으로 교통정보를 수집하고 활용하여 환경친화적 미래형 교통체계 시설을 효율적으로 운영하고, 통행자에 유용한 정보를 제공하여 안전하고 편리한 통행과 전체 교통체계의 안전성과 효율성을 기하도록 하는 교통부문의 정보화 사업이다.

지능형교통체계는 도로건설, 교통, 통신, 전기, 전자, 자동차 등의 하드웨어와 운영기법, 정보처리기법 등의 소프트웨어가 결합되어 다양한 형태의 서비스로 나타나며, 이는 운전자, 보행자, 교통시설 운영, 관리자 등에 제공되어 통행이나 운영, 관리에 다양한 혜택을 준다.

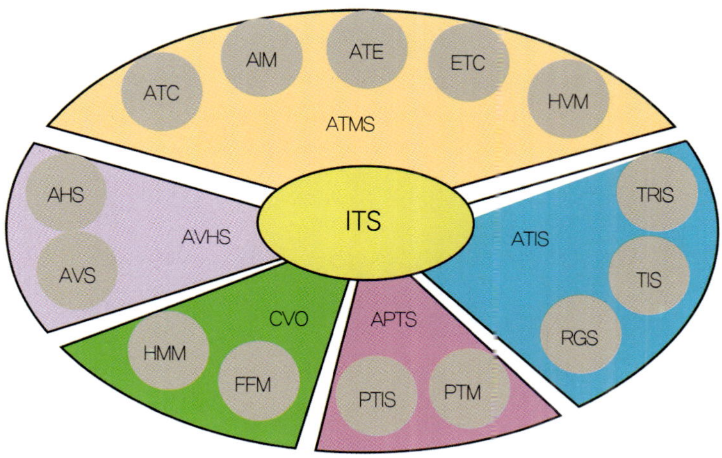

그림 4-13 ITS의 구성

2) ITS 발전단계

지능형교통체계는 도시교통의 혼잡을 감소하기 위한 고통신호제어로 시작하였다. 우리나라 ITS의 시작은 COSMOS와 FTMS가 시행된 1991년에서 1995년으로 볼 수 있고, 국가통합교통체계효율화법 제73조에 따라 국토교통부장관이 육상 · 해상 · 항공 교통 분야의 지능형교통체계를 개발 및 보급을 촉진하기 위하여 10년 단위로 국가차원의 기본계획 "지능형교통체계 기본계획"을 수립하도록 법적 장치를 마련하여 추진하고 있다.

COSMOS(Cycle, Offset, Split Model for Seoul)는 서울지방경찰청에서 1991년부터 1993년에 걸쳐 개발한 서울시의 첨단교통신호제어 시스템으로, 2001년에 "실시간 신호제어시스템"으로 명명하기 시작하였다. 주요 목적은 교통량에 대응하는 실시간 신호제어를 구현하여 교통처리능력을 향상시키고, 교통신호제어와 운영기능을 고도화하는 것이었다. 또한 한국도로공사의 고속도로 교통관리 시스템인 FTMS(Freeway Traffic Management Systems)는 한국도로공사에서 고속도로의 효율적인 운영을 위하여 구축하여 운영하기 시작한 것이다.

1997년에는 국가 ITS 기본계획을 수립하여 이를 바탕으로 과천을 ITS 시범도시로 지정하였으며, 본격적인 도시부 ITS 사업을 추진하였다. 1999년에는 "교통체계 효율화법"을 제정하여 ITS 사업의 추진체계를 확보하였으며, 2009년에는 급격하게 변하는 정보통신 기술과 교통체계의 연계를 강화하기 위하여 "국가통합교통체계효율화법"을 제정하여 모든 교통수단 · 육상 · 해상 · 항공교통분야를 통합한 ITS 계획을 마련하였다. 또한 2011년에는 향후 10년간 국가 ITS 사업의 효율적인 시행을 위한 "국가 ITS 기본계획 2020"을 수립하여 추진하였다.

3) ITS 이용자의 서비스 영역

ITS 사업의 주요 이용자 서비스 영역을 정의하는 것은 ITS가 제공하려고 하는 서비스에 핵심 영역이라고 할 수 있다. 교통서비스의 제공이 공급자 위주의 물리적인 교통 인프라(도로, 철도, 공항 및 항만) 시설이라고 하면, ITS는 교통정보를 실시간으로 제공함을 목적으로 하기 때문에 이용자가 무엇을 어떻게 언제 요구하는 것을 파악하는 것이 가장 중요하다.

이용자의 서비스 영역은 각 국가에 따라 다르게 정의하고 있으나, 일반적으로는 지능형 교통관리(ATMS : Advanced Traffic Management Systems), 지능형 여행지 정보제공(ATIS : Advanced Traveller Information Systems), 지능형 대중교통체계(APTS : Advanced Public Transport Systems), 화물운송체계(CVO : Commercial Vehicle Operations)와 지능형 도로 및 차량체계(AHS/AVS : Advanced Highway and Vehicle Systems)로 구분될 수 있다.

(1) 지능형 교통관리(ATMS : Advanced Traffic Management Systems)

① 주요기능

㉠ 실시간 교통제어(ATC : Advanced Traffic Control) : 교통량 변화에 실시간으로 대응하여 신호시간, 고속도로 진입 등을 자동 조절한다.

㉡ 돌발 상황관리(AIM : Advanced Incident Management) : 교통사고, 차량고장, 혼잡 등 각종 돌발 상황을 조속히 인지 · 처리한다.

㉢ 자동요금징수(ETC : Electronic Toll Collection) : 톨게이트 통과 시 정상주행(non-stop) 상태에서 통행료, 혼잡통행료 등 요금을 자동으로 징수한다.

㉣ 중차량 관리(HVM : Heavy Vehicle Monitoring) : 주행 중 차량의 중량을 자동계중하여 중차량의 위험교량진입 통제 및 과적차량 단속 · 관리한다.

② 기대효과

실시간 교통제어와 무정지 단속 및 요금징수를 통한 교통흐름 개선 및 소통능력을 제고(차량운행속도 15~20% 증가)한다. 과속과 과적 등에 대한 상시 단속을 통해 교통위반 감소로 교통사고 28% 감소 및 자동단속으로 운영 및 관리비용 90%를 절감한다.

인적 단속에 따른 마찰 및 부정의 소지를 제거, 단속인원 감소 등 업무효율화로 운영 및 관리비용 90%를 절감시킨다. 고속도로와 국도를 이용하는 중차량의 통제로 포장수명연장, 교량균열, 안전사고를 감소시킨다.

(2) 지능형 여행자 정보제공(ATIS : Advanced Traveler Information Systems)

① 주요기능

㉠ 교통정보제공(TRIS : Traffic & Road Information Service) : 교통정보를 수집 · 분석하여 다양한 매체를 통하여 제공할 수 있는 교통정보체계를 구축한다.

㉡ 종합여행안내(TIS : Traveler Information Service) : 출발-목적지간의 경로 및 통행시간, 요금 등에 관한 제반 정보를 개별 제공한다

㉢ 최적 경로안내(RGS : Route Guidance Service) : 차량항법장치를 통하여 운전자가 원하는 목적지까지의 교통상황에 따른 실시간 최적 경로를 제공한다.

② 기대효과

교통정보 및 실시간 최적경로 안내를 통한 교통 혼잡을 완화시킨다. 이동시간 · 수단 · 경로에 대한 최적 선택 기능으로 개인의 합리적 시간 및 일정 관리가 가능하다. 교통사고, 도로공사, 기상변화 등 운행여건에 대한 전반적인 정보제공으로 교통사고 예방 및 교통정보시스템과 관련된 첨단산업을 육성시킨다.

(3) 지능형 대중교통 체계(APTS : Advanced Public Transportation Systems)

① 주요기능

㉠ 대중교통정보제공(PTIS : Public Transportation Information Services) : 노선정보, 환승정보, 대중교통안내, 버스도착 예정시간 등 실시간 대중교통정보를 제공한다.

㉡ 대중교통관리(PTM : Public Transportation Management) : 운수회사는 버스위치 · 승객 수 등 실시간 운행정보를 수집, 차량 배차 및 운전자 관리를 효율화할 수 있다.

② 기대효과

이용자 대기시간을 획기적으로 감축(30%)하고, 정확한 시간 정보를 바탕으로 대중교통을 연계한 여행계획을 수립한다. 과학적 정보를 바탕으로 버스회사의 경영관리능력을 제고할 수 있고, 승객 증가를 통해 경영수지개선을 도모한다. 버스운행상황정보를 통해 부수적인 교통정보 수집이 가능하다.

(4) 화물운송체계(CVO : Commercial Vehicle Operations)

① 주요기능

㉠ 화물 및 화물차량관리(FFM : Freight and Fleet Management) : 화물 및 화물차량의 위치를 계속 추적하고 각종 운전정보를 제공함으로써 공차율을 최소화하고 효율적인 차량 및 배차를 관리한다.

㉡ 위험물 차량관리(HMM : Hazardous Material Monitoring) : 위험물 적재 차량의 위치를 추적하여 지정노선 운행 감시 및 특정 지역 운행제한 등을 특별 관리하고, 돌발 상황 시 교통관리시스템과 연계하여 신속한 사고처리를 수행한다.

② 기대효과

화물 및 화물차량의 효율적인 운행계획 수립으로 물류비를 절감시킨다. 위험물 적재차량 특별관리로 안전사고를 미연에 방지하고, 돌발사고에 대한 응급처리 기능을 향상시킨다.

(5) 지능형 도로 및 차량체계(AHS/AVS : Advanced Highway and Vehicle Systems)

① 주요기능

㉠ 첨단 차량시스템(AVS : Advanced Vehicle System) : 운전자 시계확대, 전후방 충돌경고 및 자동제어 등 능동적 차량 제어기술을 기반으로 한 첨단 차량을 개발 · 보급시킨다.

㉡ 첨단 도로시스템(AHS : Advanced Highway System) : 각종 센서를 통해 노면 및 도로 주변 상태를 감지 · 경고하는 등 우선적으로 도로 시설을 지능화한다.

② 기대효과

졸음 및 방심에 따른 실수 및 돌방상황에서의 대처능력 부족으로 인한 교통사고를 획기적으로 감소시킨다. 동일한 도로면적으로 2~3배의 교통량 처리가 가능하고 노폭을 최소화한다. 환경오염 감소 및 에너지 절약한다.

4) 우리나라 ITS 7개 개발 분야

우리나라의 ITS 이용자 서비스는 "국가 ITS 아키텍처"에서 정의하고 있는 7개 개발 분야, 16개 사용자 서비스와 63개 세부 서비스로 구분하여 추진하고 있다.

(1) 교통관리체계

그림 4-14 교통관리체계

교통관리체계는 ITS의 핵심(core of ITS)으로 불리기도 하며 교통안전과 교통운영의 효율성을 높이기 위하여 실시간으로 모든 교통수단의 교통정보를 수집하여 교통 이용자에게 제공하는 체계이다. 서울특별시 교통정보센터(Seoul TOPIS : Seoul Transport Operation and Information Service)는 서울시의 버스종합사령실과 경찰청, 한국도로공사, 교통방송 등 교통 관련 기관으로부터 교통정보를 수집·가공하여 서울의 교통 상황을 총괄 운영하고 있다.

교통관리체계의 주요 세부 서비스로는 신호체계와 같은 교통류의 제어 및 관리, 교통사고 및 공사와 돌발 상황에 따른 교통처리, 주의 운전구간에 대한 정보제공, 자동교통단속 및 각종 교통행정을 지원하는 분야 등이 있다.

(2) 대중교통체계

그림 4-15 버스정류장 도착 정보체계

대중교통체계는 대중교통 이용자의 신뢰성 및 안전성과 편의성을 확보하기 위하여 실시간으로 대중교통운행 정보를 이용자에게 제공함으로써 교통체증을 완화하고 대중교통 수단 간의 환승체계 및 요금체계의 단순화로 이용자의 편리성을 제공하는 체계를 말한다. 우리나라의 ITS 분야 중 가장 활발하게 사업이 진행되고 있으며, 버스정류장도착 정보체계(BIS : Bus Information Systems)와 버스회사의 운영관리체계(BMS : Bus Management Systems) 등이 있다. 또한 도시철도, 고속철도, 고속버스 등과 연계하여 대중교통 이용자의 편리성과 신뢰성을 제공하는 핵심 체계이다.

(3) 전자지불체계

모든 교통수단의 이용에는 이용요금의 지불이 필수적이다. 전자지불체계는 이러한 요금

지불에 따른 불편함과 지체를 줄이고 요금징수관리의 신속성과 정확성을 확보하기 위하여 교통카드를 활용하여 처리하는 체계를 말한다.

주요 서비스로는 "하이패스"를 들 수 있으며, 2015년부터는 하나의 통일된 카드로 전국의 모든 교통수단을 이용할 수 있는 전자지불체계를 계획했다. 우리나라의 첨단 전자지불체계는 첨단 정보체계와 연계하여 해외 진출이 활발하게 진행되고 있으며, 남미 콜롬비아의 보고타(Bogota)시에 교통카드 및 버스관리시스템을 추진한 사례도 있다.

(4) 교통정보유통체계

교통정보유통체계는 우리나라의 각 지역 및 교통수단에서 이용되고 있는 교통정보의 활용을 극대화하기 위한 체계로, 정보를 연계하고 가공 · 분석 그리고 배포하여 이용자에게 제공하는 서비스이며, 민간기업의 창의성을 활용할 수 있는 분야이기도 하다.

(5) 여행정보제공체계

여행정보제공체계는 여행자가 출발 전 또는 출발 후에도 실시간으로 필요한 정보를 제공하는 체계이다. 각종 기기를 이용하여 여행자의 수단선택, 경로선택, 주차 안내, 편의시설 안내 및 교통소통 정보를 얻을 수 있으며, 스마트폰의 보급으로 인하여 활발하게 진행되고 있는 체계이다.

(6) 화물운송체계

화물차량 운행의 안전성 및 효율성을 높이기 위한 체계로서 위험물 운송 화물차량의 추적 및 관리, 수출입 화물차량의 전자통관, 국내 화물운송차량 및 택배운송과 같은 화물운송에 대한 신뢰성과 안전성 및 최적의 운행을 도와주는 체계를 말한다.

유럽과 미국과 같은 지역에서 가장 빠르게 진행되고 있으며, 특히 국가 간 물류체계의 활성화에 핵심으로 적용된다. 향후 우리나라가 동북아 물류거점으로 거듭나기 위해 중요시 되고 있는 체계이다.

(7) 지능형 차량/도로체계

지능형 차량/도로체계는 도로교통의 안전성과 이동성을 확보하여 운전자에게 안전하고 쾌적한 운전을 제공함을 목적으로 하는 체계이다. 차량과 도로의 위험요소를 감지하여 운전자에게 미리 알려주거나 차량을 제어함으로써 교통사고 발생을 최소화하고 궁극적으로는 차량의 자율적인 도로 운행이 가능하도록 하는 체계이다.

(4) 텔레매틱스 서비스의 개념

텔레매틱스 산업은 자동차, 무선통신, 컴퓨터, 인터넷, 멀티미디어 산업 등 제반 분야를 직·간접적으로 포괄하는 기술적 융합체이다. 통신과 정보과학이 결합된 텔레매틱스는 이동통신, 인터넷, 카 내비게이션 등을 통해 각종 정보를 실시간 송·수신이 가능한 차량 원격 정보서비스로, 텔레매틱스는 이미지·음성·영상·비디오 등의 디지털 정보를 유·무선네트워크에 연결시켜 다중 미디어 커뮤니케이션이 가능하게 해주는 서비스이다. 예를 들면, 도로안내 및 교통정보서비스, 안전보안서비스, 인포테인먼트 정보 제공 등을 들 수 있다. 텔레매틱스 서비스를 제공하기 위해서는 정확한 교통정보수집, 정보가공 및 처리 시스템이 구축되어 텔레매틱스 서비스 제공자에게 필요한 교통정보를 저렴한 가격으로 제공한다. 각종 센서를 통해 실시간으로 교통정보수집망을 통해 얻어진 데이터는 교통정보센터를 통해 교통정보와 지도정보, 콘텐츠, 사용자정보 등의 형태로 텔레매틱스 서비스 사업자에게 제공한다.

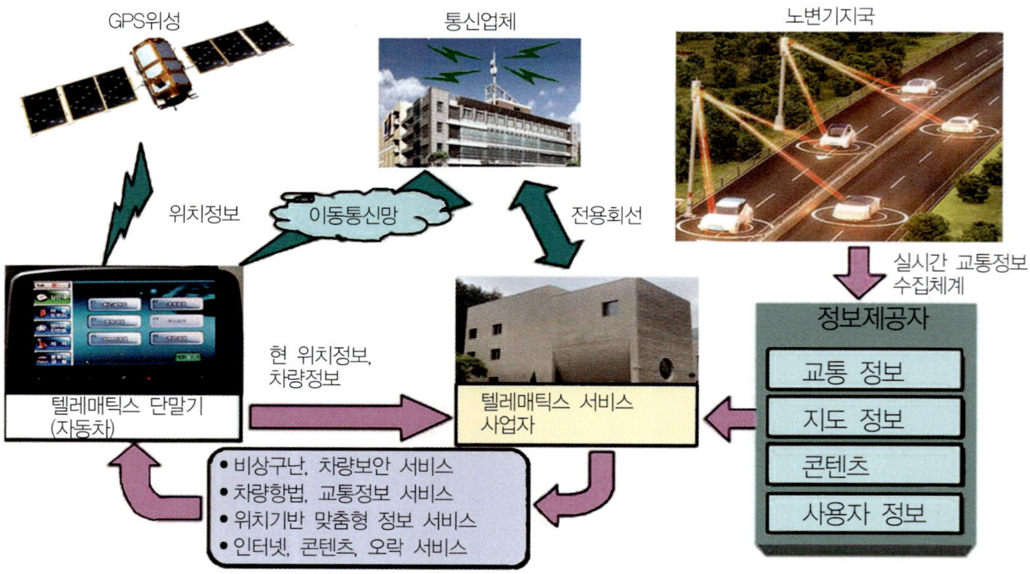

그림 4-16 텔레매틱스 서비스의 개념

텔레매틱스 단말기로부터 서비스 요구가 발생하면 텔레매틱스 서비스 사업자는 차량의 위치 및 차량정보를 수신하고, 이동통신망 및 방송망을 통하여 텔레매틱스 서비스를 단말기에 제공한다.

1) 텔레매틱스 주요 서비스

(1) 텔레매틱스 서비스 현황 개요

텔레매틱스 산업은 차량 내에서 다양한 정보, 콘텐츠, 서비스를 제공하는 종합 서비스산업으로서의 신성장 동력을 내재하는 분야이다. 텔레매틱스 서비스는 원격진단과 같은 차량 관리 서비스뿐 아니라 다양한 멀티미디어 서비스를 포함한 융합 서비스로 진화했다. 초기 시장에서는 긴급구조, 교통정보 및 주행 안내 등 안전보안, 운전자 지원 정보 서비스가 대부분을 차지하였고, 점차 이동 차량환경을 위한 제3의 인터넷 공간으로서 사무실 및 가정용 서비스를 단절 없이 이용할 수 있는 차량용 모바일 오피스로 발전하였다. 이외에도 인포테인먼트 서비스, 비디오폰, 화상 회의 등 다양한 주문형 멀티미디어 서비스로 변화하고 있다.

(2) 텔레매틱스 서비스의 트렌드 및 주요 이슈

북미지역의 텔레매틱스 서비스 경향은 자동차진단, 긴급구난 등 완전보안 서비스를 중심으로 추진 중이며, 수익 모델 관점에서는 서비스이용료 중심의 사업전개 양상을 보이고 있다. 일본의 경우 안전, 보안서비스 제공보다는 VICS(Vehicle Information and Communication System)로 교통정보를 실시간 무상으로 제공함으로써, 교통정보와 경로안내서비스 위주 시장이 형성된다. 유럽시장은 북미와 일본의 중간적 형태로서, 내비게이션 정보와 콜센터를 기반으로 하는 원격정보 제공서비스가 주류를 이루고 있다. 텔레매틱스 서비스의 주요 이슈로는 USN(Universal Sensor Network) 기반의 텔레매틱스 안전운전 서비스이다. 선진국을 중심으로, RFID나 센서노드를 활용하여 주요 교통정보를 수집하여 텔레매틱스 서비스로 연계하는 기술개발이 활발하게 시도되고 있다.

국내의 경우, 실시간 고품질 교통정보를 센싱하고, 온라인에서 제공하는 P2P(peer to peer, 이동 통신망 또는 인터넷을 사용한 개인과 개인 사이의 통신) 기반의 텔레매틱스 안전운전 서비스 기술개발에 초점화하고 있다.

텔레매틱스 서비스는 일반적으로 차량 단말 중심의 서비스로 정의하지만, 그 범위를 차량 단말에 한정하지 않고 기능의 추가에 따라 계속 확장된다. 차량의 멀티미디어 인터페이스를 표준화하고 있는 미국의 AMI-C(Automotive Multimedia Interface Collaboration)에서는 텔레매틱스 서비스를 운전자 중심의 서비스와 승객 중심의 멀티미디어 서비스로 구분한다.

운전자 중심의 서비스는 긴급구조 서비스, 교통정보 안내, 차량 유지보수에 관련된 서비스가 해당된다. 승객 대상 서비스는 음악, 영화감상 그리고 인터넷 서비스 등과 같이 멀티미디어 서비스를 포함한다. 따라서 텔레매틱스 서비스는 운전자에게 국한되는 것이 아니라 탑승자를 포함한 차량에서의 멀티미디어 서비스를 제공하는 방향으로 발전될 전망이다.

[텔레매틱스 주요 서비스]

구분		세부 기술
헬프서비스	자동사고 통보	에어백 자동 감지나 기타 차량사고 상황 발생 시 텔레매틱스 센터에 자동으로 통보되고 사고와 관련된 후속조치를 제공
	긴급구난	긴급 상황 발생 시 버튼을 누르면 긴급 상황에 필요한 서비스를 제공
	고장신고	차량 고장 발생 시 긴급출동, 견인, 정비공장 안내/예약 서비스 제공
원격서비스	원격잠금해제	해제
	원격도난추적	도난 시 차량 GPS와 단말기를 이용하여 위치를 추적
	원격진단	차량에서 전송되는 실시간 차량상태 정보로 차량 이상 여부 진단 및 통보
운전지원	길안내	실시간 교통정보 제공
	교통정보제공	요청지역의 실시간 교통정보 제공
정보서비스	차량관리정보	차량관리에 필요한 다양한 정보를 실시간으로 안내
	POI(Point of Interest)	차량 운전자가 쉽게 목표 지점을 찾을 수 있도록 제공하는 도로 주변 건물의 위치 정보로, POI는 주유소, 주요 시설물, 역, 공항, 터미널, 호텔 등을 좌표로 전자 수치 지도에 표시하는 데이터이다. 목적지 검색에 사용되는 검색 데이터 및 바탕 화면에 표시만 되는 바탕 데이터로 구분할 수 있다.
	생활/여행정보	실시간으로 다양한 상황 및 여행지 관련 정보를 제공

구분		세부 기술
m-Commerce	모바일 뱅킹	차내에서 은행업무 수행을 지원
	주식거래	차량 내에서 주식거래 지원
	쇼핑	필요 상품의 온라인 거래를 지원
	예약/예매	다양한 문화상품들에 대한 관람권, 입장권을 예매/예약
모바일 오피스	이메일	해제
	개인정보 관리	도난 시 차량 GPS와 단말기를 이용하여 위치를 추적

정보제공지(Info-station)는 인터넷 서비스를 기본적으로 제공하며, 급격한 호출증가(Hot-spot) 지역을 중심으로 영화, 음악, 지도 등 고속의 데이터 다운로드 및 수정을 가능하게 한다. 자동경로 안내서비스는 도로상황 등을 실시간으로 고려하여 최단 또는 최소시간 등의 사용자 요구에 맞는 경로를 안내한다. 온라인 구매, 주차요금, 고속도로 톨게이트 자동 요금 징수 서비스 등은 전자상거래 서비스의 대표적인 사례이다.

차량 간격과 도로 노변 상태를 고려하여 운전자에게 경고 메시지 통보 및 속도 제어를 수행하는 운전자 안전운행 지원 서비스도 개발 중이다. 기타 사고 시 차량 위치정보의 전송 및 응급구조 요청(119 서비스)을 자동적으로 수행하는 응급구조 서비스, 차량운행에 대한 정보를 보관 및 정보검색을 가능하게 하는 차량 블랙박스 서비스도 향후 개발될 예정이다.

2) 융합 텔레매틱스 서비스 모델, Car Infotainment의 발전

차량 내 시스템에 디지털 기술이 접목되고, DMB 서비스 등과의 융합 모델이 발전되면서, "Car Infotainment"가 새로운 텔레매틱스 서비스 모델도 부상하고 있다. DMB 및 텔레매틱스 서비스 사업자 측면에서는, 자체 보유통신, 방송망을 통해 개별 서비스 가입자의 상호 가입을 유도하므로 서비스 확대가 가능하고, DMB의 입장에서는 교통정보 서비스는 킬러 애플리케이션(Killer Application, 등장하자마자 다른 경쟁 제품을 몰아내고 시장을 완전히 재편할 정도로 인기를 누리는 상품이나 서비스)일 수 있고, 텔레매틱스 입장에서는 확대된 엔터테인먼트 서비스를 제공할 수 있다.

현재 이동 통신망 기반의 텔레매틱스 서비스는 비용부담이 크며, 텔레매틱스 서비스 활성화의 장애 요인으로 인식된 반면에, 방송망 기반 DMB 텔레매틱스 서비스는 저렴한 서비스 제공이 가능할 것으로 예상된다. 융합서비스사업자(TSP)들은 서버운영, 마케팅, CRM, 보안 등을 담당하고, 수익을 양 사업자들에게 배분하게 된다.

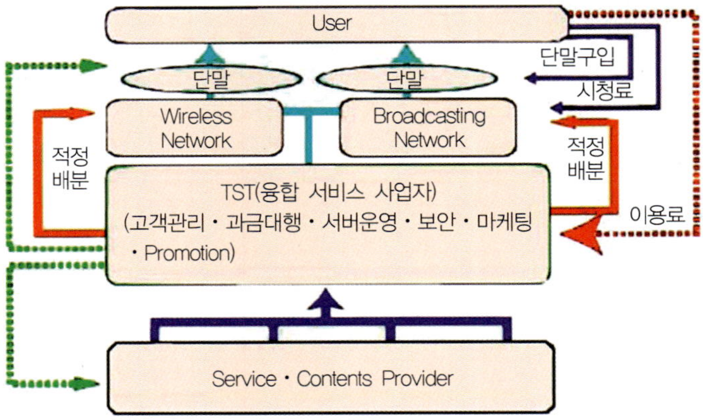

그림 4-17 지상파 DMB와 텔레매틱스 융합 비즈니스 모델

(1) AVI(Automatic Vehicle Identifications)

RFID(Radio Frequency Identification)는 반도체 칩이 내장된 태그, 라벨, 카드 등의 저장된 데이터를 무선주파수를 이용하여 비접촉으로 읽어내는 인식시스템으로, 장착된 차량의 인식을 통하여 지불시스템까지 포함되는 솔루션을 의미한다. 이는 각 구간 혹은 장소에 있어서 인식이 필요한 차량에 RFID를 부착함으로써 Toll비 납부, 주차비 납부 등으로 인해 발생되는 차량의 지체 등을 방지할 수 있어 시간적, 금전적 효율을 높일 수 있다.

적용되는 대역은 주로 UHF 대역(868~915MHz), Microwave(2.4GHz & 5.8GHz)이다. 차량의 고속 주행 시에도 인식이 가능하고, 국가별로 UHF 대역과 MW 대역을 선택하여 적용하고 있는 상황이다.

(2) Vehicle Immobilizer

일종의 도난방지기로서 자동차 시동을 아무나 할 수 없도록 만든 장치이다. 차량 Key 내부에 포함된 Transponder와 운전대에 부착된 Key Box와의 RFID process를 통하여 비정상적인 시동을 방지한다. 시동을 걸 때마다 Key Box에 있는 Reader기에서 난수표를 통한 번호가 Transponder에 입력이 되므로 복제가 불가능하다. 적용되는 대역은 주로 LF 대역(125, 134kHz)이다. Transponder(태그)와 reader 간의 인식거리가 짧아야 하므로 LF 대역이 이용되고 있다.

(3) EVR(Electronic Vehicle Registration)

Electronic Vehicle Registration로서 고속도로나 특정 지역마다 리더기를 장착하여 차량의 배기가스 배출, 비보험차량 체크, 자동차 전용도로에서의 오토바이 진입금지 등을 관리할 수 있다. 즉, 특정 도로에서의 자동차 안전을 확보하는데 많은 도움이 되며, 전체적으로 법규위반 차량 등을 통제 · 관리할 수 있다. 또한 EVR을 통해 차량의 생산 제조업체에서부터 정부의 승인 하에 고유 차대번호를 태그에 입력할 경우 차량의 lifecycle을 합리적으로 관리할 수 있다. 차량의 번호판에 태그를 내장하는 경우도 있다. 적용되는 RFID 대역은 UHF 대역(868~915MHz), Microwave(2.4GHz & 5.8GHz)이다.

(4) CVO(Commercial Vehicle Operations)

Commercial Vehicle Operations로서 운송업체의 차량, 버스 등에 RFID 태그를 부착하고, 각 집합지역 혹은 터미널, Collect Point 지역마다 차량을 인식할 수 있는 리더기를 장착하게 된다. 따라서 이동 중인 차량의 위치추적이 가능하고 동시에 차량을 하나의 자산(Asset)으로 보아 관리를 할 수 있다. 배송지역의 관리, 배송량의 관리, 차량이력의 관리 등을 효율적으로 할 수 있어 상용차량의 소유회사와 각 고객사 모두에게 큰 이익을 줄 수 있다. 적용되는 RFID 대역은 UHF 대역(868~915MHz), Microwave(2.4GHz & 5.8GHz)이다.

(5) CRM(Customer Relationship Management)

Customer Relationship Management로서 차량에 부착된 RFID를 통하여 고객의 정보를 인식하고, 고객을 위한 customized service를 창출할 수 있다. AVI와 EVR가 단편적인 차량의 인식이라면 차량의 인식을 통하여 고객의 2차적인 서비스를 창출하는 것이라 할 수 있다. 예를 들면, 한 호텔의 멤버십으로 등록되어 있는 고객이 호텔을 이용할 경우 주차장을 편리하게 이용할 수 있으며, 차량의 고객이 정비를 원할 경우 보험회사나 특정 차량 제조회사, 정비업소에서 차량에 대한 인식으로 보다 질 높은 서비스를 창출할 수 있다. 또한 차량에 대한 차계부 관리를 할 수 있어 고객에게 보다 다양한 서비스를 할 수 있으며, 이로 인해 고객의 만족도를 높일 수 있다. 이는 차량제조사와 함께 보험사의 연계로 이어질 수도 있다. 적용되는 RFID 대역은 적용사례별로 달라질 수 있다. 일반적으로 사람이 아닌 차량에 대한 CRM을 할 경우, 기존 사용하고 있는 태그와 거리상의 문제 등으로 UHF 대역(868~915MHz), Microwave(2.4GHz & 5.8GHz) 대역이 주로 이용될 수 있다.

(5) 국가별 텔레매틱스 서비스의 특징

1) 미국

에어백 자동감지나 도난차량 추적 등 보안 서비스와 운전자의 안전 확보를 위한 긴급 통보나 긴급 구조 서비스 중심이다.

대륙횡단 도로 등에서 장거리 운전자에 대한 안전 확보가 서비스의 최우선 목표이다. 운전자의 집중력을 최대한 떨어뜨리지 않도록 사람과 사람을 잇는 휴먼 인터페이스와 음성인식 엔진 개발에 주력하고 있다.

포드자동차에서 선보인 포드 익스플로러를 기반으로 한 S2RV(Smart, Safe Research Vehicle) 콘셉트카는 차내의 단말기를 통해 차량의 모든 상태를 조절할 수 있으며, 블루투스(Bluetooth) 기능으로 말만으로도 전화를 이용하고 인근을 주행하는 다른 차량과의 통화가 가능하다.

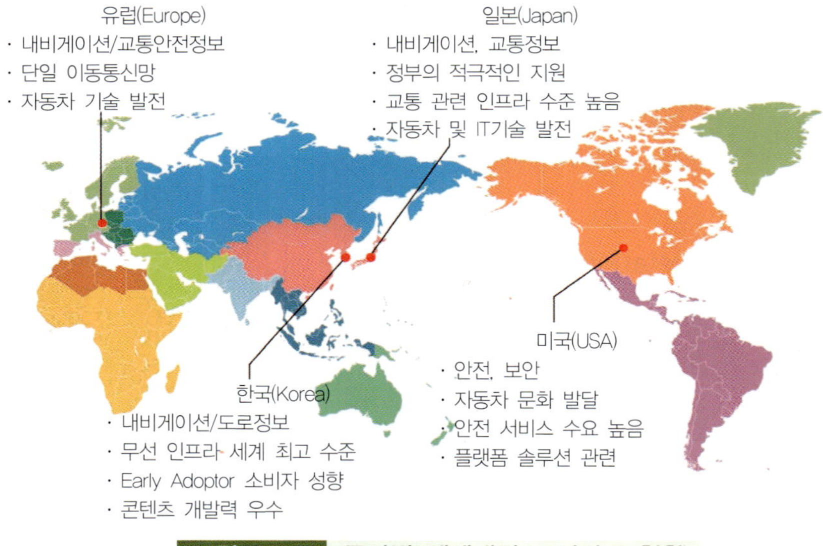

그림 4-18 국가별 텔레매틱스 서비스 현황

2) 일본

만성적인 도로 정체에서 벗어나지 못하는 일본은 경로 검색과 빠른 길 안내가 중심으로 내비게이션을 바탕으로 정체 시 시각적 욕구를 충족시키는 영상콘텐츠와 다양한 엔터테이먼트 기능을 구현하고 있다. 일반적으로 일본의 텔레매틱스 서비스 및 장비 소비자들은 신차

구매시, 카 내비게이션을 함께 구매하는 추세로 OEM이 텔레매틱스 시장의 장비 개발에 주력하는 상황은 AM 시장용 내비게이션 장비 개발업체들에게 위기감으로 작용한다. 이는 일본 텔레매틱스 시장 및 내비게이션의 신기술 개발과 Technology Pull 면에서 긍정적인 신호로 작용될 수 있을 것이다.

이전 시장에서 Toyota의 Monet, Honda의 Internavi 서비스가 시장에서 실패하였지만, 2002년에 G-Book과 Internavi Premium Club 서비스를 출시하면서 새로운 시장 국면을 맞이하였다. 기존 일본의 텔레매틱스 사업은 공공기반의 VICS와 CP, 단말기 제조업체가 주도하는 양상을 보여 왔지만, 최근에는 대표적인 OEM 업체인 Toyota, Nissan, Honda가 각각 G-Book, Carwings, InterNavi Premium 서비스를 제공하고 있다. 카 내비게이션 업체로는 Pioneer가 Air Navi 서비스를, Clarion이 AutoPC 서비스를 제공하는 등의 활발한 움직임을 보이고, Toyota, Nissan, Honda 등의 업체들이 초창기 버전의 텔레매틱스를 최근 대폭 네트워크화하여 산업을 주도하고 있다.

3) 유럽

내비게이션의 경우 교통정보와 경로 제공, 안전 및 보안 서비스는 긴급구난과 같은 서비스가 주류이다. 텔레매틱스 사업 현황은 GSM 기반의 이동 통신망의 장점이 있지만, 다국어 문화의 제약, 지역별 도로사정 등의 상이한 환경은 시장 확대에 장애요소로 작용한다.

유럽시장은 독일, 프랑스, 아일랜드, 이탈리아, 네덜란드, 스웨덴 및 영국 등 주요 국가를 중심으로 빠르게 성장하고 있고, 유럽의 텔레매틱스 시장은 여전히 미성숙 상태로 주요 고객은 혁신자들로서 초기 도입자는 최근 기술에 프리미엄을 지불하는데 긍정적이다. Consumer Take-up Gap이 교량 역할을 할 수 있을 때까지, 자동차산업은 기술적인 Push에 의해 이끌려지는 상황은 지속될 것으로 보이며, 최근 이동통신 단말과의 연계성 확보를 통해 다양한 내비게이션/엔터테인먼트용 단말이 출시되고 있으므로, TM 단말 메이커들의 위상이 강화되고 있다.

T-Traffic 또는 Traffic Master와 같은 초창기 주요 TSP(터치스크린 패널, Touch Screen Panel)는 점차 직접 장비제조에서 OEMs(주문자 상표에 의한 제품생산자)와의 전략적 제휴모드로 전환하는 추세이다. 유럽시장에서 PSA, Renault, Fiat 그리고 Ford가 12.7%에서 18.8%의 시장 점유율을 차지하는 선도적인 자동차 제조사로 Renault은 15.2%의 시장점유율을 기록한 가장 인지도 높은 브랜드를 보유하고 있으며, 이어 Ford는 12.0%

와 Citroen이 10.3%의 점유율을 가지고 있다.

Daimler, GM, Nissan 그리고 Toyota도 유럽 LCV 시장에서 중요한 플레이어로서 각광받고 있으며, 텔레매틱스 시장 선점을 위해 BMW는 고가 차량을 대상으로 일체형 TM 제품을 제공하는 사업전략을 펴고 있다. 대신 서비스는 저가 또는 무료로 제공하고 있으며, 자동차 부가가치 및 브랜드 제고를 위해, 아이드라이브(iDrive, 햅틱 회전조절기(Haptic Knob))라는 시스템, 온라인 BMW 어시스트 등과 같은 서비스가 대표적 사례이다.

Ford는 2003년 이후 유럽 출시용 차량모델에 TMC가 장착된 디지털 오디오 방송라디오 서비스를 제공하고 있고, Benz의 Comand(Cockpit Into the future on mobile data highway Management and Data System)는 온스타와 비슷한 개념으로 사고와 같은 응급상황에서 구조 시간을 최대한 줄여주는 텔레-에이드(TELEAid) 시스템을 탑재하는 서비스로 시스템과 텔레매틱스 통신 서비스를 시행 중이다. Audi는 본격적인 텔레매틱스 서비스를 시작했다.

4) 한국

우리나라는 미국, 유럽 및 일본에 비해 텔레매틱스 산업이 늦게 시작되었다. 그러나 국내에는 이미 세계 최고 수준의 이동통신 기술과 초고속 통신망과 같은 첨단 IT 인프라가 잘 갖추어져 있으며, 세계 수준의 자동차 산업을 가지고 있다. 정부도 이러한 산업 인프라를 잘 융합하여 텔레매틱스 산업을 활성화하기 위한 다양한 사업을 추진하고 있으며, 통신사업자, 단말기 제조업체, 자동차 산업체 등 관련 이종산업 간의 긴밀하게 연대하여 다양한 텔레매틱스 시스템과 서비스가 개발 및 보급되면 국내 텔레매틱스 산업의 성장 가능성은 매우 높을 것이다.

자동차 업계와 이동통신 업계가 사업을 주도하고 있고, 내비게이션과 안전 및 보안 서비스를 위주로 서비스가 제공되고 있다. 최근 우리나라에서 텔레매틱스가 크게 주목받는 이유 중에 하나는 이제까지 서로 다른 산업이었던 세계적인 수준의 자동차 산업과 정보통신 산업이 융합되어 시너지 효과를 극대화할 수 있는 새로운 개념의 부가가치서비스를 창출할 수 있다는 점이다.

특히 우리나라는 높은 이동통신 서비스 이용률, 인터넷 보급률 및 자동차 보급률로 인하여 텔레매틱스 서비스를 활성화하기 위한 매우 유리한 여건을 가지고 있다. 또한 텔레매틱스를 통해 자동차 산업의 경쟁력 강화를 통한 새로운 마케팅 기회와 수익을 제공할 수 있으며, 성장 정체 상태에 이른 이동통신 사업자에게 새로운 사업 기회 및 발전 가능성을 제공할 수 있을 것으로 기대하고 있다.

국내 텔레매틱스 시장은 이동통신 사업자 중심의 After Market과 자동차 업체 중심의 Before Market으로 사업이 전개되고 있으며, 교통정보 및 내비게이션 서비스를 중심으로 시장이 형성되고 있다. 2002년 SK㈜, SKT가 After Market을 대상으로 NATE Drive 서비스를 시작한 후, KTF와 삼성화재가 제휴한 애니넷 서비스, KTF와 네이버 시스템이 개발한 K-Ways 서비스 등이 After Market을 대상으로 서비스되고 있으며, Before Market에서는 현대, 기아차가 LGT와 제휴한 모젠 등의 서비스가 시작되었다.

현재 텔레매틱스 서비스가 소비자들의 서비스 기대 수준에는 미치지 못하지만 국내에서는 산업 분야별로 텔레매틱스 서비스를 위한 기술 개발에 집중 투자하고 있다. 통신사는 내비게이션 서비스를, 단말기업체는 After Market을 위한 내비게이션 및 Embedded Linux(셋톱박스, 휴대폰, 개인휴대단말기(PDA) 등 각종 정보기기를 위한 리눅스 기반의 운영체제(OS))기술, 자동차회사는 Before Market을 위한 단말 기술 및 사용자 인터페이스 기술을 연구소는 ETRI(한국전자통신연구원, Electronics and Telecommunications Research Institute)에서 상호 운용성을 위하여 표준화 기반의 개방형 인터페이스 기술 개발 및 테스트베드 구축을 추진하고, IBM 등 텔레매틱스 관련 해외 선진 연구소와 텔레매틱스 포탈 환경 등 공동 개발을 추진 중에 있다.

국내에서도 2003년 통신사, 자동차사, 단말 및 장비 제조사 등 관련 업체들로 구성된 텔레매틱스 산업협회(KOTBA)를 발족하여 주요 표준 규격에 대한 표준 작업을 진행하고 있으며, 한국정보통신기술협회(TTA)에서는 무선인터넷, ITS, GIS, LBS의 표준화와 연계하여 텔레매틱스 단말 플랫폼, 차량 서버, 무선 접속 통합 프로토콜 등 주요 표준 규격 작업을 추진하기 위한 텔레매틱스 프로젝트 그룹(PG-310)을 발족하였다. 또한 텔레매틱스 산업협회와 AMI-C, OSGi, 스웨덴의 Telematics Valley 등 국제 텔레매틱스 단체와 MOU 등을 통한 국제 표준 협력을 추진 중에 있다.

(6) 텔레매틱스 서비스의 확대 적용

1) ITS 기반 텔레매틱스

텔레매틱스 정보통신 기술은 위성 · 무선 정보통신 네트워크와 차량 · 도로 네트워크상에서 휴먼이라는 네트워크 간의 새로운 패러다임 관계를 형성한다. 특히 움직이는 사람이나 차량에 대하여 정보통신으로 묶는 고도화된 텔레매틱스 서비스 분야는 차량과 관련된 컴퓨터 및 무선통신의 혼합기술로서 대다수의 사업기능(Business Function) 및 공공서비스의 개선을 위하여 광대한 네트워크로 정보를 효율적으로 발전시키는 중이다.

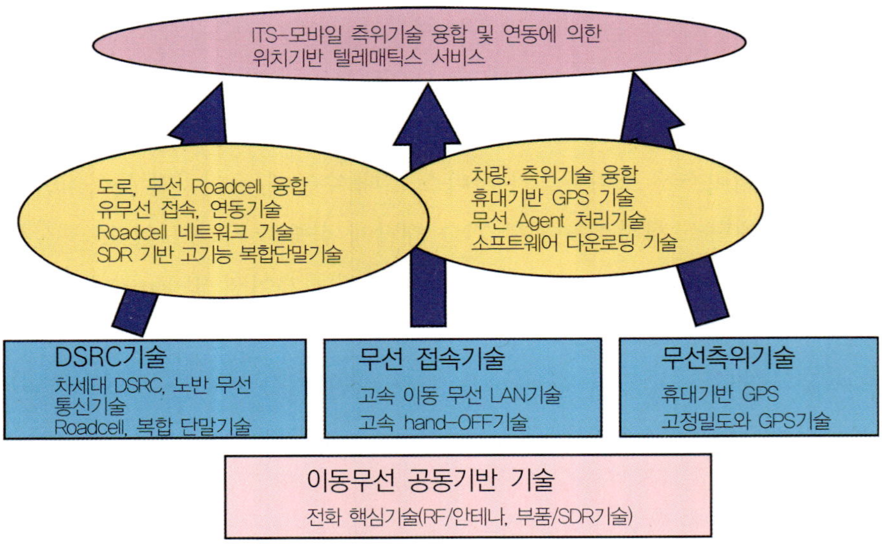

그림 4-19 ITS 기반 텔레매틱스

ITS 기반 텔레매틱스 서비스는 교통시스템의 이용객인 버스, 승용차 등의 차량 탑승자를 위한 데이터 서비스 중심이다. 도로변 소형 기지국 장치와 차량 탑재 장치간의 단절 없는 고속 무선 데이터 통신시스템, 차량 간의 무선통신 시스템의 집합체로 발전 중이다.

2) 제5세대 텔레매틱스

"4G" 무선 통신시스템을 기반으로 한 제4세대 텔레매틱스는 기존의 3세대 통신과 비교하여 보다 효율적인 무선통신 환경을 제공한다. 제4세대 텔레매틱스는 기지국과 이동통신 단말간의 양방향 통신을 지원해 온 이제까지의 통신 개념을 탈피하여, 기지국과 단말기뿐 아니라 단말기와 단말기간 직접 커뮤니케이션(P2P networking)까지 가능하다.

따라서 자동차에서 완벽하게 구현되는 서비스를 차량들이 관제센터를 거치지 않고 가상망(Ad-hoc Network)을 형성해 직접 정보를 주고받는 일들도 가능하다. 유비쿼터스 세상에서의 텔레매틱스 서비스는 단순히 통신 서비스의 진화 수준에만 머무르지 않고 자동차라는 물리적인 공간을 운전자가 능동적으로 선택할 수 있는 여러 개의 가상공간으로 변화하고 있다.

"5세대(5G)" 이동통신의 초반 비즈니스 모델은 텔레매틱스가 빠를 것 같다. 5G는 지금하고는 다른 정도의 정확도와 지연속도를 보여준다. 차세대 자동차 통신기술인 "5G(5세대)" 기반 텔레매틱스(Telematics) 기술은 자동차와 무선통신을 결합한 차량 무선인터넷 기술로 교통정보, 차량 사고 시 긴급구조, 도난 차량의 위치 추적, 원격 차량 진단 등 다양한 기능을 제공하며, 5G는 오프라인 세상이 온라인으로 들어와 교통관제, 홈, 미디어 등의 영역이 향상되며, 5G 기반 텔레매틱스가 4G LTE(롱텀에볼루션) 기반 텔레매틱스 대비 데이터 전송속도가 33배 이상 빠르고, 데이터 응답속도 시간도 10분의 1 수준으로 줄일 수 있을 것으로 기대한다.

5G 기반 텔레매틱스는 차량용 소프트웨어를 "OTA(Over The Air, 무선 통신시스템에서 시스템 등록에 관한 정보를 송수신하기 위한 표준)" 방식으로 초고속으로 업데이트할 수 있으며, 동영상 등 대용량 멀티미디어 콘텐츠는 차량 내 인포테인먼트(정보와 오락의 결합)시스템으로 초고속 다운로드할 수 있다. 특히 데이터 응답속도가 대폭 단축돼 고속으로 이동 중인 차에서도 "V2X(Vehicle to Everything, 차량과 모든 개체 간 통신)"기술을 구현할 수 있게 된다. 예를 들어, 차량과 차량 · 차량과 인프라 · 차량과 보행자 등 모든 개체 간 통신을 5G로 연결해 교통사고를 사전에 예방할 수 있게 되고, 5G가 돼야 완전한 자율주행이 가능하다.

3) TPEG(Transport Protocol Experts Group)

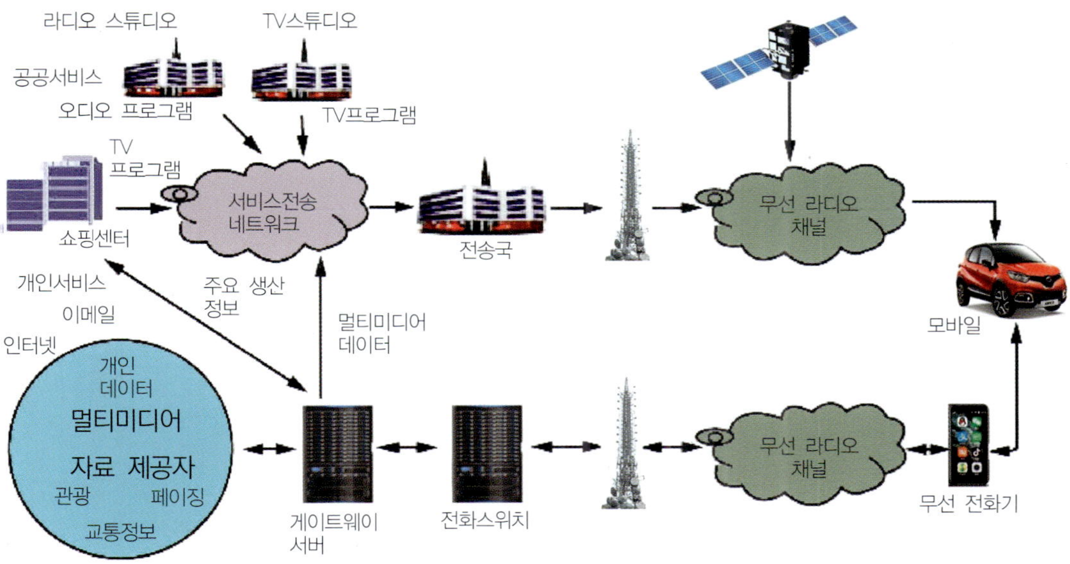

그림 4-20 TPEG 서비스의 개요도

DMB(Digital Multimedia Broadcasting)망을 이용한 차세대 교통 및 여행정보 서비스(TPEG : Transport Protocol Experts Group)가 향후 텔레매틱스 및 첨단의 지리정보시스템과 연계됨으로써 이에 대한 관심이 고조되고 있다.

이러한 디지털 방송매체를 통해 교통 및 여행정보를 전송하기 위한 프로토콜, 데이터의 부호화, 복호화 및 필터링을 포함한 각종 규격을 포함하고 있다. 현재 유럽에서는 유럽방송연맹(EBU)과 유럽표준화기구인 CEN에서 TPEG 표준화 활동이 활발하게 진행 중이다.

02 텔레매틱스 기술 동향

(1) 텔레매틱스 서버 기술 동향

정보통신 기술을 기반으로 고속 무선패킷 데이터 통신과 무선 위치측정기술 및 차량 플랫폼 기술 등의 용어로 새로운 형태의 텔레매틱스 개념이 설명되고 있다. 위치정보시스템과 통신업체, 기존의 ITS 교통정보 제공시스템을 융합함으로써, 차량 간 무선 네트워크로 인터넷 접근과 무선 네트워크를 통해 자동차 운행 중 차량의 고정밀 위치, 상태를 모니터링할 수 있다.

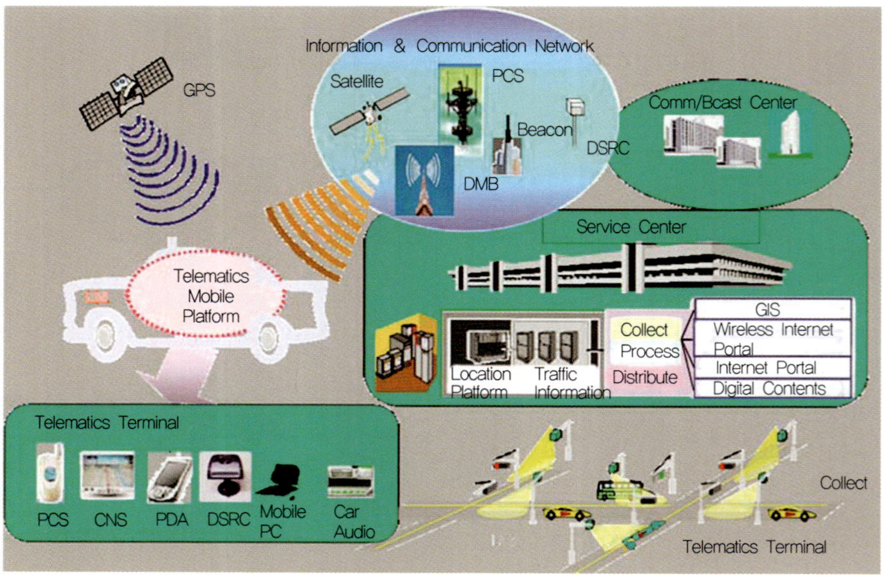

그림 4-21 텔레매틱스 서비스 개념도

정보가공 및 처리시스템이 구축되어 기존의 제공 서비스에 비해 보다 차량의 안전운행, 성능향상 및 사후 고객관리(CRM, Customer Relationship Management) 등 더 확장된 개념의 텔레매틱스 서비스 구현이 가능하다. 향후에는 음악, 영화감상, 인터넷 서비스 등 차량에서의 멀티미디어 서비스를 제공하게 될 것이다.

1) 텔레매틱스 관리시스템

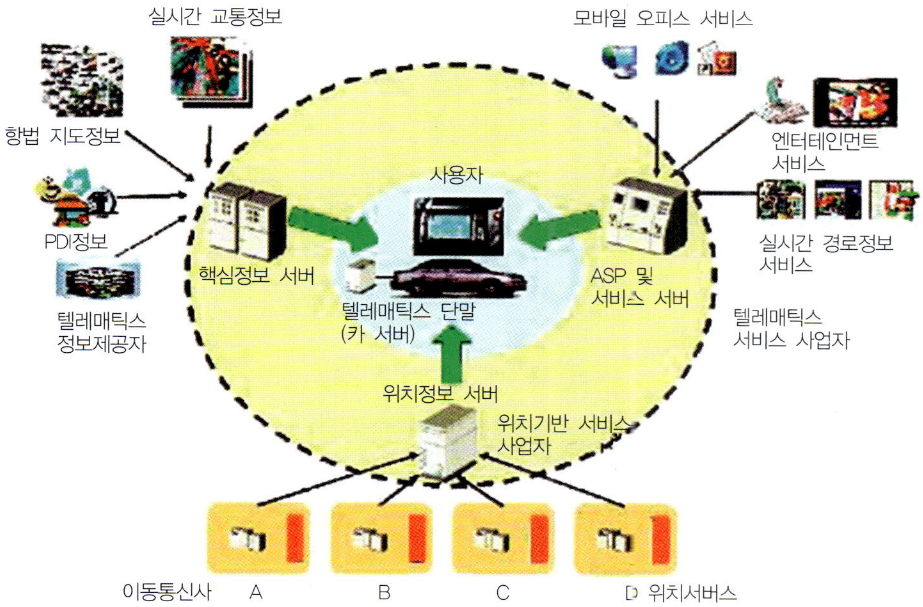

출처 : ETRI CEO Information 4호

그림 4-22 텔레매틱스 관리시스템

(1) 핵심정보 서버

핵심정보 서버는 텔레매틱스 서비스의 공통 정보인 내비게이션 서비스용 항법 지도 정보, POI(Point Of Interests, 차량 운전자가 쉽게 목표 지점을 찾을 수 있도록 제공하는 도로 주변 건물의 위치 정보) 정보 및 실시간 교통정보를 수집 및 가공하여 표준화된 형태로 텔레매틱스 사업자에게 제공하는 기능을 수행한다.

(2) 위치정보 서버

위치정보 서버는 유무선 통신망을 통해 수집된 사용자 위치정보를 텔레매틱스 및 위치 기반 서비스 사업자에게 제공하는 역할을 하며, 다양한 위치 기반 부가서비스 창출에 활용한다.

(3) ASP 및 서비스 서버

ASP(Application Service Provider) 및 서비스 서버는 제한된 자원을 가진 단말기에서 다양한 텔레매틱스 서비스를 효율적으로 운용할 수 있도록 주문형 스트리밍 방식으로 서비스를 제공하는 역할을 한다.

텔레매틱스 서버를 구성하는 요소 기술로는 교통정보 수집, 통합기술, 교통정보 유통기술, 교통정보 응용기술, 지리 정보관리기술, 콘텐츠 제공기술, 표준화 및 위치정보, 이동 통신망이나 위성항법장치(GPS) 등을 통해 얻은 위치정보를 바탕으로 이용자에게 여러 가지 서비스를 제공하는 서비스시스템인 위치기반 서비스(LBS : Location Based Service) 연계기술, 서비스 스트리밍 기술 등이 필요하다.

[주요 텔레매틱스 서버기술]

대분류	중분류(기술영역)	세부 기술
텔레매틱스 서버기술	교통정보 수집/ 통합기술	교통정보 수집기술
		교통정보 에러보정기술
		교통정보 통합 DB 관리기술
		도로번호체계 부여 및 변환기술
		교통정보 통합기술
	교통정보 유통기술	교통정보 XML기술
		웹 서비스를 사용한 교통정보 제공기술
		교통정보 웨어하우스기술
	교통정보 응용기술	교통정보 통계분석기술
		교통정보 마이닝기술
		교통정보기반 최적경로 검색기술
	이동객체 관리기술	위치정보 추적기술
		이동객체 공간데이터비스 관리기술
		이동차량의 궤적에 대한 OLAP 및 시공간 데이터마이닝기술

대분류	중분류(기술영역)	세부 기술
텔레매틱스 서버기술	콘텐츠 제공기술	내비게이션 지도 서비스기술
		관광 및 교통정보 서비스기술
		이동체에 대한 게임 및 멀티디디어 스트리밍기술
		L-상업(Commerce), M-상덥(Commerce) 서비스기술
		차량 지원 서비스기술
	위치정보, LSB 연계기술	개방형 위치정보 제공기술
		지도, 교통, 위치정보 연계기술
		모바일 GIS기술
		OpenLS 연계기술
		실시간 매핑기술
	서비스 스트리밍 기술	응용 서비스 패키징기술
		응용 서비스 스트리밍기술(정소기술)
		ASP를 위한 단말 미들웨어기술
		응용 서비스의 동적 업데이트 및 패키징기술

(2) 텔레매틱스 단말 응용기술

텔레매틱스 단말기술은 단말 플랫폼기술, 단말 고도화기술, 단말 부품기술, 사용자 인터페이스기술, 개인정보 기반 자동화기술 등이 있으며, 하드웨어와 소프트웨어기술로 나뉜다.

[주요 텔레매틱스 단말 기술]

대분류	중분류(기술영역)	세부기능
텔레매틱스 단말기술	단말 플랫폼기술	단말 임베디드 OS기술
		단말 소프트웨어 플랫폼기술
		단말 소프트웨어 플랫폼 API기술
		차량용 기기 제어 미들웨어기술
		디바이스 드라이버 표준 접속기술
		경량 VM 플랫폼기술
		플래쉬 메모리 기반 소프트웨어 플랫폼 엔진기술

대분류	중분류(기술영역)	세부기능
텔레매틱스 단말기술	단말 고도화 기술	차량내 단말기술
		단말 도킹스테이션기술
		Fast-boot기술
		차량용 블랙박스기술
		원격 차량 진단기술
	단말 부품기술	항진동, 항온, 항습의 내구성 단말 부품기술
		멀티미디어 지원 Soc기술
		DSP(Digital Signal Processing)기술
	사용자 인터페이스기술	음성인식, 합성기술
		차량 노이즈 제거 음성인식기술
		영상인식, 생체인식기술
		운전자 감시기술
		차량 상황 출력기술
		핸즈프리 및 Eyes-free기술
		HUD(Head-Up Display)기술
	개인정보 기반 자동차기술	개인 정보 관리(PIM)기술
		운전자 정보(Preference)기술
		개인화 기술
		개인화 정보 기반 차량 세팅기술

1) 단말 하드웨어기술

텔레매틱스 단말 하드웨어는 PDA와 같은 소형의 착탈식과 차량 내부에 장착되는 오토 PC형이 있으며, 향후 차량 단말은 멀티미디어 서비스와 모바일 오피스 등과 같은 고품질, 다양한 멀티미디어 응용 서비스들을 지원하기 위해 고속의 CPU와 고속 그래픽 가속기를 지원하는 호스트 수준의 시스템으로 진화해 나갈 것으로 예상된다.

(1) 텔레매틱스 단말 하드웨어기술 및 요구 기술

차량 탑승자에게 멀티미디어 서비스를 제공하기 위한 고속의 IDB-1394, MOST와 같은 차내 유선망 기술과 블루투스와 같은 무선망 기술이 도입한다.

GSM, CDMA, TDMA와 같은 모바일망과 접속하거나 차량 간 통신하는데 필요한 모듈, 차량의 위치를 파악하기 위하여 GPS수신기 모듈이 장착된다. 실시간 교통정보를 수신하기 위한 FM수신 통신 모듈, 디지털멀티미디어 방송을 수신하기 우한 DMB 수신 모듈이 장착된다.

차량 내부의 기기 동작과 프로그램 명령을 음성으로 하는데, 이용되는 음성인식기술, 운전자 앞 유리에 홀로 그래픽 형태로 디스플레이하는 HUD(Head Up Display)기술 및 사용자 입력을 위한 터치스크린기술이 필요하다.

(2) 텔레매틱스 서버기술 동향

유럽에서는 텔레매틱스 서버기술 개발의 일환으로 TimeCenter 그룹에서 계층적 시간지원 데이터베이스인 TimeDB, CHORO9ETRI CEO Information CHRONOS 그룹의 시공간 데이터베이스 시스템 등 위치 정보관리, LBS 관련 기술이 활발히 연구되고 있다.

텔레매틱스 서버를 위한 표준은 LBS 통신망 참조 모델 및 프로토콜 표준화가 3GPP/3GPP2에서 진행 중이다. 지도와 항법 지도 관련 표준화 및 상호 운용성에 대한 인터페이스 표준화가 OGC 및 ISO/TC-211 등의 기구 등에서 추진 중이다.

2) 단말 소프트웨어기술

(1) 단말 운영체제

단말 운영체제는 실시간 지원, 빠른 부팅 지원, 전력관리 지원, 멀티미디어 파일시스템 지원 등이 기본적으로 요구된다.

(2) 단말 미들웨어

단말 미들웨어는 텔레매틱스 단말의 하드웨어와 소프트웨어를 쉽게 추가하거나 제거할 수 있도록 모듈화 구조로 구성되어, 자동차 내의 네트워크에 새로운 하드웨어 및 소프트웨어를 추가, 삭제 가능한 AMI-C(Automotive Multimedia Interface Collaboration) 표준 규격을 반영한다. 자동차에 적용되는 플랫폼은 국제적으로 표준화되지 않은 상태이며, 관련 업체에서는 생존을 위하여 다양한 개발 활동을 벌이고 있다.

마이크로소프트는 차량용 윈도우 CE(Windows CE for Automotive)를 기반으로 하고 있고, Sun은 Java 기반으로 추진하고 있다. 이 시스템은 운전자와 탑승자에게 핸즈프리 통신, 인터넷에 개인화된 정보 접속, 응급구조 서비스의 호출 등의 서비스 오락 애플리케이션 등의 제공 목적으로 개발된 운영체계이다.

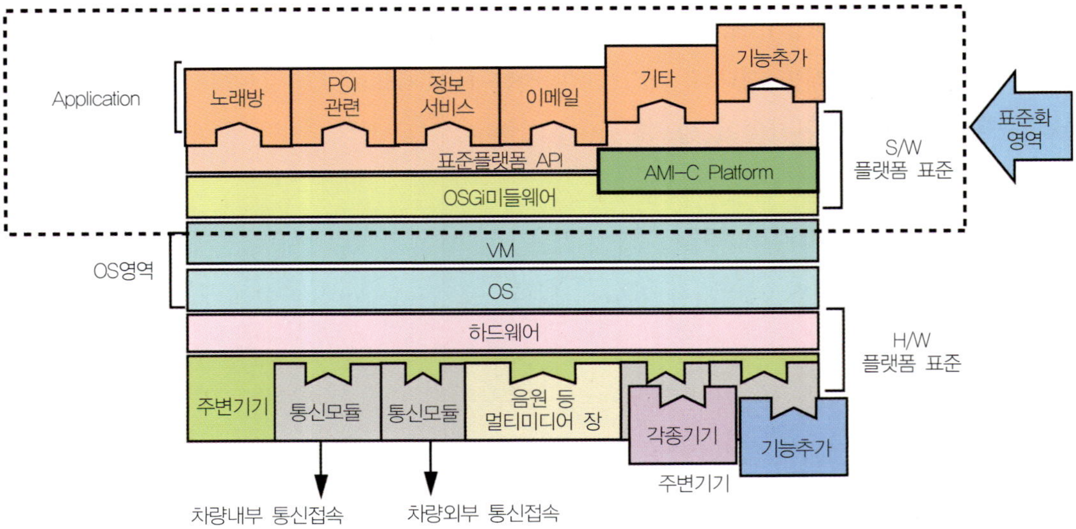

그림 4-23 텔레매틱스 단말 플랫폼 AMI-C

차량용 윈도우 CE(Windows CE for Automotive)는 개발자들이 신속하게 차내 컴퓨팅 솔루션을 만들어낼 수 있도록 도움을 주는 개방형 플랫폼이다.

윈도우 CE에 친숙한 개발자들의 커뮤니티뿐만 아니라 컴퓨팅 플랫폼의 선택, 하드웨어 주변 장치와 소프트웨어 컴포넌트의 선택에 있어서 유연성을 제공한다.

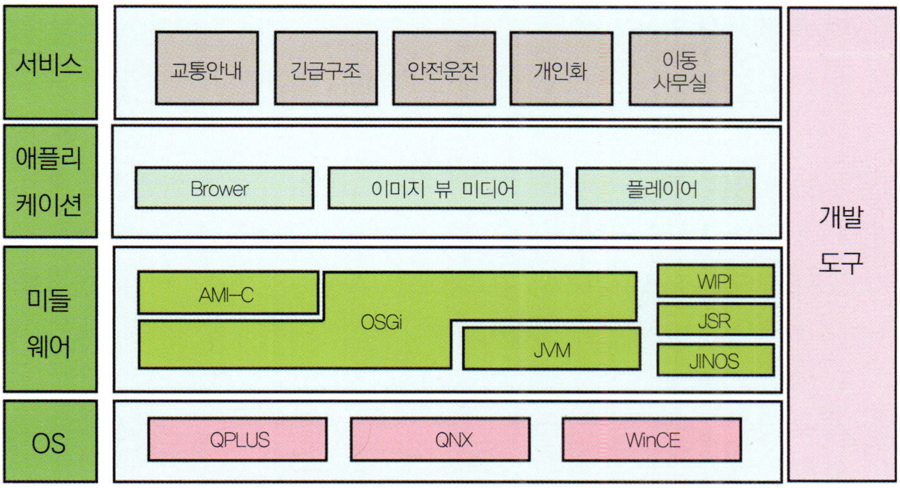

그림 4-24 텔레매틱스 단말 플랫폼

마이크로소프트의 Car.Net는 자동차의 강력한 플랫폼으로 발전하고 있는 플랫폼으로서 Windows CE for Automotive와 Mobile Information Server for Auto motive를 기반으로 하고 있어 텔레매틱스 서비스 전체 분야에 걸쳐 통합과 협력을 위한 분산 웹서비스가 가능하다.

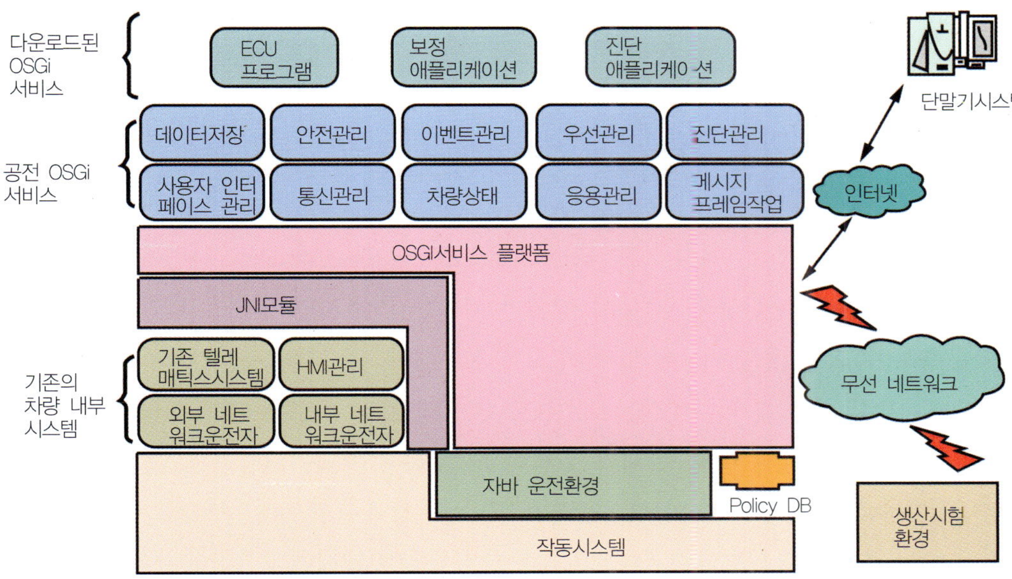

그림 4-25 텔레매틱스 단말 플랫폼 OSGi

(3) Vehicle Interface

차량의 상태 정보를 모니터링하거나 제어하는 다양한 차량 진단/제어 응용 프로그램을 개발하는데 필요한 차량 인터페이스 매니저 컴포넌트를 제공하는 기술이다. 운전자의 음성 명령어를 입력받는 마이크, 터치스크린, 버튼과 같은 입력장치와 응용 프로그램의 데이터를 스피커, TFT LCD, HUD 모니터와 같은 다양한 출력장치로 출력해 주는 HMI (Human-Machine Interface) 관리자 컴포넌트를 제공하는 기술이며, 개인정보와 운전자에 맞는 서비스를 제공하는 개인화 기술이다.

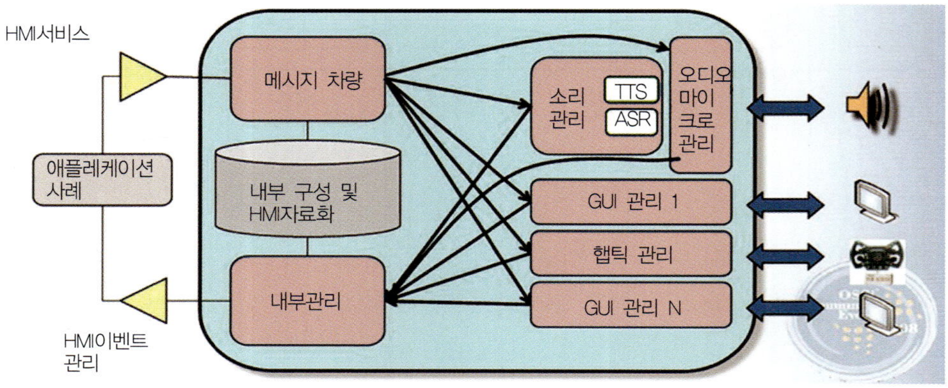

그림 4-26 HMI(Human-Machine Intergace)

(4) 단말 소프트웨어 기술 동향

유럽에서는 2002년부터 EU ERTICO(EuRopean Telematics Implementat-ion Coordination Organization)에서 3GT(3rd Generation Telematics) 사업을 추진하였으며, 단말기 업체나 이동통신 업체, 자동차 업체가 참여한 컨소시엄 형태로 텔레매틱스 테스트베드를 구축하여 단말 플랫폼상에서 서비스 상호 호환성을 시험 중이다.

텔레매틱스 단말의 운영체제는 마이크로소프트 진영의 차량 윈도우 CE(Windows CE for Automotive)와 BMW, 포드 등의 업체가 중심이 된 차량용 자바(Java for Automotive)가 업계 표준을 위하여 경쟁을 하고 있다. 텔레매틱스 단말 플랫폼은 하드웨어나 운영체제에 독립하여 다양한 서비스를 지원하는 Windows CE 또는 자바(Java) 기반의 플랫폼기술이 개발되고 있다.

미국에서는 단말기 업체, 자동차업체 및 이동통신업체 등 50여개 업체가 참여하여 1999년부터 OSGi(Open Service Gateway Initiative) 표준 플랫폼기술을 개발하였으며, 홈네트워크와 텔레매틱스 단말 플랫폼으로 활용될 전망이다. 단말 플랫폼은 하드웨어나 운영체제에 무관하게 응용서비스가 가능하도록 API를 제공함으로써 새로운 서비스를 자유롭게 추가할 수 있도록 하는 표준 플랫폼을 지향하고 있다.

(3) 텔레매틱스 통신기술

텔레매틱스 서비스 제공을 위한 텔레매틱스 정보 수집망과 정보 분배망은 기존의 무선통신기술을 활용하여야 하며, 현재는 2세대 이동통신망이 사용가능하다. 2세대 이동통신기술은 음성과 저속의 데이터 서비스를 제공하므로, 향후 멀티미디어 서비스를 위해서는 진보된 셀룰러 이동통신기술의 개발이 연구되어야 하며, 고속의 무선전송기술개발은 핵심적으로 추진되어야 할 과제이다.

현재의 무선 인터넷 서비스는 자동차 운행 중에 운전자와 탑승자에게도 제공되어야 하며, 몇 수년 내에 차량의 기본 서비스가 될 것으로 전망된다. 기존의 텔레매틱스는 무선통신과 GPS기술을 이용한 차량 운전자의 운전 보조기능과 전통적인 교통시스템의 효율성을 확보하는 데 중점을 두어 왔으나, 차세대 텔레매틱스 서비스는 교통시스템의 이용객인 열차, 버스, 승용차 등의 차량 탑승자를 위한 데이터 서비스로 관심이 모아지고 있다.

다양한 텔레매틱스 서비스를 제공하기 위해서는 현재 사용되고 있는 2세대 CDMA 셀룰러 시스템 이외에 DSRC시스템, 무선랜 시스템(휴대인터넷), 방송시스템(DMB) 등이 활용되어야 한다.

1) 텔레매틱스 통신망 구조

텔레매틱스 서비스를 제공하기 위하여 텔레매틱스 통신망 구축이 선행되어야 한다. 텔레매틱스 통신망은 유무선통신망으로 구성되며, 망 구성 요소 측면으로 볼 때 종합교통정보수집망, 교통정보센터, 정보전달을 위한 무선통신망과 텔레매틱스 단말기로 구분할 수 있다.

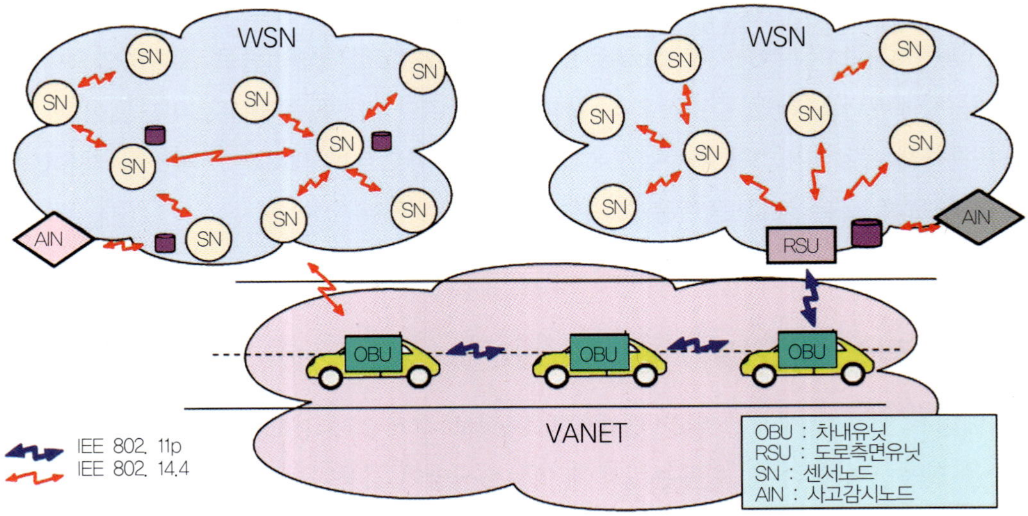

그림 4-27 텔레매틱스 통신망 구조

교통정보수집망은 차량의 위치나 진행방향 및 속도 등 차량의 정보를 수집하는 기능으로, 기술방식으로는 GPS, DGPS, DSRC, RFID, RF 비콘, 초음파 탐지기 등이 이용 가능하다. 종합정보수집망을 통하여 수집된 도로, 교통정보는 텔레매틱스 정보센터로 집결되어 가공 처리됨으로써, 텔레매틱스 서비스를 위한 기본 정보를 관리한다.

텔레매틱스 정보는 차량의 위치정보와 교통정보 그리고 전자지도를 포함하며, 이러한 정보는 텔레매틱스 서비스 사업자가 콘텐츠 제공업자가 제공하는 콘텐츠와 결합하여 무선통신망을 통하여 텔레매틱스 단말기에 제공되고 있다.

2) 관련 무선 액세스 기술

무선접속기술은 텔레매틱스 단말기와 텔레매틱스 서비스 사업자간 정보를 전달하기 위한 무선채널을 제공하며, 현재 2세대 CDMA 셀룰러(Cellular, 셀(cell) 구성을 갖는 이동 통신망을 통칭)시스템이 활용되고 있으나, 다양한 텔레매틱스 서비스를 제공하기 위해서는 DSRC시스템, 무선랜시스템, 방송시스템이 활용되어야 한다.

셀룰러시스템은 2세대 셀룰러, cdma2000 1x EvDo시스템, 3세대 셀룰러 그리고 HPi(High-Speed Portable Internet)시스템 그리고 4세대 셀룰러시스템으로 구분되며, 데이터 전송속도 향상을 위한 광대역화와 주파수 효율을 개선하는 방향으로 발전하고 있다.

2.3GHz 휴대인터넷 HPi는 휴대인터넷 수신장치(AT)와 접속장치(AP)를 무선으로 연결해 동영상 재생 및 인터넷 접속 등을 하고, 차량을 시속 60km로 주행하면서 평균 1Mbps급의 속도로 휴대인터넷과 이동전화(EV-DO)망, 무선랜 등을 연동해 인터넷 접속을 할 수 있다.

[셀룰러시스템 주요 특징 비교]

구분	서비스	Bandwidth	최대 전송속도
2G CDMA	음성	1.25MHz	10kbps
1x EvDo	영상, 데이터	1.25MHz	2.4Mbps
3G WCDMA	영상, 데이터	5MHz	2Mbps
HPi	영상, 데이터	10MHz	50Mbps
4G	멀티미디어	20MHz	100Mbps

셀룰러시스템은 언제 어디서나 무선접속이 가능하지만, 고속 데이터 전송을 위한 서비스 요금이 비싼 단점이 있다. DSRC와 무선랜 기술은 셀룰러와 병행하여 텔레매틱스 서비스에 필요한 기술이다. 단거리 전용 통신(DSRC, Dedicated Short Range Communication)기술은 고속 이동 시에 차량 간, 기지국 간 근거리 통신영역 내에서 무선 접속이 되어 다양한 ITS 서비스를 제공하고 교통정보 수집에 활용이 가능한 장점이 있다. 향후 차량 간 Ad-hoc network(노드(node, 기지국)들에 의해 자율적으로 구성되는 기반 구조가 없는 네트워크) 통신기능을 추가하면 차량 안전에도 활용이 될 수 있다.

무선랜기술은 DSRC 주파수 대역과 근접한 5GHz 대역을 사용하며, Hot Spot 지역(무선랜(wireless LAN)이 사용 가능한 지역)에서 고속 데이터 통신이 가능하므로 저렴한 요금으로 Info-station 서비스를 제공할 수 있다.

방송망기술은 100km 정도의 광역에 실시간으로 전송할 수 있는 특징을 가지고 있으며, FM-Darc기술과 DMB(Digital Mul-timedia Broadcasting)를 활용할 수 있다. 따라서 셀룰러, DSRC/무선랜, 방송기술은 상호 보완적인 특성을 가지고 있으므로, 텔레매틱스 단말기는 셀룰러, DSRC/무선랜과 DMB를 동시에 수용하는 무선망 통합기술 개발이 필요하다.

[DSRC, 무선랜, DMB 특징 비교]

구분	서비스	Bandwidth	최대 전송속도
DSRC	데이터	10MHz	1Mbps
무선랜(802.11a)	데이터	20MHz	54Mbps
위성 DMB	멀티미디어	25MHz	384kbps

무선액세스 기술에서 개발하여야 할 기술은 액세스 플렛폼기술로서 HW/SW 플랫폼기술과 셀룰러, DSRC/무선랜, 방송망을 통합하는 기술이다. 무선액세스 시스템 기술로는 실시간 OS기술, Mobile IP기술, 무선 링크제어기술, 다양한 무선 접속간 Bridge기술과 Gateway기술, 무선링크를 Tapping으로부터 보호하는 인증 및 암호화 기술개발이 필요하고, 인터넷 서비스의 연결성을 제공하기 위하여 셀간 핸드오버기술이 필요하다. 그리고 Multi-band 모뎀기술, 멀티대역 RF MMIC기술과 Digital IF기술, 멀티대역 지능형 안테나 기술연구와 병행하여 시스템 Soc기술연구도 진행되어야 한다.

텔레매틱스에 적용되는 대표적인 무선모뎀은 기존의 공중망(PCS, Cellular, GSM)을 이용하여 고속 데이터 송수신에 의한 교통정보 및 무선인터넷 송수신이 가능한 통신용 모듈이다. 자동차의 각종 정보를 관제센터에 송신하거나, 관제센터에서 정보를 운전자에게 송신하는 용도로도 이용된다.

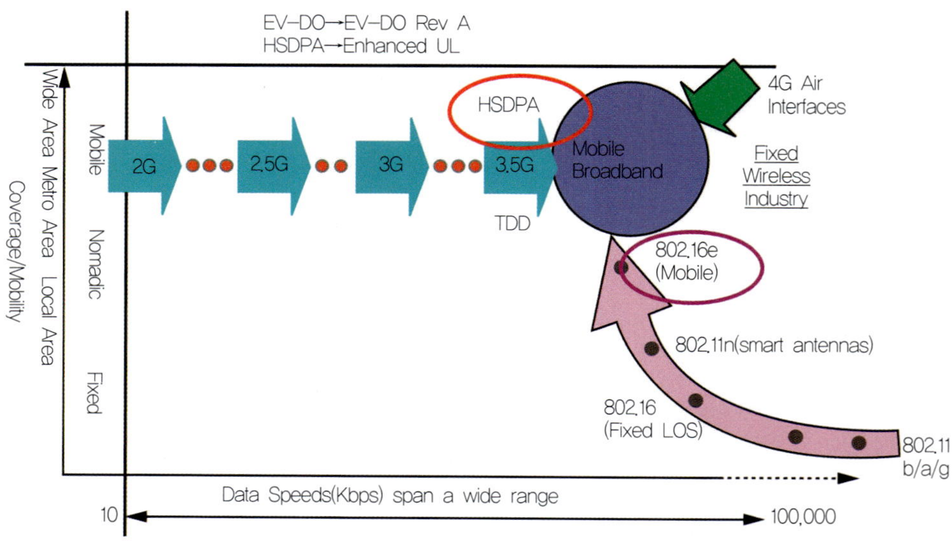

그림 4-28 차량 유무선 통신시스템

(1) 무선 모뎀

국내 텔레매틱스 시장의 등장을 뒷받침하는 주요 기술적 배경은 단일표준의 무선통신망을 들 수 있다. CDMA(코드분할다중접속, Code Division Multiple Access) 단일방식의 무선망이 전국적으로 깔려있어 전국적인 텔레매틱스 서비스가 가능하다. CDMA, TDMA(시분할다중접속, Time Division Multiple Access), GSM(Global System for Mobile Communication) 등 여러 표준들이 공존하고 있는 미국에 비해 기술적으로 텔레매틱스 서비스 시행이 유리하다. 무선망의 발전 속도가 상당히 빠르게 진행되고 있다는 것도 텔레매틱스 도입에 긍정적인 영향을 주고 있다.

현재 IS-95B와 CDMA 모듈은 CDMA 1X EV-DO가 주류를 형성하고 있지만, 데이터 전송속도가 보다 개선되면 서비스 품질도 현실적으로 보장된다는 점에서 현재 서비스되는 EV-DO(Evolution-Data Only)와 차별되는 EV-DV(Evolution Data and Voice)가 등장하여 서비스를 시작할 것으로 보인다.

EV-DO는 CDMA 1X가 갖고 있는 144kbps의 전송속드를 2.4Mbps로 끌어 올렸지만 현실적으로 600~700kbps에 서비스 가능하다. 단일 기지국 내 다수의 이용자가 발생할 경우 서비스의 품질이 떨어지며, 상향과 하향의 속도가 달라 화상통화 같은 것은 서비스가 제한적이다.

이에 비해 EV-DV는 음성과 데이터를 모두 지원하고 EV-DO의 단점인 전력제어를 극복했으며, QoS(Quality of Service)와 양방향성이 보장되어 안정적인 영상 서비스를 구현한다. IMT-2000 서비스의 본격적인 상용화에 이르러서야 화상통화 등의 서비스를 텔레매틱스에서 제공할 수 있다.

이동통신망의 진화를 위해서는 구축비용이 과대 투자되고 정보이용료가 상승됨에 따라 대용량 고속의 데이터 처리(POI 다운로드, 지도 다운로드, 영상정보 등)를 하기 위해서는 단말에서 수신할 수 있는 대체 전송매체가 요구된다. 무선모뎀은 주로 ISP(Internet Service Provider)의 서비스에 크게 의존하는데, 현재 CDMA 무선모뎀 모듈은 IS95C, GSM에서는 WAP이 주류를 이루고 있다.

[기술 방식별 비교]

● 우수 ◑보통 ▲어려움

구분		1X	EV-DO	EV-DV	IMT-2000
Forward Link	Peak data rate	307.2K	2.4M	3.12M	2M
	Throughput	20~300K	600~1,200K	800~1,700K	500~800K
Reverse Link		9.6~307.2K	9.6~153.6K	9.6~307.2K	7.5~384K
음성지원		Yes	No	Yes	Yes
Service	VOD	◑	●	●	●
	MMS	◑	●	●	●
	영상통화	▲	▲	◑	◑
	동영상	◑	●	●	●
	M-Commerce	●	●	●	●

(2) 휴대 인터넷(WiBro : Wireless Broadband Internet)

휴대 인터넷 서비스는 정지 및 이동 중에도 언제, 어디서나 고속으로 무선 인터넷접속이 가능한 서비스이다. 가장 큰 특징은 사람이 걷는 속도 정도의 이동속도에서 최소한 1Mbps의 고속 인터넷 서비스를 제공한다. 이동성이 제한된 무선랜과 중저속 서비스를 제공하는 이동전화의 단점을 해결하는 서비스로 기대된다.

이동 통신망과의 로밍이 가능함으로써 언제, 어디서나, 경제적으로 인터넷을 즐길 수 있다. 무선 인터넷 서비스를 위한 이동 통신망 CDMA 1x EV-DO는 전송속도 대비 고가의 요금의 한계를 지니고 있고, 무선랜은 2.4GHz 비면허 대역을 사용함에 따라 서비스의 안정성이 떨어지며, 휴대 인터넷을 통한 유무선 결합서비스는 속도 및 요금문제 해결로 무선 인터넷 활성화를 촉진시킬 것으로 기대된다.

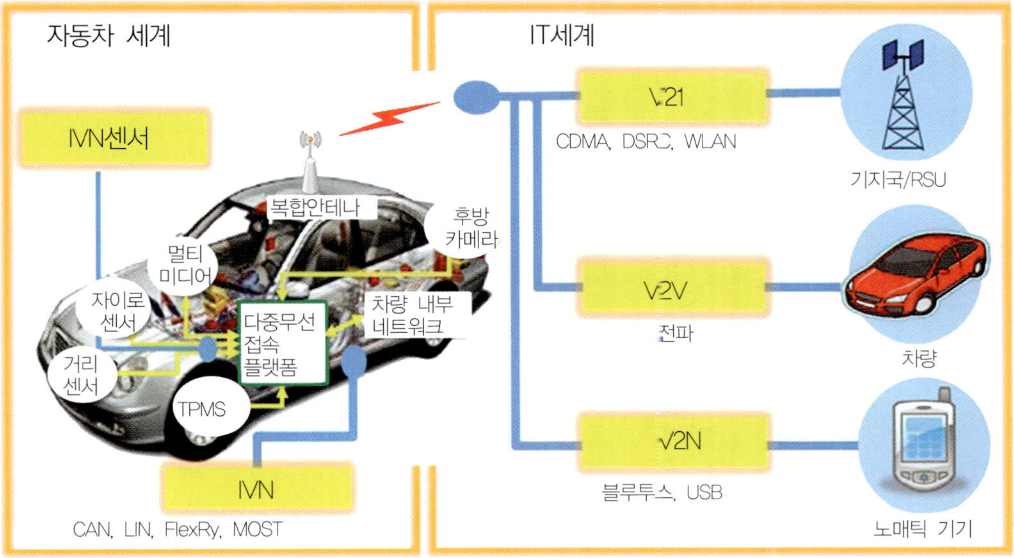

그림 4-29 차량 내부 통신 네트워크

차량용 단말기에서 저속으로 이동 시 휴대 인터넷을 통하여 대용량 데이터 서비스를 제공받을 수 있으며, 고속 주행 시는 이동 통신망과 연계하여 서비스가 가능하다.

국가별 동향을 알아보면 일본은 WCDMA(화상통신이 가능한 3세대 이동통신, Wideband Code Division Multiple Access) 상용 서비스에 들어가 3G서비스의 주도권 확보를 선언하고 2.3GHz의 휴대인터넷 상용서비스 준비 작업에 박차를 가하고 있다. 유럽의 BT도 휴대 인터넷 서비스를 위해 주요 도시의 핫스팟 확대 작업을 추진하고 있다. 미국의 넷스텔 스프린트사 역시 워싱턴과 시카고 지역의 필드 테스트를 완료하고 상용 서비스를 준비 중이다.

[휴대 인터넷, EV-DO, 무선랜 비교]

휴대 인터넷 vs EV-DO, 무선랜			
	휴대 인터넷	EV-DO	무선랜
기술보유업체	ArrayComm, Flarion 등	QualComm	IEEE 802.11
이용주파수	2.3GHz	800 & 1700MHz	2.4GHz
기지국 커버리지	최대 3km	최대 20km	50~100m
실효 전송속도	1Mbps(초고속)	300Kbps(중저속)	300K-5Mbps(초고속)
이동성	보행속도	고속이동	정지

(3) 4세대 기술의 특징

4세대 기술 표준 중 하나로 거론되는 IEEE(미국 전기 전자 학회) 802.20 또는 MBWA(광대역 이동 통신 무선 접속, Mobile Broadband Wireless Access)는 IEEE 802.16 산하 특별 그룹으로 출발했으나, 인터넷 접속 시 유비쿼터스(Ubiquitous, 언제 어디서나 편리하게 컴퓨터 자원을 활용할 수 있도록 현실 세계와 가상 세계를 결합시킨 것) 및 이동성을 보장할 수 있는 장점과 IEEE 802.16의 고정서비스와 달리 이동서비스라는 점이 인정되어 2002년 12월 독립 그룹으로 새롭게 국제전기전자기술자협회(IEEE)의 승인을 받은 최신 규격으로 이동 중인 차량 대상의 광대역 멀티미디어 무선접속시스템용 접속표준이다.

초고속 인터넷에 준하는 속도로 무선데이터 통신을 이용할 수 있는 기술 방식으로 기존 DSRC보다 진보된 형태의 지능형교통시스템(ITS) 전용통신 방식으로 이동 중인 차 안에서 멀티미디어, 모바일 커머스 등의 다양한 텔레매틱스 서비스를 제공할 수 있는 기술이다. 3.5GHz 이하 대역을 사용하며 전송 속도가 최대 80Mbps인 저가격, 광대역 이동 통신 규격이다. 고속의 데이터 전송 속도와 이동성, 주파수 효율성, 직교 주파수 분할 다중(OFDM) 그리고 다중 입력 다중 출력(MIMO) 등을 기반 기술로 하고 있다. 시속 250km까지 달리는 차 안에서 최대전송속도 1Mbps로 무선통신을 지원한다.

세계적으로 공통된 광대역 멀티미디어 무선 접속 네트워크를 이용해 언제 어디서나 연결이 가능한 유비쿼터스 서비스를 제공하고자 하는 것이 궁극적인 목표이다. IEEE 802.20은 높은 주파수 효율성과 낮은 지연시간(Latency)을 갖도록 설계하여 고품질 무선 접속이 가능해 이동전화 이용자들이 유선과 동일한 품질의 무선 데이터 서비스를 이용할 수 있어 주어진 스펙트럼 범위 내에서 다른 표준들보다 더 많은 고객을 서비스할 수 있고, VoIP, 온라인 게임, 금융거래 등과 같이 시간에 민감한 애플리케이션의 제공에 적합하다.

3G는 GSM과 IS41의 진화시스템이며, 2.7GHz 이하의 주파수 대역을 사용하며 대역폭은 5MHz 이하이다. 앞의 802.16e나 MBWA와 다르게 회선 전용시스템이나 패킷전송이 가능하고, MAP/SS7을 기반으로 하여 이동 음성서비스에 최적화된 채널화 및 제어를 사용하며, 보통 수준의 다운링크 데이터 전송 및 낮은 수준의 업링크 데이터 전송 효율을 가진다. 그리고 802.16e나 MBWA와는 다른 높은 지연(Latency) 구조를 가지고 있으며, 3세대 시스템은 국제적인 로밍이 가능하고, 데이터 전송 속도를 고속 이동 시 144kbps, 보행 시 384kbps, 정지 시 2Mbps까지 제공한다. 음성 서비스, 고속 데이터 서비스 및 동영상 서비스를 제공하는 미래 지향적 이동통신 시스템의 실현을 목적으로 하였다.

그러나 정보화 시대의 사용자는 유선 광대역 네트워크와 동일한 품질의 무선 멀티미디어 서비스를 요구하며, 저속에서 고속까지, 실시간에서 비실시간까지의 여러 품질의 다양한 서비스를 요구하고 있다. IMT-2000시스템의 경우, 사용자의 변화하는 이동통신 서비스 요구에 대한 서비스 제공에 한계가 있는 것으로 판단되어 4세대 이동통신 개발의 필요성이 제기되었다. 4세대 이동통신의 4G는 휴대용 단말기를 이용해 전화를 비롯한 위성망 연결, 무선랜 접속, 인터넷 간의 끊어짐 없는(Seamless) 이동 서비스가 가능하고, IMT2000보다 전송속도가 수십 배 이상 개선된 빠른 통신 속도를 바탕으로 동영상 전송, 인터넷 방송 등의 다양한 멀티미디어 서비스를 지원한다. 100Mbps~1Gbps의 전송 속도로 대용량 데이터를 송수신할 수도 있다.

4G 서비스는 이동 중 100Mbps, 정지 중 155Mbps~1Gbps 전송 속도를 제공하는 무선통신 기술이다. 정지 중 최고 속도인 1Gbps의 전송 속도는 MP3 음악파일 100곡을 2.4초에, CD 1장의 800MB짜리 영화 1편을 5.6초에 전송받을 수 있다. 그리고 음성·영상·데이터가 한꺼번에 처리되는 TPS(Triple Play Service) 서비스가 가능해져 음성전화 통화, 고화질 TV시청, 인터넷 접속을 동시에 할 수 있어 단순히 음성을 전달하는 기능에서 벗어나 모든 기기들을 제어하는 중앙처리장치 기능을 가진다.

(4) 활용

802.20의 기술표준이 되기 위해 경합하고 있는 대표적인 기술 대안은 플라이온(Flarion)사의 flash-OFDM, 아레이컴(Arraycomm)사의 i-Burst 그리고 내비(Navini)사의 RipWave와 한국전자통신연구원(ETRI)에서 개발하고 있는 HPi를 들 수 있다.

① 아레이컴(Arraycomm)사의 i-Burst

전 세계 셀룰러 네트워크를 대상으로 스마트 안테나 시스템을 제공하고 있는 아레이컴(Arraycomm)은 3G 대안기술로서 낮은 이동성을 가진 브로드밴드 무선접속 솔루션인 i-Burst를 개발했다. TDMA-TDD 방식과 스마트 안테나를 이용하여 전송용량과 주파수 이용 효율을 향상시켰다. 25km/h의 저속 이동환경에서 0.5~1.6km의 셀 반경에 대해 약 20Mbps/5MHz의 전송속도를 제공한다.

차량의 속도가 증가할수록 이용자가 요구하는 대역폭은 감소한다는 조사결과에 따라 이용자들이 브로드밴드를 원하는 것은 저속일 때만으로 국한한다.

② 플라이온(Flarion)사의 flash-OFDM

루슨트사에서 파생된 기업인 플라이온은 OFDM-FDD 방식을 채택하고 전송속도보다는 이동성에 더 큰 비중을 둔다. Flash-OFDM은 어떠한 속도에서도 12Mbps/5MHz의 전송속도를 보장한다. 셀 반경은 0.7~1.9km 정도이고, 최고속도는 3.2Mbps 정도이다. 802.11 무선랜 표준과의 연동성을 제공한다. 미국 넥스텔(Nextel)과의 시험운용을 통해 핸드오프 기능을 성공적으로 시연하였다.

③ 내이비(Navini)사의 RipWave

중국 주도로 개발돼 IMT-2000의 다섯 개 복수 표준 중의 하나가 된 TD-SCDMA 기술을 사용하여 MCSB(Multi-Carrier Synchronous Beam Forming) 솔루션을 개발하였다. 12.8km의 셀 반경 내에서 중 · 저속으로 이동하는 이용자에게 DSL이나 케이블모뎀 수준의 전송속도를 제공한다.

시간에 따라 업링크와 다운링크 트래픽 양이 비대칭적으로 변화하는 데이터의 특성을 반영하여 TDD 방식을 채택하였고, 독창적인 MCSB 솔루션은 전송용량과 커버리지 측면에서의 이점과 우수한 가격 대비 성능을 제공한다. 셀 간의 간섭 측면에서 W-CDMA와 성능이 비슷하고, OFDM보다 우수하다.

④ 에트리(ETRI)의 HPi

HPi는 셀 반경 1km 내에서 60km/h의 이동성을 지원하며, 3G 시스템과 연동되어 단절 없는 서비스를 제공할 수 있는 공중 초고속 휴대인터넷 시스템이다.

브로드 스톰(Broadstorm)사와 런콤(Runcom)사가 보유하고 있는 802.16 기반의 원천기술을 적용하여 상용화 시스템을 개발하였다. 최대 50Mbps/10MHz(또는 25 Mbps/5MHz)의 전송속도를 제공한다. 주파수 효율이 좋고 비대칭 트래픽을 서비스하기 유리한 TDD 방식을 채택하였고(OFDMA-TDD), 전송효율을 개선하기 위해 다중 반송파(Multi-Carrier) QAM 변복조를 이용하며 MIMO 및 적응형 빔 형성 기술을 적용하였다.

(5) DSRC(Dedicated Short Range Communication)

DSRC는 과거 통행요금징수 목적으로 도입되어 많이 사용되었으나, 최근에는 V2X 통신을 위한 기술로서 명칭이 사용되고 있다. 고속이동 시에 차량간 기지국간 근거리 통신영역

내에서 무선접속이 되어 다양한 ITS(지능형 교통시스템, Intelligent Transportation Systems) 서비스를 제공하고 교통정보 수집에 활용이 가능한 장점을 제공한다.

ITS 서비스를 제공하는 DSRC는 고속무선 패킷 데이터 전송이 가능하므로 폭발적으로 증가하는 데이터 전송에 대한 무선 채널을 효율적으로 이용할 수 있으며, 좁은 무선 셀 지역에서 한점 대 한점 통신(Point to Point), 한점 대 다점통신(Point to Multi-point) 통신이 가능하다. 즉, 도로에 설치된 Road Side Equipment(RSE)와 차량에 설치된 On Board Equipment(OBE)들이 Node로 있는 상황에서 I2V(RSE 〈-〉 OBE) 혹은 V2V (OBE 〈-〉 OBE)통신을 하는 것이다.

노변장치와 탑재장치 간 양방향의 근거리 통신에 사용되어 100m 이하의 통신 범위에서 다양한 ITS 서비스를 제공한다. 값싸고 단순한 변조 기술을 사용하여 저가의 ITS 무선 패킷 데이터 통신 시스템을 구성한다. 노변-차량간 양방향 근거리 통신(통신가능 거리(Coverage) 100m 이하)일 때 다수의 통신기능이다. LOS(Line of Sight)를 유지할 수 있는 통신환경이다.

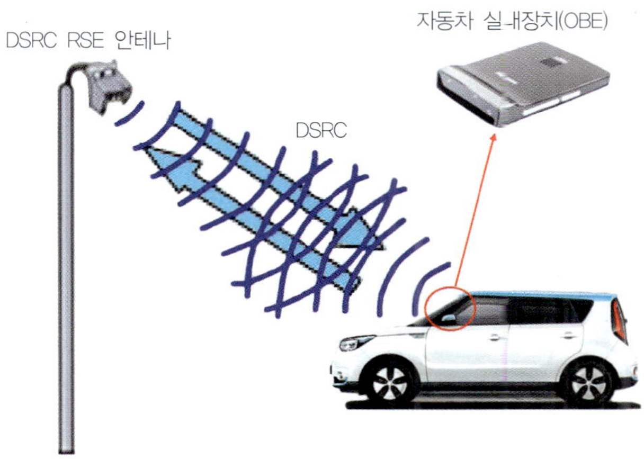

그림 4-30 DSRC시스템 구성도

고속전송(~1Mbps), 저가의 ITS 무선 패킷 데이터 통신시스템이며, 값싸고 단순한 변조 기술을 사용(ASK)한다. 3개의 계층으로 이루어진 단순한 프로토콜 구조로 DSRC 기술은 향후 고속이동 차량 간 10Mbps의 무선 통신을 지원하는 WAVE(Wireless Access in Vehicular Environments)기술과 연계되면 다양한 텔레매틱스 서비스에 응용될 수 있다.

우선 DSRC를 통해 차량의 위치와 상태를 파악함으르써 다양한 LBS(위치기반서비스,

Location Based Service)가 가능하게 될 것이다. 도로 상황안내, 대중교통 위치 파악 등의 서비스는 물론, 물류 분야에도 적용되어 화물차의 위치 파악 및 운행시간 단축에 기여할 것이다. 또한 원격 차량 검진, 배기가스 배출량 감시 등의 서비스도 무선통신 기능을 통해 가능해질 것이다. 이외에도 차량 간에 서로 자동으로 위치 정보를 주고받음으로써 차량 충돌 방지, 지능형 주행 시스템 구축 등에도 응용이 된다.

DSRC는 U-헬스(Ubiquitous Healthcare, IT기기를 통해 언제 어디서나 건강관리 및 진료를 받을 수 있는 기술), RFID(Radio Frequency Identification, 무선인식이라고도 하며, 반도체 칩이 내장된 태그, 라벨, 카드 등의 저장된 데이터를 무선주파수를 이용하여 비접촉으로 읽어내는 인식시스템), 전자화폐, IPTV(Internet Protocol Television), VoIP(인터넷 전화, Voice over Internet Protocol) 등 다양한 서비스들과 연계하여 유비쿼터스 사회의 한축을 담당한다.

(6) DMB(Digital Multimedia Broadcasting)

방송망 기술은 100GHz 정도의 광역에 실시간으로 전송할 수 있는 특징이 있으며, FM-Darc기술과 DMB(Digital Multimedia Broadcasting)를 활용할 수 있다.

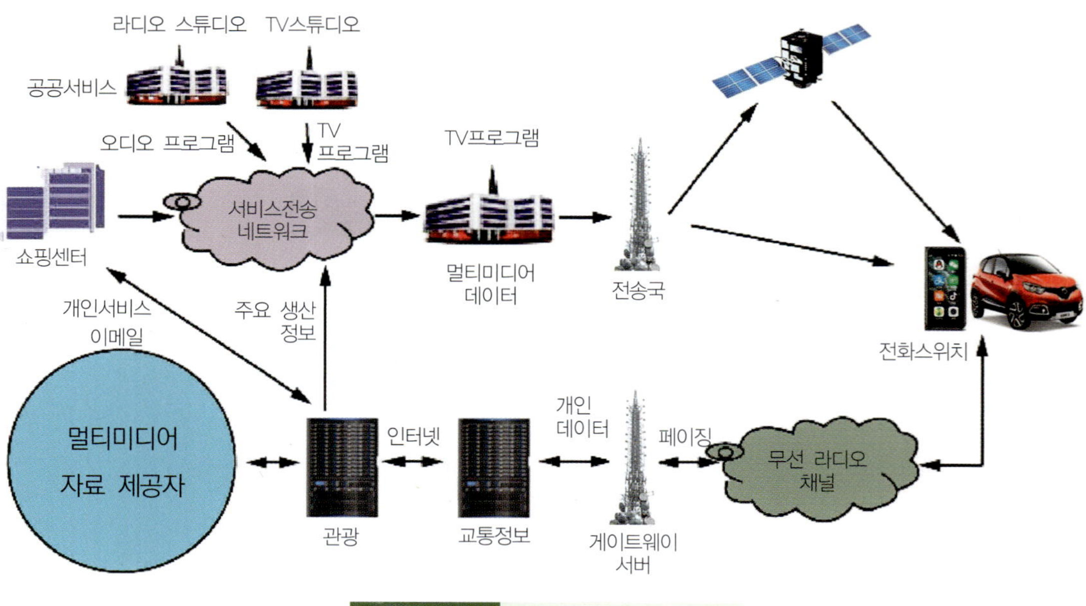

그림 4-31 DMB시스템의 구성

셀룰러, DSRC/무선랜, 방송망기술은 상호 보완적인 특성을 가지고 있으므로, 텔레매틱스 단말기는 셀룰러, DSRC/무선랜과 DMB를 동시에 수용하는 두선망 통합기술 개발이 필요하다.

주요 특징은 멀티미디어 전송 프로토콜이다. Eureka-147 WG D에서 멀티미디어 서비스 지원을 위한 MOT(Multimedia Object Transfer) 프로토콜을 개발했다. 1999년 2월 ETSI에서 MOT 프로토콜 표준안(EN 301 234)을 채택한 교통정보 서비스이다.

① 1997년 유럽방송연합(EBU)은 B/TPEG 프로젝트 그룹 결성

② 1998년 교통정보 서비스 관련 프로토콜 개발

③ 1999년 3월 영국 BBC는 TPEG를 적용한 교통정보 멀티미디어 서비스를 DAB와 인터넷을 통하여 최초 시험방송 대화형 멀티미디어 서비스이다. DMB와 이동통신을 결합하여 양방향 멀티미디어 서비스를 제공하며, 양방향 멀티미디어 서비스 제공 일환으로 MEMO(Multimedia Environment for Mobiles)를 개발하였다.

[DMB의 구분]

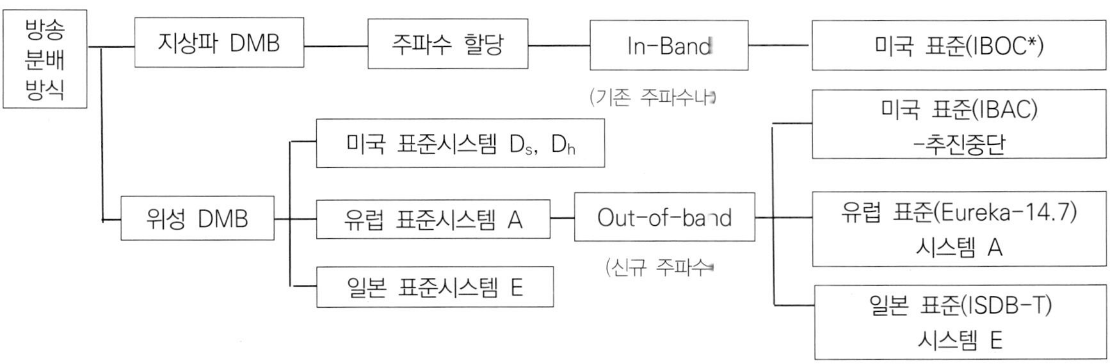

[지상파 DMB와 위성 DMB의 비교(국내적용 시스템기준)]

구분	서비스개념	주파수 대역	주파수 운용	압축기술	시스템 규격
지상파 DMB	CD 수준의 음질과 데이터 또는 영상서비스가 가능한 신규서비스	• VHF-TV 12번 CH (204- 210MHz) • 1개 블록당 대역폭 1.536MHz • 지방은 기존 사용 주파수 조정필요	• 1개 TV채널에(6Mbps) 3개 AV와 9개 오디오서비스 운용 • 즉, 1개 블록 내에 1개 AV 서비스와 3개 오디오 서비스 가능	• 전송용량 1.5Mbps • 국내 기준 Mpeg 4,526 Kbps 속도의 영상을 7 이하 TV 및 기타 mobile 단말기에 제공	• Eureka-147 국내 지상파 표준 (OFDM) • ISDB-T(일본식) (OFDM) IBOC(미국)(OFDM)
위성 DMB	위성을 통해 CD 수준의 음과 데이터 또는 영상 서비스	S-band에 해당하는 2,630~2,655 MHz 대역에 최적화	SKT 위성 DMB용 S밴드 25MHz 할당 최하 10개 이상 채널 운용 규정(총 27~40개 채널 수용가능)		• 시스템E(일본 표준 -전파산업회 ARIB 제안) • 시스템 A, Ds, Dh

(7) CALM(Continuous Air Interface for Long and Medium Range)

현재 사용하고 있는 여러 가지 무선통신 시스템을 모두 수용하기 위하여 ISO TC204(ITS, 지능형 교통시스템) WG(Working Group)16에서는 CALM(Continuous Air Interface for Long and Medium Range, 중·장거리용 무선접속 규격)의 표준화를 추진 중이다. 현행 통신시스템을 활용하여 지능형 교통시스템, 특히 자동차 환경을 위해 설계되고 있는 인포테인먼트 플랫폼이다.

무선 통신을 위한 공통적 구조, 네트워크 프로토콜, 무선접속 규격을 정의하였다. 방송, 점-대-점, 차량간 및 차량-대-지점 통신을 위한 파라미터와 프로토콜을 제공한다. 여러 미디어가 각 미디어의 장점을 살리고, 단일 미디어를 사용하기 때문에 발생할 수 있는 약점을 개선하여 활용 가능한 무선통신 링크, CALM 네트워크 그리고 서비스를 제공하기 위한 상위 CALM 애플리케이션과의 인터페이스를 개발하였다.

CALM의 필요조건 4가지는 끊김 없는(Continuous) 통신, ITS 서비스와 인터넷 서비스, 마스터(Master), 슬리브(Slave) 모드 및 peer-peer 모드, 사용자가 망을 인식하지 않는 투명(Transparent) 네트워킹과 여러 미디어, 미디어 제공자 및 기지국을 연결하는 스패닝(Spanning) 핸드오버 등이다.

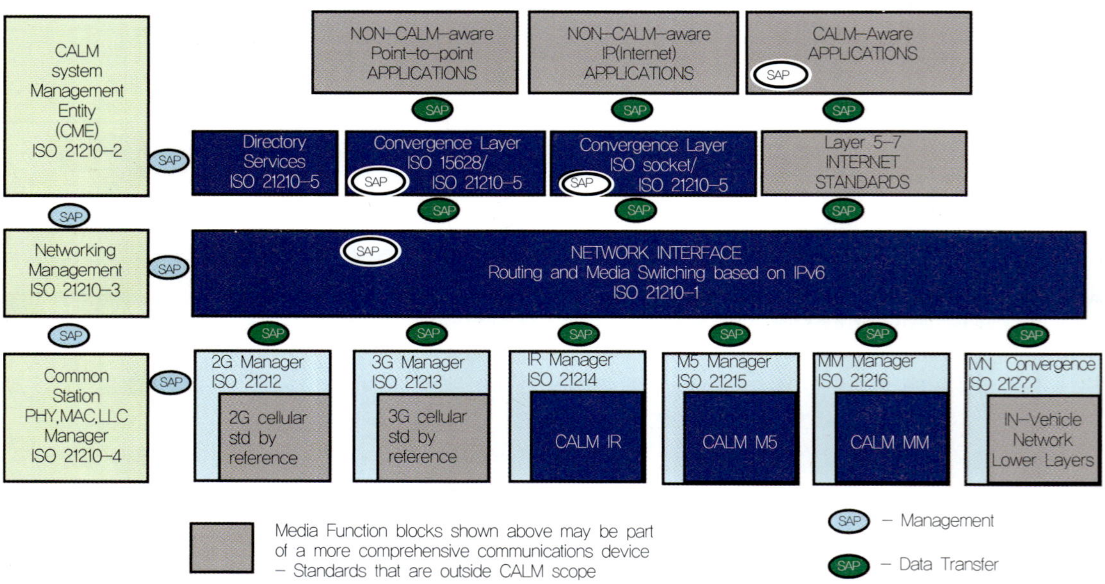

그림 4-32 CALM 통신 아키텍처

SWG16.0 CALM 구조는 기본적인 SAP(Service Access Point)의 연관관계를 설명하고 CALM 관리 엔티티를 중심으로 미디어의 무선접속과 네트워크 기능 및 애플리케이션과의 데이터 전달 구조, 다른 표준과의 협력을 다루는 것이다. SWG16.1 CALM은 ISO에서 표준화를 추진하고 있는 무선접속 규격의 내용은 다음 4가지 헉심 미디어에 대하여 연속적인 통신을 보장하는 규격 제정했다.

- 셀룰러(Cellular, PWI 21212, 21213) : 기존 ETSI와 ITU 셀룰러 표준을 활용하였다.
- 적외선(Infrared, NP 21214) : 850nm 파장의 적외선 시스템을 사용하는 무선접속 규격으로 기존 규격(IrDA : Infrared Data Acquisition)을 활용하였다.
- M5(NP 21215) : 5.9GHz 대역 무선접속 규격, IEEE 802.11, ASTM 등과 밀접하게 연관된다.
- 밀리미터 웨이브(Millimeter Wave, NP 21216) : 60-70GHz 무선접속규격(레이더 포함)이다.

① SWG16.2 CALM 네트워킹(Networking)

애플리케이션의 연속성을 제공하는 네트워크 계층의 로깅과 핸드오버를 다룬다. IPv6 기반 라우팅과 미디어 스위칭, CALM 시스템 관리 엔티티(CME), 네트워크 관리 앤티티(NME), 디렉토리 서비스, 초기화 및 통합(Convergence) 계층이다.

㉠ CME : 애플리케이션 프로파일과 미디어 프로파일을 연결하여 최적의 통신 미디어를 선택(즉, 대역폭, 비용, 보안 등)한다.

㉡ NME : 유효한 미디어를 검색하기 위한 신호를 감지하여 CME에 유효 미디어를 통보한다.

㉢ 라우팅 및 미디어 변환 : CME가 선택한 최적 미디어로 라우팅하기 위하여 데이터 유닛에 IP 헤더 추가, 각 미디어의 IP/ MAC 주소 초기화 등이다.

② SG16.3 CALM 차량 탐침(Probe) 데이터

광역통신에서 탐침 차량시스템 및 탐침 데이터를 위한 참조구조와 데이터 요소를 정의한다. 차량에서 입수한 데이터를 무선 통신시스템을 통하여 수집하고, 저장 및 처리하여 사용하는 일련의 체계이다.

③ SG16.4 CALM 응용 관리자(Application Manager)

텔레매틱스 통신 단말기들이 외부장치 또는 시스템으로부터 응용 프로그램 또는 데이터를

다운로드받는 기능을 정의한다. 다양한 프로토콜과 향후 지속적으로 개발되는 무수한 서비스들의 지원에 있어서 단말기 수용이 가능하다.

(8) WAVE(Wireless Access for Vehicle Environment)

① IEEE 802.11a

미국 전기 전자 학회(IEEE)에서 개발한 무선 LAN(Wi-Fi) 규격의 하나이며, IEEE(Institute of Electrical and Electronics Engineers) 802.11 무선 근거리 통신망(WLAN) 사양서의 수정판이다. 802.11a는 원래 미국 내 연방 규정에 따라(the Code of Federal Regulations, Title 47, Section 15.407), 비허가 국가 정보 구조(U-NII) 대역(5~6GHz 주파수 범위)의 무선 통신을 지원하도록 설계되었다.

경로 공유 프로토콜로서 이더넷 프로토콜과 반송파 감지 다중 접근/충돌 회피(CSMA/CA) 프로토콜을 사용한다. 무선 비동기 전송 방식(ATM) 시스템에 적용되고, 5GHz와 6GHz 사이의 주파수에서 운용되며 변조 방식으로는 직교 주파수 분할 다중(OFDM, Orthogonal Frequency Division Multiplexing) 방식을 사용한다. 데이터 속도는 최대 54Mbps이나 공통적으로 통신 시에는 6Mbps, 12Mbps, 24Mbps가 된다.

[IEEE 표준]

<table>
<tr><th colspan="3">IEEE 표준</th></tr>
<tr><td>현재 규격</td><td colspan="2">488, 754, 2008, 829, 1003, 1014-1987, 1076, 1149.1, 1164, 1219, 1275, 1284, 1355, 1364, 1394, 1451, 1471, 1516, 1541, 2002, 1547, 1584, 1588, 1603, 1613, 1667, 1675, 2008, 1685, 1801, 1900, 11073, 12207</td></tr>
<tr><td rowspan="2">802 시리즈</td><td>802.1</td><td>p, Q, Qat, Qay, x, ad(QinQ), AE, ag, ah, aq</td></tr>
<tr><td>802.11</td><td>a, b, d, e, f, g, h, i, j, k, n, p, r, s, u, v, w, y, ac, ad
.2, .3, .3af, .4, .5, .6, .7, .8, .9, .10, .12, .15, .15.4-2006, .15.4a, .16, .18, .19, .20, .21, .22</td></tr>
</table>

② IEEE 802.11p(WAVE)

WAVE(Wireless Aceess in Vehicular Environment, 차량 환경에서의 무선 접근)는 미국에서 추진하고 있는 통신표준기술로 차량간 통신이나 차량과 노변 기지국과의 통신을 5.85~5.925GHz 주파수 대역에서 7채널로 운영하도록 규정하고 있다. 최대 200km/h 속도의 차량 주행환경을 지원하며, 안전운행의 경우 1km까지의 전송거리를 커버한다. 또한

120km/h 속도로 운행시에는 4m 거리 내에서 일어난 순간적인 운행 이벤트에 대해서도 대처할 수 있도록 100ms의 사건정보 인식시간을 규정하고 있다.

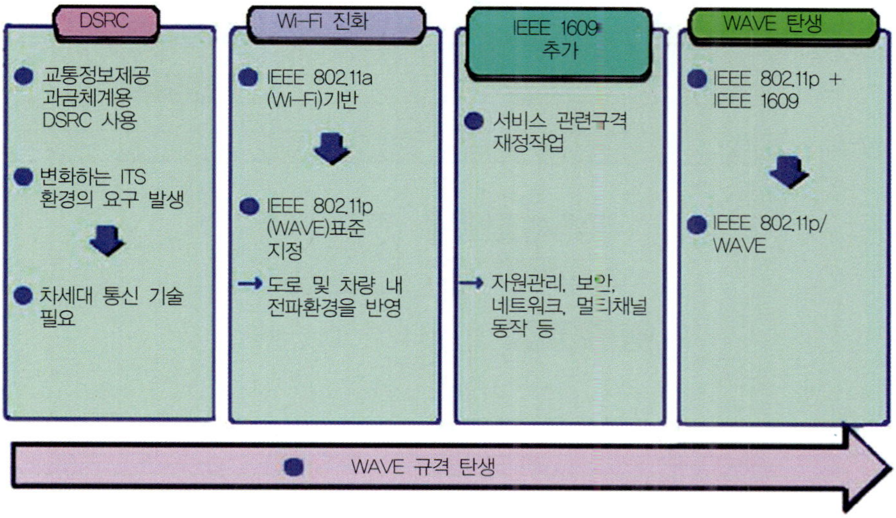

그림 4-33 WAVE의 진화 과정

IEEE 802.11p는 기존의 IEEE 802.11a와 ASTM 기반의 규격 안으로 IEEE 802.11a 규격의 일부 내용을 수정하여 작성된 규격으로 IEEE802.11a 무선랜과 병행하여 사용할 수 있고, 기본적으로 10MHz 대역폭의 고속 패킷 서비스를 제공하며 핸드오버를 지원한다.

근거리무선통신을 지원하는 5.9GHz 대역의 IEEE 802.11a/RA(Road Access) 기술개발을 이용하여 차량의 고속 이동속도에서 차량 멀티미디어 서비스를 제공한다.

차량에서 전송속도 최대 54Mbps 제공하는 IEEE 802.11a의 데이터이다. 속도를 반으로 줄이고 고속 이동성과 셀간 핸드오버를 제공하는 기술로서 긴급 구조 및 차량 안전을 위한 전용 채널을 별도로 할당한다. 핸드오버를 위한 공통채널 할당 등 새로운 기능이 추가되어 있고 가상통신(Ad-hoc) 기능을 추가한다.

미국에서는 차량 안전 분야의 주파수로 할당된 상태이고 비허가 대역(Un-licensed Band)에서도 사용이 가능하다.

우리나라는 5.8GHz의 10MHz 대역폭을 하이패스 단말기용으로, 5.81GHz의 10MHz 대역폭을 각 지자체의 교통정보 수집 및 실시간 신호제어시스템으로, 5.835~5.855GHz의 20MHz 대역을 DSRC 예비용으로 할당해 ITS 시험주파수로 사용하고 있다.

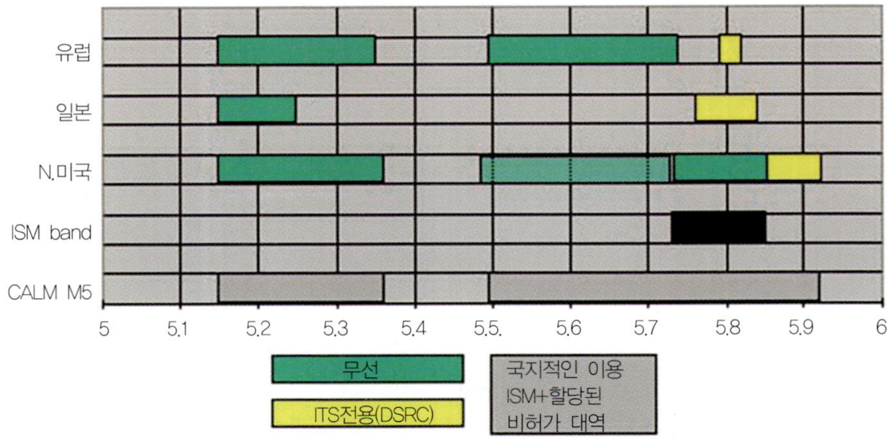

그림 4-34 5GHz 대역 할당 상황

㉠ 관련 국제 표준 문서

㉮ IEEE P 1556 : WAVE security and privacy 드래프트 표준

㉯ IEEE P 1609.1 : WAVE 리소스 관리자 드래프트 표준

㉰ IEEE P 1609.2 : WAVE 응용서비스 및 관리 개체 드래프트 표준

㉱ IEEE P 1609.3 : WAVE IP 인터페이스(네트워크 서비스) 드래프트 표준

㉲ IEEE P 1609.4 : WAVE MAC 확장 및 관리 개체(MXME) 드래프트 표준

㉡ 5GHz 대역 할당 상황

WAVE 독창성은 고속으로 이동 중인 차량간 통신, 개별적 방송 메시지 전송기능 요구, 빠른 응답성 요구(Extremely low latency tolerance), 다중 채널 지원, 가변 전송 파워 지원, 통신 영역의 다중 중첩성, 짧은 도달거리(1km 이내), 동적이면 가상통신(Ad-hoc) 네트워킹, 빠른 초기화 → 직접적인 차량간 통신가능, 고속 이동 통신에 의한 페이딩(Fading) 및 인접채널 인터페이스(Adjacent Channel Interference)에 강인한 채널 설계 등이다.

802.11에 대한 WAVE 요구사항은 WAVE밴드의 5GHz PHY를 확장하고 개선하기 위한 노력과 필요한 MAC의 개선 작업을 요청(MAC의 변경은 꼭 필요한 경우만 허용)하는 것이다.

ASTM E2213-02를 WAVE PHY의 기본 문서로 이용할 것을 제안하였다. IEEE P1609/1556의 MAC/MACX를 WAVE MAC 및 보안(Security) 문서의 초안으로

이용할 것을 제안하였다.

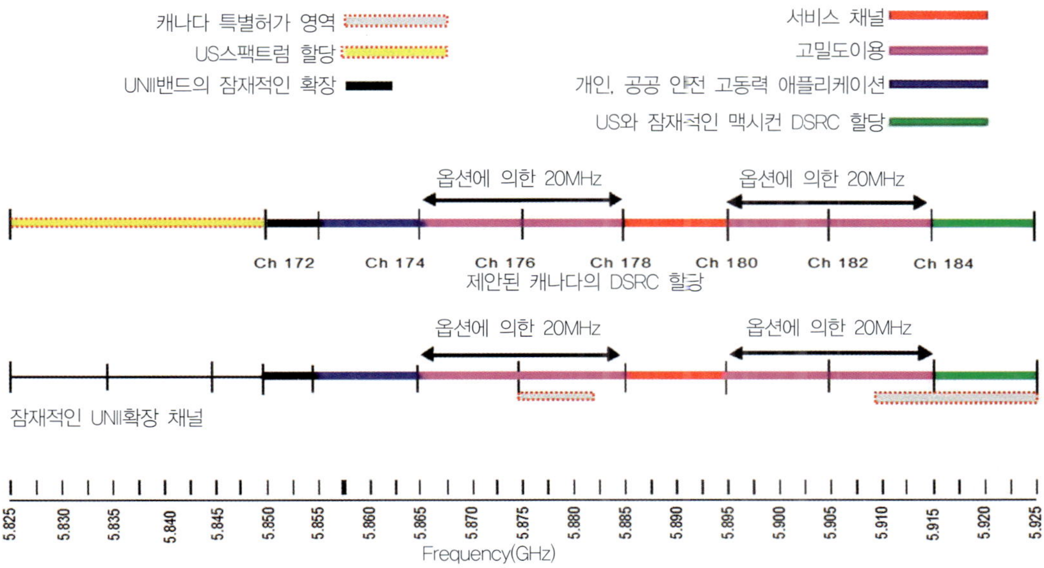

그림 4-35 북미 지역 대역 할당 계획

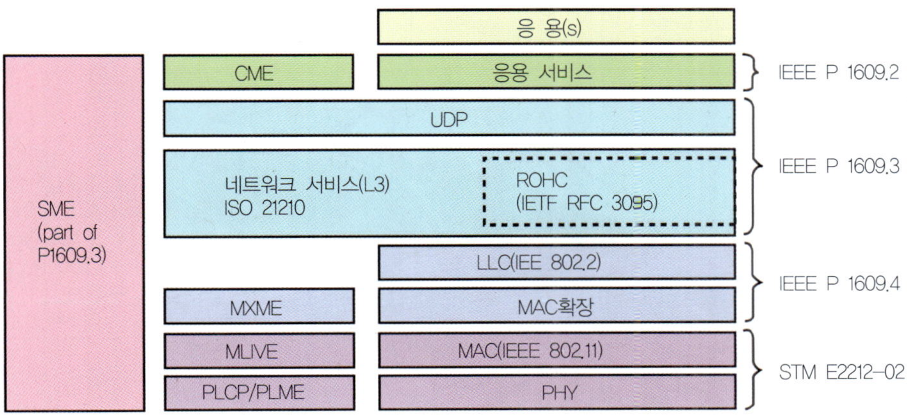

그림 4-36 WAVE의 무선접속 제공

예상되는 802.11 PHY 변경 사항은 WAVE는 802.11a와 802.11g OFDM PHY에 기반, 200km/h 이상의 최대속도에 맞는 Channel Model 제시, 최대 1000m에서 1Mbps 지원을 위한 Band Plan 및 송출 Power 가이드라인을 제시하는 것이다. 예상되는 802.11 MAC 변경 사항은 Public Serv_ce와 Private Service 구분에 따

른 Controlling Band의 활용, 5.850GHz~5.925GHz 대역으로 하였다. 서비스에 따른 선택적 전송 band 이용(optional 10MHz and 20MHz), 다중 PHY 계층 지원을 위한 2.5layer MACX 계층 설계이다.

(9) 차량 내부 통신기술

전형적인 차량 내부 통신시스템이 많을 경우, 이것들을 함께 연결하기 위해 사용되는 배선 장치는 수많은 케이블을 필요로 할 것이다. 그 무게와 제도 비용 또한 상당한 부분을 차지하는 문제가 발생하기 때문에 차내 네트워크는 자동차 전체의 최적 제어와 외부정보 교환 및 제공을 위한 대안으로서 최근 그 중요성이 부각되고 있다.

기존의 근거리통신망(LAN)에 활용되던 이더넷 기술이 자동차에 적용되면서 차량 내에서 기가급 속도로 데이터를 전송, 대용량 영상을 실시간으로 처리할 수 있게 되었고, 차세대 차량 무선통신서비스(텔레매틱스)와 자율주행 등 다양한 분야에 적용, 미래 자동차의 핵심 기술로 자리 잡을 것으로 전망되며, 차량 통신 속도가 2,000배 정도 빨라진다.

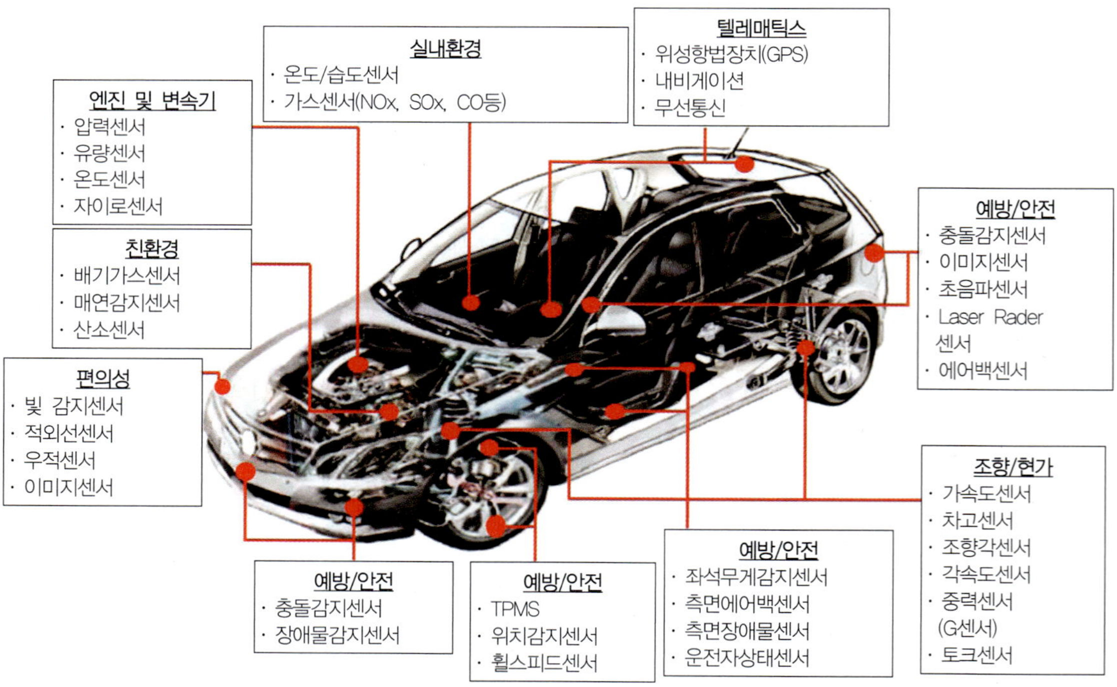

그림 4-37 대표적 자동차 센서 사례

현재는 독일 로버트 보쉬사가 제창한 CAN이 유럽을 중심으로 적용되기 시작하였고, 이더넷 기술 도입은 기존의 차량 통신망 한계를 극복하기 위해서이다. 현재 대부분의 자동차는 계측제어기통신망(CAN) 기술로 통신한다. 속도가 500kbps를 넘지 않기 때문에 대용량 데이터 전송은 사실상 불가능하다.

자동차에서 이용 가능한 콘텐츠가 많아지고 용량도 커지는 반면에 이를 수용할 통신망 속도는 제한된다는 의미다. 이더넷은 단순 계산을 해도 CAN보다 최대 2,000배 빠르다. 활용할 수 있는 콘텐츠 범위도 늘어난다. CAN에서는 단순 차량 운행 정보 등 데이터 전송이 가능한 반면, 이더넷 환경에서는 영상, 사진, 음성 등 다양한 콘텐츠를 자동차 안에서 즐길 수 있다.

자동차 인포테인먼트 서비스 고도화가 기대되는 배경이다. 이더넷은 5세대(5G) 이동통신 커넥티드카302 기반 기술로 주목받고 있다. 5G 이통으로 자동차가 외부 환경(기지국)과 초고속 통신을 하더라도 차량 내부에서 속도가 뒷받침되지 않으면 무용지물이다.

① 차량 내부 네트워크클래스 A

네트워크들은 전자 부트 작동기(Electronic Boot Release), 전동 거울 조정 장치, 빗방울 탐지, 썬루프, 기상 관리 등과 같은 편의 기능이다. 고급 기능들에 일반적으로 사용되며 10Kbit/s 미만으로 작동한다.

② 차량 내부 네트워크클래스 B

네트워크들은 파워 윈도우, 좌석 조절장치, 계기 같은 정보의 일반적인 전송을 담당한다. 10~125kbit/s 정도로 실행한다.

③ 차량 내부 네트워크클래스 C

네트워크들은 파워 트레인, 안정성 제어(ABS, 견인 제어, 액티브 서스펜션), 엔진 관리, 변속 같은 실시간 제어 애플리케이션이다. 정보의 빠른 응답시간 또는 전송이 필요한 모든 애플리케이션들에서 사용한다. 125kbit/s부터 최대 1Mbit/s로 작동한다.

④ 차량 내부 네트워크클래스 D

네트워크들은 인터넷, 디지털 TV, X-By-Wire 같은 애플리케이션들에서 사용한다. 1Mbit/s 이상의 빠른 속도에서 실행한다.

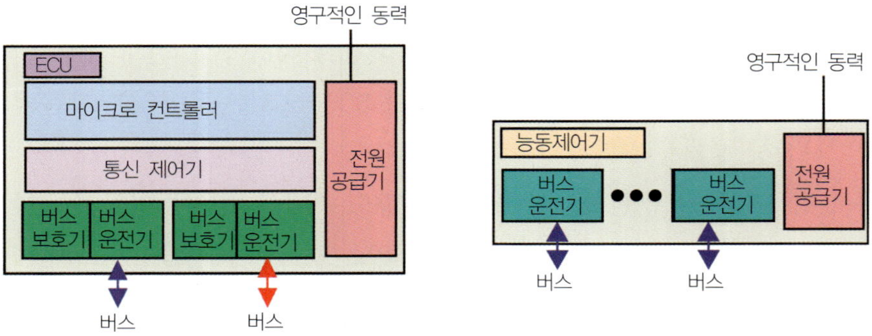

그림 4-38 차량 내부 통신네트워크

(10) UWB(Ultra-Wide Band)

최근 높은 전송 속도와 함께 무선통신에 있어서 항상 문제점으로 제기되어온 무선기기들 사이의 전파간섭 문제를 모두 해결할 수 있는 통신 방식으로, UWB(Ultra Wide-Band) 기술이 부각되었다.

UWB기술에 대한 연구는 지난 1940년대부터 시작되었으며, 미국 국방부가 1960년대부터 1990년대까지 군사적인 목적으로 관련 기술개발을 추진해왔고, 군사용 레이더와 보안성이 높은 무선 통신에 적용한다. 짧은 단일 펄스에 의해 광대역 주파수 특성을 얻을 수 있었던 UWB신호 생성 방법은 현재 OFDM(Orthogonal Frequency Division Multiplexing), 멀티밴드(Multi-Band) 등 여러 가지 방식으로 발전된 상황이며, 각각의 방식들은 IEEE 등과 같은 국제 표준화 회의에서 활발히 논의되고 있다.

2002년 미국 FCC는 UWB 기기의 운용에 대한 여러 가지 기술 기준을 제정, 공시하였는데, 주요 응용 분야로는 이미징시스템, 옥내 및 휴대용 UWB시스템 및 차량용 레이더시스템을 제안하였다. 응용분야 중에서 현재 국내외적으로 가장 관심이 집중되는 분야는 옥내 및 휴대용 UWB시스템이다. 국내에서는 유비쿼터스 환경 하에서의 홈 네트워크 분야가 차세대 10대 신성장 동력으로 선정하였다.

UWB기술의 주요 특징은 UWB 기술의 전송속도는 현재 가장 빠른 무선 LAN 표준인 IEEE802.11a(54Mbps)보다 10배 이상 빠른 500Mbps~1Gbps에 이르며, 보안기능과 다른 무선 네트워킹 기술과의 공존이 가능한 장점으로 인해 홈 네트워킹 시장에서 무선 LAN 기술을 대체할 것으로 전망된다.

매우 넓은 주파수 대역폭을 사용하는데 비해 전력소비(-30㏈~60㏈ 이하 혹은 일반 Cellular Phone의 1/1,000 이하)가 낮아 광대역 무선 통신시스템의 큰 문제점인 전력소비 문제를 해결할 수 있지만, 도달거리가 10m에 그치는 것이 단점이기도 하다. RF 반송파 기반의 무선 기술이 아니므로 아날로그 신호의 변조(Modulation), 복조(Demoulation)작업이 필요 없어 일반적인 무선 기술에 비해 구조적 비용 절감 효과가 있다.

센티미터 단위의 위치추적이 가능한 특성을 지니고 있어서 향후 무선 통신과 위치추적시스템을 결합할 수 있는 장점이 있다. 차량 제어 고도화 또는 효율화를 위하여 소프트웨어 활용이 가능한 플래시메모리 탑재가 시작되었다. 이 때문에 온보드(On Board) 상에서 프로그램 입출력이 가능한 플래시 내장 CAN-Micom이 채택된다.

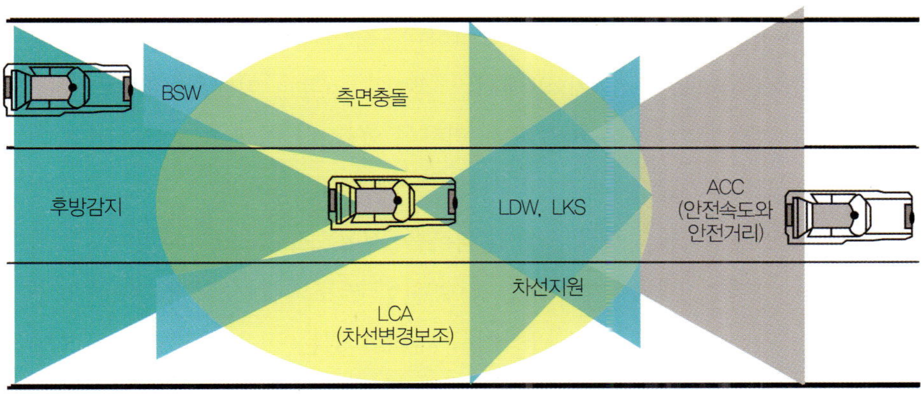

그림 4-39 차량 레이더 적용서비스

일본의 도시바, 미쯔비시 등은 코스트다운을 위하여 종래 100Pin에서 40~48Pin으로 하는 작은 핀 타입의 CAN-Micom 개발에 주력하였다. 차량 네트워크와 관련 표준화 작업은 국제표준화 기구인 ISO와 국가, 지역별, 민간단체 및 업체의 표준화 기구가 있다.

① 일본 : 자동차기술회, 자동차주행전자기술협회(JSK)

② 미국 : SAE(Society Automotive Engineers : 자동차기술회)

③ 유럽 : CEN(유럽표준화위원회), ERTICO 등

3) 차량용 레이더시스템

차량용 레이더시스템에 대한 UWB 응용 연구가 활발해질 전망이다. 충돌 방지용 전방 감시 레이더 및 후방 및 측면 감시 레이더시스템으로 나뉘어진다. 충돌 방지용 전방 감시 레이더의 경우 동작거리 30m 이상의 차량을 검출할 수 있어야 하므로, 기본적으로 고출력이 요구되어 최근까지 76/77GHz 대역의 밀리미터파 대역이 주로 사용된다.

현재 국외의 유수 자동차 제조업체들이 이미 77GHz 대역의 차량용 레이더의 장착을 옵션화하여 제공된다. 대표적인 업체들로는 다임러, 벤츠, BMW, 닛산, 도요타, 혼다, 볼보, 포드 등이다. 능동 크루즈제어(ACC, Active Cruise Control) 또는 지능형 크루즈제어(Intelligent cruise control) 등으로 불린다.

77GHz 대역은 매우 정밀한 분해능(Resolution)을 필요로 하는 측면과 후방 감시용으로 사용하기에는 그 대역폭이 너무 좁아서 부적절하다. 측면과 후방 감시용 자동차용 레이더에서 요구하는 7.5cm의 분해능을 갖기 위해서는 적어도 4GHz 이상의 대역폭을 갖는 레이더 시스템이 필요하다. 이 요구사항을 반영하기 위하여 2002년 미국 FCC는 UWB 기기의 운용에 대한 여러 가지 기술 기준을 제정, 공시하였는데 주요 응용분야 중의 하나로 고해상도 차량용 레이더를 22~29GHz의 7GGHz 대역폭을 사용하도록 명기하였다.

국내의 경우는 현재까지 UWB 기기의 운용에 관한 별도의 기술적 조건이 아직 제정된 바가 없지만, 현재 UWB 시스템에 대한 관심이 증대되고 있는 점을 감안하다면 조만간 차량용 레이더의 경우에 적용할 수 있는 기술기준이 제정될 것으로 기대된다.

차량용 레이더는 동작거리에 따라 5m 이하의 근거리(Near-range)와 20m 정도의 중거리(Mid-range)로 나눌 수 있다.

근거리 동작의 경우 고분해능을 요구하므로 목표물의 RCS(Radar Cross Section)의 넓은 동적 범위를 분해할 수 있도록 높은 분해능이 필요하다. 따라서 레이더 형태 중에 PN-Coded 방식이나 FMCW(Frequency Modulated Continuous Wave) 방식이 사용된다. 이 경우 송수신이 동시에 이루어지므로 송신부와 수신부 간의 적절한 격리(Isolation) 특성을 유지하는 것이 매우 중요하다. 중거리용 레이더의 경우 펄스 레이더를 사용하게 되는데, 이 경우 타이밍 회로가 복잡해지는 단점이 있지만 송·수신부간에 격리 특성이 우수하여 분해능을 높일 수 있는 장점이 있다.

[차량용 UWB 레이더에 대한 미국 FCC 규격]

	FCC UWB Ruling, FCC 02-48, Section 15.515
Application	차량이 운용중일 때만 동작(예 : 엔진이 동작하는 경우)
주파수 특성	22~29GHz 사이에 위치해야 하며, 중심 주파수 f와 최대 출력을 내는 주파수 FM은 24.076GHz 이상이어야 함
대역폭	최소 신호 대역폭은 20% 이하이거나 600MHz 이상
출력특성	- 41.3dBm EIRP, 1MHz BW, 1msec average
최대 출력 특성	최대 출력주파수 근방 60MHz 이내에서 0dBm EIRP 이하
방사제한	지상으로부터 30° 이상 이격된 전파발사 제한 - 26dB 이하(2006년) - 50dB 이하(2010년) - 56dB 이하(2014년)

펄스 레이더의 경우 주요 파라미터는 펄스폭(Pulse Width)(FCC 규정에 의해 7GHz 대역폭 전체를 사용할 경우 300pS 이상, 4nS 이하), PRI(Pulse Repetition Interval), 듀티사이클(Pulse Width, Period of Pulse), 피크 파워(Peak Power), 반송파 주파수(Carrier Wave Frequency), 안테나 패턴(Antenna Pattern)이다. 각 파라미터들은 레이더의 최대, 최소 측정 가능거리 및 피측정체의 종류에 따라 다양한 값들이 선택된다.

최대 전력(Peak Power)은 50MHz 대역에서 일정한 값의 전력이라고 가정할 경우 −17dBm/MHz이다. 41.3dBm 제한과 연동시키면 duty cycle은 1/269(~0.4%)이다. 펄스폭의 경우 7GHz 전체를 사용할 경우 300pS에 해당된다. 차량용 레이더란 지능형 교통시스템을 구현하기 위한 필수 기술이지만, 과거 76/77GHz 대역의 밀리미터파 주파수 대역을 할당함으로써 상용화에 많은 문제점을 가지고 있다. UWB기술의 발달에 따라 차량용 레이더에 UWB기술을 적용함으로써 저가로 고정밀 레이더 시스템이 상용화될 수 있는 계기가 마련되었다. 향후 텔레매틱스 기술의 발달을 촉진시키는 계기가 될 전망이다.

03 커넥티드 카

커넥티드 카(Connected Car)는 인터넷 연결 기능이 탑재된 자동차를 말한다. 이를 통해 자동차는 스마트폰, 차량 등 다른 디바이스나 시스템과 통신하게 된다. 이런 차량은 인터넷을 통해 실시간 교통 업데이트를 수신하거나, 원격 진단 서비스를 받는 등 다양한 서비스를 제공받을 수 있다.

(1) 커넥티드 카 서비스

1) 실시간 경로 탐색

사용자가 설정한 목적지를 서버로 전송해 실시간 교통정보와 시간대별 예측 상황 등을 분석한 패턴 정보를 토대로 최적의 경로를 탐색해 안내해주는 기능이다. 목적지까지의 경로는 물론 차선 방향별 직진, 좌회전과 우회전에 따른 교통정보까지 상세하게 알려줘 편리하다. 경로탐색 시 내비게이션 화면을 터치하지 않고 스마트폰 앱을 통해 미리 목적지를 전송하거나, 원하는 도착 시간을 설정하면 교통 상황을 고려해 역으로 출발 시간을 제안해준다는 점도 특징이다.

더불어 내비게이션 메뉴의 '내 차 위치공유' 기능을 이용하면 링크를 통해 상대방에게 실시간 내 차 경로, 목적지까지의 거리 및 시간을 정확하게 안내할 수 있어 통화나 메신저 없이도 기다리는 수고를 줄일 수 있다.

그림 4-40 실시간 경로 탐색

2) 결제시스템

차량에서 바로 결제를 할 수 있는 시스템이다. 운전자는 차량 내부에서 신용카드를 사용하거나 모바일장치를 이용할 필요 없이, 터치스크린을 통해 결제를 한다.

3) 차량 원격 제어

커넥티드 카 서비스를 통해 차량에 시동을 걸거나 도어, 창문은 물론 공조 기능까지 원격으로 제어가 가능하다. 주차 후 창문 닫는 것을 깜빡하더라도 스마트폰 앱 하나로 여닫을 수 있는 것은 물론, 차량의 상태까지 직관적으로 확인할 수 있어 일일이 확인하는 불편을 겪지 않아도 된다. 또 야외 주차가 꺼려지는 여름과 겨울에는 미리 시동을 걸어 에어컨이나 히터, 통풍 · 열선 시트를 켜둘 수 있어 언제든 쾌적한 상태의 차량에 탑승할 수 있다.

그림 4-41 차량 원격 제어

4) 대화형 음성인식 서비스

음성인식 기능은 주행 중 운전자의 안전과 편의를 고려해 개발됐다. 기존에 탑재된 음성인식은 전화와 길 안내 등 제한된 기능만을 제공하고 인식률이 낮아서 불편했지만, 현대자동차그룹은 실제 운전 중 사용할 수 있는 자연어 기반의 음성인식 서비스를 선보였다. 대화형 음성인식 서비스는 일상에서 사용하는 자연스러운 말로 최신 정보를 검색할 수 있으며, 공조 제어 기능 등을 수행해 더욱 편안하고 안전한 주행 환경을 제공한다.

아울러 음성인식 엔진이 사용자의 입에서 나온 소리의 주요 특징 값을 1,000분의 1초

(msec) 단위로 계산해, 시속 100km 이상으로 주행해도 잘 인식하고, 사용자가 말한 문장의 의도를 정확하게 파악할 수 있다.

그림 4-42 대화형 음성인식 서비스

5) 무선 업데이트 기능

차량에 탑재된 소프트웨어를 최적의 상태로 유지하고, 실시간 도로 교통 정보를 내비게이션에 반영하려면 지속적인 업데이트가 필수이다. 기존에는 고객이 신규 업데이트 버전을 인지한 후 SD카드나 USB를 가지고 PC에서 데이터를 다운로드받아 다시 차량에서 업데이트를 진행해야만 해서 무척 번거로웠다.

최근에는 커넥티드 카 서비스를 통해 내비게이션 무선(OTA : Over-The-Air) 업데이트 기능을 지원, 별도의 PC 다운로드나 설치 시간 없이 언제나 최신의 소프트웨어를 유지할 수 있게 되었다.

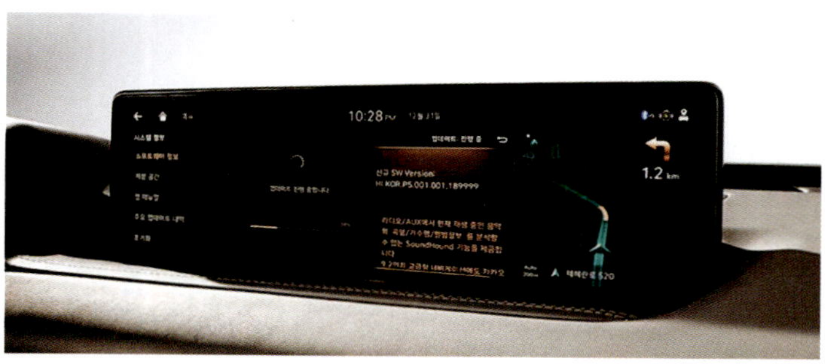

그림 4-43 무선 업데이트 기능

6) 카투홈/홈투카

사물인터넷(IoT)을 통해 차 안에서 집 안의 가전을 제어하고, 반대로 집에서 차량의 다양한 기능을 제어하는 궁극의 커넥티드 카 기술이다. 스마트폰 앱을 통해 홈 IoT 서비스 계정을 연동한 다음, 차량의 카투홈 메뉴에 들어가 연동된 가전기기들을 등록하면 된다. 특히 운전 중에는 간단한 음성 명령만으로 집 안의 조명, 플러그, 에어컨, 보일러, 가스차단기 등을 제어할 수 있어 편리하다. 반대로 홈투카는 가정에 설치된 인공지능 스피커를 통해 차량의 시동, 공조, 문잠김, 비상등, 경적 등을 제어할 수 있다.

그림 4-44 카투홈/홈투카

(2) 커넥티드 카 핵심 운영체제

'커넥티드 카 오퍼레이팅시스템(ccOS : connected car Operating System)'은 커넥티드 카의 고성능 시스템을 효율적으로 운영하고 조작하기 위한 현대차의 독자적인 인포테인먼트 운영체제이다.

ccOS는 차량 네트워크 · 제어 기능 등을 제공하는 차량 연동 프레임워크, 내비게이션 · 멀티미디어 · 운전자 맞춤형 UX 기능 등을 제공하는 인포테인먼트 프레임워크, 외부 연결 기반 데이터 처리 기능 등을 제공하는 커넥티비티 프레임워크 등으로 구성된다. ccOS를 기반으로 스마트폰과 스마트홈 연계 서비스, 지능형 원격 지원, 완벽한 자율주행, 스마트 트래픽(Smart Traffic) 등 커넥티드 카 서비스의 확장과 고도화가 가능해진다. 또 차종 간 호환성을 확보해 표준화된 소프트웨어로 전개할 수 있어 안정성과 경제성을 높일 수 있다.

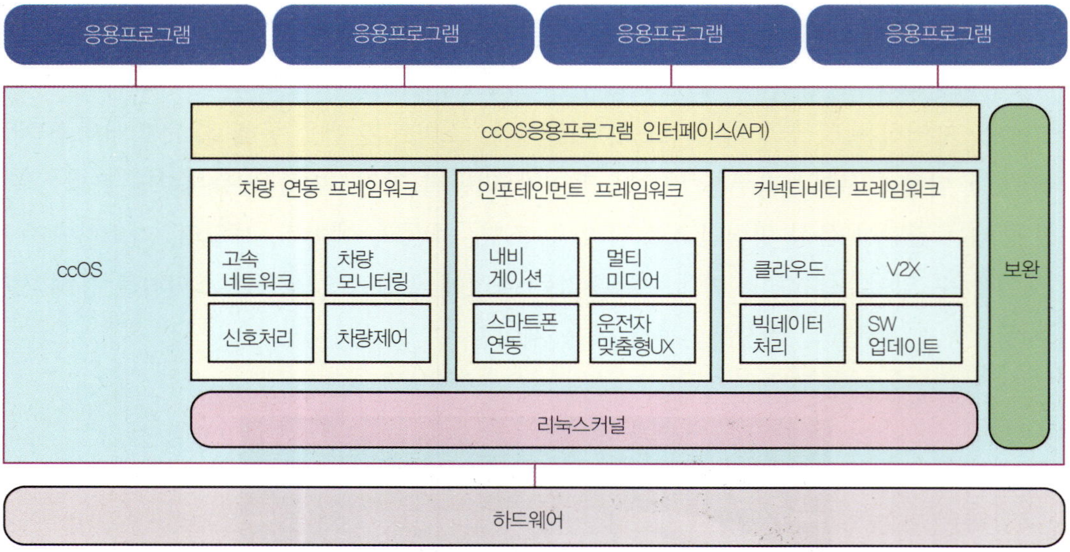

그림 4-45 커넥티드 카 핵심 운영체제

[3] 현재와 미래의 커넥티드 카

현재, 많은 기능들이 이미 커넥티드 카에 구현되어 있다. 음성인식, 스마트폰과의 연동, 실시간 교통 정보 등의 기능을 우리는 당연하게 생각하게 되었다. 하지만 더욱 진보된 커넥티드 카 기술이 연구 및 개발되는 중이며, 다음과 같이 다양한 시도가 이루어지고 있다.

① 자율주행과 커넥티드 카의 결합 : 커넥티드 카의 가장 큰 미래 중 하나는 자율주행과의 결합이다. 자율주행 기술이 발전함에 따라 차량은 스스로 운전할 뿐만 아니라, 주변 차량과의 통신도 가능해질 것이다. 이러한 통신을 통해 차량은 안전하게 운전할 수 있으며, 교통 체증도 감소시킬 것으로 보인다.

② V2X(Vehicle to Everything) : V2X는 차량이 모든 것과 연결되는 기술을 의미한다. 이는 차량이 다른 차량(V2V), 인프라(V2I), 보행자(V2P), 네트워크(V2N) 등과 통신을 할 수 있음을 의미한다. V2X 기술은 자동차의 안전성과 효율성을 크게 향상시킬 수 있다.

③ AI와 커넥티드 카 : 인공지능(AI) 기술의 발전은 커넥티드 카의 성능을 크게 향상시킬 것이다. AI는 차량 내부의 센서 데이터를 분석하여 운전자의 행동을 예측하거나 차량의 상태를 진단할 수 있다. 또한 AI는 운전자의 음성을 인식하여 차량의 다양한 기능을 제어할 수 있다.